# 山东省环境质量报告书

Environmental quality report in Shandong Province

## （2006—2010 年）

山东省环境保护厅　编著

中国环境科学出版社·北京

**图书在版编目（CIP）数据**

山东省环境质量报告书：2006～2010年/山东省环境保护
厅编著. —北京：中国环境科学出版社，2012.9
ISBN 978-7-5111-0880-7

Ⅰ．①山…　Ⅱ．①山…　Ⅲ．①环境质量—研究报告—
山东省—2010　Ⅳ．①X821.252.09

中国版本图书馆 CIP 数据核字（2012）第 014073 号

审图号：鲁 SG（2012）081 号

责任编辑　刘　璐
责任校对　尹　芳
封面设计　马　晓

出版发行　中国环境科学出版社
　　　　　（100062　北京市东城区广渠门内大街 16 号）
　　　　　网　　址：http://www.cesp.com.cn
　　　　　联系电话：010-67112765（编辑管理部）
　　　　　发行热线：010-67125803，010-67113405（传真）
印　　刷　北京市联华印刷厂
经　　销　各地新华书店
版　　次　2012 年 9 月第 1 版
印　　次　2012 年 9 月第 1 次印刷
开　　本　787×1092　1/16
印　　张　19.75
字　　数　455 千字
定　　价　66.00 元

批 准 部 门：山东省环境保护厅

负 责 人：张 波

主 编 单 位：山东省环境保护厅

承 编 单 位：山东省环境监测中心站

协 助 单 位：山东省辐射环境管理站

山东省 17 个城市环境监测站（中心）

总 审 定：王光和

审 定：张庆伟

主 编：宋沿东

副 主 编：商 博 王桂勋

编 写 人 员：商 博 王桂勋 毛 欣 刘 菁 曹惠明 孟祥亮

张 强 程 磊 戴金平 赵智华 金丽莎 郑 雁

田贵全 贾 曼 袁伟栋

统 稿：商 博 王桂勋

参 加 人 员：（按姓氏笔画排序）

王冬梅 王兆军 王丽霞 亓 靓 艾 民 边志明

成忠昌 刘 永 刘 伟 李 敏 杨玉洁 张云峰

张志珍 张 莉 张勤勋 徐海峰 麻尚润

审 核：商 博

资 料：山东省环境保护厅、山东省发展改革委、山东省经济与信息
化委、山东省住房和城乡建设厅、山东省农业厅、山东省水
利厅、山东省国土资源厅、山东省统计局、山东省气象局

# 前　言

为全面反映山东省"十一五"期间的环境质量状况，为环境管理提供科学依据，根据《中华人民共和国环境保护法》第十一条关于国务院和省级人民政府环境保护行政主管部门建立监测制度、定期发布环境公报的法律规定和国家《环境监测报告制度》（环监[1996]914号）的要求，山东省环境保护厅组织编制了《山东省环境质量报告书（2006—2010年）》。

"十一五"期间，山东省环境保护工作坚持以科学发展观为指导，紧紧围绕"改善环境质量，确保环境安全，服务科学发展"三条主线，瞄准总量减排、主要水气环境质量改善和污染源达标排放三个目标，开拓进取，扎实推进。污染减排成效明显，提前一年并超额完成了国家下达的"十一五"总量减排任务；治污力度进一步加大，以治、用、保综合措施全力推进流域治理，水质呈持续明显改善的良好态势；不断强化大气污染防治，设区城市环境空气质量保持较好水平；生态省建设取得积极进展，环境质量持续改善；完成了山东省环境保护"十一五"规划确定的主要目标和任务。

本报告书以《环境质量报告书编写技术规定（征求意见稿）》（2010年）为规范依据，根据山东省各级环境监测站2006—2010年的监测数据和生态环境调查成果，通过对各类资料数据分类汇总和环境质量的综合分析，分四个部分十九章对山东省环境质量状况作了全景式阐述。从专业技术角度对全省"十一五"期间空气环境、水环境、声环境、辐射环境、土壤环境、近海海域和生态环境等多要素质量现状进行了评价，对其变化规律、变化趋势及其原因进行了深入分析，真实、详尽地反映了山东省环境质量状况与变化趋势。

为力求实现"三个说清"目标，在严格按照国家编写技术要求与规范的基础上，对山东省"十一五"期间新开展的重点污染源监督性监测、环境安全预警监测、农村环境、室内环境和环境与健康综合监测等进行了专题介绍。同时，总结了环境质量状况与变化的成绩和不足，分析了山东省"十二五"期间环境变化形势和改善环境质量的外部和内部条件，明确了主要环境质量问题，提出了未来五年内的重点任务及措施建议。本报告书是山东省环境质量状况的权威性技术资料，为山东省"十二五"期间环境保护工作提供了科学依据。

山东省环境保护厅对此项工作高度重视，制定并下发了工作方案，由山东省环境监测中心站组成专业编制组进行编写工作。编制组先后经多次研究讨论，向山东省环境保护厅上报了征求意见稿，经审核并进行多次修改完善，最终形成环境质量报告初步成果。

环境质量变化有其自身客观规律，也有多种环境要素的潜在影响，加之时间紧迫，任务要求高，资料提供受限，错漏之处请批评指正。

《山东省环境质量报告书》编制组

二〇一一年五月

# 目　录

## 第一部分　概　况

**第一章　自然环境概况** ……………………………………………………… 3
　　第一节　自然地理概况 ……………………………………………………… 3
　　第二节　自然资源及其开发利用 ……………………………………………… 13

**第二章　社会经济概况** …………………………………………………… 31
　　第一节　社会概况 ………………………………………………………… 31
　　第二节　经济概况 ………………………………………………………… 36

**第三章　环境保护工作概况** ……………………………………………… 49
　　第一节　环境保护工作概况 ……………………………………………… 49
　　第二节　环境监测概况 …………………………………………………… 51

## 第二部分　污染源状况

**第四章　废气污染源** ……………………………………………………… 59
　　第一节　能源消耗情况 …………………………………………………… 59
　　第二节　工业废气及污染物排放状况 …………………………………… 61
　　第三节　工业废气污染源评价 …………………………………………… 67
　　第四节　小　结 …………………………………………………………… 80

**第五章　废水污染源** ……………………………………………………… 81
　　第一节　全省用水情况 …………………………………………………… 81
　　第二节　废水及污染物排放状况 ………………………………………… 82
　　第三节　工业废水污染源评价 …………………………………………… 88
　　第四节　城镇生活污水排放及处理情况 ………………………………… 104
　　第五节　小　结 …………………………………………………………… 106

**第六章　固体废物** ………………………………………………………… 107
　　第一节　工业固体废物产生、排放及利用情况 ………………………… 107
　　第二节　危险废物集中处置情况 ………………………………………… 107

第三节 城市生活垃圾处理厂建设及处理情况 ………………………………… 107
第四节 小 结 ………………………………………………………………… 109

# 第七章 污染源监督性监测 ……………………………………………………… 110
第一节 污染源监督性监测概况 …………………………………………………… 110
第二节 污染源监督性监测结果与评价 …………………………………………… 111
第三节 变化趋势分析 ……………………………………………………………… 118
第四节 小 结 ……………………………………………………………………… 119

# 第三部分 环境质量状况

# 第八章 城市环境空气 ………………………………………………………… 123
第一节 城市环境空气监测概况 …………………………………………………… 123
第二节 城市环境空气质量现状 …………………………………………………… 125
第三节 环境空气质量变化趋势分析 ……………………………………………… 138
第四节 环境空气污染原因分析 …………………………………………………… 140
第五节 小 结 ……………………………………………………………………… 142

# 第九章 城市降水 ……………………………………………………………… 145
第一节 城市降水监测概况 ………………………………………………………… 145
第二节 城市降水现状评价 ………………………………………………………… 145
第三节 "十一五"期间城市降水趋势评价 ……………………………………… 147
第四节 城市降水原因分析 ………………………………………………………… 151
第五节 小 结 ……………………………………………………………………… 151

# 第十章 河流水质 ……………………………………………………………… 153
第一节 河流水质监测概况 ………………………………………………………… 153
第二节 地表水现状及评价 ………………………………………………………… 155
第三节 "十一五"期间河流水质变化趋势分析 ………………………………… 171
第四节 小 结 ……………………………………………………………………… 177

# 第十一章 湖泊（水库）水质 ………………………………………………… 178
第一节 湖泊、水库水质监测概况 ………………………………………………… 178
第二节 湖泊、水库水质现状 ……………………………………………………… 179
第三节 "十一五"期间湖库水质变化趋势分析 ………………………………… 185

# 第十二章 城市饮用水水源地水质 …………………………………………… 188
第一节 城市饮用水水源地水质监测概况 ………………………………………… 188
第二节 城市生活饮用水水源地水质现状 ………………………………………… 189

第三节 城市饮用水水源地水质全分析监测 …………………………………………… 191

第四节 "十一五"期间水质变化趋势 …………………………………………………… 192

第五节 水质特征及变化原因分析 ……………………………………………………… 193

第六节 小 结 ……………………………………………………………………………… 193

第十三章 近岸海域海水水质 …………………………………………………………… 196

第一节 近岸海域水环境监测概况 ……………………………………………………… 196

第二节 近岸海域海水水质状况 ………………………………………………………… 200

第三节 陆源污染物入海情况 …………………………………………………………… 202

第四节 "十一五"期间近岸海域海水水质变化趋势分析 …………………………… 203

第五节 小 结 ……………………………………………………………………………… 204

第十四章 城市声环境质量 ……………………………………………………………… 206

第一节 城市环境噪声 …………………………………………………………………… 206

第二节 "十一五"期间城市环境噪声变化情况 ……………………………………… 215

第十五章 辐射环境质量 ………………………………………………………………… 219

第一节 辐射监测概况 …………………………………………………………………… 219

第二节 监测结果与评价 ………………………………………………………………… 224

第三节 小 结 ……………………………………………………………………………… 238

第十六章 生态环境质量 ………………………………………………………………… 240

第一节 生态监测概述 …………………………………………………………………… 240

第二节 评价方法及分级 ………………………………………………………………… 240

第三节 2009 年生态环境状况评价 …………………………………………………… 245

第四节 "十一五"生态环境质量变化趋势分析 ……………………………………… 249

第五节 小 结 ……………………………………………………………………………… 254

第十七章 土壤环境质量 ………………………………………………………………… 255

第一节 土壤环境质量专项调查与监测概述 …………………………………………… 255

第二节 监测结果及现状评价 …………………………………………………………… 258

第三节 空间变化与趋势分析 …………………………………………………………… 261

第四节 污染特征与原因分析 …………………………………………………………… 270

第五节 小 结 ……………………………………………………………………………… 272

第十八章 典型区域农村环境质量 ……………………………………………………… 274

第一节 农村（试点）监测概况 ………………………………………………………… 274

第二节 监测结果与现状评价 …………………………………………………………… 275

第三节 环境与健康综合（试点）监测 ………………………………………………… 278

# 第四部分 总 结

**第十九章 环境质量结论与建议** .................................................................. 287

第一节 环境质量结论 .................................................................. 287

第二节 主要环境问题及预测 .................................................................. 292

第三节 "十二五"环境保护目标、任务和措施 .................................................................. 300

# 第一部分　概　况

# 第一章  自然环境概况

## 第一节  自然地理概况

### 一、地理位置

山东省位于中国东部沿海东北段，地处黄河下游，京杭大运河中北段。介于东经114°47′30″～122°42′18″、北纬 34°22′54″～38°27′00″。境域包括半岛和内陆两部分，胶东半岛突出于渤海和黄海之间，与朝鲜半岛、日本列岛隔海相望，北隔渤海海峡与辽东半岛相对，依渤海湾拱卫京津；内陆部分西北与河北省接壤，西南与河南省交界，南与安徽、江苏省毗邻。省境东西最宽约 700 余 km，南北最长约 420 km，陆地总面积 15.71 万 km²，约占全国总面积的 1.6%，居全国第十九位。全省分划为 17 个地级城市行政区，下辖 140 个县级行政区（图 1-1）。

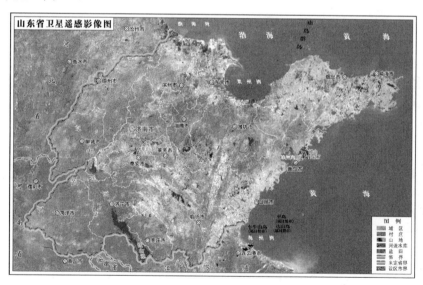

图 1-1  山东省地理区位图

### 二、地形地貌

山东省位于我国地势划分中的第三大阶梯中，地貌分为平原与山地丘陵两部分，水平地形分为半岛和内陆两部分。省境中南部鲁中南山地丘陵突起，地势最高；东部及南部鲁东丘陵区地势稍低，大都是起伏和缓、谷宽坡缓的波状丘陵；北部及西部低洼平坦，是黄河冲积而成的鲁西北平原区，属华北大平原的一部分，9/10 的地面在海拔 50 m 以下，黄河、大运河穿行其间，形成了以山地丘陵为骨架，平原盆地交错环列其间的地形大势。境内山地丘陵区约占全省总面积的 34.34%，平原盆地区约占 64.59%；河流湖泊区约占 1.07%。按照地形的空间分布特征，可将全省分为鲁中南山地丘陵区、鲁东丘陵区和鲁西北-鲁西南平原区三大地貌分区（图 1-2）。

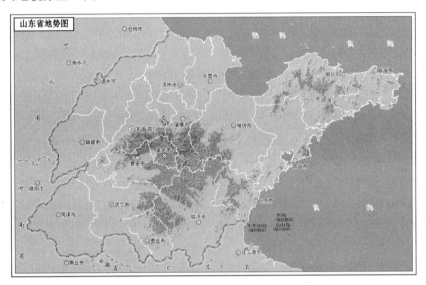

图 1-2　山东省地势图

　　鲁中南山地丘陵区位于沂沭大断裂带以西，黄河、小清河以南，京杭大运河以东，是全省地势最高、山地面积最广（占全省中低山面积的 77%）的地区。主峰在千米以上的泰、鲁、沂、蒙诸山构成全区的脊背，泰山是全境最高点。因诸山偏于北部，故北坡陡、南坡缓。中低山外侧，地势逐渐降低，为海拔 500～600 m 的丘陵，多山顶平坦的"方山"地形，当地称为"崮子"，有大小七十二崮之称。丘陵的边缘则是海拔 40～70 m、地表倾斜的山前平原，最后没入坦荡的华北平原中。

　　鲁东丘陵区位于沭河、潍河谷地以东，三面环海。除海拔 700 m 以上的崂山、昆嵛山、艾山等少数山峰耸立在丘陵地之上，其余大部分海拔 200～300 m 的波状丘陵，地表起伏和缓，谷宽坡缓，土层较厚，三面环海，气候温湿。全区地势东北、西南部较高，海拔 500～900 m，中部最低，海拔 100 m 左右，为断陷平原带。

　　鲁西北-鲁西南平原区位于河湖带以西，黄河、小清河以北，由历史上形成的黄河冲积扇、泛滥平原和近代黄河三角洲组成，呈弧形环抱于鲁中南山地的西、北两侧，地势低平，海拔 70 m 左右；利津的宁海以东为现代黄河三角洲，每年向海延伸约 2～3 km。

　　全省境内地貌基本特征，一是地势中部高四周低，水系呈放射状。主要山脉有泰山、蒙山、崂山、鲁山、沂山、徂徕山、昆嵛山、九顶山、艾山、牙山、大泽山、孟良崮等，最高点泰山海拔 1545 m，构成中部东西向的分水岭。分水岭北侧低山丘陵海拔从 500 m 下降到 200 m，逐渐过渡到黄泛平原，最低处是位于东北部的黄河三角洲，海拔 2～10 m。南侧山地丘陵海拔从 1000 m 下降至 160 m，到沂沭平原约为 60 m；西侧从湖带过渡到黄河冲积扇，海拔 50 余 m；东侧半岛丘陵海拔从 500 m 下降至 100 m，直接伸入黄海之中；地表水系受地势支配，由中心向四周多呈放射状分布。二是地貌复杂，类型多样。根据形成特征大体可分为中山、低山、丘陵、台地、盆地、山前平原、黄河冲积扇、黄河平原、黄河三角洲等 9 个基本地貌类型见图 1-3。中、低山 39 座，面积 1.7367 万 $km^2$，丘陵 58 座，面积 3.6854 万 $km^2$，山地丘陵约占陆地总面积的 35.30%；台地 6 座，盆地 8 座，山间、山前平原和滨海平原 22 座，三者面积 5.0028 万 $km^2$，约占 32.78%；黄河冲积扇面积 1.5682 万 $km^2$，黄泛平原面积 2.8580 万 $km^2$，黄河三角洲面积 0.48 万 $km^2$，整个平原占 31.92%（其中河流、湖泊约占 3%）。

滨海地貌是以断裂上升和海积作用为主的海岸，除黄河三角洲和莱州湾为淤泥质海岸以外，从成山角至岚山头，主要是曲折的岩石侵蚀海岸，多港湾、岛屿。成山角至蓬莱角是岩、沙质海岸相间分布，以沙质海岸为主，滨海平原宽 3~5km，有陆连岛、连岛沙坝、沙嘴等海积地貌；蓬莱角至大河口为河、海堆积海岸，海滩广阔，潮间带宽 5~10km。

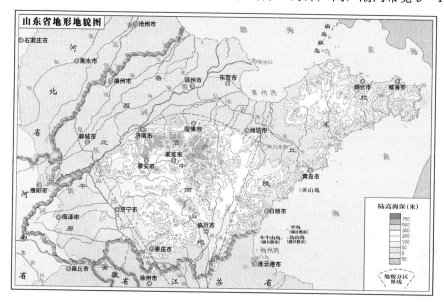

**图 1-3　山东省地形地貌图**

## 三、地质水文

### （一）地质构造

山东省地层属华北地层大区晋冀鲁豫地层区和秦祁昆地层区，前者可分为华北平原、鲁西和鲁东三个地层分区，后者为祁连-北秦岭地层分区（鲁东南地层分区）。鲁西北-鲁西南平原区属华北平原地层分区，鲁中南山地丘陵区属鲁西地层分区，鲁东丘陵区的西北部（鲁东北地区）属鲁东地层分区，鲁东丘陵区的东南部（鲁东南地区）属祁连-北秦岭地层分区（鲁东南地层分区）。省境各断代地层发育比较齐全，自中太古代至新生代地层都有分布，地表出露以中、新生代地层为主，其次为古生代地层，元古宙地层分布局限，太古宙地层零星出露。鲁中南山地丘陵区山脉主要由早前寒武纪花岗质片麻岩和片麻状花岗岩构成，鲁东丘陵区山脉则主要由中生代花岗岩构成（图 1-4）。

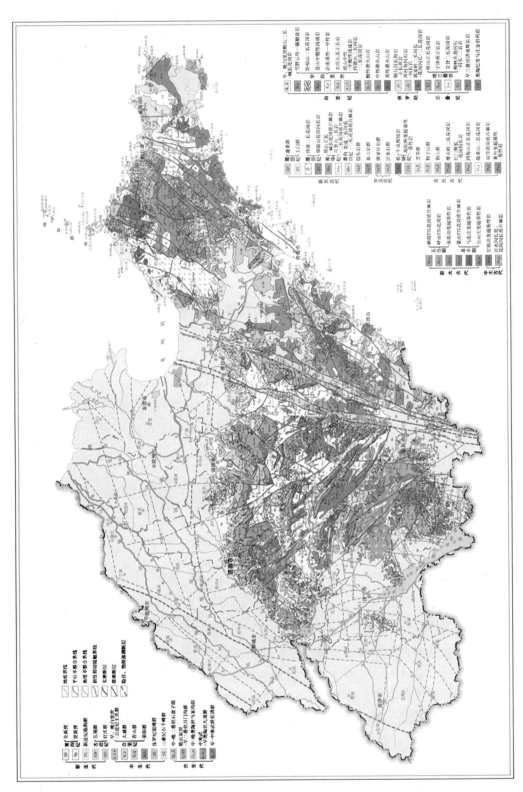

图 1-4　山东省地质图

山东省岩浆活动十分频繁，从太古宙至新生代都有发现。除中太古代、新太古代、中生代及新生代有较多火山活动外，其他地质年代均以岩浆侵入活动为主。新太古代岩浆活动在山东境内较为强烈，古元古代在鲁西地区最强烈，新元古代在鲁东南地区最强烈，中生代在鲁东地区最强烈。岩浆岩出露面积约 30 976 km²，约占全省陆地面积的 20%，以中生代岩浆岩出露面积最大，其次为古元古代及新元古代岩浆岩，古生代及中元古代岩浆岩分布最少。

山东省表层构造是由鲁中和半岛地区的低山丘陵及环绕的堆积平原、陆架海域构成的现代地貌格局。总体显示为以沂沭断裂带为主干，两侧构造线向沂沭断裂带逐渐收敛，大致以沂沭带南部为收敛端，两侧则向 NW 及 NE 方向辐射的"羽状"或"扇形"构造。地质块体所反映的地表构造格局具有一坳（济阳坳陷）、两块（鲁西地块、胶北地块）、两带（沂沭断裂带、苏鲁造山带）及一域（黄、渤海陆架海域）六大构造块体格局。

### （二）河流湖泊

山东省水系比较发达，河湖交错，水网密布，河网密度为 0.24 km/km²。河流均为季风区雨源型河流，分属黄河流域（如支流大汶河）、海河流域（如漳卫新河、徒骇河、马颊河、德惠新河）、淮河流域（如南四湖的注入河流、沂河、沭河、泗河、万福河、洙赵新河和东鱼河等），以及独流入海的小清河流域和胶东水系（如小清河、胶莱河、潍河、大沽河、五龙河、大沽夹河等）。境内主要河道除黄河横贯东西、京杭大运河纵穿南北外，其他中小河流密布全省。干流长度大于 5 km 以上的河流有 5 000 多条，大于 10 km 以上的河流有 1 552 条，其中在山东入海的有 300 多条；流域面积超过 1 000 km² 的河流有 46 条，300～1 000 km² 的河流有 107 条。

黄河从山东省东明县入境，呈北偏东流向横贯东西，经 9 市 25 个县（市、区）在垦利县注入渤海，河道长 628 km。京杭大运河山东段全长 510.6 km，分黄河以北和黄河以南两段。北从德州第三店至位山，长 235 km，由于水资源缺乏，已于 20 世纪 70 年代末期断航；南从位山至陶河口，长 275.6 km，由梁济运河、南四湖和韩庄运河组成，为京杭大运河山东段的通航河段。

山东省境内湖泊总面积 1 496.6 km²，常年蓄水量 23.53 亿 m³，主要分布在鲁中南山丘区与鲁西平原的接触带上。以济宁为中心分为两大湖群，以南为南四湖，以北为北五湖。南四湖为全国十大淡水湖之一，由南而北依次为微山、昭阳、独山、南阳四湖相连，南北长 122.6 km，东西宽 5～22.8 km，总面积 1 266 km²。入湖河流 53 条，容纳鲁、苏、豫、皖四省八个地区 37 000 km² 的汇水，流域面积 3.17 万 km²；加之京杭大运河穿湖而过，兼有航运、灌溉、防洪、排涝、养殖之利。北五湖自北而南为马踏湖（淄博市桓台县北部和滨州市博兴县南部）、东平湖（泰安市东平、梁山、汶上三县交界处）、南旺湖和蜀山湖及马场湖（均处济宁市西北部）；其中东平湖是山东省第二大淡水湖泊，湖区总面积 627 km²，蓄水总量 40 亿 m³，常年蓄水 1.5 亿 m³，是接纳和处理黄河下游和大汶河大洪水和特大洪水的调蓄水库，库区总面积 627 km²。此外，还有小清河流域内的白云湖（济南章丘市区西北）、青沙湖（淄博市桓台县西北角）等（图 1-5 至图 1-9、表 1-1）。

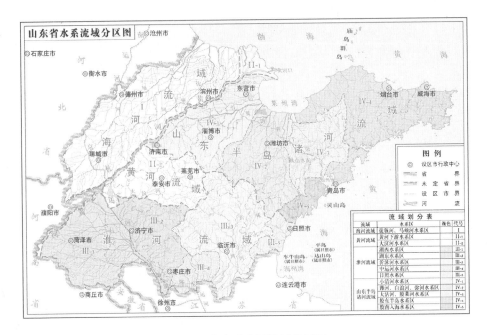

图 1-5　山东省水系流域分区图

表 1-1　山东省主要湖泊、河流基本情况（2010 年）

| 湖泊名 | 面积/km² | 蓄水量/亿 m³ | 河流名 | 面积/km² | 河长/km |
|---|---|---|---|---|---|
| 小　计 | 1494.6 | 23.5 | 徒骇河 | 13 136.6 | 446.5 |
| 微山湖 | 531.7 | 7.8 | 沂　河 | 10 909.9 | 287.5 |
| 昭阳湖 | 337.1 | 4.3 | 马颊河 | 10 638.4 | 448.0 |
| 独山湖 | 144.6 | 1.8 | 小清河 | 10 498.8 | 233.0 |
| 南阳湖 | 211.0 | 3.4 | 大汶河 | 9 069.0 | 211.0 |
| 东平湖 | 167.0 | 3.1 | 潍　河 | 6 493.2 | 233.0 |
| 麻大湖 | 110.0 | 1.0 | 沭　河 | 6 161.4 | 263.0 |
| 白云湖 | 16.2 | 0.3 | 大沽河 | 4 161.9 | 179.9 |
| 青沙湖 | 11.1 | 0.2 | 弥　河 | 3 847.5 | 206.0 |

图 1-6　黄河入海口

图 1-7 微山湖

图 1-8 东平湖

图 1-9 小清河

### （三）海岸海域

山东半岛三面环海，陆地海岸线北起无棣县大口河河口，南至日照市的绣针河口，全长 3 121 km，占全国海岸线的 1/6，仅次于广东省，居全国第二位。近海海域 17 万 km²，占渤海和黄海总面积的 37%。在近海海域中，有天然港湾 20 余处，有近岸岛屿 299 个，总面积 147 km²。其中庙岛群岛由 18 个岛屿组成，面积 52.5 km²，为山东沿海最大的岛屿群。沿海滩涂面积约 3 000 km²，15 m 等深线以内水域面积 1.33 万余 km²，两项为全省陆地面积的 10.4%。渤海是我国最大的近封闭式内海，由山东半岛与辽东半岛环抱，面积约 7.7 万 km²，平均深度为 17 m，最大深度为 70 m。渤海风缓流畅、温度适宜、有丰富的有机质和无机盐类，是鱼、虾、蟹类栖息、索饵、生长、产卵的良好场所，具有丰富的渔业资源、油气资源和高浓度的地下卤水资源（图 1-10）。

图 1-10　山东省海岸线

## 四、气候气象

山东省属暖温带季风气候类型。气候温和，四季分明；降水集中，雨热同季，春秋短暂，冬夏较长。全境年平均气温 11.2～14.4℃，最高月均温 23.5～27.4℃，最低月均温 -4.4～-0.8℃。由东北沿海向西南内陆递增，气温地区差异东西大于南北。鲁中山区的沂源及胶东半岛（除烟台、威海、莱州外）年平均气温低于 12.0℃，半岛东端的荣城、文登和成山头最低为 11.2℃；鲁西南年平均气温在 13.7℃以上，其中济南市最高为 14.4℃。全省以 1 月份最冷，最热月一般出现在 7 月；但由于半岛东部及东南沿海受海洋影响，最热月在 8 月，平均气温比 7 月份高 0.4～3.7℃；由东向西递增。极端最低气温在 -26.8℃，极端最高气温 43.0℃。全年无霜期约 173～250 d，由东北沿海向西南递增。鲁北和胶东一般为 180 d，鲁西南地区可达 220 d 以上。

全省光照资源充足，光照时数年均 2 290～2 890 h。各地大于 10℃的积温，一般在 3 600～4 600℃，可以满足一年两作的热量要求。全省日照时数年均 2 335～2 768 h，日照百分率为 55%～63%，较南邻的江苏省和安徽省高出 300～400 h。

年平均降水量一般在 550～950 mm，由东南向西北递减。鲁南鲁东一般在 800～900 mm，而鲁西北和黄河三角洲在 600 mm 以下。降水季节分布很不均衡，全年降水量夏季最多，各地多在 350～550 mm，约占全年降水量的 60%～70%，易形成洪涝。冬季最少，仅 14～50 mm，占全年降水量 5%左右；春季降水一般 70～140 mm，秋季降水一般 70～190 mm；冬、春及晚秋易发生旱象。

自然灾害常有发生，其中以旱、涝、风、雹对农业生产的影响最大。如 1983 年全省受灾面积 400 多万 hm$^2$；其中旱灾占 76%，水灾占 3%，风灾和雹灾约占 14%。

## 五、土壤及生物

### （一）土壤

山东省土壤面积为 1211 万 hm$^2$，占全省总土地面积的 77.03%。共有 15 个土类、36 个亚类、85 个土属、257 个土种。各类土壤中主要有潮土、棕壤、褐土、砂姜黑土、水稻土、粗骨土 6 个土类的 15 个亚类，其中尤以潮土、棕壤和褐土的面积较大，分别占耕地总面积的 48%、24%和 19%。受省内气候、地质、地貌及水文条件的制约，土壤类型自东向西表现出明显的地域分异，空间分布、垂直分异及区域组合均表现出一定的规律性。鲁东及鲁中南山地丘陵区的高地上，受暖温带湿润、半湿润季风气候影响，分布有代表地带性特征的棕壤与褐土。鲁东丘陵区主要为棕壤，分布比较单一，在沿海一带白浆土常与之镶嵌；鲁中南山地丘陵区棕壤与褐土并存呈相间分布，这与本区酸性岩和钙质岩呈复区分布的格局相一致。鲁西、鲁北黄泛平原及山地丘陵区的河谷平原与盆地内，受埋深较浅的地下水及旱耕影响，分布有大面积潮土。低洼地区发育有砂姜黑土。盐碱土主要分布在鲁西、鲁北平原及滨海地带，在黄泛平原常与潮土呈斑状镶嵌，在滨海地带呈带状分布。平原及滨海沙质堆积物上常有风沙土分布。根据土壤区划原则可划分为：鲁东丘陵棕壤土区，鲁中南山地丘陵棕壤、褐土土区，鲁西-北平原潮土、盐碱土土区，鲁北滨海平原盐土土区（图 1-11）。

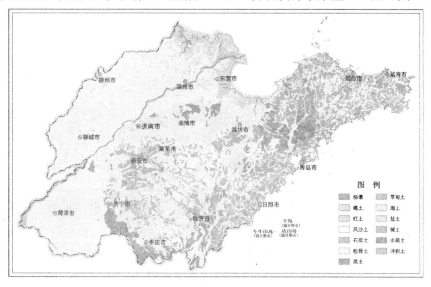

图 1-11 山东省土壤分类图

## （二）植物

山东省地处暖温带落叶阔叶林带，具有典型的暖温带生物区系特点，境内具有森林、草地、湿地、海岸潮间带、海洋等生态系统和黄河三角洲独特的湿地景观。山东省濒临海洋，处于南北交错地区，兼具温带与亚热带生物区系特点，具有较高的物种多样性。但因受几千年来人类长期垦伐，原始森林早已荡然无存，现状植被几乎全具次生性质，以人工栽培的植物群落为主。全省现生植物有 3 100 多种（不包括菌类和地衣）。现生高等植物主要是山地和丘陵上的灌木丛或灌草丛，滨海和盐土上以盐蒿为主的盐生植物群落，在沿海沙滩上的沙生植物群落，沼泽地区有大面积芦苇和池塘、湖区的水生植物群落等。其中野生经济植物 645 种，树木 600 多种，分属 74 种 209 属，以北温带针、阔叶树种为主。各种果树 90 种，分属 16 科 34 属，如久负盛名烟台苹果、莱阳梨、肥城桃、乐陵金丝小枣、枣庄石榴、大泽山葡萄以及章丘大葱、莱芜生姜、潍坊萝卜、平阴玫瑰、金乡大蒜等。低等植物约有 500 种，以藻类较多，蓝藻、绿藻、褐藻等各门均有代表；苔藓植物有 410 余种，分隶于 56 科、150 属；蕨类植物有 98 种和 9 个变种，多数分布于泰山、蒙山、崂山等山区温暖潮湿地带。裸子植物存活最多，资源丰富，许多造林绿化树种都属此类，有 10 科 59 种和 13 个变种，多数是近代引进的，原始种类保存很少。山地丘陵区落叶阔叶林大多以麻栎、栓皮栎及槲等耐旱性栎类为主，以及落叶阔叶杂木林和人工栽植的刺槐林。山地次生植被中，尚有以赤松、黑松、油松、侧柏等温性针叶树种构成的针叶林。鲁东以赤松、黑松为主，鲁中南以油松及侧柏为主。平原区常见树种为杨、柳、泡桐、臭椿和楸等，多营造为速生丰产林。

在高等植物中，山东有被子植物 2 100 多种，分属于 148 科、812 属，约占全国总数的 7%，虽不及南方或西南省区，但在北方各省中是最丰富的。其中双子叶（纲）植物有 1 640 余种，分属于 121 科、604 属，组成山东阔叶森林的乔木和灌木，都是双子叶植物。

山东现有单子叶（纲）植物 453 种，以禾本科、莎草科和百合科等种类最多，许多是重要的粮食作物、花卉和药用植物，经济价值很高。其中植物类中药材 700 多种。粮食和经济作物小麦、玉米、地瓜、大豆、谷子、高粱、棉花、花生、烤烟、麻类产量都在全国占有重要地位。还有豆科的黄芪、兰科的天麻、木兰科的小花木兰、榆科的青檀和伞形科的产于海边沙滩上的珊瑚菜等国家三级保护植物；以及青岛老鹳草、野生大豆、蜈蚣兰等 30 种珍稀、特有或濒危植物（图 1-12）。

## （三）动物

山东动物界属于华北区黄淮平原亚区，境内陆栖野生脊椎动物 450 种，占全国种数的 21%。其中兽类 55 种，鸟类计有 408 种和亚种，占全国鸟类的 32.8%，两栖类 9 种，爬行类 25 种，鱼类 345 种。陆栖野生动物中，陆栖无脊椎动物类群较多，以节肢动物的昆虫和蛛形类最为多见，特别是昆虫，种类繁多，居全国同类物种之首；陆栖哺乳类主要由啮齿类、翼手类、食虫类和一些小型肉食兽类所组成；鸟类区系以种类丰富、生态类型多样为特征，在山东境内繁殖的鸟类计 133 种，列入国家重点保护的一、二级珍稀鸟类就有 68 种和亚种。山东省内有陆栖和淡水爬行类 17 种，以较耐干旱的蛇类和蜥蜴类为主；两栖类种类明显贫乏，均属无尾两栖类，且多为华北地区习见种。水生动物门类比较齐全，资源丰富。淡水动物的主要类群为鱼、虾、蟹、螺、蚌等，淡水鱼 115 种，以鲤科温水性鱼为主。有海洋经济生物 600 多种，其中鱼类 260 种，贝类 90 种，其中对虾、扇贝、鲍鱼、刺参、海胆等海珍品的产量均居全国首位。在山东境内的动物中，属国家一、二类保护的珍稀动物有 71 种，其中国家一类保护动物有 16 种（图 1-13）。

图 1-12　山东省植被鸟瞰

图 1-13　山东水生动物

# 第二节　自然资源及其开发利用

## 一、水资源及其开发利用

### （一）水资源总量

山东省是农业、经济大省，也是水资源消耗大省。具有总量短缺、人均占有量少、时空分布不均、地表水和地下水联系密切、水生态脆弱、水灾害威胁等特点。

从水资源总量看，山东全省多年平均（根据 50 年以上实测资料）年降水量为 679.5 mm，折合水量 1037 亿 m³；多年平均河川径流量为 222.9 亿 m³，多年平均地下水资源量为 125.0 亿 m³，扣除重复计算量外，多年平均水资源总量为 303 亿 m³，仅占全国水资源总量的 1.1%。人均水资源占有量为 334 m³，仅为全国人均占有量的 14.7%，为世界人均占有量的 4.0%，位居全国各省（市、自治区）倒数第三位。远远低于国际公认的维持一个地区经济社会发展所必需的人均 1000 m³ 水资源量的临界值，属严重缺水地区。目前全省地表径流开发利用率已超过 50%，地下水年开采已达可开采总量的 95%。全省现状年水资源供需缺口为 39 亿 m³，枯水年水资源供需缺口为 49 亿 m³，特枯水年水资源供需缺口高达 65 亿 m³。2005 年缺口为 81 亿 m³，2010 年缺口达 124 亿 m³。

## （二）分布特点

### 1. 水资源地区分布不均匀

山东省各地降水量、径流量和水资源量差别较大，区域分布不均匀，总体分布趋势是从鲁东南沿海向鲁西北内陆递减，由南部向西北部递减。胶东半岛地区降水量可达 800 mm 以上，而鲁西北地区则低于 600 mm。年径流的地区变化则更为突出。东南沿海及泰沂山南麓，多年平均径流深为 260 mm 以上；而鲁西北平原和湖西平原，多年平均径流深只有 30～60 mm。

### 2. 水资源量时空分布变化剧烈，丰、枯水年交替出现和连丰、连枯的现象十分明显

如全省平均降水量丰水年（1964）为 1169.3 mm，年径流量 690.0 亿 m³；而枯水年（1981）降水量仅 445.5 mm，年径流量 53.9 亿 m³；降水量与径流量的丰、枯极值比分别为 2.62 和 12.8。"十一五"期间，2006 年属偏枯年，降水量 570.1 mm，比多年平均偏少 16.1%；而 2007 年属丰水年，降水量多达 936.3 mm，水资源总量是上年的 5 倍，比多年平均还多 60.12%。全省历年最大径流量为多年平均径流量的 303.3%，而历年最小径流量则仅为多年平均径流量的 23.7%，具有 60 年左右的丰枯变化周期。水资源的年内分配也具有明显的季节性。全年降水量的 3/4 和天然径流量的 4/5 集中在 6—9 月份，甚至是集中在一两次特大暴雨洪水之中，是造成山东洪涝、干旱等自然灾害频繁的根本原因，同时也给水资源开发利用带来很大的困难。

### 3. 黄河入境水量逐年下降

根据 1951—2005 年黄河高村水文站实测资料分析，进入山东黄河（高村水文站）年均水量为 363 亿 m³，年均来沙量 8.68 亿 t 左右。1986 年以来，由于受流域降雨丰枯变化和流域内引黄用水量逐年增加的影响，年来水量明显减少，平均水量每年仅 225.4 亿 m³，来沙量 4.05 亿 t。2001—2008 年，山东省高村站年均来水量 225.5 亿 m³，利津站年均来水量 161.1 亿 m³（1950—2005 年为 320.2 亿 m³）。由于水少沙多，径流年内多集中于汛期，泥沙大量淤积，河道年均升高 10 cm 左右，河床高于背河地面 4～6 m。

## （三）"十一五"水资源情势

"十一五"期间，山东省水资源开发利用的变化趋势有以下特征：一是水资源量分配不均，丰、枯年变化大；二是总供水量、总用水总量呈下降趋势，用水结构趋向合理，用水效率有所提高；三是总耗水量减少，但综合耗水率升高。

### 1．降水量

2010 年山东省平均年降水量约为 700 mm，较常年稍高。特点是雨季降雨明显偏多、强度大，平均降水量 474.9 mm，较常年同期偏多 119.0 mm，偏多 33%，但自 9 月以后基本无有效降雨，平均降水量 16.9 mm，较常年同期偏少 90.2%，是 1951 年以来同期最少值。2005—2010 年，全省降水量范围为 570.1～810.7 mm，平均年降水量 711 mm，比多年平均年降水量偏多 4.63%，且年际间变化剧烈。从按流域分布看，2009 年徒骇马颊河区和黄河花园口以下区比多年平均值分别偏多 20.4%、4.0%，山东半岛沿海诸河区和沂沭泗河区比多年平均值分别偏少 4.6%、1.3%（图 1-14、表 1-2）。

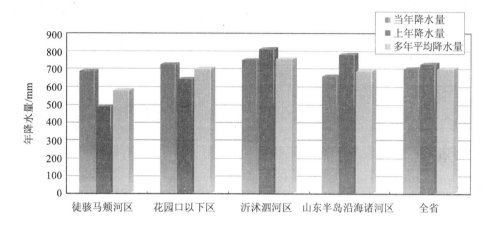

图 1-14　2008 年山东省各水资源二级区年降水量与上年及多年平均比较图

表 1-2　山东省"十一五"期间水资源及利用情况

| 年份 | 2005 | 2006 | 2007 | 2008 | 2009 | 2010 |
|---|---|---|---|---|---|---|
| 平均降水量/mm | 810.7 | 570.1 | 773.0 | 711.8 | 689.3 | 700 |
| 比上年增减/% | 5.3 | −29.7 | 35.6 | −7.9 | −3.2 | 1.6 |
| 比多年平均增减/% | 19.3 | −16.1 | 13.8 | 4.8 | 1.4 | 3.02 |
| 水资源总量/亿 m³ | 415.86 | 199.78 | 387.11 | 328.71 | 284.95 | 323.26 |
| 地表水资源量/亿 m³ | 295.85 | 109.56 | 280.19 | 228.96 | 173.80 | 219.82 |
| 大中型水库蓄水总量/亿 m³ | 51.46 | 37.64 | 49.50 | 46.08 | 36.78 | |
| 淡水区地下水资源量/亿 m³ | 213.91 | 146.27 | 197.95 | 180.59 | 180.87 | |
| 平原区浅层地下水开采量/亿 m³ | 69.21 | 71.13 | 71.95 | 70.94 | 66.71 | |
| 平原区浅层地下水漏斗区面积/km² | 11 512.3 | 14 518 | 12 658 | 13 071 | 13 119 | |
| 总供水量/亿 m³ | 211.03 | 225.83 | 219.55 | 219.89 | 219.99 | |
| 地表水源供水量/亿 m³ | 106.70 | 119.77 | 115.59 | 115.51 | 119.62 | |
| 地下水源供水量/亿 m³ | 102.67 | 103.90 | 101.98 | 101.23 | 97.05 | 101 |
| 海水直接利用量/亿 m³ | 17.08 | 26.33 | 31.00 | 33.40 | 54.97 | |
| 总用水量/亿 m³ | 211.03 | 225.83 | 219.55 | 219.89 | 219.99 | |
| 工业用水量/亿 m³ | 21.76 | 22.54 | 24.12 | 24.69 | 24.70 | |
| 生活用水量/亿 m³ | 21.39 | 21.55 | 23.02 | 23.76 | 24.12 | |
| 总耗水量/亿 m³ | 134.74 | 145.96 | 144.21 | 145.29 | 146.23 | |
| 工业耗水量/亿 m³ | 8.62 | 9.78 | 10.73 | 11.27 | 11.82 | |
| 城镇生活耗水量/亿 m³ | 3.30 | 3.32 | 3.78 | 4.34 | 4.40 | |
| 综合耗水率/% | 63.8 | 64.6 | 65.7 | 66.1 | 66.5 | |

## 2．地表水资源量

2009 年，山东省地表水资源量为 173.80 亿 m³，比多年平均偏少 12.3%。水资源流域除徒骇马颊河区比多年平均值明显偏多 55.6%以外，山东半岛沿海诸河区、沂沭泗河区和花园口以下区比多年平均值分别偏少 26.7%、11.2%和 3.1%（图 1-15）。2005—2009 年，全省水资源总量 199.8 亿~415.9 亿 m³，平均为 323.26 亿 m³，比多年平均值偏高 5.7%，且年际间分布不均。

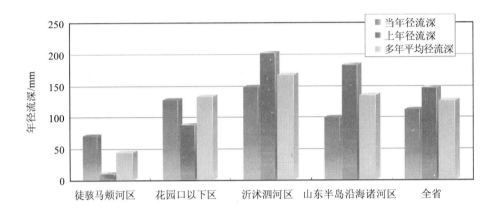

图 1-15　2009 年山东省水资源二级区地表水资源量与上年及多年平均比较图

## 3．大中型水库蓄水动态

2009 年年末山东省大中型水库蓄水为 36.78 亿 m³，比年初减少 9.30 亿 m³；其中 33 座大型水库年末蓄水总量为 25.76 亿 m³，比年初减少 4.02 亿 m³（图 1-16）；低于 2005—2009 年平均值 44.29 亿 m³。

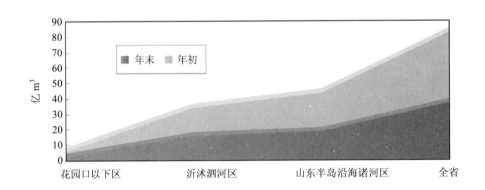

图 1-16　2009 年山东省各水资源二级区大中型水库年初、年末蓄水量对比图

## 4．供水量

2009 年，山东省总供水量为 219.99 亿 m³。其中地表水源供水量 119.62 亿 m³，地下水源供水量 97.05 亿 m³，其他水源供水量 3.33 亿 m³；海水直接利用量 54.97 亿 m³（图 1-17）。

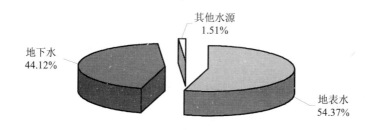

**图 1-17 2009 年山东省供水总量分类图**

### 5. 用水量

2009 年，山东省总用水量为 219.99 亿 m³。其中，工业用水量 24.70 亿 m³，居民生活用水量 24.12 亿 m³。总用水量与 2008 年比较接近，仅增加 0.10 亿 m³，各项用水量均变化不大（图 1-18、表 1-3）。

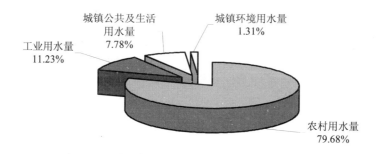

**图 1-18 2009 年山东省实际年用水量分类**

**表 1-3 山东省流域分区年用水量表（2009 年）** 单位：亿 m³

| 流域分区\项目 | 海河流域 | 黄河流域 | 淮河流域 | |
|---|---|---|---|---|
| | 徒骇马颊河区 | 花园口以下区 | 沂沭泗河区 | 山东半岛沿海诸河区 |
| 农田灌溉用水量 | 46.09 | 8.54 | 51.60 | 34.88 |
| 林牧渔畜用水量 | 5.90 | 2.18 | 7.01 | 5.39 |
| 工业用水量 | 3.58 | 2.09 | 7.54 | 11.49 |
| 城镇公共用水量 | 0.64 | 0.59 | 1.16 | 3.25 |
| 居民生活用水量 | 3.73 | 1.84 | 8.31 | 10.24 |
| 生态环境用水量 | 0.45 | 0.37 | 0.82 | 2.29 |
| 合计 | 60.39 | 15.61 | 76.44 | 67.55 |

### 6. 耗水量

2009 年，全省总耗水量为 146.23 亿 m³，综合耗水率为 66.5%。其中农田灌溉耗水量 100.18 亿 m³；农村生活耗水量 10.04 亿 m³；林牧渔畜耗水量 14.48 亿 m³；工业耗水量 11.82 亿 m³；城镇公共耗水量 3.12 亿 m³，城镇生活耗水量 4.40 亿 m³（图 1-19）。

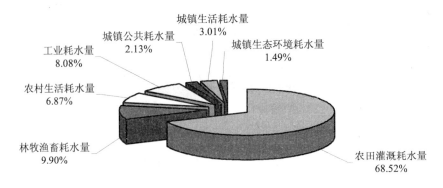

图 1-19  2009 年山东省实际耗水量分类图

"十一五"期间，山东省 GDP 年均增长 10% 以上，而全省年均总用水量 221.35 亿 $m^3$，其中工业用水量 24.01 亿 $m^3$，生活用水量 23.11 亿 $m^3$，分别占总用水量的 10.85%、10.44%。用水量年均递增率–0.87%，其中工业用水量递增率为 3.1%，生活用水量递增率为 3.83%。全省万元 GDP 取水量从 178 $m^3$ 下降到 72 $m^3$，下降了 60%，是全国平均值的 34%；工业用水重复利用率从 73% 提高到 89%，万元工业增加值取水量从 62 $m^3$ 降低到 17 $m^3$，下降了 72.6%；农田灌溉水有效利用系数从 0.53 提高到 0.6，高出全国平均水平 10 个百分点；超额完成"十一五"规划的目标。

（四）"十二五"水资源利用趋势

以目前用水水平及水资源保障现状测算，到 2020 年山东省总需水量 351 亿 $m^3$，缺水 63 亿 $m^3$；到 2030 年总需水量 368 亿 $m^3$，缺水 77 亿 $m^3$。即使采取海水淡化等方式开发新水源、利用中水等非常规水源、实施跨流域从省外调水等措施后，到 2020 年、2030 年仍有 44 亿 $m^3$、47 亿 $m^3$ 的缺口，水资源短缺将是未来山东经济社会可持续发展的最大制约"瓶颈"。

"十二五"期间，山东省于 2011 年颁布了《山东省用水总量控制管理办法》，建立实施最严格的水资源管理制度，严格控制住用水总量、用水效率、纳污容量三个关口；加快建成现代化水网、防汛抗旱保障、雨洪水资源利用、水生态、节水型社会管理和水利信息化等六大体系，基本实现水利现代化。大幅度提升城乡供水保障能力，年供水能力达到 300 亿 $m^3$，基本满足一般年份经济社会发展用水需求；大幅度提升防洪抗旱减灾能力，基本完成规划内重点中小河流重要河段治理任务，重点城市达到 100 年一遇以上防洪标准；大幅度提升农田水利建设水平，初步建成旱能浇、涝能排的农田灌排系统；大幅度提升水系生态质量，基本实现地下水采补平衡；大幅度提升节水型社会管理水平；大幅度提升水利科技与信息化水平，让科技创新能力明显增强。

## 二、土地资源及其开发利用

### （一）土地资源状况

山东省现有土地总面积 1 571.26 万 $hm^2$（截至 2009 年），约占全国总面积的 1.6%，居全国第 19 位。人均土地面积 0.17 hm²，居全国第 27 位，不到全国人均土地值的 20%。人均耕地 0.082 hm²，仅为全国平均水平的 89%，有 5 个市、47 个县（市、区）人均耕地低于 0.067 hm²，可供开发为耕地的后备资源不足。各种土地类型中，其中平原和盆地占62.72%，山地占 15.51%，丘陵占 13.19%，滨海低地和滩涂占 5.34%，现代黄河三角洲占3.24%。土壤类型以褐土、棕壤和潮土为主，大部分为优质可耕作土壤。另外，沼泽面积600 hm²，湖泊面积 12.9 万 hm²，滩涂面积 25.4 万 hm²。

### （二）利用特点

#### 1. 土地垦殖率高

全国土地垦殖率约为 14%，而山东省约为 49%，居全国第一位。按地域分，平原地区垦殖率高，山地丘陵区垦殖率次之，黄河三角洲地区垦殖率最低。

#### 2. 土地利用结构中农用地和耕地比例较大

山东省农用地面积为 1 158.7 万 hm²，占全省土地总面积的 73.7%，主要分布在鲁东丘陵地区和鲁中南山区和鲁西北平原；其中耕地面积 750.5 万 hm²，占农用地总面积的 64.8%，占全省土地总面积的 47.76%，占全国耕地面积的 7.1%。全省划定基本农田面积 667 万 hm²，占耕地总面积的 88.8%。

#### 3. 土地承载较重，后备资源不足

山东省土地生产力水平较高，粮食、蔬菜、水果、油料等农产品总产量居全国第一位。全省人口密度为 579 人/km²（2009 年），为全国人口密度 138 人/km² 的 4.2 倍；以占全国 1.6% 的土地，养育着占全国 7.07% 的人口。尽管强化了土地节约集约利用机制，耕地保护与经济建设用地仍矛盾突出，耕地减少的趋势还将继续。"十一五"末，建设用地 246.2 万 hm²，占土地总面积的 15.7%；未利用地 166.34 万 hm²，占土地总面积的 10.6%（图 1-20、表 1-4）。土地整理、复垦、开发增加农用地 20.56 万 hm²，其中增加耕地 14.93 万 hm²，超过"十五"计划的 2 倍。

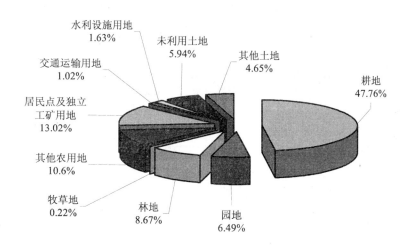

**图 1-20 山东省全省土地利用现状示意图（单位：hm²）**

表 1-4　山东省"十一五"土地开发利用现状

| 开发利用土地类型 | 年份 | 利用面积/万 hm² | 占土地总面积/% |
|---|---|---|---|
| 农用地 | 2000 | 1 003.87 | 64 |
| | 2009 | 1 158.7 | 73.7 |
| 　其中：耕地 | 2000 | 767.07 | 49 |
| | 2009 | 750.4 | 47.8 |
| 　　　园地 | 2000 | 101.53 | 6.5 |
| | 2009 | 102.0 | 6.5 |
| 　　　林地 | 2000 | 103.70 | 8.3 |
| | 2009 | 136.3 | 8.7 |
| 　　　牧草地 | 2000 | 4.20 | 0.3 |
| | 2009 | 3.4 | 0.22 |
| 建设用地 | 2000 | 408.40 | 26 |
| | 2009 | 246.23 | 15.7 |
| 　其中：城乡居民点及工矿用地 | 2000 | 178.80 | 11.4 |
| | 2009 | 204.51 | 13 |
| 　　　交通用地 | 2000 | 48.70 | 3 |
| | 2009 | 16.17 | 1.02 |
| 其他建设用地 | 2000 | 156.87 | 10.8 |
| | 2009 | 25.6 | |
| 开发利用土地总面积 | 2000 | 1 412.67 | 90 |
| | 2009 | 1 571.26 | |
| 未利用土地 | 2000 | | |
| | 2009 | 16.63 | 10.6 |

### 4. 山东省"十一五"土地开发利用的主要预期指标

耕地保有量不低于 735 万 hm²；基本农田不少于 667 万 hm²；新增建设用地总量控制在 13.3 万 hm² 以内，其中占用耕地控制在 10 万 hm² 之内；土地开发、整理和复垦补充耕地 12.9 万 hm²。2006—2010 年，全省耕地保有量 750.4 万 hm²；累计整理复垦开发土地 60.8 万 hm²，增加耕地 14.13 万 hm²，治理采煤塌陷地 12.67 万 hm²，开发黄河故道滩区未利用地 4.6 万 hm²。

## 三、矿产资源及其开发利用

### （一）矿产资源储量

山东省是我国查明矿产资源储量比较丰富的省份，在全国占有较重要的地位。截至 2006 年年底，全省已发现各类矿产 150 种，查明资源储量的有 81 种（全国已发现 172 种矿产，探明储量的矿产有 159 种）。其中能源矿产（石油、天然气、煤、地热等）7 种；金属矿产（金、铁、铜、铝、铅、锌等）24 种；非金属矿产（石墨、石膏、滑石、金刚石、蓝宝石等）47 种；水气矿产（地下水、矿泉水等）3 种。已探明矿产地 1 940 处。山东是我国矿业大省、经济大省，同时又是我国重要的能源和黄金生产基地。采矿历史悠久，矿业在山东省国民经济和社会发展中发挥着重要的基础性作用，目前全省 95% 的一次性能源和 80% 的原材料依靠开发矿产资源提供（图 1-21）。

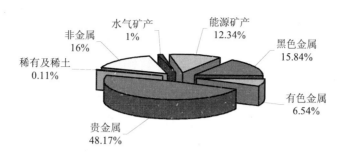

图1-21 山东省矿产资源勘察证按矿种统计分布图

## （二）蕴藏特点

### 1. 矿产种类较多、资源储量大、资源配置程度高，但人均矿产资源占有量偏少

山东省矿产种类较齐全，列全国前10位的矿产有58种，前5位的有35种。国民经济赖以发展的15种支柱性重要矿产均有分布，能源、金属、非金属和水气等各类矿产比较齐全。其中自然硫、石膏、玻璃用砂岩、饰面用辉长岩、饰面用花岗石、陶粒用黏土、水泥配料用黏土等9种矿产居全国第1位；金矿、金刚石菱镁矿、钴、铪、透辉石、制碱用灰岩等8种矿产居全国第2位；石油、晶质石墨、钾盐、溴等5种矿产居全国第3位。保有储量占全国比例较高的矿产有：石油（13.34%）、金矿（12.93%）、金刚石（46.59%）、石膏（64.29%）、晶质石墨（7.40%）、饰面石材（20.12%）、玻璃用砂岩（23.64%）、陶瓷土（11.64%）。此外，煤、铁、铝土矿探明储量也较丰富。山东省保有资源储量约占全国3.43%，已探明的矿床约50%为含有伴生矿或共生矿的综合矿，资源配置程度高，单位面积资源丰度较高，保有资源储量潜在总值居全国第7位。人均矿产资源占有量相当于全国人均值的49%，居全国第11位。

### 2. 查明的矿产地较多，但以中小型矿为主，贫矿、难采及选矿产较多

在查明有资源储量的1940处矿产地中，中小型矿床占80%以上；探明的矿产多为共（伴）生矿产，其中以金属矿产居多；许多重要矿产多为贫矿、难采或选矿。如60%以上的铁矿和大多数铜、铅、锌、铝矿，以及磷矿、硫铁矿、自然硫、钾盐等矿产均属于贫矿或开采条件很差的资源。

### 3. 矿产资源分布广泛，地域性差异明显

全省17个地市均有矿产资源分布，但矿产分布不均匀，不同地区矿产资源丰富程度差异较大。胶东主要分布有贵金属、有色金属及部分非金属矿产，鲁中主要蕴藏有黑色金属、冶金辅助原料、化工原料、建材及其他非金属矿产，鲁西北蕴藏丰富的石油、天然气、天然卤水矿产；鲁西南以丰富的煤炭资源为优势；毗邻海域主要分布有石油、天然气、煤、天然卤水及滨海砂矿。

### 4. 主要成矿区带深部矿产资源潜力巨大，远景可观

## （三）"十一五"开发利用成效

### 1. 资源勘探取得突破

2006—2010年，矿产资源利用现状调查完成核查矿区的90%，山东省查明资源储量金

1046t、铁 29 亿 t 和煤 54 亿 t，分别是"十五"期间的 8.7 倍、8.5 倍和 1.4 倍。

**2．矿产资源开发利用日益规范**

调整优化矿产资源开发规模和布局，全省矿山数量由 9015 个压减到 4806 个，压减比例超过 45%，比 2000 年减少 14.37%，超额完成了国家、省确定的压减指标；矿产资源综合利用率和集约化水平进一步提高，煤、金、铁等重要资源回收率提高了 3%以上，开展综合利用的矿山企业达到 60%以上，共、伴生矿产综合利用率提高了 4 个百分点。

**3．矿山安全生产和生态环境进一步优化，累计投入 30 多亿元对破损山体、采矿塌陷、废弃矿井等历史遗留问题进行了治理**

## 四、森林资源及开发利用

### （一）"十一五"林业发展状况

山东省是全国森林资源严重缺乏的省份之一，森林资源仅占全国的 1%左右，处于下游水平。2005 年年底，山东省拥有林地面积达 293.3 万 $hm^2$，林木蓄积量 8 800 万 $m^3$。到 2010 年，山东省拥有森林总面积 358.24 万 $hm^2$，人均森林面积 0.038 $hm^2$。主要是经济林、防护林和用材林，山区林地以松柏为主，平原以杨树为主，苗木面积达 8.4 万 $hm^2$，活立木储积量近 5.7 亿 $m^3$；森林覆盖率达到 22.8%。林业产业持续快速发展，产业化水平不断提升。林业总产值达到 1 560 亿元，跃居全国前列，同比增长 57.6%，增幅全国第一。

"十一五"期间，全省以水系生态工程建设为抓手，全面扎实推进荒山绿化、平原绿化和村镇绿化、沿海防护林、防沙治沙等国家林业重点工程，加强生态建设成效显著。累计完成造林 89.575 万 $hm^2$。新建经济林和花卉示范基地 42 个，面积 0.26 万 $hm^2$；国家黄河故道沙化土地林业建设山东项目区累计完成投资 2.2 亿元，累计完成营造防护林 0.91 万 $hm^2$，治理沙化土地 0.91 万 $hm^2$，项目区提高森林覆盖率 1.0 个百分点，新增林业产值 10.9 亿元，防沙治沙示范初显成效（表 1-5）。

表 1-5  山东省"十一五"期间造林面积情况                   单位：$hm^2$

| 年份 | 造林总面积 | 按造林方式分 | | 按林种用途分 | | | | |
| --- | --- | --- | --- | --- | --- | --- | --- | --- |
| | | 人工造林 | 飞机播种 | 用材林 | 经济林 | 防护林 | 薪炭林 | 特种用途林 |
| 2005 | 141 141 | 141 141 | | 47 470 | 42 674 | 49 559 | 633 | 805 |
| 2006 | 134 423 | 134 423 | | 40 421 | 34 252 | 59 193 | 7 | 550 |
| 2007 | 156 738 | 156 738 | | 49 409 | 26 971 | 68 046 | 66 | 254 |
| 2008 | 185 575 | 184 928 | | 69 516 | 25 947 | 89 726 | 20 | 366 |
| 2009 | 182 171 | 180 529 | | 42 463 | 26 172 | 113 067 | | 469 |
| 2010 | 200 667 | | | | | | | |

### （二）"十二五"林业发展思路和目标

"十二五"时期，山东省将按照"生态优先、产业支撑、文化引领"的发展思路，坚持产业发展和资源培育相结合、技术创新和淘汰落后产能相结合、龙头带动和集群化发展相结合、国内市场与国外市场相结合、宏观引导和因地制宜相结合、财政投入和社会投入相结合的原则，走生态建设产业化、产业发展生态化的路子，以兴林富民为目标，以转变发展方式和优化产业结构为主线，突出区域特色，加快发展优势产业，大力培植特色产业，积极拓展外向型产业，依靠技术进步，加强政策扶持引导，全面提升林业产业化经营水平，推动林业产业大省向产业强省转变。到2015年，建立高效特色林业基地1500万亩，其中林纸、林板一体化工业原料林基地500万亩，特优新经济林基地500万亩，鲁东丘陵150万亩高档果品出口加工生产基地，鲁中山地建设150万亩优质干鲜果生产基地，鲁南山区建设120万亩优质杂果生产基地，鲁西北平原建设80万亩特色果品生产基地。木本粮油、药材和生物质能源林基地建设工程500万亩。立体林业经营面积发展到600万亩，林产品进出口总额年均增长15%以上，林业产业总产值年均增长10%以上，产业结构进一步优化。全省森林公园数量达到215处，经营面积600万亩；湿地公园达到49处，面积126万亩。积极发展木材加工、果品储藏加工、种苗和花卉、森林生态旅游产业集群。

## 五、名胜古迹及旅游资源

### 1. 人文资源

山东省历史文化源远流长，是"大汶口文化"和"龙山文化"的发祥地，素称齐鲁文化之邦。文物古迹众多，山川风光秀丽，人杰地灵昌达，文化独具特色，旅游资源丰富。山东诞生了中华民族的人文始祖轩辕黄帝，还出现过一批至今仍然对中华文化产生重要影响的历史名人。思想家、教育家孔子，不仅成为中国传统文化的支柱，在世界上也产生了重大影响。古代军事家孙武，至今仍然是中外军界和商界推崇的经典。亚圣孟子、科圣墨子、书圣王羲之、医圣扁鹊、工圣鲁班、农圣贾思勰、智圣诸葛亮、世界短篇小说之王蒲松龄等也都出生在山东。

### 2. 自然与文化遗产

全省具有"泰山"、曲阜"三孔"两处世界级自然文化遗产。世人誉为"五岳之尊"的泰山，以其雄浑博大的气势和丰富灿烂的文化，被联合国教科文组织列入世界自然文化遗产清单；被誉为"东方圣城"的孔子故乡曲阜市，由古代供祭祀孔子的孔庙、孔子嫡系后裔居住生活的孔府和世界规模最大、保存年代最久的人造园林——孔子家族墓地孔林组成的"三孔"，也被联合国教科文组织列为世界文化遗产。

### 3. 旅游资源

"十一五"期间，山东旅游资源开发利用发展迅速。到2010年为止，全省拥有各级重点文物保护单位4107处，其中全国重点文物保护单位101处，省级397处；历史文化名城14座，其中国家历史文化名城7座。全省旅游景区近千处，A级旅游景区已达458家。其中5A级景区6家，新增3家；4A级景区109家，新增34家。省级旅游度假区23家，新增8家；国家级自然保护区7处，国家森林公园36处，国家地质公园6处，国家级非物质文化遗产78项。基本形成了特色突出的六大旅游产业体系：一是济南、泰安、曲阜延伸到邹城的"山水圣人"旅游区；二是以青岛、烟台、威海为一体的海滨旅游区；三是以潍坊市区为中心，以风筝、杨家埠木版年画、民俗风情为主体的民俗旅游区；四是以淄博齐国故城、殉马坑、蒲松龄故居为主体的齐文化旅游区；五是以黄河入海奇观和原始风貌为特征的东营黄河口旅游区；六是以水浒故事为主线，梁山、阳谷为重点的"水浒"旅游线。还推出曲阜国际孔子文化节、潍坊国际风筝会、泰山国际登山节等旅游节庆活动，开办了孔子文化游、孔子家乡修学旅游、齐鲁民俗旅游、书法旅游、烹饪旅游、钓鱼旅游等30多项专项旅游活动（图1-22）。

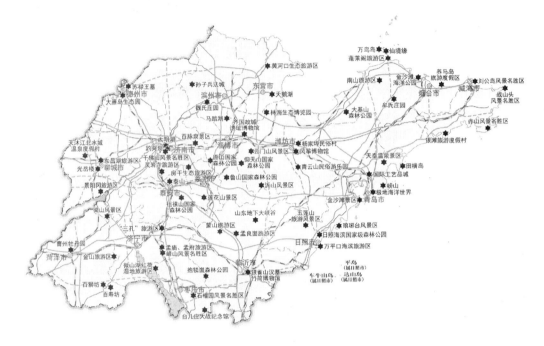

**图1-22　山东省名胜古迹及旅游资源分布图**

### 4．主要城市旅游资源

山东省会济南市是一座历史悠久的古城，以"泉城"闻名于世。"家家泉水，户户垂杨"、"四面荷花三面柳，一城山色半城湖"的美景名扬四海。趵突泉、千佛山、大明湖号称济南三大名胜，灵岩寺、红叶谷为泉城增光添彩。济南素有七十二泉之说，趵突泉为各泉之冠，被誉为"天下第一泉"，有三股大如车轮的泉水平地涌出，如滚如沸，"声若殷雷"；趵突泉周围还有金线泉、漱玉泉、柳絮泉、皇华泉、卧牛泉等泉池。我国宋代女词人李清照纪念堂坐落于漱玉泉北面。此外，还有珍珠泉、黑虎泉、五龙潭等著名泉水。千佛山古称历山，传说虞舜为民时曾在山下耕种，故又有舜耕山之称，悬崖峭壁上遍布隋代以后镌刻的石刻造像。登上一览亭，可观济南全景。大明湖系众泉水汇集而成，早在宋代就是游览胜地。环湖亭台楼阁，曲槛画廊，湖中碧波浩渺，点点绿州。四门塔位于济南南郊、琨瑞山麓，为我国现存最古老的单层石塔。灵岩寺在长清县境内，古迹荟萃，景色幽美。著名的千佛殿、辟支塔、大雄宝殿、墓塔林等，均为人们必游的地方。

青岛市是一座美丽的海滨城市，是著名的"青岛啤酒"产地，是2008年北京奥运伙伴城市。冬无严寒，夏无酷暑，气候宜人，为避暑疗养游览胜地。前海栈桥、小青岛、鲁迅公园和第一海水浴场连成高雅别致的山光水色。海产博物馆是一座古典城堡式建筑，展出上千件海洋生物标本。水族馆养殖着各种鱼、虾、贝类。崂山为中国古代道教圣地之一，主峰崂顶，海拔1133 m，有九宫、八观、七十二庵之说。山间奇花异草，古木参天。下清宫、上清宫、北九水、潮音瀑、太平宫等，均为著名的游览场所。

淄博市被称为"陶瓷之都"、"石化之城"，是中国五大瓷都之一。齐国故城临淄是2800

多年前规模最大的古城，齐文化的发源地。现城内外保留有齐国古城墙、桓公台、晏婴墓、管仲墓、桓公墓及 150 多座封土古冢等，东周殉马馆、齐国历史博物馆等文物古迹浩繁丰富，被考古学家称为"规模最大的地下博物馆"。清朝小说家蒲松龄故居，坐落在淄川区蒲家庄，不朽名著《聊斋志异》脍炙人口，蜚声中外。淄博南部溶洞、原山国家森林公园、陶瓷博物馆等均景致无穷。

烟台市位于胶东半岛北端，山清水秀，果香鱼肥，历来有"人间仙境"、"黄海明珠"之称。名胜古迹和风景游览区主要有芝罘岛、毓璜顶、烟台市博物馆、烟台山、西炮台、南山公园等。蓬莱阁海滨夏秋时有"海市蜃楼"奇景出现。阁下有水城，明朝英雄戚继光曾在此镇守海防。

威海市是一座小巧玲珑的海湾小城，是甲午海战之地，也是联合国评定的"最适合人类居住的范例城市"。刘公岛位于威海港出口中央，形势险要。岛上现有北洋水师提督署、炮台、制造局、弹药库、水师学堂、铁码头、靶场、船坞等遗迹。环翠楼建于威海市内，登楼鸟瞰，小城姿色尽收眼底。

潍坊市历史悠久，是著名的国际风筝都。大型国际风筝会、杨家埠木版年画乡土气息浓厚，民俗风情特色浓郁；名胜古迹主要有临朐山旺古生物化石自然保护区。青州驼山、云门山石窟造像、北宋范公亭等名胜古迹尚存。历史文化名城青州龙兴寺出土的 1 000 多年前的窖藏佛教造像，被称为 20 世纪中国考古十大发现之一。

济宁市曲阜是孔子的桑梓之邦，素以悠久的历史、灿烂的文化而蜚声中外。城东近郊有"五帝"之一的少昊陵；城东南的尼山夫子洞传为孔子出生地；邹县是孟子的故乡，现尚存孟庙、孟府、孟林；济宁市太白楼，传为唐代诗人李白游任城时饮酒处；微山湖十万亩荷花，令人叹为观止。

## 六、自然保护区建设

山东省自然保护区建设起始于 20 世纪 80 年代，1980 年建立了第一个自然保护区——临朐山旺国家级自然保护区。截至目前，全省共建立自然保护区 76 个，总面积约 124.2 万 hm²，占全省陆地总面积的 7.91%。基本形成了布局比较合理、类型比较齐全、具有一定管理水平的自然保护区体系。

全省已建立的自然保护区按行政建设与管理职能划分：其中国家级自然保护区 7 个，分别是马山自然保护区、黄河三角洲自然保护区（图 1-23）、长岛自然保护区、山旺古生物化石自然保护区、滨州贝壳堤岛与湿地自然保护区、荣成大天鹅自然保护区、昆嵛山自然保护区，面积 24.2 万 hm²；省级 29 个，面积 53 万 hm²；市级 18 个，面积 33.1 万 hm²；县级 22 个，面积 14 万 hm²。

按保护对象划分：其中以森林生态系统和野生动植物为主要保护对象的自然保护区 45 个，面积 31.94 万 hm²；以内陆湿地生态系统和珍稀水禽栖息地为主要保护对象的自然保护区 13 个，面积 60.74 万 hm²；以近岸海洋、岛屿、内陆水域和水生生物为主要保护对象的自然保护区 10 个，面积 30.18 万 hm²；以地质遗迹和地质地貌景观为主要保护对象的自然保护区 8 个，面积 1.39 万 hm²。全省自然保护区面积占国土面积的 7.91%。

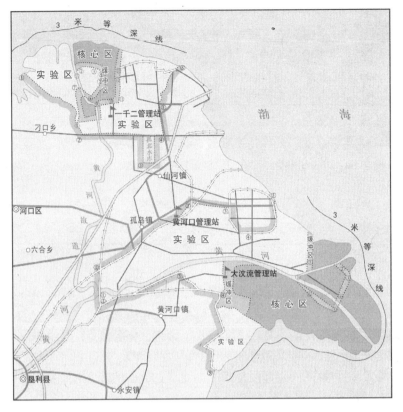

图 1-23　山东黄河三角洲自然保护区示意图

◎ 专栏资料

## 南水北调工程（山东段）

（一）工程简介

南水北调东线工程南起长江北岸的江苏省江都市，利用江苏江水北调工程抽引长江水，利用京杭大运河及与其平行的河道，经江苏、山东、河北调长江水至京津地区，将长江、淮河、黄河、海河四大水系连接贯通。通过 13 级泵站逐级提水北送，并连接起调蓄作用的洪泽湖、骆马湖、南四湖、东平湖。出东平湖后分两路输水：一路向北，在位山附近经隧洞穿过黄河，向北经现有河道进入南运河，通过衡水、沧州自流到天津。从长江到天津输水河道总长 1156 km，其中黄河以南 660 km，需建设 13 级泵站，总扬程 65 m；黄河以北 490 km；输水渠道的 90% 可利用现有河道和湖泊。另一路向东，通过胶东地区输水干线经济南到烟台、威海，全长 704 km（图 1-24）。

东线工程的总调水规模为抽江水量 148 亿 $m^3$（流量 800 $m^3/s$），过黄河水量 38 亿 $m^3$（流量 200 $m^3/s$），向胶东地区供水 21 亿 $m^3$（流量 90 $m^3/s$）。东线工程主要供水目标，是解决、补充津浦铁路沿线和胶东地区的城市缺水以及苏北、鲁西南、鲁北和河北东南部地区的农业缺水，以及天津市的部分城市用水。东线工程分三期实施。

**图 1-24 南水北调东线工程示意图**

　　第一期工程：主要向江苏和山东两省供水。工程规模为：抽江规模 500 m³/s，多年平均抽江水量 89 亿 m³；调水入东平湖 10 亿 m³ 左右。其中向胶东地区年供水量 9 亿 m³，供黄河以北水量 5 亿 m³。2001—2002 年开工建设，工程工期为 5 年。

第二期工程：扩建、延长输水线路至河北东南部和天津市，扩建黄河以南部分工程，继续完成东线治污工程。第二期工程扩大抽江规模至 600 m³/s，多年平均抽江水量达 106 亿 m³，其中向黄河以北年供水量达 21 亿 m³。工程工期为 3 年，2010 年左右建成。

第三期工程：在进一步稳定全线水质达到国家地表水环境质量Ⅲ类水标准外，继续扩大抽水和输水规模，抽江规模扩大至 800 m³/s，多年平均抽江水量达 148 亿 m³，其中向胶东地区供水量达 21 亿 m³，过黄河水量为 38 亿 m³，向城市供水约 20 亿 m³。工程工期 5 年，预计在 2030 年左右建设。

东线调水工程的目的是解决黄淮海平原东部地区的缺水问题。调水北送任务外，还兼有防洪、除涝、航运等综合效益，也有利于我国重要历史遗产京杭大运河的保护。

（二）东线工程水污染防治

南水北调东线工程的主要生态环境问题是水质污染严重、难以保证京津生活用水水质、渠道两侧地下水位升高引起的浸没和土壤盐碱化等问题。一期工程的重点是以江苏、山东两省污水治理为主，加强水污染防治，形成"治理、截污、导流、回用、整治"的治污工程体系，在东线工程受水区、输水区及其相关水域内，分别实施清水廊道工程、用水保障工程及水质改善工程。规划建 369 项工程，其中城市污水处理 135 项、截污导流 33 项、工业结构调整 38 项、工业综合治理 150 项、流域综合整治 13 项；总投资 240 亿元，其中第一期工程为 140 亿元。经治理后，输水干线和用水规划区的水质可达到国家地表水环境质量Ⅲ类标准。完成治污及截污导流项目，于 2007 年底前实现东平湖水体水质稳定达到国家地表水环境质量Ⅲ类水标准的目标。

南水北调东线一期山东段共 11 个单项、54 个设计单元工程。其中中水截蓄导用工程是"治、用、保"水污染综合防治体系的组成部分，主要作用是将污染治理达标后的中水进行截、导、蓄、用，在调水期间不进或少进入调水干线，以保证干线工程输水水质是"治、用、保"水污染综合防治体系的组成部分。工程主要建设内容包括 21 个单元工程，涉及南水北调东线 17 个污染控制单元，分散在 7 个市、30 个县（市、区）。截至 2010 年，《南水北调东线工程山东段控制单元治污方案》确定的 324 个治污项目已完成 308 个，其余 16 个也已全部开工建设，沿线水质显著改善。2010 年沿线高锰酸盐指数和氨氮平均浓度与基准年 2002 年相比，分别降低了 70.4% 和 90.5%；9 个干线测点全部达到地表水Ⅲ类标准，20 个支流测点有 11 个达到国家治污规划要求；南四湖、东平湖流域主要入湖河流均已稳定恢复鱼类生长。

◎ **专栏资料**

## 黄河三角洲高效生态经济区开发建设

广义黄河三角洲指北至天津市,南至废黄河口,西起河南省巩义市以东黄河冲积泛滥地区;狭义或者说现代黄河三角洲指 1855 年以来黄河冲积作用形成的冲积扇。一般指以利津为顶点,北到徒骇河口,南到小清河口的扇状地形,主体在山东省东营市境内的呈扇状三角形的地区,面积 5450 km²。

黄河三角洲的形成是黄河尾闾摆动的结果。黄河携带着黄土高原的大量泥沙归海,在入海的地方由于海水顶托,流速缓慢,大量泥沙便在此落淤,填海造陆,经过千百年变化形成三角洲。黄河尾闾从 1855 年在兰考铜瓦厢决口北徙,由原来注入黄海改注入渤海,由于泥沙淤积,河床变高,排洪不畅,或凌汛冰塞壅水或人为原因,入海水道经常改变,已知的改道大致有 26 次,平均约 8 年改道一次。现在的黄河入海口是 1976 年 5 月形成的,位于渤海湾与莱州湾之间,是一个陆相弱潮强烈堆积性的河口。其特点是水少沙多,泥沙大部分不能外输。据水文资料记载,黄河口多年平均径流量 420 亿 m³,多年平均输沙量 12 亿 t,由于潮流弱,搬运能力差,使约 40% 的入海泥沙在河口和滨海区"安家落户",平均每年造陆 31.3 km²,海岸线每年向海内推进 390 m。

黄河三角洲地理区位条件优越。北依渤海,东靠莱州湾;北邻京津冀都市圈,和辽宁沿海经济带隔海相望,是环渤海地区的重要组成部分;向西可连接广阔中西部腹地,向南通达长江三角洲北翼;东连胶东半岛;向东出海与东北亚各国邻近,战略地位十分重要。

黄河三角洲自然资源丰富,土地资源优势突出。截至 2008 年年末,区内人均土地面积约 0.27 hm²;拥有未利用地近 53.3 万 hm²,人均未利用地 0.81 亩,比我国东部沿海地区平均水平高近 45%。是我国东部沿海土地后备资源最多的地区。未利用地集中连片分布,其中盐碱地 18 万 hm²,荒草地 9.87 万 hm²,滩涂 14.1 万 hm²,另有浅海面积近 100 万 hm²,黄河冲积年均造地 0.1 万 hm²,山东省已探明储量的 81 种矿产中,该地区有 40 多种,石油、天然气地质储量分别约为 50 亿 t 和 560 亿 m³;地下卤水静态储量约 135 亿 m³,岩盐储量 5900 亿 t,是全国最大的海盐和盐化工基地。湿地生物资源丰富,区内水生生物资源有 800 多种,各种鸟类约 187 种,其中国家重点保护野生动物丹顶鹤、白头鹤、白鹳、金雕、大鸨、大天鹅、小天鹅、灰鹤、蜂鹰等 32 种。是我国最后一个尚未全面开发的大河三角洲。2009年国务院批复《黄河三角洲高效生态经济区发展规划》,将黄河三角洲的发展上升到国家战略。

根据山东省政府《黄河三角洲高效生态经济区发展规划》,黄河三角洲高效生态经济区地域指东营和滨州两市全部以及与其相毗邻,自然环境条件相似的潍坊北部寒亭区、寿光市、昌邑市,德州乐陵市、庆云县,淄博高青县和烟台莱州市。共涉及 6 个设区市的 19个县(市、区),总面积 2.65 万 km²,占全省面积的 1/6。区内总人口约 983.9 万人,2010年,经济区实现生产总值 5678.5 亿元,比上年增长 13.6%,分别占全省的 10% 和 14.41%(图 1-25)。

**图1-25　黄河三角洲高效生态经济区发展规划区**

　　黄河三角洲地区产业发展基础较好，支柱产业为原油、原盐、纯碱、溴素、金矿、纺织和造纸等。高技术产业发展势头良好，形成了一批国家循环经济示范园区和示范企业；县域经济发展迅速，特色产业初具规模。根据山东省有关规划，构建高效生态产业体系。一是加快发展高效生态农业，其中包括绿色种植业、生态畜牧业、生态渔业；二是积极发展环境友好型工业，其中包括高技术产业、装备制造业、轻纺工业；三是大力发展现代服务业，其中包括现代物流业、生态旅游业、金融保险业、商务服务业。黄河三角洲高效生态经济区的功能定位是：努力建设以化工、造纸、橡胶轮胎、纺织服装、装备制造、食品加工等为主导产业的加工制造业基地；以提高油气勘探开发水平为主导的石油工业基地；以超临界大型燃煤电厂为主导的电力供给基地；强化基础设施支撑，水利设施、交通设施和能源设施建设。以铁路、高速公路等对外大通道为主导的区域性交通枢纽中心。同时，突出发展生态旅游，建设休闲度假观光胜地；突出生态建设和环境保护，建设环境友好型城市。

# 第二章 社会经济概况

## 第一节 社会概况

### 一、历史沿革

"山东"作为地理名称，始于战国时期，当时泛指崤山或华山以东的地区，作为政区名称始于金代；明朝正式成为行省名称，自 1949 年新中国成立后，经过几次调整，形成了山东省行政区划的现状。史前时代文明主要有公元前 5300—前 4090 年的"北辛文化"和公元前 4300—前 2500 年的"大汶口文化"以及"龙山文化"。先秦时代山东西部是商部落建朝之前活动中心，商王朝统治的中心区域之一。公元前 11 世纪，周武王灭商纣后封姜太公于齐；武王之弟周公则封于鲁。战国时代今日山东的大部分地区都由齐、鲁两国占有。至公元前 221 年，齐国被秦国最后吞并，齐鲁之地成为中国的有机组成部分。汉朝时期在今山东设 2 个州（一级行政区），北部的青州和南部的兖州；唐朝时期山东主要属于河南道；宋元时期社会与经济处于滞退状态，到元代山东只有 126 万人、38 万户；明朝开始设立山东布政使司（当时包括辽东）；清朝设山东省直至中华人民共和国成立。新中国成立初期，山东西部菏泽、聊城等地与河南北部、河北南部划归平原省，1952 年撤销该省，将其辖区分别并入山东、河南省。

### 二、行政区划

山东省现有行政区划辖 17 个地级市，140 个县（市、区）。其中：市辖区 49 个、县级市 31 个、县 60 个；乡镇 1917 个。济南市为山东省省会，青岛市为全国计划单列市（图2-1）。

### 三、人口

"十一五"期间，截至 2009 年年末（2010 年人口数据待第六次人口普查公报正式公布），山东省总人口为 9470 万人，与 2005 年（9248 万）相比增长 222 万人；人口总量占大陆总人口比重 7.07%，人口密度为 603 人/km$^2$，常住人口、户籍人口、人口密度均列全国第二位；年均人口出生率为 11.70‰，人口自然增长率为 5.62‰，与 2005 年相比分别降低 0.44‰、0.21‰。2009 年，全省城镇人口 4574 万人，占总人口比重 48.3%，比 2005 年 4158 万人增长 416 万人，比例提高 3.3 个百分点；乡村人口 4896 万人，占总人口比重 51.7%，与 2005 年 5081 万人相比减少 185 万人。全省人口年龄构成，0～14 岁 1486.8 万人，占 15.7%；15～64 岁 6998.3 万人，占 73.9%；65 岁及以上 984.9 万人，占 10.4%。全省人口中大学文化程度 357 万人，高中文化程度 1008 万人，初中文化程度 3361 万人，小学文化程度 2307 万人。

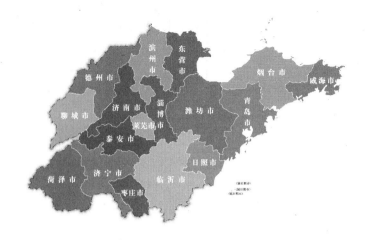

图 2-1    山东省行政区划图

## 四、城市建设与发展

### （一）城市概况

"十一五"期间，是山东省城镇化发展速度较快、面貌变化最大的时期。2010 年，山东省现有 108 个设市城市和县城，建制镇 1 314 个（不含县城城关镇），居全国第二位。城市体系比较完善，其中 100 万人口以上的城市 6 个，50 万～100 万人口的城市 10 个，20 万～50 万人口的中等城市 30 个，20 万人口以下的城市 61 个（含县城城关镇）。有 10 个区域中心城市位列全国城市综合实力前 100 名，27 个县市位居全国百强，94 个小城镇跨入全国千强。山东半岛城市群已经成为全国综合经济实力突出、自然环境优美、城镇特色比较鲜明的城市密集地区之一，济南都市圈、黄河三角洲城镇发展区、鲁南城镇带发展速度不断加快（图 2-2）。

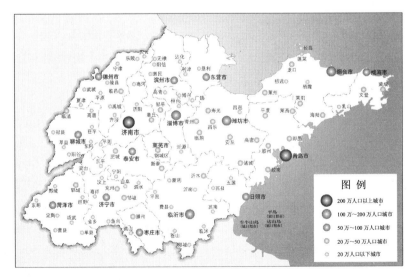

图 2-2    山东省城市及规模图

2010 年，全省城镇化率达到 49.0%，比 2005 年提高 3.7 个百分点，年均增速超过 0.7%；与 2000 年相比提高 12.1 个百分点，新增建制镇 61 个。城市污水集中处理率达到 85%，比 2005 年提高 35 个百分点，与 2000 年相比提高 56.5 个百分点；生活垃圾无害化处理率达到 80%，比 2005 年提高 22 个百分点，与 2000 年相比提高 45 个百分点。全省人均城市道路面积达到 20.5 m²，人均绿地面积达到 15 m²；森林覆盖率达到 22.8%。城市人均公园绿地面积、污水集中处理率、生活垃圾无害化处理率分别位居全国第一、第三和第六，全面完成"十一五"全省城市发展的主要目标，城市承载能力进一步提升。

山东省已有 18 个国家园林城市、18 个国家环保模范城市、9 个国家节水型城市、4 个中国人居环境奖城市、3 个联合国人居奖城市，获奖数量均居全国第一，城乡人居环境明显改善。

### （二）空间布局

主要城市均分布于沿海、沿铁路干线及内陆发展相对优越的地区。在城市空间布局上，大致分成三个阶段：

一是"十五"以前。这时的城市布局主要沿津浦、胶济铁路线展开，形成"双核两线"结构，济南、青岛市为"双核"。济南市以古城和商埠区为中心向四周拓展扩散，由于受黄河和南部山体的限制，后期逐渐转为向东西两翼轴向发展，形成东西长、南北短的带状布局；城市空间形态基本为"一城四团"（主城区和王舍人、贤文、党家、大金四组团）带状布局结构。青岛市实现了西海岸"经济重心"到城市政治中心"东迁"的城市空间拓展，确立了"环湾保护，拥湾发展"城市布局调整的发展模式。按照区域经济一体化要求，加快发展山东半岛城市群，构筑鲁中、胶东和济宁三大都市圈。

二是"十五"期间。山东省按照"两大中心、四个层次、五条轴线"的总体格局，即济南、青岛两大中心城市，省域中心城市、区域性中心城市、中小城市、小城镇四个层次，济青聊、日菏、京沪、京九、沿海五条轴线，实现以点带线，以线促面，推动全省城镇体系网络发展。同时开始重点研究山东半岛城市群发展战略，着力城市优化布局结构，拓展城市发展空间框架。重点抓济南、青岛中心城市布局优化，强化济南、青岛两个特大城市的辐射带动作用。济南城市区的空间结构布局向"两轴三翼"转变，其中"两轴"为沿胶济铁路和沿国道 202 线、省道 248 线的城市发展轴线；"三翼"是以济南市区为中心，向章丘、邹平和济阳、商河、滨州以及长清、平阴三个方向辐射。青岛市以"依托主城、拥湾发展、组团布局、轴向辐射"为城市空间发展战略，开发建设东部、黄岛、城阳等新区，初步形成了"品字形"的大青岛格局。淄博、济宁、烟台等大中城市，也加快各自区域性中心城市的发展战略研究。烟台市东西拓展两翼，南北贯通山海，加快五区融合，初步形成了山、海、城、岛于一体的组团式海滨城市框架；济宁市从区域经济社会的长远发展出发，确定整合济-兖-邹-曲发展优势，建设复合中心城市；形成了"两条城镇密集带"、"五个城镇密集区"的城市体系带；构建了以济南、青岛等核心城市为龙头，大中城市为中坚，小城市和城镇为基础的城镇层级结构。

三是"十一五"期间。在城市空间布局上，主要是围绕打造山东半岛蓝色经济区，积极构筑"一群一圈一区一带"的格局。"一群"是以青岛为龙头、青岛和济南为双中心的山东半岛城市群，是我国东部重要的经济中心，全省经济社会和城镇化发展的核心区，蓝色经济区建设的重要载体。山东半岛城市群包括济南、青岛两个副省级城市和烟台、威海、潍坊、淄博、日照、东营 6 个设区的市。半岛城市群聚集了山东省主要的优势资源，拥有 76 个国家级和省级开发区（占全省的 75%），是带动山东经济发展水平最高、潜力最大、活力最强的经济区域。

"一圈"是以济南为中心的省会都市圈，是山东省东部地区带动中西部地区发展、加快全省城镇化进程的前沿，同时也是东部地区拓展对外联系的重要平台，要以基础设施建设为先导，引导东中西部地区城市的全面对接。"一区"是以东营、滨州为中心，依托黄河三角洲高效生态经济区的开发建设，利用丰富的土地资源和矿产资源，加强生态环境保护，大力发展循环经济，培植成为环渤海经济圈新的经济增长极和城镇发展区。"一带"是以日照为对外开放平台，以临沂、济宁为中心，依托人口和资源环境优势，加快亚欧大陆桥北线地位的巩固和综合开发，壮大鲁南经济带，形成沿海与内陆互动的发展格局，构筑欧亚大陆桥东部新的经济增长极和城镇带。初步形成了山东半岛城市群、济南都市圈、黄河三角洲城镇发展区、鲁南城镇带四个城镇化地域单元互动发展的格局。

## （三）城市发展水平

1. "十一五"期间，山东省城市化水平加速发展，提高幅度较大，城市化率（49.0%）高于全国平均水平，但与国内先进省份相比，仍存在不小差距。从全国范围看，与经济总量前位的广东（63.4%）、江苏（55.6%）、浙江（59%）相比分别低 14.4、6.6、10.0 个百分点，在华东六省中居于中下游；与辽宁、吉林、黑龙江三省相比仍存在一定差距，与山东省经济建设和工业化率水平不相匹配。

2. 全省城市化发展水平呈东高西低、阶梯状分布，东西部区域差异明显。根据山东省统计局、省建设厅《山东省城市化发展水平综合评价方案》评价体系，对 17 个城市的 7 个领域 29 个指标综合评价结果表明：东部地区（青岛、烟台、威海、潍坊）的城市化水平明显高于西部地区（德州、聊城、滨州、菏泽），高低之间的最大落差达 46.15 个百分点。城市化发展水平高的城市是青岛、威海、济南、烟台、淄博等市，较差的是滨州、菏泽。半岛城市群、济南都市圈在区域内资源共享、设施共建、分工协作等方面实质性进展缓慢。济南、青岛作为山东省的中心城市，作为吸引国际产业转移平台的作用没有有效发挥，中小城市、小城镇的整体实力还比较弱，还存在缺乏协调、无序竞争的现象，城市群的空间组织有待完善。

3. 城镇建设综合支撑能力不足。重大基础设施、重要生态功能区建设以及城镇生产、服务功能之间缺乏协调与整合，市政管网不配套而且老化严重，大中城市交通和停车问题严重，垃圾无害化处理率低，与资源环境的矛盾比较突出（表 2-1）。

表 2-1　山东省城市化发展水平综合评价

| 城市规模 | | 第一层级 | 第二层级 | 第三层级 | 第四层级 | 第五层级 |
|---|---|---|---|---|---|---|
| | 2002 年 | | | | | |
| | 2005 年 | 青岛、济南、淄博 | | | | 日照、东营、滨州 |

| | | 第一层级 | 第二层级 | 第三层级 | 第四层级 | 第五层级 |
|---|---|---|---|---|---|---|
| 人口密度 | 2002 年 | 济南、青岛、济宁、临沂、德州 | | | 聊城、莱芜 | 东营 |
| | 2005 年 | 青岛、济宁、临沂、德州 | | | 聊城、莱芜 | 东营 |
| 城市经济 | 2002 年 | 青岛、济南、威海 | | | | 临沂、菏泽、枣庄 |
| | 2005 年 | 青岛、威海、济南 | | | | 菏泽、临沂、枣庄 |
| 居民生活与社会进步 | 2002 年 | 济南、青岛、东营 | | | | 日照、枣庄、菏泽 |
| | 2005 年 | 青岛、东营、济南 | | | | 枣庄、日照、菏泽 |
| 基础设施 | 2002 年 | 东营、威海、枣庄 | | | | 聊城、泰安、菏泽 |
| | 2005 年 | 威海、东营、淄博 | | | | 滨州、德州、菏泽 |
| 生态环境 | 2002 年 | 威海、青岛、潍坊 | | | | 临沂、滨州、菏泽 |
| | 2005 年 | 威海、青岛、潍坊 | | | | 济宁、滨州、菏泽 |
| 城市化发展综合指数/% | 2002 年 | 80.83 | 70.09 | 62～69 | 52～60 | 35～50 |
| | 2005 年 | 78.56 | 60～70 | 50～60 | 40～50 | 30～40 |
| 城市化发展水平 | 2002 年 | 青岛 | 威海 | 济南、烟台、东营、淄博 | 潍坊、济宁、泰安、日照、莱芜、枣庄、德州 | 聊城、临沂、滨州、菏泽 |
| | 2005 年 | 青岛 | 威海、济南、烟台、淄博 | 潍坊、东营、泰安、日照、济宁、莱芜 | 枣庄、临沂、聊城、德州 | 滨州、菏泽 |

资料来源：山东省统计局。

## （四）"十二五"城市发展趋势

1. 按照"十二五"城镇体系规划，未来五年，将尽快强化济南和青岛两大中心城市，形成半岛城市群和省会城市群经济圈，发挥它们作为承接国际产业转移和组织调度省内各城市运行的中心作用。两大城市要加快城市空间拓展和内城更新步伐，提高人口承载能力，拉开城市框架，形成多中心大都市。青岛要提升城市功能，加快城市对外开放的层次，努力建设区域性贸易中心、东北亚航运中心、高技术产业中心、旅游中心，成为黄渤海地区国际性城市；济南则充分发挥省会城市优势，利用交通区位优势和人才密集的有利条件，努力建设区域性经济中心、金融中心。

2. 城镇化水平稳步提高。争取到 2015 年，全省城镇化水平达到 55%左右，城镇总人口 5 300 万左右，全省 17 市建成区人口全部达到 50 万人以上，其中超过 100 万的城市 16 个，济南、青岛分别达到 400 万人和 450 万人；建成 20 万～50 万人的中等城市 35 个，3 万～20 万人的小城市 133 个。同时培育济南、青岛、潍坊、淄博、临沂、烟台、枣庄 7 个人口百万以上城市，人口规模达到 1 300 万人。

3. 未来五年，推进大中小城市的协调发展，组织形成省域中心城市、区域性中心城市、中小城市和小城镇四级城镇体系。省域中心城市包括济南、青岛两个副省级城市，区域性中心城市包括其他设区城市，中小城市主要是县（市）域中心城市，小城镇包括各建制镇。空间框架上构建"一群一圈一区一带"格局。注重各区域之间的协调发展，构筑"三横三纵"城镇发展轴线。"三横"包括德州—滨州—东营—潍北—烟台—威海北部横向发展轴、聊城—胶济沿线中部横向发展轴、日菏沿线南部横向发展轴。"三纵"包括青岛—烟台—威海—日照沿海轴线、济南—泰安—济宁—枣庄—德州京沪轴线和聊城—菏泽京九发展轴线。打造东西南北中五大城镇组群。即东北方向烟—威城镇组群、东部青—潍—日城镇组群、南部的济宁城镇组群、中部济—淄—泰—莱城镇组群和北部的东-滨城镇组群。

4. 全面落实节能减排措施，改善城乡环境质量。以南水北调、"两湖一河"污染治理为重点，加快城镇污水处理设施建设，配套完善污水管网，改造提升污水处理工艺，进一步提高污水收集率和处理质量。到 2015 年，济南、青岛要实现城市污水收集、处理率 100%，全省城市和县城污水处理率要达到 90%以上；城市集中供热普及率超过 46%，生活垃圾无害化处理率达到 95%以上；重点加强城市过境水系、周边湿地生态系统、绿地生态系统保护和建设；对全省 53 个小流域单元进行综合治理，确保所有污染源达标排放；加强城市园林绿化工作，积极开展人居环境奖和园林城市创建活动。

## 第二节　经济概况

### 一、经济综合实力

"十一五"时期，山东省经济社会呈现持续健康增长的良好态势，经济综合实力大幅提升。全省地区生产总值多年位居全国前三位，占全国比重维持在 10%以上。2006 年和 2008 年连续突破 2 万亿元和 3 万亿元大关，2010 年达到 3.94 万亿元，年均增长 13.1%；人均地区生产总值 35 894 元（折合为 6 000 美元），比"十五"末的 2 400 美元提高 3 600 美元，增长了 80%；2010 年地方财政收入达到 2 749.3 亿元，年均增长 20.7%，比 2005 年的 1 072.7 亿元提高 256.3%；全社会固定资产投资达到 2.33 万亿元，年均增长 22.5%；进出口总额 1 889.5 亿美元，年均增长 19.6%（图 2-3）。

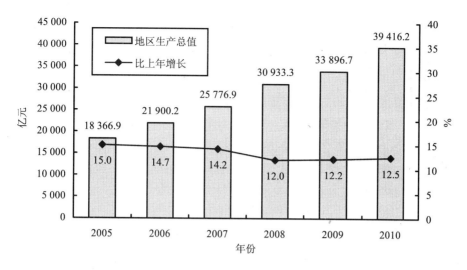

**图 2-3　2005—2010 年山东省地区生产总值及增长速度**

## 二、固定资产投资

"十一五"时期，山东省固定资产投资及重大基础设施建设快速增长，成为拉动经济增长的强力支撑。2010 年，全社会固定资产投资达到 2.33 万亿元，年均增长 22.5%；固定资产投资累计完成 8 万亿元，占全国总投资额的 1/10，是"十五"时期的 2.8 倍（图 2-4）。

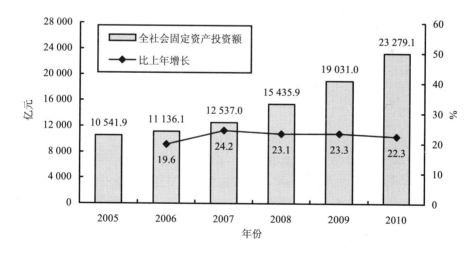

**图 2-4　2005—2010 年山东省全社会固定资产投资额及增长速度**

全省工业领域固定资产投资 4.0 万亿元，累计完成技术改造投资达 2.6 万亿元，年均增长 22.9%。其中高新技术产业投资 5990 亿元，年均增长 53.2%；装备制造业投资突破 8000 亿元，年均增长 42.7%。大规模投资技术改造，增强了工业产业竞争力。

## 三、基础设施建设

### （一）交通领域建设

2010 年，山东省交通领域的投资额达 526 亿元，强力推进基础设施建设。其中公路投资 361 亿元，新开工建设济南至乐陵、烟台至海阳、德州至商丘、聊城至范县等 9 个高速公路项目；港航建设投资 90 亿元，建设日照港 30 万 t 级油码头、青岛前湾集装箱码头及董家口港区等重点工程，新建泊位 23 个，使沿海港口新增吞吐能力 4700 万 t；内河航运将投资 5 亿元，启动济宁至东平湖等京杭大运河北延工程（图 2-5）。

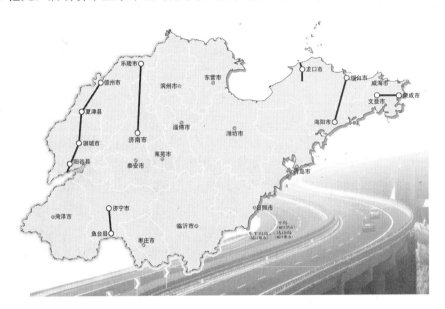

图 2-5 2010 年山东省新建高速公路项目

### （二）铁路、公路

"十一五"时期，山东省努力打造"五纵四横公路、三纵三横铁路快速交通网"，加速推动山东区域一体化进程。铁路、公路等交通基础设施投资超过 8000 亿元，新开工铁路项目 18 个，新增运营里程 438 km，在建 3151 km，铁路营运里程达到 3405 km，相当于 100 年来山东铁路通车里程的总和。铁路南北走向的主要有京沪（3 条复线，其中 1 条货运专用）、京九、京沪高速铁路山东段等，东西走向的主要有胶济（电气化）、蓝烟等。公路通车里程达到 22.1 万 km，县级以上城市均有高等级公路相连，高速公路通车里程达到 4285 km，增长了 35%，比 2005 年年末的 3163 km 新增 1122 km，现有京沪、京台、同三、青银、青兰、济青、济青南线、潍烟、青烟、济聊、济菏、青威、东青、荣乌、日东等高速公路，形成了"五纵连四横，一环绕山东"的高速公路主框架，省内多数城市之间可在半日互达（图 2-6、图 2-7）。

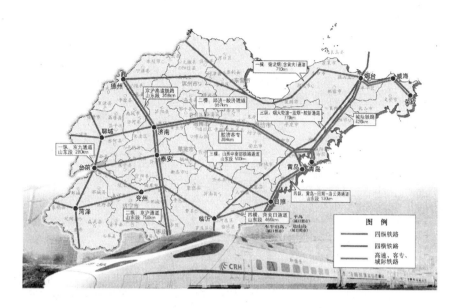

图2-6　山东省铁路网

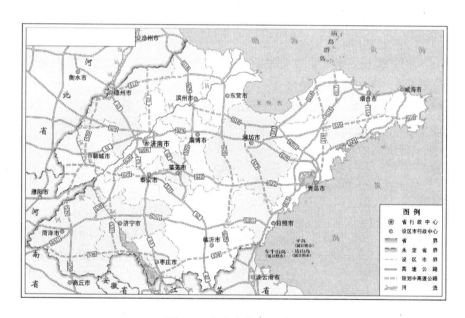

图2-7　山东省高速公路网

（三）航空、港口、内河航运

　　山东省现有客货机场9个，开通国内外航线300余条，济南遥墙、青岛流亭、烟台莱山、威海大水泊四个机场为国际空港，客运量由"十五"末986万人次提高到2010年2237万人次，航空业持续发展。

　　山东省现有沿海港口26处，有青岛、日照、岚山、烟台、威海、东营、东风、龙口、潍坊、羊口等。远洋航线通达140多个国家和地区，2010年沿海港口货物吞吐量8.6亿t。

其中青岛港年吞吐量3亿t，集装箱运量1002万标准箱，位居世界大港前10位；日照港、烟台港年吞吐量均超过1亿t；港口吞吐量比"十五"末的3.8亿t增长226.3%（图2-8）。

河运主要有黄河、京杭大运河、小清河、卫河和南四湖等支流；主要的内河港口有济宁、台儿庄、济南、聊城等城市。其中济宁是京杭大运河中段的交通枢纽，南北物资运输的水运重镇。

图2-8　山东省沿海港口建设

## （四）其他

"十一五"时期，158座大中型水库和3882座小型水库除险加固任务全面完成，南水北调和胶东调水工程进展顺利，治淮东调南下续建主体工程全面完工。现有固定电话用户2452.1万户，普及率达到27.2%；移动电话用户4611.7万户，普及率达到49.2%。到2010年年末，民用汽车拥有量达到842.7万辆，增长18.7%，其中，私人轿车325.2万辆，增长35.6%，占轿车拥有量的87.7%。

## （五）"十二五"交通干线建设

"十二五"时期，到2015年，山东省铁路运营里程由目前的3840km增加到6100km，复线率达到60%，电气化率达到98%，高速铁路运营里程358km。同时，"围绕山东半岛蓝色经济区和省会城市群经济圈建设，加快构建城际轨道交通系统，规划建设以济南、青岛为中心连接周边城市，以及周边城市间相连接的城际铁路网络，实现区域内主要城市间1～1.5h通达，济南至青岛2h通达。

## 四、工农业生产与结构

### （一）工农业综合生产能力

1. "十一五"时期，山东省农业综合生产能力稳步提升。2010年，农林牧渔业增加值达到3588.2亿元，比"十五"末增长70%左右，年均增长约14.0%，扣除物价因素年均增长约4.5%。主要农牧产品产量稳定增加，粮食总产量达到4335.7万t，比"十五"末增加420万t，增长9.7%；连续8年实现增产。农产品质量安全水平进一步提高，全省新建无公害农产品、绿色食品基地面积分别达到103.7万hm$^2$和54.5万hm$^2$，获得"三品一标"

认证的产品达到 5 000 个，农药残留检测合格率较"十五"末提高了 5 个百分点。农田水利建设取得积极成效，农田有效灌溉面积 497.6 万 hm²，增长 2.1%，其中节水灌溉面积 224.8 万 hm²，增长 4.9%；全面完成 158 座大中型水库和 3 882 座小型水库的除险加固任务。农村生活设施不断改善，全省建设大中型沼气工程 560 处，农村户用沼气达 260 万户，其中"十一五"期间新建 210 万户；农作物秸秆利用率达到 70%，比"十五"末提高 10 个百分点；自来水受益村达到 91.0%；农民人均纯收入达 6 800 元，年均增长 11%。

2．2010 年，全省规模以上工业实现增加值达到 2.17 万亿元，年均增长 14.6%。其中规模以上制造业实现增加值 1.96 万亿元，占规模以上工业比重达 90.3%，比 2005 年提高 7.1 个百分点；高新技术产业实现总产值 3.1 万亿元，占规模以上工业比重为 34.7%（图 2-9）。

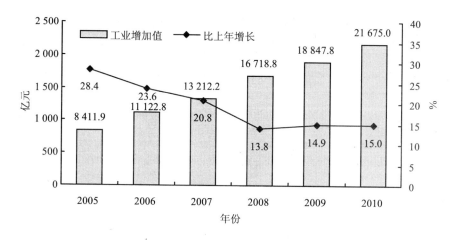

图 2-9　2005—2010 年山东省工业增加值及增长速度

## （二）产业结构优化

1．"十一五"期间，山东省加快传统产业升级改造步伐，产业结构层次明显提升，形成了钢铁、汽车、造船、石化、轻工、纺织、有色金属、装备制造、电子信息等优势产业，家电、农机、重型汽车、机制纸及纸板等 47 种工业产品产量居全国第一位。产业结构进一步优化，三次产业比例由"十五"末的 10.7∶57.0∶32.3，调整为 9.1∶54.3∶36.6。现有 171 家省级以上经济园区，其中国家级经济技术开发区和高新技术产业开发区分别为 3 家和 5 家，保税港区 1 家，出口加工区 6 家，省级经济开发区和高新技术产业开发区 156 家，为经济稳定增长增添了动力（表 2-2）。

2．从人均国内生产总值看，按照世界银行提出的工业化阶段划分标准，工业化初期人均 GDP 为 1 200～2 400 美元，中期为 2 400～4 800 元，高级阶段为 4 800～9 000 美元。山东省 2010 年人均地区生产总值折合为 6 000 美元，处于工业化的高级阶段。

3．从三次产业结构看，根据美国经济学家西蒙·库兹涅茨工业化与产业结构变动的判断标准，工业化初期阶段，第一产业比重高，第二产业比重低。工业化中期阶段，第一产业比重降到 20% 以下，第二产业比重上升到高于第三产业；工业化后期阶段，第一产业比重继续下降到 10% 左右，第二产业比重上升到最高水平，此后第二产业比重转入稳定或有所下降。山东省"十五"、"十一五"工业化后期阶段特征明显。

4．从城市化水平来看。参照 H. 钱纳里等工业化与城市化关系的一般变动模式标准，工业化初期在 32.0%～36.4%；工业化中期在 36.4%～49.9%；工业化成熟期在 49.9%～65.2%；工业化后期在 65.2% 以上。2010 年，山东的城市化率为 49%，处于工业化中期阶段。

表 2-2　2010 年主要工业产品产量及增长速度

| 产品名称 | 单位 | 产量 | 比上年增长/% |
|---|---|---|---|
| 原煤 | 万 t | 15 653.6 | 8.7 |
| 天然原油 | 万 t | 2 786 | −1.8 |
| 发电量 | 亿 kW·h | 3 042.7 | 6.3 |
| 水泥 | 万 t | 14 749.2 | 5.8 |
| 平板玻璃 | 万重量箱 | 6 084.9 | 1 |
| 粗钢 | 万 t | 5 256.1 | 5.1 |
| 钢材 | 万 t | 6 672.2 | 12.3 |
| 纱 | 万 t | 731 | 8.7 |
| 布 | 亿 m | 139.1 | 12.9 |
| 机制纸及纸板 | 万 t | 1 668.7 | 10.2 |
| 塑料制品 | 万 t | 507.1 | 21.6 |
| 合成氨 | 万 t | 663.5 | −2.5 |
| 啤酒 | 万 kL | 536.1 | 8.3 |

### （三）"十二五"发展趋向

山东省工业结构偏重，能源原材料所占比重较大，不利因素颇多。一是支柱产业仍以农副食品加工、化工、冶金等原材料加工型产业为主，资源依赖型和"双高"行业比重较高，产业结构调整任务重；二是缺乏具有自主知识产权的核心技术，自主创新能力有待提升；三是能源消耗较大，对省外、国外依赖度逐年提高。

"十二五"期间，山东省将把经济结构战略性调整作为加快转变经济发展方式的主攻方向，做优农业、做强工业、做大服务业，促进三次产业融合发展、协同推进。

1．综合性农业。将以增加农民收入和农产品有效供给为核心，以优化结构、提升层次为重点，构建高产优质、高效、生态、安全的现代农业体系。到 2015 年，将蔬菜、渔业、畜牧、果业、苗木花卉五大产业产值占农林牧渔业总产值的比重提高到 85% 以上。

2．工业。重点是大力实施高端高质高效产业发展战略，加快产业结构调整，增强产业核心竞争力，走新型工业化道路。一是坚持传统产业改造升级、战略性新兴产业培育发展"双轮驱动"，重点发展新能源、新材料、新信息、新医药和海洋开发等五大产业；大力发展以现代物流、软件服务、节能服务为龙头的生产性服务业，坚决淘汰落后生产能力。二是突出优化布局，大力推进工业集中集约集聚发展。实施好山东半岛蓝色经济区、黄河三角洲高效生态经济区等重点区域带动战略。三是突出节能降耗，集中推进清洁生产、节能减排和污染治理，强化节能减排目标责任考核与监管，大力发展循环经济，促进绿色低碳发展。

## 五、能源生产与消费

### （一）能源生产

山东省是全国重要的能源基地之一。东营、滨州、德州等 8 个市的 28 个县（区）是中国石化胜利油田的生产基地，聊城市是中原油田的重要采区；全省原油产量约占全国 1/3。山东省煤炭资源比较丰富，境内含煤地层面积 4.84 万 $km^2$，预测全省煤炭储量 2680 亿 t，目前保有探明储量约 300 亿 t，可采储量 81 亿 t，经济可采储量约 40 亿 t。主要集中于鲁西南地区，占含煤地层面积 97.5%，主要有兖州济宁矿区、巨野煤田、枣滕矿区、新汶煤田、肥城煤田等 11 个矿区，其中兖州煤田（邹城、兖州境内）是全国十大煤炭基地之一。煤类以气煤、肥煤为主，也有焦煤、瘦煤、贫煤、无烟煤、褐煤和天然焦；已探明储量中气、肥煤占 82.7%，且具有低灰、低硫、低磷、高发热量、结焦性强等特点，是优质工业用煤。山东电力资源充足，山东电网是全国唯一的省独立电网。

"十一五"以来，山东省以科学发展观为指导，重视环境保护和节能减排，能源生产、消费和节约进入新的历史阶段。从一次能源生产情况看，2010 年，全省原油产量 2786 万 t，"十一五"期间累计生产原油 1.88 亿 t。胜利油田钻探范围逐步进入渤海海域，使油田一直保持着稳产、高产。2010 年，胜利油田原油产量 2734 万 t，占全省总产量的 98.1%，位列国内油田第三。"十一五"期间累计生产原油 1.38 亿 t，新增探明储量 5.15 亿 t，目前石油剩余资源量 94 亿 t，现有控制储量 7.5 亿 t，预测储量 9.3 亿 t；中原油田 2010 年生产原油 272 万 t，天然气 46 亿 $m^3$。2010 年，全省原煤产量完成 1.56 亿 t，"十一五"期间累计产煤 7.01 亿 t，比"十五"时期增长 7.1%，近年一直稳定在 1.5 亿 t 左右。2010 年发电装机总容量达到 6465 万 kW，比 2006 年新增发电装机总容量 1460 万 kW；太阳能、风能、生物质能等新能源装机容量达到 355 万 kW；海阳核电一期开工建设。

从能源生产形势看，"十五"中期（2002 年），全省一次能源产量 13242 万 t 标准煤，占全国能源产量的 10.4%，其中原煤、原油分别占全国产量的 9.5% 和 12.2%，均居全国第二位；二次能源生产火电装机容量为 2101 万 kW，发电量占全国火电的 9.2%，原油加工量占 9.7%，分别位居全国第一和第二，焦炭产量位居全国第十。到"十一五"中期（2007 年），全省一次能源产量占全国产量的 7.0%，其中原煤、原油分别占全国产量的 5.8%、15.0%，分别位居全国第五、第二。2007 年，全省生产一次能源 14617 万 t 标准煤，比"十五"中期增长 10.4%。其中原煤 14737 万 t，增长 12.8%，原油 2793 万 t，增长 4.6%。火电装机容量达 5589 万 kW，增长 1.7 倍，年均增长 21.6%；占全国火电装机容量的 10.1%，位居全国第一。

### （二）能源消费及构成

山东省是经济大省，产煤大省，也是能源特别是煤炭消费大省。"十一五"期间，山东煤炭产量约占全国产量的 5%，而煤炭消费量却占全国产量的 10% 左右，由于后备资源严重不足、煤炭供需缺口增大以及环境压力巨大，山东省以煤炭为主的能源结构面临重大挑战。2009 年，全省社会煤炭消费量达到 2.69 亿 t，其中省外调入的煤炭达到 1.7 亿 t，比例达 63%；电煤消耗 1.45 亿 t，其中省外调入 1 亿 t，所占比例接近 70%。2010 年，山东全省产煤约 1.5 亿 t，尽管煤炭总产量占到全国总产量的 6%以上，但煤炭消费已占了全省次能源消费的 78%，占全国煤炭消费量的 9.9%。全年从外省调入煤炭近 1.5 亿 t，净进口 0.2 亿 t。预计 2011 年全省煤炭总需求量为 3.1 亿 t，省内供应 1.1 亿 t 左右，而从省外及国外调进量预计将达到 2 亿 t，调进比例超过 60%。

### （三）能源消费构成变化

"十五"中期（2002 年），全省能耗总量为 14 618 万 t 标准煤，比 1992 年增长一倍，成为全国第一能耗大省。其中第二产业能耗占 82.0%，工业能耗 11 617 万 t 标准煤，能源消费量是生产量的 1.1 倍，能源消费的对外依存度为 9.4%；2003 年起山东省由煤炭调出省变为煤炭调入省。

"十一五"中期（2007 年），全省能耗总量为 28 551 万 t 标准煤，比 2002 年增长 95.3%，占全国能耗总量的 10.7%。其中第二产业能耗占 82.6%，工业能耗为 23 082 万 t 标准煤，能耗总量是能源生产总量的 2.0 倍，能源消费的对外依存度上升到 48.8%。"十一五"期间，省内煤炭产量占市场份额比率由 2005 年的 54.2%降至 2010 年的 50.1%，逐年下降，对省外煤的依赖度越来越高，已成为煤炭调入大省（表 2-3、表 2-4、表 2-5、图 2-10、图 2-11）。

表 2-3　山东省一次能源生产量及构成　　　　　　　　　　　　单位：万 t 标准煤

| 类别 | 2000 年 | 2005 年 | 2006 年 | 2007 年 | 2008 年 | 2009 年 | 2010 年 |
|---|---|---|---|---|---|---|---|
| 能源生产总量（折标准煤） | 9 648.75 | 13 995.62 | 14 083.40 | 14 616.67 | 14 615.32 | 14 600.08 | 21 893 |
| 构成 | | | | | | | |
| 原煤/% | 59.51 | 71.61 | 71.31 | 72.02 | 71.85 | 71.40 | 71.51 |
| 原油/% | 39.62 | 27.51 | 27.95 | 27.30 | 27.36 | 27.67 | |
| 电力/% | 0.01 | 0.01 | 0.01 | 0.01 | 0.02 | 0.11 | |

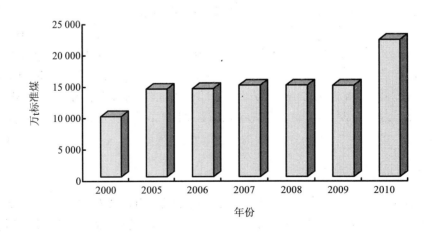

图 2-10　2000—2010 年山东省一次能源生产量变化

表2-4 山东省能源消费量及构成

| 类别 | 单位 | 2000年 | 2005年 | 2006年 | 2007年 | 2008年 | 2009年 | 2010年 |
|---|---|---|---|---|---|---|---|---|
| 一次能源消费量（折标准煤） | 亿t | 1.25 | 2.57 | 2.84 | 3.12 | 3.21 | 3.45 | 3.12 |
| 构成 | | | | | | | | |
| 原煤 | % | 78.76 | 80.76 | 79.84 | 80.47 | 77.98 | 77.13 | 78.00 |
| 原油 | % | 20.68 | 18.35 | 19.21 | 18.66 | 20.58 | 21.27 | 21.99 |
| 电力 | % | 0.01 | 0.01 | 0.01 | 0.01 | 0.01 | 0.05 | 0.01 |
| 终端能源消费量（折标准煤） | 万t | 8 178 | 17 729 | 19 516 | 21 084 | 22 226 | 23 441 | |
| 构成 | | | | | | | | |
| 原煤 | % | 36.61 | 38.44 | 38.10 | 35.22 | 35.21 | 33.38 | 37.81 |
| 油品 | % | 30.53 | 23.02 | 21.09 | 21.83 | 21.55 | 21.68 | 18.99 |
| 电力 | % | 15.03 | 13.70 | 14.31 | 15.13 | 15.08 | 15.42 | 15.31 |
| 其他 | % | 17.83 | 24.84 | 26.50 | 27.82 | 28.16 | 29.52 | 24.89 |

表2-5 山东省综合能源平衡表 单位：万t标准煤

| 项目 | 2005年 | 2006年 | 2007年 | 2008年 | 2009年 |
|---|---|---|---|---|---|
| 可供消费的能源总量 | 24 182 | 26 759 | 29 177 | 30 570 | 32 420 |
| 一次能源生产 | 13 994 | 14 082 | 14 616 | 14 621 | 14 629 |
| 能源消费总量 | 24 162 | 26 759 | 29 177 | 30 570 | 32 420 |
| 在总量中： | | | | | |
| 1. 农业（牧、渔、林、水） | 418 | 441 | 484 | 515 | 550 |
| 2. 工业 | 18 042 | 20 304 | 22 096 | 22 991 | 24 141 |
| 3. 建筑业 | 510 | 506 | 521 | 563 | 665 |
| 4. 生活消费 | 1 848 | 1 996 | 2 199 | 2 363 | 2 533 |
| 总量中终端消费： | 23 242 | 25 491 | 27 947 | 29 247 | 30 874 |
| 工业 | 17 122 | 19 036 | 20 867 | 21 669 | 22 595 |
| 炼焦 | 73 | 303 | 511 | 537 | 542 |
| 炼油 | 565 | 586 | 588 | 543 | 655 |

摘编自《山东省统计年鉴》。

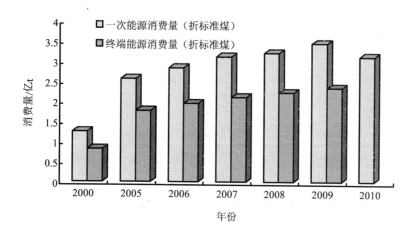

图2-11 2000—2010年山东省能源消费量变化

山东省能源消费以煤炭为主，油气在能源结构中所占比例一直徘徊在 20% 左右，能源结构不合理。在能源消费总量中，工业消费占 80% 以上。工业中主要耗能产业又集中于制造业的重工业；由于制造业结构方面的原因，造成万元 GDP 耗能高于全国平均水平，与北京、上海、广东、江苏等省市存在较大差距。综上可见，山东省能源消费面临着化石能源资源有限、持续供给能力相对较弱、能源消费结构单一、能耗总量超过生产总量等问题。

### （四）"十二五"能源生产与消费趋势

1. 稳步扩大煤炭生产量。"十二五"期间，山东省将加快推进煤炭工业向省内、省外开发并举转变。省内按照稳定中部济宁、兖州、枣滕煤田现有开采规模，建设西部巨野矿区、济宁矿区，准备启动北部阳谷—茌平煤田和黄河北煤田的战略，规划开工建设 16 处矿井，建设规模 1260 万 t，投产矿井 18 处，新增能力 1665 万 t，努力使省内煤炭产量在 20 年内稳定在 1.5 亿 t 左右。省外将建设省内鲁西基地和省外的宁蒙、晋陕、新疆、云贵及澳大利亚等六大煤炭生产基地，到"十二五"末生产总规模要达到 3.44 亿 t，其中，省内产量 1.58 亿 t，外部产量 1.86 亿 t。

2. 促进新能源产业加快发展。山东省近日出台《关于促进新能源产业加快发展的若干政策》，提出通过贷款贴息、补助和奖励等形式，将重点发展沿海风电产业、高端风电装备制造业、生物质能发电产业以及太阳能光热光伏产业等新能源产业。到 2012 年，山东新能源发电装机达到 400 万 kW 以上，占电力装机的比重超过 5%，新能源产业增加值突破 700 亿元。

### 六、节能减排

2010 年，全省关停小火电装机容量 205.2 万 kW，淘汰水泥落后产能 2 065.7 万 t，平板玻璃 570.0 万重量箱，生铁 330.0 万 t，粗钢 76.3 万 t，焦炭 247.7 万 t。千户重点用能工业企业填报的 49 项单位产品能耗指标中下降的占 89.8%，主要产品生产实现节能 481.9 万 t 标准煤。风电装机容量累计达 138.0 万 kW，增长 59.6%；风力发电 26.7 亿 kW·h，增长 1.2 倍。累计完成既有居住建筑供热计量及节能改造项目 2 120.8 万 m$^2$。节能降耗成效明显。万元 GDP 能耗降低率完成"十一五"目标任务。

2010 年，全省净削减 COD 2.65 万 t，$SO_2$ 5.25 万 t，COD 和 $SO_2$ 排放总量分别比上年下降 4.09% 和 3.30%。

"十一五"期间，山东省严格控制落后产能增量，调整存量，全面完成钢铁、水泥、焦炭等 18 个行业淘汰落后产能任务，抓好 1 000 户重点耗能工业企业的节能降耗，节能降耗取得扎实进展，万元 GDP 能耗明显下降。2000 年，全省万元 GDP 能耗为 1.14t 标准煤，2010 年，万元 GDP 能耗为 1.002t 标准煤，比 2005 年（1.284t 标准煤）累计下降 22.1%。2006—2009 年，全省规模以上单位工业增加值能耗累计下降 28.07%，千户重点用能企业实现节能 1 690.6 万 t 标准煤（图 2-12）。"十一五"期间，在全省经济持续两位数增长的背景下，COD 和 $SO_2$ 排放量比 2005 年分别削减 46.51 万 t 和 14.97 万 t，累计削减率为 19.44% 和 23.22%，分别完成国家下达减排目标的 130% 和 116%，顺利完成国家下达的节能减排任务。

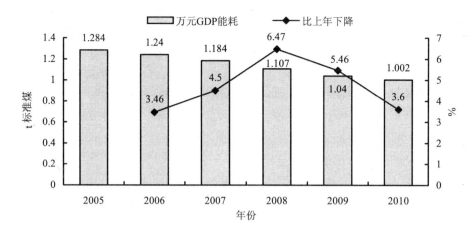

图 2-12　2005—2010 年山东省万元 GDP 能耗变化

◎专栏资料

## 山东半岛蓝色经济区发展规划

《山东半岛蓝色经济区发展规划》是"十二五"开局之年第一个获批的国家发展战略，也是我国第一个以海洋经济为主题的区域发展战略，2011 年 1 月由国务院正式批复。整个规划期限为 2011—2020 年，主体区范围包括山东全部海域和青岛、东营、烟台、潍坊、威海、日照 6 市及滨州市的无棣、沾化 2 个沿海县所属陆域，海域面积 15.95 万 $km^2$，陆域面积 6.4 万 $km^2$。

近年来，山东省委、省政府开始将海洋经济作为未来经济发展的重要增长点来培育。经过近 20 年的"海上山东"建设和不懈努力，山东省的海洋经济总体实力显著提升。2009 年，全省海洋生产总值达到 6 040 亿元，占全国海洋生产总值的 18.9%，居全国第二位；海洋渔业、盐业、工程建筑业、电力业增加值均居全国首位，海洋生物医药、新能源等新兴产业和滨海旅游等服务业发展迅速，形成了较为完备的海洋产业体系。区内实现进出口总额 1 104.2 亿美元，实际利用外资 50.7 亿美元；海洋科研实力居全国首位，科技进步对海洋经济的贡献率超过 60%；全省沿海港口深水泊位达到 184 个，是我国北方唯一拥有 3 个亿 t 大港（青岛港、日照港、烟台港）的省份，总吞吐量 7.3 亿 t，占全国沿海港口的 15%；沿海公路、铁路、航空、能源等设施日益完善，对海洋经济发展的支撑保障能力不断增强。同时着力推进海洋生态环境保护，已累计建成各类海洋与渔业保护区 88 处；拥有日照、牟平和长岛 3 个可持续发展先进示范区，数量居全国首位。

山东半岛蓝色经济区建设的重要任务着力构建现代海洋产业体系，增创产业发展新优势；科学开发海洋资源，增创可持续发展新优势；推进海陆联动城乡统筹，增创协调发展新优势。将按照以陆促海、以海带陆、海陆统筹的原则，优化海陆空间布局，逐步形成"一核、两极、三带、三组团"的总体开发框架。

"一核"是指胶东半岛高端海洋产业集聚区。它以青岛为龙头，以烟台、潍坊、威海等沿海城市为骨干，着力推进海洋产业结构转型升级，构筑现代海洋产业体系。该区域将加快提高海洋科技自主创新能力和成果转化水平，推动海洋生物医药、海洋新能源、海洋高端装备制造等战略性新兴产业规模化发展；加快提高园区（基地）集聚功能和资源要素配置效率，推动现代渔业、海洋生态环保、海洋文化旅游、海洋运输物流等优势产业集群化发展；加快提高技术、装备水平和产品附加值，推动海洋食品加工、海洋化工等传统产业高端化发展。

"两极"是指黄河三角洲高效生态海洋产业集聚区和鲁南临港产业集聚区两个重要增长极。"黄三角"将发挥滩涂和油气矿产资源丰富的优势，培育壮大环境友好型的海洋产业；鲁南临港产业集聚区依托日照深水良港，集中培育海洋先进装备制造、汽车零部件、油气储运加工等临港工业和现代港口物流业。

"三带"是指推进海岸、近海和远海三条开发保护带可持续发展，明确海岸开发保护带岸线、滩涂、海湾、岛屿等空间资源的功能定位和发展重点，打造海州湾北部等 9 个集中集约用海片区。

"三组团"是指支持烟台、潍坊成为较大城市，促进青岛—潍坊—日照、烟台—威海、东营—滨州 3 个城镇组团协同发展，打造我国东部沿海地区的重要城市群。

根据《规划》，到 2015 年，山东半岛蓝色经济区现代海洋产业体系基本建立，海洋生产总值年均增长 15%以上，海洋科技进步贡献率提高到 65%左右，人均地区生产总值超过 8 万元，城镇化水平达到 65%左右。到 2020 年，海洋生产总值年均增长 12%以上，人均地区生产总值达到 13 万元左右，城镇化水平达到 70%左右。

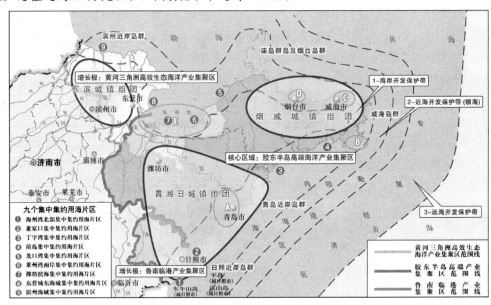

图 2-13　山东半岛蓝色经济区发展规划示意图

# 第三章 环境保护工作概况

## 第一节 环境保护工作概况

"十一五"期间，全省环境保护系统深入践行科学发展观，紧紧围绕改善环境质量、确保环境安全、服务科学发展主题，围绕总量减排、主要水气环境质量改善和污染源达标排放三个目标，迎难而上，开拓创新，真抓实干，坚持抓重点、抓关键、抓落实，在经济总量保持两位数增长的情况下，全面完成"十一五"规划目标要求，部分指标超额完成任务，环境保护各项工作取得了显著成效。主要体现在以下几个方面：

### 一、全面完成总量减排目标任务

山东省委、省政府先后出台多项政策措施，各级有关部门坚持依法行政，严格落实责任，扎实推进结构减排、工程减排、管理减排三大措施，实现了主要污染物排放量的持续下降。"十一五"期间，出台了《关于进一步加强节能减排工作的意见》、《山东省污染物减排和环境改善考核奖励办法》等一系列政策文件，建立了比较完善的污染物减排目标责任考核评价体系和"以奖代补"、"区域限批"等激励约束机制，实行了生态补偿机制。全省拒批低水平重复建设、"两高一资"项目46个，区域限批2个城市7个县（市、区）和5个流域。加快淘汰落后产能，累计关停小火电机组容量717万kW，超过国家下达山东省关停400万kW目标任务的0.8倍；关闭7600万t立窑水泥产能，14项淘汰落后产能节约标准煤2600万t。COD和$SO_2$排放量累计削减率为19.44%和23.22%，顺利完成国家下达的节能减排任务。

### 二、水环境改善实现重大突破

"十一五"期间，山东省高度重视水污染防治工作，创新并坚持"治、用、保"并举综合治理流域污染的新思路，认真组织实施国家重点流域水污染防治专项规划，在年经济增长速度两位数的背景下，水污染防治不但未欠新账，而且偿还了"十五"以前的旧账，水环境改善实现重大突破。2006—2010年，山东治理污染企业的投资超过100亿元，用于重点流域的城市污水处理、回用水利用、配套污水管网、截污导流等方面的投资也超过77亿元。全省污水集中处理率由2005年的52%提高到83.4%，污水处理能力和集中处理率均居全国前列。2010年，姜大明省长在《政府工作报告》中提出了"年底前省控59条重点污染河流全部恢复鱼类生长"的水环境治理目标，打响重点流域治污攻坚战。截至2010年年底，省控59条重点污染河流全部恢复鱼类生长，主要河流断面COD和NH$_3$-N浓度年均下降19.9%和18.9%。2010年，全省河流高锰酸盐指数年均值为7.55 mg/L，氨氮年均值为 1.93 mg/L，均值首次符合 V 类水标准，是水生态环境改善的重要转折点和里程碑；自 2006 年以来，山东省已在淮河流域治污考核中连续四年赢得第 1 名，海河流域考核也夺得 "三连冠"，生动地诠释了 "让江河湖泊休养生息" 治水新理念。

### 三、大气污染防治明显加强

"十一五" 以来，山东省以总量减排为中心，以保障奥运会、全运会和省运会空气质量等活动为契机，以重点行业治污减排为抓手，不断强化工业污染源治理和城市环境综合整治力度，设区城市环境空气质量得到一定改善。关停小火电机组 717 万 kW，关停淘汰落后水泥生产能力 3 561.6 万 t，焦化产能 192 万 t、钢铁产能 671.4 万 t；取缔石灰窑和砖瓦窑 1 000 多座；整治化工企业 1 000 多家；对 1 000 多家建陶企业煤气发生炉实施了集中脱硫改造。全省现役火电机组国家和省重点脱硫目标任务提前超额完成，燃煤机组脱硫设施的配套率达到 95% 以上，高于全国平均水平 20%；全面启动了钢铁烧结机脱硫工程，全省已建成脱硫设施的烧结机面积为 3 988 m²，占全省烧结机总面积的 46.7%。对 460 多个重点废气排放企业 660 多个点和 17 个城市的 144 个空气质量自动监测子站点，实现了在线监控和三级联网。实施 "政府主导、城乡并举、部门联动、分区负责" 的大气污染防治和城市空气质量调度机制，促进城市环境综合整治。全省共建成环保检测机构 63 家，35 家检测机构通过验收、取得了检验资质；加大扬尘综合整治力度，济南、青岛、淄博、临沂、聊城、泰安、潍坊、菏泽等市对重点扬尘污染源实施联合防控。

### 四、环境安全防控成效明显

"十一五" 期间，组织对近 4 000 家重点行业企业排查，基本摸清了排放重金属等剧毒物质的环境风险源底数；在跨省、市界河断面设置环境风险预警点位 61 个；在全国率先出台了放射源安全监管办法，安全收贮收置废旧放射源 3 800 余枚，17 个设区十成城市全部建设了医疗废物集中处置设施，处置率达到 97% 以上，全省未发生重大及以上环境安全事件。2010 年，建立了 "超标即应急" 零容忍工作机制和 "快速溯源法" 工作程序，发现超标情况，1 h 内启动应急处置程序，24 h 内锁定污染源。

### 五、生态省建设取得积极进展

山东省委、省政府高度重视生态省建设工作，省政府常务会议定期听取情况汇报，建立市长目标责任制，实行一年一考核、一年一通报。"十一五" 期间，建成国家环保模范城市 18 个，国家级生态示范区 24 个，国家生态市 1 个，全国环境优美乡镇 181 个。全省新增水源拦蓄能力 1 亿多 m³，除险加固小型水库 1446 座。截至 2010 年，建立各级湿地保护区 15 处，总面积 59 万 hm²，累计恢复治理采矿破坏土地 3.14 万 hm²、破损山体 332 座，治理水土流失面积 4.3 万 km²。开展 "以奖促治" 环境综合整治项目 103 个、"以奖代补" 生态示范建设项目 31 个，农作物秸秆综合利用率达到 70%。

### 六、强化环境执法，环境监管水平进一步提升

"十一五" 期间，山东省加快地方立法步伐，创新工作机制，逐步规范执法程序，加强与司法等部门协调配合，打好环境监管 "组合拳"，全省环境监管水平进一步提升。"十

一五"以来，省政府先后开展环保专项行动 13 次，累计检查重点工业污染源 2 235 个（次）、城市污水处理厂 703 座（次）、河流断面 426 个（次）、信访案件 129 件，对 402 件突出环境问题进行了挂牌督办。出台了《全省重点企业监管办法（试行）》等"四个办法"，先后印发旬查通报 91 期，对 168 家环境违法企业进行了立案处罚；与省检察院、公安厅联合下发《关于严肃查处环境污染犯罪的通知》等司法文件；与省监察厅联合制定突出环境问题约谈制度，严厉打击环境违法犯罪。组织对工业源、农业源、城镇生活源和集中式污染治理设施 4 大类 48.3 万个污染源进行了调查，获得各类污染源数据 1.1 亿个。

### 七、法制、科技等综合推进措施日益加强

"十一五"期间，加强地方法规、标准建设，先后出台了《山东省南水北调工程沿线区域水污染防治条例》和《山东省造纸工业污染物排放标准》等 25 个地方环境标准。启动市场机制助推污染治理。目前所有设区城市已全部将污水处理收费标准提高到 1 元/m³，对脱硫机组落实 1.5 分/kW·h 的优惠电价；成功举办了 4 届绿博会，2010 年第四届绿博会协议额度达 170 多亿元人民币，成交合同金额 22.5 亿元；完成环保科研课题 113 项，获国家、省部级各类奖项 183 项；积极开展环境宣传教育，建立了环保舆情监测体系。创建省级绿色社区 212 家、绿色学校 457 所、环境教育基地 12 个以及国际生态学校 5 所；培训县级领导干部 302 人、县级环保局长 360 人。

### 八、环保机构队伍建设实现重要突破

2009 年在省政府机构改革中组建了省环保厅，由省政府直属机构升格为组成部门，省级环保部门增设 4 个正处级机构、2 个事业单位，增加行政编制 32 人、事业编制 72 人。"十一五"期间，1 人被授予省先进工作者荣誉称号，1 人被授予富民兴鲁劳动奖章，10 人荣立一等功、14 人荣立二等功。

## 第二节　环境监测概况

### 一、环境监测工作开展情况

"十一五"以来，全省环境监测紧紧围绕"三个说清"为目标，抓好环境质量监测、污染源监督监测和环境安全预警应急监测等重点任务落实，为环境监管和决策提供了有力的技术支撑。

（一）环境质量监测不断深化，圆满完成各项任务

2006—2010 年，山东省每年根据国家环境监测方案，制订全省环境监测计划，组织各市环境监测站定期开展地表水、城市空气、城市功能区和交通噪声、城市生活饮用水水源地、近岸海域等环境质量的监测。监测的范围、项目、频次和获取的数据、编发的报告量都比"十五"期间大幅度增加。环境质量监测领域进一步拓展，每年对全省 51 处主要饮用水水源地水质进行一次 109 项全分析；连续四年开展了山东省生态环境遥感监测与评价

工作，编制年度评价报告；用三年的时间完成了全省土壤污染状况调查工作，取得了一批重要成果；自 2009 年起开展了"以奖促治"村庄农村环境监测试点工作；每年组织沿海城市监测站开展了近岸海域水质监测、直排海污染源、入海河流污染物入海通量监测和夏季海水浴场水质监测。全省每年获取各类环境质量人工监测数据 120 万个，自动监测数据 0.33 亿个。

### （二）加大污染源监督性监测力度，推动全省总量减排

"十一五"期间，根据《国务院关于开展第一次全国污染源普查的通知》要求，2007 年对 1 676 家国控、省控重点工业污染源和集中式污染治理设施每季度监测一次；自 2008 年起对 660 家国控重点污染源每季度监测一次，省监测站按不低于 20% 的比例进行质控抽测；按照《全省重点企业监管办法》等"四个办法"的规定，2007—2010 年每年抽测重点监管企业 4.4 万家次、城镇污水处理厂 4.1 万座次；全省各级监测站每年承担完成建设项目竣工环保验收监测项目 4 024 项，参加省政府环保专项行动和省级执法检查活动 63 次。全省每年获取污染源手工监测数据 88.4 万个，自动监测数据 1.32 亿个。连续两年获国家总量减排监测体系建设及国控重点污染源监督性监测运行考核第 1 名。

### （三）开展环境安全预警监测，增强应急监测实战能力

2009 年开始，对跨界河流断面、地表水饮用水水源地和排放剧毒物质隐患企业等开展了铅、镉、汞、砷等 12 项剧毒物质的水质环境安全预警监测工作；2007 年以来，开展了省辖淮河流域重点地区环境与健康综合监测。在支援四川抗震救灾、松花江污染、黄河柴油污染、青岛奥帆赛海域浒苔灾害、临沂东西邳苍分洪道砷污染等重大环境事件应急监测中，圆满完成了任务。

## 二、环境监测综合能力和整体水平

"十一五"期间，山东省环境监测围绕"改善环境质量、确保环境安全、服务科学发展"，不断加大投入，切实加强环境监测能力建设，环境监测综合能力和整体水平迅速提高，为建立先进的环境监测预警体系奠定了良好的基础。

### （一）环境监测机构队伍持续发展，能力不断增强

"十一五"期间，山东省环境监测队伍持续发展，能力不断增强。截至 2010 年，全省共有各级监测站 151 个，监测队伍 2 684 人，专业技术人员占总数的 84.1%，高、中、初级职称人员比例为 2.6∶4.3∶3.1。其中，省级站 1 个 65 人，市级站 17 个 949 余人，县级站 133 个 1 670 余人。各类监测仪器设备 11 570 台（套），价值 3.75 亿元。与"十五"末相比，分别增加了 3 183 台套、2.22 亿元（图 3-1、图 3-2、图 3-3、图 3-4）。

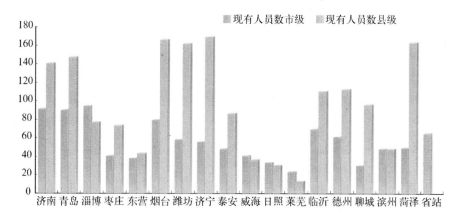

图 3-1 2010 年全省环境监测人员情况

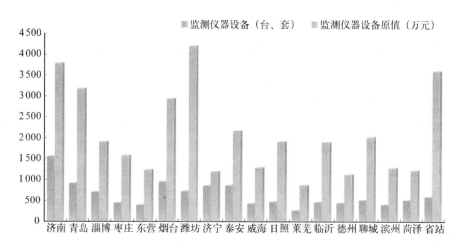

图 3-2 2010 年全省环境监测仪器设备情况

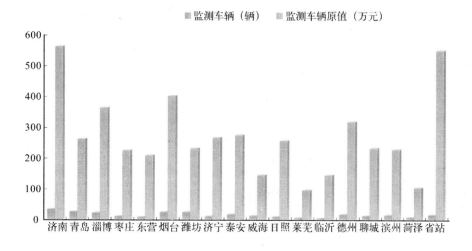

图 3-3 2010 年全省环境监测车辆情况

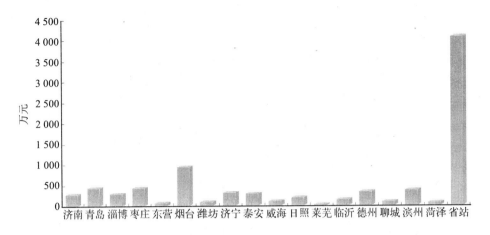

图 3-4　2010 年全省环境监测业务经费情况

### （二）大力推进先进的环境监测预警体系建设

"十一五"期间，山东省建设了"三级五个方面"自动监控系统。共设置了 1 738 个站点，安装自动监测设备 5 100 台（套），对 60 条主要河流的 59 个跨市断面、17 个设区城市建成区 144 个城市空气质量点位、24 个城市饮用水水源地水质站、1 193 个省控重点企业和 166 个城市污水处理厂实时自动监测（控），具备了对全省 90% 以上的污染源排污情况和主要水、气环境质量进行实时监控的能力，实现了国家、省、市、县四级联网实时监控。在跨省、市、县界河流断面及风险源单位聚集区河流下游邻近断面、188 个城市污水处理厂进水口、244 家风险源单位的 247 个车间排放口和 180 个总排口分别布设预警监测点位，定期监测 THg、TCd、TCr、TAs、TPb、氰化物、Cr、TNi、TAg、苯并（$a$）芘、TBe、P 12 种剧毒物质。全省各级环境监测站业务用房面积共有 126 548 m$^2$，新增 8 206 m$^2$。

### （三）完善制度建设，深化综合分析，加强数据应用

"十一五"以来，山东省陆续出台了《全省重点企业监管办法》等"四个办法"、《山东省环境自动监测系统建设运行管理意见》、《关于环境监测有关问题的暂行意见》等 10 余项有关环境监测的工作制度和文件，进一步规范了全省各项环境监测工作，明确了省、市、县三级站的主要工作任务。到 2010 年年底，山东省每天获取自动监测数据 55 万个，每年获取人工监测数据 200 多万个，在全国率先将监测数据作为环境统计、定期通报、总量减排、"以奖代补"、环境执法、排污收费的重要依据，为查处环境违法行为提供了技术支撑。加强监测数据的分析应用，每年编制《山东省环境质量报告书》等环境质量监测报告 50 余期，每天在山东卫视等媒体上及时发布 17 个城市空气质量日报、预报，水质自动监测周报、海水浴场水质周报等环境质量信息，保障了人民群众的环境知情权。

### 三、质量管理和质量保证

"十一五"期间，省环保厅修订、制定下发了《山东省环境监测质量管理实施细则（试行）》和《山东省环境监测人员持证上岗考核实施细则（试行）》。截至 2010 年，省环保厅

设立监测处，青岛、淄博、东营、潍坊、泰安、日照、德州、聊城和滨州 9 个市环境保护局已设立环境监测质量管理部门；青岛、淄博、潍坊、泰安、莱芜、临沂、德州、菏泽 8 个市环境监测站设立了专职的监测质量管理机构，省环境监测中心站和枣庄、东营、威海、日照、聊城和和滨州 6 个市将质量管理职能放在了综合科室。省厅和 13 个城市转发国家《行动计划》和山东省《实施方案》，并按年度每年制订计划实施，省环保厅组织开展全省环境监测质量管理工作自查和检查活动。省环境监测中心站通过国家实验室资质认证复查评审和持证上岗考核，具备按相应标准七大类 179 个项目的检测能力。2009—2010 年，全省 17 个城市中有 139 个监测站通过了计量认证和实验员持证上岗考核，占全省三级监测站总数的 92%，青岛等 11 个市站持证上岗考核率均达到 100%。完成 313 家国控污染源质控抽测，占山东省国控污染源数量 20% 以上。各市站质控样测定、现场比对平均合格率为 95.6%。2010 年，省站共完成实验室平行样、明码质控样、加标回收等样品 2 100 余个，全部合格。

"十一五"期间，17 个市站分别进行了 103 次质控考核，合格比例占 93.4%；参加国家组织的 28 次能力验证，组织了 34 次实验室间比对，比对全部合格。结合"四个办法"，省级对 1 001 家省控重点监管企业、167 座城市污水处理厂每年进行 1 次抽查监测。2009—2010 年，对山东省的 6 个国控水质自动站，每周对自动监测仪器进行一次标准液核查，每月进行一次比对试验；省站进行了两次（上、下半年各一次）现场检查和现场考核，检查合格率 100%，抽查、监测 720 个河流断面水质自动站，对全省 144 个空气自动站进行 1 104 站次抽查监测；对全省 467 家重点监管企业 1 100 台（套）自动监测设备进行了巡查比对；每季度对全省 20 家 59 台单机装机容量在 30 万 kW 以上的燃煤锅炉发电机组进行自动监测数据有效性审核；每季度组织各市对辖区内国控污染源自动监测数据进行有效性审核。全省有 720 余人次参加国家级培训，省级培训 4 300 余人次。全省 17 个城市均举办了市级监测技术大比武活动，共有 676 名监测技术人员参与，占全省人员总数的 25.2%。在北京举行的第一届全国环境监测专业技术人员大比武活动中，山东省获得了团体二等奖、个人一等奖 1 名、三等奖 2 名的优异成绩。

# 第二部分　污染源状况

山东省是工业经济大省，工业污染源数量居全国第四位，数量占全国工业源总数的6.1%。截至2010年，全省调查工业污染源企业6307家，工业总产值32654.6亿元，工业用水总量359.5亿t，其中新鲜水量30.24亿t。全省工业污染源排放工业废水190483.4万t，工业废水排放达标率98.52%。工业锅炉6029台，工业炉窑3977座。全年煤炭消费总量28015.95万t，工业废气排放量43837.35亿m³。全省工业固体废物产生量15136.5万t，固体废物排放量0.001万t。

按行政区划分，全省6307家工业污染源中，以青岛市最多，为766家，占总数的12%；其次为潍坊市和德州市，各为652家和594家，分别占总数的10%和9%。

按行业划分，全省6307家工业污染源分布在38个行业中，以非金属矿物制造业最多，为1065家，占总数的17%；其次是农副食品加工业和化学原料及化学制品制造业，分别占15%和12%。

# 第四章 废气污染源

## 第一节 能源消耗情况

### 一、能源构成及消耗情况

2010 年，山东省环境统计工业煤炭消费量 29 234.65 万 t，比上年增长 13.6%。其中，工业煤耗中燃料煤消费量为 20 962.27 万 t，原料煤消费量 8 272.381 万 t；生活及其他煤炭消费量 1 220.72 万 t，比上年减少 13%；工业（不含车船用）共消耗燃料油 128.69 万 t，其中重油 96.66 万 t，柴油 31.97 万 t。

"十一五"期间，全省耗煤量由 2005 年的 1.89 亿 t 上升到 3.05 亿 t，年均增长 0.1%。能耗情况表见表 4-1。

表 4-1 山东省 2005—2010 年能耗情况表

| 年份 | 耗煤量/万 t | | | | | 燃料油/万 t | 洁净燃气消费量（标态）/万 m³ |
| | 工业 | | | 生活 | 合计 | | |
| | 燃料煤 | 原料煤 | 合计 | | | | |
|---|---|---|---|---|---|---|---|
| 2005 | 13 374.577 | 4 013.943 | 17 388.52 | 1 491.47 | 18 935.25 | 183.66 | — |
| 2006 | 14 563.54 | 4 923.172 | 19 486.71 | 1 475.41 | 20 933.43 | 161.61 | 3 879 193 |
| 2007 | 16 342.66 | 6 462.404 | 22 805.06 | 1 466.79 | 24 284.02 | 137.86 | 4 557 103 |
| 2008 | 17 916.37 | 6 689.578 | 24 605.95 | 1 433.79 | 25 996.42 | 108.48 | 5 500 315 |
| 2009 | 18 811.47 | 6 911.27 | 25 722.74 | 1 406.92 | 27 121.74 | 99.80 | 4 222 240 |
| 2010 | 20 962.27 | 8 272.381 | 29 234.65 | 1 220.72 | 30 455.37 | 128.69 | 4 787 568 |

### 二、工业增加值与能耗分析

全省 2005—2009 年万元 GDP 能耗、规模以上工业增加值能耗变化情况见表 4-2、表 4-3。

表 4-2 山东省 2006—2009 年万元 GDP 能耗指标统计　　　单位：t 标准煤/万元

| 地区 | 2006 年 | 2007 年 | 2008 年 | 2009 年 |
|---|---|---|---|---|
| 全省总计 | 1.23 | 1.18 | 1.1 | 1.04 |
| 济南市 | 1.23 | 1.18 | 1.1 | 1.04 |
| 青岛市 | 0.92 | 0.87 | 0.82 | 0.78 |
| 淄博市 | 2.02 | 1.93 | 1.79 | 1.68 |

| 地区 | 2006 年 | 2007 年 | 2008 年 | 2009 年 |
|------|---------|---------|---------|---------|
| 枣庄市 | 2.06 | 1.93 | 1.79 | 1.68 |
| 东营市 | 0.81 | 0.77 | 0.72 | 0.68 |
| 烟台市 | 0.91 | 0.87 | 0.81 | 0.77 |
| 潍坊市 | 1.34 | 1.28 | 1.19 | 1.11 |
| 济宁市 | 1.56 | 1.48 | 1.38 | 1.3 |
| 泰安市 | 1.45 | 1.39 | 1.28 | 1.2 |
| 威海市 | 0.92 | 0.87 | 0.81 | 0.77 |
| 日照市 | 1.34 | 1.41 | 1.34 | 1.78 |
| 莱芜市 | 4.57 | 4.33 | 3.95 | 3.7 |
| 临沂市 | 1.27 | 1.21 | 1.12 | 1.06 |
| 德州市 | 1.47 | 1.4 | 1.3 | 1.23 |
| 聊城市 | 1.68 | 1.62 | 1.49 | 1.4 |
| 滨州市 | 1.24 | 1.19 | 1.1 | 1.04 |
| 菏泽市 | 1.1 | 1.05 | 0.98 | 0.93 |

数据来源：《山东省统计年鉴》。

表 4-3　山东省 2006—2009 年规模以上工业万元增加值能耗　　　单位：t 标准煤/万元

| 地区 | 2006 年 | 2007 年 | 2008 年 | 2009 年 |
|------|---------|---------|---------|---------|
| 全省总计 | 2.02 | 1.89 | 1.7 | 1.54 |
| 济南市 | 1.94 | 1.81 | 1.62 | 1.5 |
| 青岛市 | 1.18 | 1.08 | 0.99 | 0.92 |
| 淄博市 | 3.11 | 2.91 | 2.58 | 2.34 |
| 枣庄市 | 3.39 | 3.13 | 2.77 | 2.51 |
| 东营市 | 0.87 | 1.82 | 0.75 | 0.69 |
| 烟台市 | 1.01 | 0.95 | 0.88 | 0.81 |
| 潍坊市 | 2.03 | 1.89 | 1.69 | 1.53 |
| 济宁市 | 2.72 | 2.52 | 2.29 | 2.08 |
| 泰安市 | 2.65 | 2.46 | 2.18 | 1.97 |
| 威海市 | 0.99 | 0.92 | 0.84 | 0.78 |
| 日照市 | 2.88 | 3.03 | 2.81 | 4.01 |
| 莱芜市 | 6.54 | 6.11 | 5.29 | 4.77 |
| 临沂市 | 2.58 | 2.42 | 2.13 | 1.97 |
| 德州市 | 2.73 | 2.56 | 2.26 | 2.06 |
| 聊城市 | 3.08 | 2.92 | 2.59 | 2.35 |
| 滨州市 | 2.05 | 1.96 | 1.75 | 1.61 |
| 菏泽市 | 2.31 | 2.12 | 1.93 | 1.78 |

数据来源：《山东省统计年鉴》。

从表 4-2、表 4-3 中可以看出，全省及 17 个市 2006—2009 年万元 GDP 能耗、规模以上工业增加值能耗均呈下降趋势。2009 年全省万元 GDP 能耗比 2006 年下降了 15.45%；2009 年规模以上工业增加值能耗比 2006 年下降了 23.76%。

## 第二节  工业废气及污染物排放状况

### 一、工业废气排放情况

2010 年，山东省工业废气排放为 43 837.35 亿 m³，比 2005 年增长了 81.6%，废气年均排放量为 32 281.8 亿 m³（表 4-4）。

表 4-4  山东省 2005—2010 年工业废气排放情况          单位：亿 m³

| 地区 | 2005 年 | 2006 年 | 2007 年 | 2008 年 | 2009 年 | 2010 年 |
|------|---------|---------|---------|---------|---------|---------|
| 全省总计 | 24 129.07 | 25 751 | 31 341.36 | 33 505.23 | 35 126.7 | 43 837.35 |
| 济南市 | 2 151.68 | 2 462.07 | 2 856.62 | 2 970.98 | 2 954.54 | 3 257.62 |
| 青岛市 | 1 556.11 | 1 804.11 | 2 141.61 | 2 168.12 | 2 635.76 | 2 558.09 |
| 淄博市 | 2 671.47 | 2 620.9 | 2 928.67 | 3 242.25 | 3 090.97 | 3 500.91 |
| 枣庄市 | 1 622.78 | 2 028.01 | 2 497.04 | 2 522.11 | 2 402.41 | 2 490.63 |
| 东营市 | 594.81 | 623.39 | 629.95 | 618.07 | 656.45 | 996.27 |
| 烟台市 | 1 444.66 | 1 906.6 | 1 475.43 | 1 957.83 | 1 935.34 | 2 187.44 |
| 潍坊市 | 1 455.97 | 1 665.32 | 2 020.84 | 2 091.89 | 2 618.32 | 4 275.25 |
| 济宁市 | 2 501.54 | 2 420.52 | 2 494.68 | 2 930.39 | 2 844.13 | 3 593.41 |
| 泰安市 | 1 198.47 | 1 400.88 | 1 617.74 | 1 467.75 | 1 426.25 | 1 876.96 |
| 威海市 | 375.83 | 356.34 | 307.82 | 380.48 | 445.1 | 546.35 |
| 日照市 | 805.99 | 555.56 | 2 594.31 | 2 762.99 | 3 139.54 | 3 612.09 |
| 莱芜市 | 1 439.74 | 2 027.31 | 2 635.09 | 2 752.75 | 2 790.2 | 3 459.24 |
| 临沂市 | 1 961.44 | 1 533.53 | 2 032.07 | 1 745.57 | 2 349.87 | 4 234.35 |
| 德州市 | 1 337.39 | 1 226.32 | 1 496.13 | 1 523.08 | 1 605.38 | 3 184.66 |
| 聊城市 | 1 746.26 | 1 998.18 | 2 219.4 | 2 151.85 | 2 032.05 | 1 991.47 |
| 滨州市 | 946.68 | 823.71 | 890.7 | 1 504.42 | 1 473.96 | 1 341.73 |
| 菏泽市 | 318.25 | 298.25 | 503.24 | 714.69 | 726.44 | 730.90 |

### 二、主要废气污染物排放情况

1. $SO_2$ 排放情况。2010 年，全省废气 $SO_2$ 排放量为 153.78 万 t，比上年减少 3.3%。其中，工业废气中 $SO_2$ 排放量为 138.28 万 t，比上年增加 1.2%，占全省 $SO_2$ 排放量的 89.9%；生活 $SO_2$ 排放量为 15.49 万 t，比上年减少 30.8%，生活 $SO_2$ 排放量占全省 $SO_2$ 排放量的 10%（表 4-5）。

按行政区域划分，$SO_2$ 排放量超过 10 万 t 的地区依次为淄博、济宁、潍坊、德州四个设区城市，$SO_2$ 排放量占全省排放总量的 36%。

"十一五"以来，全省 $SO_2$ 排放总量呈逐年下降趋势（图 4-1）。

表4-5　山东省2005—2010年主要废气污染物排放量

| 年份 | SO₂排放量/t | | | NOₓ排放量/t | | | 烟尘排放量/t | | | 工业粉尘排放量/t |
|---|---|---|---|---|---|---|---|---|---|---|
| | 工业 | 生活 | 总计 | 工业 | 生活 | 总计 | 工业 | 生活 | 总计 | |
| 2005 | 1715362.3 | 287470 | 2002832.3 | — | — | — | 485024.4 | 133505 | 618529.4 | 373301.6 |
| 2006 | 1686819.6 | 275013 | 1961832.6 | 966224.4 | 275253.8 | 1241478.1 | 418009.6 | 166185 | 584194.6 | 323176.7 |
| 2007 | 1582668.9 | 239481 | 1822149.9 | 1044362.5 | 263766 | 1308128.5 | 341778.1 | 121570 | 463348.1 | 303620.1 |
| 2008 | 1465500.6 | 226379.9 | 1691881 | 1005014.5 | 270118.6 | 1275133.1 | 327091.9 | 117432.4 | 444524.3 | 260835.3 |
| 2009 | 1366150.5 | 224151 | 1590301 | 1105588.4 | 276621 | 1382209 | 301967.97 | 115221 | 417189 | 220607.8 |
| 2010 | 1382874 | 154944 | 1537818 | 1167189.5 | 240733 | 1407922.5 | 291201.3 | 100464 | 391665.3 | 189416.8 |

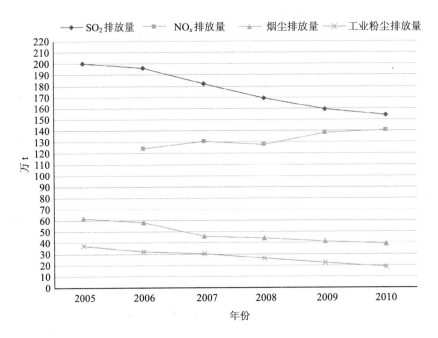

图4-1　山东省主要废气污染物排放量年际变化情况

2. NOₓ排放情况。2010年，全省NOₓ排放量为140.8万t，比上年增加1.9%。其中，工业NOₓ排放量为116.7万t，比上年增加5.5%，工业NOₓ排放量占全省NOₓ排放量的82.9%；生活NOₓ排放量24万t，比上年减少12.9%，生活NOₓ排放量占全省NOₓ排放量的17%。

按行政区域划分，工业NOₓ排放量超过10万t的地区依次为济宁、淄博、聊城市三个设区城市，NOₓ排放量占全省NOₓ排放量的31%。

"十一五"期间，全省及各市工业NOₓ排放量情况（表4-6）。从表中可以看出，全省及大部分设区城市排放量呈逐年上升趋势。

3. 烟尘和工业粉尘排放情况。2010年，全省烟尘排放量为39.1万t，比上年减少6.1%。其中，工业烟尘排放量为29.1万t，比上年减少3.5%，工业烟尘排放量占全省烟尘排放量的74.34%；生活烟尘排放量10.04万t，比上年减少12.8%，生活烟尘排放量占全省烟尘排放量的25.7%。

2010 年，全省工业粉尘排放量为 18.9 万 t，比上年减少 14.1%。其中，烟尘排放量超过 2 万 t 的地区为淄博市、临沂市、德州市、潍坊市和济宁市，占全省烟尘排放量的 50%；工业粉尘排放量超过 2 万 t 的地区依次为淄博市、潍坊市、济南市、日照市，占全省工业粉尘排放量的 51%（表 4-6、表 4-7、表 4-8）。

表 4-6　山东省 2006—2010 年各地区工业 NO$_x$ 排放量　　单位：t

| 地区 | 2006 年 | 2007 年 | 2008 年 | 2009 年 | 2010 年 |
|---|---|---|---|---|---|
| 全省总计 | 966 224.4 | 971 517.9 | 1 005 014 | 1 105 588 | 1 167 189.53 |
| 济南市 | 35 410.7 | 38 887.47 | 54 171.84 | 59 298.85 | 60 998.60 |
| 青岛市 | 40 664.04 | 39 400.4 | 53 529.59 | 57 516.04 | 61 632.62 |
| 淄博市 | 98 742.94 | 93 518.77 | 121 739.1 | 130 426.9 | 120 432.96 |
| 枣庄市 | 31 862.4 | 41 987.77 | 47 411.03 | 47 521.93 | 52 299.33 |
| 东营市 | 50 066.66 | 30 745.68 | 28 414.51 | 22 266.94 | 34 474.74 |
| 烟台市 | 60 580.36 | 56 416.88 | 57 642.6 | 60 473.13 | 72 783.65 |
| 潍坊市 | 89 781.8 | 82 202.98 | 89 996.4 | 96 868.07 | 92 711.32 |
| 济宁市 | 42 477.35 | 73 421.11 | 111 975.2 | 116 724.4 | 127 487.35 |
| 泰安市 | 89 787.7 | 66 626.69 | 52 669.89 | 49 710.48 | 68 930.25 |
| 威海市 | 33 729.22 | 31 173.25 | 34 662.28 | 33 227.26 | 24 219.85 |
| 日照市 | 22 661.17 | 19 648.53 | 23 553.28 | 46 489.14 | 47 976.42 |
| 莱芜市 | 43 761.76 | 40 078.69 | 67 082.54 | 80 460.02 | 64 847.25 |
| 临沂市 | 53 579.37 | 58 555.41 | 54 213.17 | 58 574.07 | 83 430.29 |
| 德州市 | 110 776.6 | 96 135.95 | 57 479.26 | 61 571.26 | 60 719.35 |
| 聊城市 | 46 792.36 | 103 666.7 | 69 131.6 | 101 920.6 | 109 070.72 |
| 滨州市 | 99 633.72 | 79 488.02 | 52 124.64 | 52 306.08 | 53 644.6 |
| 菏泽市 | 15 916.25 | 19 563.59 | 29 217.58 | 30 233.18 | 31 530.25 |

表 4-7　山东省 2005—2010 年各地区工业烟尘排放量　　单位：t

| 地区 | 2005 年 | 2006 年 | 2007 年 | 2008 年 | 2009 年 | 2010 年 |
|---|---|---|---|---|---|---|
| 全省总计 | 485 024.4 | 418 009.6 | 341 778.1 | 327 091.9 | 301 968 | 291 201.25 |
| 济南市 | 24 691.02 | 22 032.32 | 20 545.66 | 20 359.42 | 20 145.83 | 19 709.44 |
| 青岛市 | 33 418.04 | 30 447.19 | 21 047.99 | 21 522.17 | 20 585.42 | 12 967.11 |
| 淄博市 | 69 950.95 | 70 530.85 | 62 158.08 | 48 649.03 | 37 842.14 | 38 271.04 |
| 枣庄市 | 21 931.46 | 18 324.67 | 15 324.61 | 15 158.94 | 14 543.51 | 13 142.15 |
| 东营市 | 26 863.9 | 18 185.75 | 12 192.85 | 6 394.04 | 6 795.08 | 5 872.59 |
| 烟台市 | 15 715.87 | 15 000.17 | 13 829.56 | 14 673.55 | 13 291.38 | 13 051.49 |
| 潍坊市 | 36 616.85 | 21 997.76 | 24 776.52 | 23 462 | 24 594.11 | 26 080.82 |
| 济宁市 | 31 190.85 | 29 642.44 | 26 386.17 | 25 897.04 | 26 577.4 | 22 090.23 |
| 泰安市 | 28 130.68 | 23 287.52 | 19 996.49 | 17 405.42 | 16 393.73 | 18 247.74 |
| 威海市 | 9 588.88 | 10 792.59 | 7 298.11 | 6 754.87 | 8 286.29 | 8 238.48 |
| 日照市 | 10 701.73 | 3 374.40 | 5 606.60 | 5 567.24 | 9 776.39 | 7 426.77 |
| 莱芜市 | 28 662.52 | 26 024.1 | 10 417.55 | 11 746.24 | 12 372.7 | 12 857.71 |
| 临沂市 | 31 282.38 | 19 475.84 | 11 241.07 | 15 544.63 | 19 765.61 | 31 343.61 |
| 德州市 | 40 990.99 | 39 039.9 | 37 293.14 | 36 902.8 | 32 281.42 | 27 589.77 |
| 聊城市 | 27 489.19 | 17 721.72 | 17 252.9 | 19 195.87 | 9 747.36 | 6 725.14 |
| 滨州市 | 24 103.01 | 30 629.12 | 18 745.67 | 17 984 | 15 885.03 | 14 952.08 |
| 菏泽市 | 23 696.09 | 21 503.26 | 17 665.92 | 19 874.67 | 13 084.57 | 12 635.09 |

表 4-8　山东省2005—2010年各地区工业粉尘排放量　　　　　　单位：t

| 地区. | 2005年 | 2006年 | 2007年 | 2008年 | 2009年 | 2010年 |
|---|---|---|---|---|---|---|
| 全省总计 | 373301.64 | 323176.7 | 303620.1 | 260835.3 | 220607.8 | 189416.79 |
| 济南市 | 29486.64 | 27924.7 | 30375.11 | 30191.13 | 30021.84 | 28630.83 |
| 青岛市 | 9956.56 | 4457.78 | 4799.79 | 4555.84 | 5085.59 | 5074.12 |
| 淄博市 | 31111.15 | 26860.67 | 24744.42 | 25043.95 | 16710.47 | 10138.83 |
| 枣庄市 | 80194.56 | 79745.79 | 76950.11 | 57511.13 | 36276.7 | 26380.93 |
| 东营市 | 2843.93 | 2800.25 | 2025.43 | 2334.38 | 2334.90 | 1422.45 |
| 烟台市 | 56452.51 | 44628.45 | 38928.93 | 30068.84 | 25978.61 | 21115.64 |
| 潍坊市 | 45148.69 | 33516.25 | 29512.82 | 25111.64 | 14152.5 | 14333.45 |
| 济宁市 | 37785.65 | 32058.10 | 14066.53 | 11070.21 | 9135.68 | 5547.7 |
| 泰安市 | 9775.22 | 7714.28 | 5902.45 | 6257.33 | 5765.74 | 6021.17 |
| 威海市 | 5477.22 | 5486.46 | 3769.02 | 1835.02 | 1754.27 | 1169.15 |
| 日照市 | 8853.06 | 8632.95 | 7248.45 | 9920.4 | 9217.2 | 6832.07 |
| 莱芜市 | 15995.3 | 14840.85 | 24828.63 | 18056.06 | 21474.11 | 19790.51 |
| 临沂市 | 9304.74 | 6644.44 | 5525.01 | 6221.59 | 9496.40 | 14687.93 |
| 德州市 | 20600 | 20053.07 | 17598.46 | 14532.73 | 14009.72 | 4286.67 |
| 聊城市 | 4000.08 | 3864.78 | 13836.66 | 16137.5 | 16827.43 | 20401.11 |
| 滨州市 | 2055.09 | 1475.36 | 1120.36 | 924.48 | 1198.71 | 1177.59 |
| 菏泽市 | 4261.24 | 2472.53 | 2387.91 | 1063.04 | 1167.90 | 2406.64 |

　　从表中可以看出，"十一五"以来，全省烟尘排放量及工业粉尘排放量分别呈逐年下降趋势。

### 三、重点行业废气污染源排放情况

　　1. $SO_2$ 排放情况。2010年，全省 $SO_2$ 排放量排名居前三位的行业依次为电力、热力的生产和供应业、黑色金属冶炼及压延加工业、化学原料及化学制品制造业，上述3个行业 $SO_2$ 排放量合计为 96.16 万 t，占统计工业行业 $SO_2$ 排放量的 73.3%（图4-2、表4-9）。

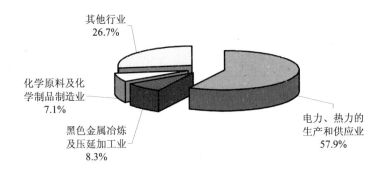

图 4-2　山东省2010年工业行业 $SO_2$ 排放情况

表 4-9　山东省 2005—2010 年主要行业 SO$_2$ 排放及负荷变化情况表

| 主要行业 | | 2005 年 | 2006 年 | 2007 年 | 2008 年 | 2009 年 | 2010 年 |
|---|---|---|---|---|---|---|---|
| 电力、热力的生产和供应业 | 排放量/t | 997 069.82 | 1 025 220.00 | 964 284.93 | 862 566.23 | 772 730.53 | 759 078.15 |
| | 负荷比/% | 61.57 | 65.52 | 61.76 | 62.60 | 60.70 | 57.81 |
| 黑色金属冶炼及压延加工业 | 排放量/t | 58 661.1 | 64 154.51 | 80 935.01 | 93 832.10 | 111 285.76 | 109 534.70 |
| | 负荷比/% | 3.62 | 4.10 | 5.18 | 6.81 | 8.74 | 8.34 |
| 化学原料及化学制品制造业 | 排放量/t | 101 228.29 | 95 736.50 | 106 700.92 | 81 991.09 | 77 246.84 | 93 242.41 |
| | 负荷比/% | 6.25 | 6.12 | 6.83 | 5.95 | 6.07 | 7.10 |
| 其他行业 | 排放量/t | 462 402.65 | 379 653.76 | 409 338.79 | 339 488.21 | 311 672.66 | 351 227.81 |
| | 负荷比/% | 28.55 | 24.26 | 26.22 | 24.64 | 24.48 | 26.75 |

2．NO$_x$ 排放情况。2010 年，NO$_x$ 排放量排名前三位的行业依次为电力热力的生产和供应业、非金属矿物制品业、黑色金属冶炼及压延加工业，上述 3 个行业 NO$_x$ 排放量合计为 87.6 万 t，占统计工业行业 NO$_x$ 排放量的 79.5%。其中，电力、热力的生产和供应业 NO$_x$ 排放量占工业行业 NO$_x$ 排放量的 64%（图 4-3、表 4-10）。

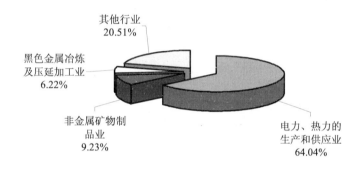

图 4-3　山东省 2010 年工业行业 NO$_x$ 排放情况

表 4-10　山东省 2006—2010 年主要行业 NO$_x$ 排放及负荷变化情况表

| 主要行业 | | 2006 年 | 2007 年 | 2008 年 | 2009 年 | 2010 年 |
|---|---|---|---|---|---|---|
| 电力、热力的生产和供应业 | 排放量/t | 567 702.20 | 568 205.04 | 556 443.56 | 622 832.85 | 705 818.15 |
| | 负荷比/% | 61.7 | 54.9 | 58.7 | 59.9 | 64.0 |
| 非金属矿物制品业 | 排放量/t | 56 606.05 | 85 844.16 | 80 801.20 | 89 684.20 | 101 783.76 |
| | 负荷比/% | 6.2 | 8.3 | 8.5 | 8.6 | 9.2 |
| 黑色金属冶炼及压延加工业 | 排放量/t | 56 535.06 | 57 677.75 | 70 977.50 | 95 350.05 | 68 574.49 |
| | 负荷比/% | 6.1 | 5.6 | 7.5 | 9.2 | 6.2 |
| 其他工业行业 | 排放量/t | 238 811.23 | 323 081.66 | 239 414.68 | 231 800.25 | 226 041.63 |
| | 负荷比/% | 26.0 | 31.2 | 25.3 | 22.3 | 20.5 |

3．烟尘排放情况。2010 年，烟尘排放量排名前三位的行业依次为电力、热力的生产和供应业、黑色金属冶炼及压延加工业、非金属矿物制品业，上述 3 个行业烟尘排放量合计为 18.66 万 t，占统计工业行业烟尘排放量的 69.3%（图 4-4、表 4-11）。

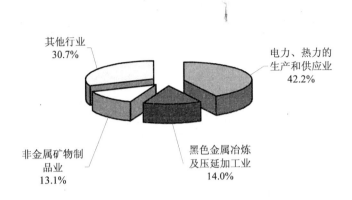

**图4-4  山东省2010年工业行业烟尘排放情况**

表4-11  山东省2005—2010年主要行业烟尘排放及负荷变化情况表

| 主要行业 | | 2005年 | 2006年 | 2007年 | 2008年 | 2009年 | 2010年 |
|---|---|---|---|---|---|---|---|
| 电力、热力的生产和供应业 | 排放量/t | 212660.49 | 193454.35 | 147115.93 | 140005.13 | 134662.73 | 113620.471 |
| | 负荷比/% | 46.80 | 49.18 | 45.83 | 46.66 | 48.58 | 42.23 |
| 非金属矿物制品业 | 排放量/t | 66025.72 | 48821.79 | 41012.64 | 32207.02 | 26621.17 | 35158.081 |
| | 负荷比/% | 14.53 | 12.41 | 12.78 | 10.73 | 9.60 | 13.07 |
| 黑色金属冶炼及压延加工业 | 排放量/t | 29948.90 | 31655.55 | 21013.34 | 22674.85 | 27415.48 | 37793.753 |
| | 负荷比/% | 6.59 | 8.05 | 6.55 | 7.56 | 9.89 | 14.05 |
| 其他工业行业 | 排放量/t | 145792.50 | 119447.79 | 111877.84 | 105150.31 | 88510.19 | 82463.095 |
| | 负荷比/% | 32.08 | 30.36 | 34.85 | 35.05 | 31.93 | 30.65 |

4. 2010年工业粉尘排放情况。工业粉尘排放量居前2位的行业依次为非金属矿物制品业和黑色金属冶炼及压延加工业，占统计工业行业粉尘排放量的86%，其中非金属矿物制品业占61%，黑色金属冶炼及压延加工业占25%（图4-5、表4-12）。

粉尘排放量居前几位的行业：非金属矿物制品业10.76万t、黑色金属冶炼及压延加工业4.43万t、石油加工炼焦及核燃料加工业0.54万t、化学原料及化学制品制造业0.5万t。上述4个行业粉尘排放量合计占工业粉尘排放量的92%。

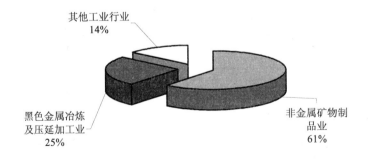

**图4-5  山东省2010年工业行业粉尘排放情况**

表 4-12 山东省 2005—2010 年主要行业粉尘排放及负荷变化情况表

| 主要行业 | | 2005 年 | 2006 年 | 2007 年 | 2008 年 | 2009 年 | 2010 年 |
|---|---|---|---|---|---|---|---|
| 非金属矿物制品业 | 排放量/t | 266 647.19 | 242 848.57 | 9 913.89 | 176 792.18 | 135 249.28 | 107 616.34 |
| | 负荷比/% | 75.01 | 79.20 | 3.45 | 72.03 | 65.36 | 60.92 |
| 黑色金属冶炼及压延加工业 | 排放量/t | 43 200.18 | 36 145.81 | 47 952.48 | 43 148.28 | 40 170.50 | 44 334.41 |
| | 负荷比/% | 12.15 | 11.79 | 16.69 | 17.58 | 19.41 | 25.10 |
| 其他工业行业 | 排放量/t | 45 613.41 | 27 651.79 | 229 367.02 | 25 496.49 | 31 523.91 | 24 712.88 |
| | 负荷比/% | 12.83 | 9.02 | 79.85 | 10.39 | 15.23 | 13.99 |

# 第三节 工业废气污染源评价

## 一、评价方法、项目和标准

1. 采用等标污染负荷法评价，计算公式为：

（A）某污染物的等标污染负荷 $P_i$：

$$P_i = \frac{c_i}{c_{io}} \times Q \times 10^{-6} = \frac{w_i}{c_{io}}$$

（B）某市或行业的等标污染负荷 $P_n$：

$$P_n = \sum_{i=1}^{n} P_i$$

（C）某市或行业的等标污染负荷比 $K$：

$$K = \frac{P_n}{P} \times 100\% \qquad P = \sum_{n=1}^{m} P_n$$

（D）某污染物的等标污染负荷比 $K_{it}$：

$$K_{it} = \frac{P_{it}}{P} \times 100\%$$

式中：$c_i$——$i$ 污染物的实测浓度平均值，mg/L；

$c_{io}$——$i$ 污染物的评价标准，mg/m$^3$；

$Q$——含 $i$ 污染物的废气排放量，t/a；

$w_i$——$i$ 污染物 $i$ 年排放量，t/a；

$P_n$——$i$ 污染物在所有区域或行业中的污染负荷之和；

$10^{-6}$——废气换算系数。

2. 评价标准和项目。评价项目为 $SO_2$、$NO_x$、烟尘和粉尘。评价标准按原国家环境保护总局制定的"工业污染源建档技术规定"中的标准评价。

## 二、工业废气评价

### 1. 主要污染物

全省工业废气中 3 种主要污染物等标污染负荷依次为 $SO_2$、烟尘和粉尘，$SO_2$ 占 79.99%，烟尘占 11.31%，粉尘占 8.70%（表 4-13）。

表 4-13    山东省 2010 年工业废气中污染物评价标准及评价结果

| 污染物名称 | 评价标准/（mg/m³） | 污染物名称 | 污染物排放量/t | 等标污染负荷 | 负荷比/% | 名次 |
|---|---|---|---|---|---|---|
| SO$_2$ | 0.15 | SO$_2$ | 1 313 083.07 | 8 753 887.15 | 85.49 | 1 |
| 烟尘 | 0.30 | 烟尘 | 269 035.40 | 896 784.67 | 8.76 | 2 |
| 粉尘 | 0.30 | 粉尘 | 176 663.63 | 588 878.77 | 5.75 | 3 |

## 2. 主要污染区域

淄博、潍坊、济宁、德州、临沂、烟台、枣庄 7 个市累计等标污染负荷比为 54.69%（表 4-14）。

表 4-14    山东省 2010 年各市工业废气中主要污染物评价结果

| 城市名称 | 等标污染负荷 | 负荷比/% | 名次 |
|---|---|---|---|
| 淄博市 | 1 252 047.5 | 11.57 | 1 |
| 潍坊市 | 908 863.85 | 8.40 | 2 |
| 济宁市 | 883 566.69 | 8.17 | 3 |
| 德州市 | 796 089.29 | 7.36 | 4 |
| 临沂市 | 738 486.61 | 6.82 | 5 |
| 烟台市 | 700 868.02 | 6.48 | 6 |
| 枣庄市 | 638 087.86 | 5.90 | 7 |
| 青岛市 | 634 735.56 | 5.87 | 8 |
| 济南市 | 629 777.3 | 5.82 | 9 |
| 聊城市 | 569 521.96 | 5.26 | 10 |
| 泰安市 | 532 225.96 | 4.92 | 11 |
| 滨州市 | 524 886.23 | 4.85 | 12 |
| 莱芜市 | 498 804.14 | 4.61 | 13 |
| 东营市 | 497 616.17 | 4.60 | 14 |
| 菏泽市 | 394 240.27 | 3.64 | 15 |
| 日照市 | 378 144.64 | 3.49 | 16 |
| 威海市 | 243 258.89 | 2.25 | 17 |

## 3. 主要污染行业

38 个行业中，电力、热力的生产和供应业、非金属矿物制造业行业累计等标污染负荷比为 66.86%，为工业废气主要污染行业（表 4-15）。

表 4-15    山东省 2010 年各行业工业废气中主要污染物评价结果

| 行业名称 | 等标污染负荷 | 负荷比/% | 名次 |
|---|---|---|---|
| 电力、热力的生产和供应业 | 5 439 375.90 | 53.12 | 1 |
| 黑色金属冶炼及压延加工业 | 1 003 991.91 | 9.81 | 2 |
| 非金属矿物制品业 | 1 002 863.82 | 9.79 | 3 |
| 化学原料及化学制品制造业 | 710 403.58 | 6.94 | 4 |
| 石油加工、炼焦及核燃料加工业 | 489 155.87 | 4.78 | 5 |
| 有色金属冶炼及压延加工业 | 332 772.63 | 3.25 | 6 |
| 造纸及纸制品业 | 278 910.57 | 2.72 | 7 |
| 农副食品加工业 | 149 746.83 | 1.46 | 8 |
| 纺织业 | 136 543.91 | 1.33 | 9 |

| 行业名称 | 等标污染负荷 | 负荷比/% | 名次 |
|---|---|---|---|
| 食品制造业 | 107 333.60 | 1.05 | 10 |
| 煤炭开采和洗选业 | 94 375.16 | 0.92 | 11 |
| 化学纤维制造业 | 72 111.56 | 0.70 | 12 |
| 饮料制造业 | 68 989.78 | 0.67 | 13 |
| 橡胶制品业 | 64 705.06 | 0.63 | 14 |
| 医药制造业 | 43 385.41 | 0.42 | 15 |
| 通用设备制造业 | 40 775.69 | 0.40 | 16 |
| 工艺品及其他制造业 | 35 187.09 | 0.34 | 17 |
| 专用设备制造业 | 33 267.44 | 0.32 | 18 |
| 木材加工及木、竹、藤、棕、草制品业 | 28 150.63 | 0.27 | 19 |
| 交通运输设备制造业 | 16 222.17 | 0.16 | 20 |
| 石油和天然气开采业 | 16 191.82 | 0.16 | 21 |
| 金属制品业 | 15 415.21 | 0.15 | 22 |
| 皮革、毛皮、羽毛（绒）及其制品业 | 12 065.58 | 0.12 | 23 |
| 塑料制品业 | 7 818.85 | 0.08 | 24 |
| 燃气生产和供应业 | 6 801.22 | 0.07 | 25 |
| 有色金属矿采选业 | 6 709.73 | 0.07 | 26 |
| 电气机械及器材制造业 | 5 082.01 | 0.05 | 27 |
| 黑色金属矿采选业 | 4 833.92 | 0.05 | 28 |
| 非金属矿采选业 | 4 627.54 | 0.05 | 29 |
| 纺织服装、鞋、帽制造业 | 3 429.52 | 0.03 | 30 |
| 家具制造业 | 2 128.93 | 0.02 | 31 |
| 废弃资源和废旧材料回收加工业 | 2 069.34 | 0.02 | 32 |
| 通信设备、计算机及其他电子设备制造业 | 1 283.44 | 0.01 | 33 |
| 烟草制品业 | 963.56 | 0.01 | 34 |
| 印刷业和记录媒介的复制 | 936.86 | 0.01 | 35 |
| 仪器仪表及文化、办公用机械制造业 | 648.13 | 0.01 | 36 |
| 文教体育用品制造业 | 276.35 | 0.00 | 37 |

## 4．主要污染源

占全省等标负荷80%以上的工业废气主要污染源，见表4-16。

### 表4-16 山东省2010年工业废气主要污染源

| 序号 | 企业名称 | 等标污染负荷 | 百分比/% | 累计百分比/% |
|---|---|---|---|---|
| 1 | 莱芜钢铁集团有限公司 | 185 824 470 | 3.56 | 3.6 |
| 2 | 日照钢铁控股集团有限公司 | 132 934 573.3 | 2.55 | 6.1 |
| 3 | 山东华宇铝电有限公司 | 125 463 200 | 2.41 | 8.5 |
| 4 | 中国石化集团资产经营管理有限公司齐鲁石化分公司 | 102 584 633.3 | 1.97 | 10.5 |
| 5 | 济钢集团有限公司 | 90 423 240 | 1.73 | 12.2 |
| 6 | 山东海化集团有限公司热力电力分公司 | 80 517 666.67 | 1.54 | 13.8 |
| 7 | 青岛钢铁有限公司 | 77 205 173.33 | 1.48 | 15.2 |
| 8 | 山东海天生物化工有限公司 | 71 472 666.67 | 1.37 | 16.6 |

| 序号 | 企业名称 | 等标污染负荷 | 百分比/% | 累计百分比/% |
|---|---|---|---|---|
| 9 | 淄博宏达钢铁有限公司 | 52 882 400 | 1.01 | 17.6 |
| 10 | 茌平信源铝业有限公司 | 51 168 266.67 | 0.98 | 18.6 |
| 11 | 山东海龙股份有限公司 | 49 614 366.67 | 0.95 | 19.6 |
| 12 | 山东东明石化集团有限公司 | 46 909 466.67 | 0.90 | 20.5 |
| 13 | 茌平信发华宇氧化铝有限公司 | 45 054 933.33 | 0.86 | 21.3 |
| 14 | 山东莱钢永锋钢铁有限公司 | 40 023 333.33 | 0.77 | 22.1 |
| 15 | 聊城山水水泥有限公司 | 36 766 666.67 | 0.70 | 22.8 |
| 16 | 中石化青岛炼油化工有限责任公司 | 36 373 333.33 | 0.70 | 23.5 |
| 17 | 山东太阳纸业股份有限公司 | 34 695 466.67 | 0.67 | 24.2 |
| 18 | 中国石油化工集团公司齐鲁分公司 | 34 049 366.67 | 0.65 | 24.8 |
| 19 | 临沂三德特钢有限公司 | 33 684 666.67 | 0.65 | 25.5 |
| 20 | 山东龙口美佳有限公司 | 33 208 600 | 0.64 | 26.1 |
| 21 | 青岛碱业股份有限公司 | 32 618 326.67 | 0.63 | 26.7 |
| 22 | 山东信发希望铝业有限公司 | 32 076 133.33 | 0.62 | 27.3 |
| 23 | 热电联供中心 | 30 169 396.67 | 0.58 | 27.9 |
| 24 | 山东阳煤恒通化工股份有限公司 | 29 557 333.33 | 0.57 | 28.5 |
| 25 | 山东九羊集团有限公司 | 27 476 496.67 | 0.53 | 29.0 |
| 26 | 临沂新程金锣肉制品集团有限公司 | 26 686 933.33 | 0.51 | 29.5 |
| 27 | 临沂江鑫钢铁有限公司 | 26 510 166.67 | 0.51 | 30.0 |
| 28 | 滨州魏桥科技工业园有限公司 | 26 320 000 | 0.50 | 30.5 |
| 29 | 青岛经济技术开发区热电燃气总公司 | 25 433 333.33 | 0.49 | 31.0 |
| 30 | 山东晨鸣纸业集团股份有限公司 | 25 202 466.67 | 0.48 | 31.5 |
| 31 | 中化平原化工有限公司 | 24 488 680 | 0.47 | 32.0 |
| 32 | 山东滨化集团有限责任公司 | 24 348 400 | 0.47 | 32.4 |
| 33 | 枣庄矿业集团有限责任公司田陈煤矿 | 23 870 666.67 | 0.46 | 32.9 |
| 34 | 淄博齐林傅山钢铁有限公司 | 23 542 336.67 | 0.45 | 33.3 |
| 35 | 山东华泰清河实业有限公司 | 23 477 533.33 | 0.45 | 33.8 |
| 36 | 烟台万华合成革集团有限公司 | 23 248 733.33 | 0.45 | 34.2 |
| 37 | 山东石横特钢集团有限公司 | 23 236 766.67 | 0.45 | 34.7 |
| 38 | 张店钢铁总厂 | 21 873 143.33 | 0.42 | 35.1 |
| 39 | 烟台山水水泥有限公司 | 21 236 586.67 | 0.41 | 35.5 |
| 40 | 德州实华化工有限公司 | 20 880 000 | 0.40 | 35.9 |
| 41 | 淄博新冶实业有限公司 | 20 510 833.33 | 0.39 | 36.3 |
| 42 | 潍坊特钢集团有限公司 | 20 181 186.67 | 0.39 | 36.7 |
| 43 | 正和集团股份有限公司 | 19 623 000 | 0.38 | 37.1 |
| 44 | 茌平县华信铝业有限公司 | 19 076 866.67 | 0.37 | 37.4 |
| 45 | 山东华星石油化工集团公司 | 18 184 800 | 0.35 | 37.8 |
| 46 | 山东隆盛钢铁有限公司 | 17 911 333.33 | 0.34 | 38.1 |
| 47 | 济南庚辰钢铁有限公司 | 17 111 566.67 | 0.33 | 38.5 |
| 48 | 山东金岭化工股份有限公司 | 16 830 600 | 0.32 | 38.8 |
| 49 | 山东巨润建材有限公司 | 16 815 066.67 | 0.32 | 39.1 |
| 50 | 中国石油化工股份有限公司济南分公司 | 16 588 503.33 | 0.32 | 39.4 |
| 51 | 利津县石油化工厂有限公司 | 16 456 753.33 | 0.32 | 39.7 |

| 序号 | 企业名称 | 等标污染负荷 | 百分比/% | 累计百分比/% |
|---|---|---|---|---|
| 52 | 威海蓝星玻璃股份有限公司 | 16 312 333.33 | 0.31 | 40.0 |
| 53 | 枣庄矿业集团有限责任公司柴里煤矿 | 16 297 066.67 | 0.31 | 40.4 |
| 54 | 山东大成农药股份有限公司 | 16 127 066.67 | 0.31 | 40.7 |
| 55 | 玲珑集团 | 16 118 123.33 | 0.31 | 41.0 |
| 56 | 潍坊英轩实业有限公司 | 15 868 913.33 | 0.30 | 41.3 |
| 57 | 兖矿峄山化工有限公司 | 15 786 666.67 | 0.30 | 41.6 |
| 58 | 中国石化集团青岛石油化工有限责任公司 | 15 545 520 | 0.30 | 41.9 |
| 59 | 平阴山水水泥有限公司 | 15 325 386.67 | 0.29 | 42.2 |
| 60 | 中国铝业山东分公司 | 15 215 286.67 | 0.29 | 42.5 |
| 61 | 济南钢铁集团闽源钢铁有限公司 | 15 068 170 | 0.29 | 42.8 |
| 62 | 山东寿光巨能特钢有限公司 | 14 809 566.67 | 0.28 | 43.0 |
| 63 | 山东泰山钢铁集团有限公司 | 14 381 763.33 | 0.28 | 43.3 |
| 64 | 兖矿国泰化工有限公司 | 13 813 566.67 | 0.26 | 43.6 |
| 65 | 山东金沂蒙集团有限公司 | 13 721 400 | 0.26 | 43.8 |
| 66 | 青岛丽东化工有限公司 | 13 661 266.67 | 0.26 | 44.1 |
| 67 | 山东神驰化工有限公司 | 13 519 823.33 | 0.26 | 44.4 |
| 68 | 山东晨鸣纸业集团齐河板纸有限责任公司 | 13 440 123.33 | 0.26 | 44.6 |
| 69 | 东阿东昌水泥有限公司 | 13 418 353.33 | 0.26 | 44.9 |
| 70 | 阳谷森泉板业有限公司 | 13 333 333.33 | 0.26 | 45.1 |
| 71 | 潍坊弘润石化助剂有限公司 | 13 323 666.67 | 0.26 | 45.4 |
| 72 | 山东聊城鲁西化工第一化肥有限公司 | 13 277 920 | 0.25 | 45.6 |
| 73 | 临沂鑫山铁合金有限公司 | 12 967 800 | 0.25 | 45.9 |
| 74 | 日照华泰纸业有限公司 | 12 754 800 | 0.24 | 46.1 |
| 75 | 淄博鲁中水泥有限公司 | 12 721 533.33 | 0.24 | 46.4 |
| 76 | 山东寿光巨能金玉米开发有限公司 | 12 685 970 | 0.24 | 46.6 |
| 77 | 临清三和纺织集团有限公司 | 12 497 200 | 0.24 | 46.9 |
| 78 | 山东银鹰化纤有限公司 | 12 397 766.67 | 0.24 | 47.1 |
| 79 | 淄博铁鹰钢铁有限公司 | 12 257 200 | 0.24 | 47.3 |
| 80 | 兖矿鲁南化肥厂 | 11 986 600 | 0.23 | 47.6 |
| 81 | 山东西水橡胶有限公司 | 11 895 000 | 0.23 | 47.8 |
| 82 | 山东柠檬生化有限公司 | 11 800 000 | 0.23 | 48.0 |
| 83 | 山东明泉化工股份有限公司 | 11 537 600 | 0.22 | 48.2 |
| 84 | 青岛金晶股份有限公司 | 11 211 883.33 | 0.21 | 48.5 |
| 85 | 中冶纸业银河有限公司 | 11 145 266.67 | 0.21 | 48.7 |
| 86 | 山东省武所屯生建煤矿 | 11 100 000 | 0.21 | 48.9 |
| 87 | 临沂宇光钢铁有限公司 | 11 095 133.33 | 0.21 | 49.1 |
| 88 | 淄博鑫港燃气有限公司 | 10 891 026.67 | 0.21 | 49.3 |
| 89 | 山东垦利石化有限责任公司 | 10 880 846.67 | 0.21 | 49.5 |
| 90 | 山东鲁丽钢铁有限公司 | 10 866 266.67 | 0.21 | 49.7 |
| 91 | 淄博宏源焦化有限公司 | 10 839 000 | 0.21 | 49.9 |
| 92 | 诸城兴贸玉米开发有限公司辛兴淀粉厂 | 10 822 800 | 0.21 | 50.1 |
| 93 | 山东御馨豆业蛋白有限公司 | 10 800 266.67 | 0.21 | 50.3 |
| 94 | 安丘山水水泥有限公司 | 10 742 000 | 0.21 | 50.6 |

| 序号 | 企业名称 | 等标污染负荷 | 百分比/% | 累计百分比/% |
|---|---|---|---|---|
| 95 | 章丘市圣井热源有限责任公司 | 10 686 833.33 | 0.20 | 50.8 |
| 96 | 山东水泥有限公司 | 10 675 013.33 | 0.20 | 51.0 |
| 97 | 枣庄矿业集团有限责任公司蒋庄煤矿 | 10 653 800 | 0.20 | 51.2 |
| 98 | 潍柴动力（潍坊）铸锻有限公司（铸锻厂） | 10 559 966.67 | 0.20 | 51.4 |
| 99 | 威海魏桥纺织有限公司 | 10 427 266.67 | 0.20 | 51.6 |
| 100 | 阳煤集团青岛恒源化工有限公司 | 10 386 666.67 | 0.20 | 51.8 |
| 101 | 山东鲁维制药有限公司 | 10 385 100 | 0.20 | 52.0 |
| 102 | 石油化工总厂 | 10 374 800 | 0.20 | 52.2 |
| 103 | 淄博市付山焦化有限责任公司 | 9 953 020 | 0.19 | 52.4 |
| 104 | 东营鲁方金属材料有限公司 | 9 776 333.33 | 0.19 | 52.5 |
| 105 | 山东华鲁恒升化工股份有限公司 | 9 707 033.33 | 0.19 | 52.7 |
| 106 | 诸城泰盛化工有限公司 | 9 706 300 | 0.19 | 52.9 |
| 107 | 枣庄中联水泥有限公司 | 9 656 666.67 | 0.19 | 53.1 |
| 108 | 烟台第二水泥有限公司 | 9 635 333.33 | 0.18 | 53.3 |
| 109 | 鲁南中联水泥有限公司 | 9 488 666.67 | 0.18 | 53.5 |
| 110 | 山东新龙集团有限公司 | 9 401 566.67 | 0.18 | 53.7 |
| 111 | 莱芜连云水泥有限公司 | 9 371 283.33 | 0.18 | 53.8 |
| 112 | 青岛压花玻璃有限公司 | 9 078 283.33 | 0.17 | 54.0 |
| 113 | 章丘华明水泥有限公司 | 8 866 666.67 | 0.17 | 54.2 |
| 114 | 青岛金田热电有限公司 | 8 756 800 | 0.17 | 54.3 |
| 115 | 淄博联昱纺织有限公司 | 8 635 000 | 0.17 | 54.5 |
| 116 | 济南圣泉集团股份有限公司 | 8 439 453.33 | 0.16 | 54.7 |
| 117 | 东营市天信纺织有限公司 | 8 401 000 | 0.16 | 54.8 |
| 118 | 枣庄市新世纪枣泰水泥有限公司 | 8 400 000 | 0.16 | 55.0 |
| 119 | 烟台鹏晖铜业有限公司 | 8 167 333.33 | 0.16 | 55.1 |
| 120 | 临沂元生铸冶有限公司 | 8 141 500 | 0.16 | 55.3 |
| 121 | 山东潍焦集团有限公司 | 8 135 000 | 0.16 | 55.5 |
| 122 | 远通纸业（山东）有限公司 | 8 068 600 | 0.15 | 55.6 |
| 123 | 烟台三菱水泥有限公司 | 7 820 666.67 | 0.15 | 55.8 |
| 124 | 济南世纪创新水泥有限公司 | 7 792 800 | 0.15 | 55.9 |
| 125 | 山东省药用玻璃股份有限公司 | 7 780 533.33 | 0.15 | 56.1 |
| 126 | 禹城市兴达建材有限公司 | 7 769 080 | 0.15 | 56.2 |
| 127 | 中国石化集团资产经营管理有限公司 齐鲁石化分公司社区管理中心 | 7 733 333.33 | 0.15 | 56.4 |
| 128 | 山东亚太森博浆纸有限公司 | 7 678 133.33 | 0.15 | 56.5 |
| 129 | 阳煤集团烟台巨力化肥有限公司 | 7 621 080 | 0.15 | 56.7 |
| 130 | 阳煤集团淄博齐鲁第一化肥有限公司 | 7 603 333.33 | 0.15 | 56.8 |
| 131 | 瑞星集团有限公司 | 7 577 400 | 0.15 | 56.9 |
| 132 | 日照三木冶金矿业有限公司 | 7 573 800 | 0.15 | 57.1 |
| 133 | 烟台宝桥锦宏水泥有限公司 | 7 512 533.33 | 0.14 | 57.2 |
| 134 | 德州沪平永发造纸有限公司 | 7 473 333.33 | 0.14 | 57.4 |
| 135 | 山东东华水泥有限公司 | 7 449 333.33 | 0.14 | 57.5 |
| 136 | 青岛碱业股份有限公司天柱化肥分公司 | 7 251 280 | 0.14 | 57.7 |

| 序号 | 企业名称 | 等标污染负荷 | 百分比/% | 累计百分比/% |
|---|---|---|---|---|
| 137 | 临沂市隆兴铁合金有限公司 | 7 235 933.33 | 0.14 | 57.8 |
| 138 | 淄博张钢制铁铸管有限公司 | 7 226 533.33 | 0.14 | 57.9 |
| 139 | 山东恒仁工贸有限公司 | 7 200 733.33 | 0.14 | 58.1 |
| 140 | 青岛圣戈班韩洛玻玻璃有限公司 | 7 199 106.67 | 0.14 | 58.2 |
| 141 | 临沂奥达铸造有限公司 | 7 125 233.33 | 0.14 | 58.3 |
| 142 | 临沂市明兴镍业有限公司 | 7 105 333.33 | 0.14 | 58.5 |
| 143 | 山东海科化工集团有限公司 | 7 095 400 | 0.14 | 58.6 |
| 144 | 山东东岳化工有限公司 | 7 090 500 | 0.14 | 58.8 |
| 145 | 枣庄市华润纸业有限公司 | 7 049 493.33 | 0.14 | 58.9 |
| 146 | 菏泽金盛热力有限公司 | 7 014 200 | 0.13 | 59.0 |
| 147 | 日照港（集团）有限公司 | 6 972 180 | 0.13 | 59.2 |
| 148 | 山东齐鲁石化开泰实业股份有限公司 | 6 966 066.67 | 0.13 | 59.3 |
| 149 | 山东玉皇化工有限公司 | 6 958 080 | 0.13 | 59.4 |
| 150 | 诸城金安热电有限公司 | 6 905 466.67 | 0.13 | 59.6 |
| 151 | 淄博齐翔惠达化工有限公司 | 6 860 166.67 | 0.13 | 59.7 |
| 152 | 山东大地盐化集团有限公司 | 6 834 300 | 0.13 | 59.8 |
| 153 | 山东榴园水泥有限公司 | 6 666 666.67 | 0.13 | 60.0 |
| 154 | 山东鲁抗医药股份有限公司 | 6 641 590 | 0.13 | 60.1 |
| 155 | 泰山中联水泥有限公司 | 6 584 833.33 | 0.13 | 60.2 |
| 156 | 山东东方华龙工贸集团有限公司 | 6 474 666.67 | 0.12 | 60.3 |
| 157 | 山东浩宇纺织品有限公司 | 6 465 933.33 | 0.12 | 60.5 |
| 158 | 山东恒丰橡塑有限公司 | 6 422 666.67 | 0.12 | 60.6 |
| 159 | 潍坊柏立化学有限公司 | 6 331 966.67 | 0.12 | 60.7 |
| 160 | 潍坊昌能热源有限公司 | 6 303 750 | 0.12 | 60.8 |
| 161 | 日照市建设热力有限公司 | 6 284 200 | 0.12 | 60.9 |
| 162 | 华勤橡胶工业集团 | 6 216 933.33 | 0.12 | 61.1 |
| 163 | 山东海恒化学有限公司 | 6 121 233.33 | 0.12 | 61.2 |
| 164 | 诸城经济开发区恒阳热电有限公司 | 6 111 833.33 | 0.12 | 61.3 |
| 165 | 临沂烨华焦化有限公司 | 6 095 333.33 | 0.12 | 61.4 |
| 166 | 青岛高科热力有限公司 | 6 041 773.33 | 0.12 | 61.5 |
| 167 | 文登市西郊热电有限公司 | 6 034 636.67 | 0.12 | 61.6 |
| 168 | 山东淄博锦宏水泥有限公司 | 5 964 446.67 | 0.11 | 61.8 |
| 169 | 山东联盟化工股份有限公司第一分公司 | 5 909 666.67 | 0.11 | 61.9 |
| 170 | 山东莒州水泥有限公司 | 5 908 700 | 0.11 | 62.0 |
| 171 | 山东泰山纸业有限公司 | 5 905 733.33 | 0.11 | 62.1 |
| 172 | 枣庄市沃丰水泥有限公司 | 5 800 000 | 0.11 | 62.2 |
| 173 | 泉头集团枣庄金桥旋窑水泥有限公司 | 5 786 666.67 | 0.11 | 62.3 |
| 174 | 临沂巨峰镍业有限公司 | 5 763 466.67 | 0.11 | 62.4 |
| 175 | 山东红日阿康化工股份有限公司 | 5 740 900 | 0.11 | 62.5 |
| 176 | 东营华泰热力有限责任公司 | 5 587 103.33 | 0.11 | 62.6 |
| 177 | 山东时风（集团）有限责任公司 | 5 573 400 | 0.11 | 62.8 |
| 178 | 蓬莱市义利水泥有限公司 | 5 545 993.33 | 0.11 | 62.9 |
| 179 | 济南万方炭素有限责任公司 | 5 523 653.33 | 0.11 | 63.0 |

| 序号 | 企业名称 | 等标污染负荷 | 百分比/% | 累计百分比/% |
|---|---|---|---|---|
| 180 | 山东联合化工股份有限公司 | 5 490 043.33 | 0.11 | 63.1 |
| 181 | 山东申丰水泥集团有限公司 | 5 425 333.33 | 0.10 | 63.2 |
| 182 | 青州中联水泥有限公司 | 5 386 666.67 | 0.10 | 63.3 |
| 183 | 久泰能源科技有限公司 | 5 346 133.33 | 0.10 | 63.4 |
| 184 | 胜利油田营海实业集团有限公司 | 5 286 666.67 | 0.10 | 63.5 |
| 185 | 龙口市泛林水泥有限公司 | 5 258 366.67 | 0.10 | 63.6 |
| 186 | 万达集团股份有限公司 | 5 250 466.67 | 0.10 | 63.7 |
| 187 | 山东金正大生态工程股份有限公司 | 5 236 000 | 0.10 | 63.8 |
| 188 | 葡诚（山东）水泥有限公司 | 5 219 100 | 0.10 | 63.9 |
| 189 | 山东华金集团有限公司 | 5 208 266.67 | 0.10 | 64.0 |
| 190 | 德州华茂生物科技有限公司 | 5 160 000 | 0.10 | 64.1 |
| 191 | 东营齐润化工有限公司 | 5 154 666.67 | 0.10 | 64.2 |
| 192 | 淄博市淄川区宝山水泥厂 | 5 131 933.33 | 0.10 | 64.3 |
| 193 | 山东昌邑石化有限公司 | 5 106 666.67 | 0.10 | 64.4 |
| 194 | 谷神生物科技集团有限公司 | 5 106 000 | 0.10 | 64.5 |
| 195 | 山东凯雷圣奥化工有限公司 | 5 094 000 | 0.10 | 64.6 |
| 196 | 山东永泰化工有限公司 | 5 072 266.67 | 0.10 | 64.7 |
| 197 | 山东联盟化工股份有限公司 | 5 049 766.67 | 0.10 | 64.8 |
| 198 | 禹城市兴禹化工有限公司 | 5 034 466.67 | 0.10 | 64.9 |
| 199 | 山东冠军纸业有限公司 | 5 032 000 | 0.10 | 65.0 |
| 200 | 淄博市临淄区热力公司 | 5 026 666.67 | 0.10 | 65.1 |
| 201 | 平邑县地方镇罐头加工中心 | 4 986 666.67 | 0.10 | 65.2 |
| 202 | 章丘日月化工有限公司 | 4 958 756.67 | 0.10 | 65.2 |
| 203 | 沂水县第二水泥厂 | 4 949 416.67 | 0.09 | 65.3 |
| 204 | 威海鑫山集团有限公司铁厂 | 4 918 133.33 | 0.09 | 65.4 |
| 205 | 山东聊城鲁西化工第二化肥有限公司 | 4 853 400 | 0.09 | 65.5 |
| 206 | 东营市亚通石化有限公司 | 4 837 066.67 | 0.09 | 65.6 |
| 207 | 山东万通石油化工集团有限公司 | 4 806 666.67 | 0.09 | 65.7 |
| 208 | 山东齐旺达集团海仲石油化工有限公司 | 4 776 333.33 | 0.09 | 65.8 |
| 209 | 东营市海科新源化工有限责任公司 | 4 755 866.67 | 0.09 | 65.9 |
| 210 | 山东沂州水泥集团总公司 | 4 718 666.67 | 0.09 | 66.0 |
| 211 | 临沂大生源化工有限公司 | 4 698 000 | 0.09 | 66.1 |
| 212 | 淄博圣泉水泥厂 | 4 662 160 | 0.09 | 66.2 |
| 213 | 临沂东星焦化有限公司 | 4 648 666.67 | 0.09 | 66.3 |
| 214 | 济宁中银电化有限公司 | 4 620 813.33 | 0.09 | 66.3 |
| 215 | 山东沂州能源股份有限公司 | 4 598 933.33 | 0.09 | 66.4 |
| 216 | 泰山石膏股份有限公司 | 4 588 066.67 | 0.09 | 66.5 |
| 217 | 烟台市塔峰实业有限公司 | 4 516 666.67 | 0.09 | 66.6 |
| 218 | 临沂建衡建陶有限公司 | 4 492 666.67 | 0.09 | 66.7 |
| 219 | 福山热力集团有限公司 | 4 455 233.33 | 0.09 | 66.8 |
| 220 | 沂源县聚鑫砖厂 | 4 406 666.67 | 0.08 | 66.9 |
| 221 | 青岛热电集团有限公司浮山供热站 | 4 387 440 | 0.08 | 66.9 |
| 222 | 山东山威集团有限公司 | 4 374 700 | 0.08 | 67.0 |

| 序号 | 企业名称 | 等标污染负荷 | 百分比/% | 累计百分比/% |
|---|---|---|---|---|
| 223 | 烟台恒邦化工有限公司 | 4 342 333.33 | 0.08 | 67.1 |
| 224 | 禹城恒瑞热电有限公司 | 4 339 533.33 | 0.08 | 67.2 |
| 225 | 山东铁雄能源煤化有限公司 | 4 306 666.67 | 0.08 | 67.3 |
| 226 | 山东恒邦冶炼股份有限公司 | 4 270 533.33 | 0.08 | 67.4 |
| 227 | 山东志诚化工有限公司 | 4 243 333.33 | 0.08 | 67.4 |
| 228 | 淄博顺泰冶金有限公司 | 4 242 573.33 | 0.08 | 67.5 |
| 229 | 滕州市东郭水泥有限公司 | 4 233 333.33 | 0.08 | 67.6 |
| 230 | 青岛麦捷热力有限公司 | 4 224 000 | 0.08 | 67.7 |
| 231 | 烟台市热力公司 | 4 200 000 | 0.08 | 67.8 |
| 232 | 东营华联石油化工厂有限公司 | 4 183 333.33 | 0.08 | 67.8 |
| 233 | 中粮黄海粮油工业（山东）有限公司 | 4 170 000 | 0.08 | 67.9 |
| 234 | 山东海化华龙硝铵有限公司 | 4 163 166.67 | 0.08 | 68.0 |
| 235 | 山东景芝集团有限公司 | 4 154 666.67 | 0.08 | 68.1 |
| 236 | 曲阜中联水泥有限公司 | 4 088 683.33 | 0.08 | 68.2 |
| 237 | 枣庄联创实业有限公司 | 4 076 366.67 | 0.08 | 68.2 |
| 238 | 山东方明化工有限公司 | 4 068 656.67 | 0.08 | 68.3 |
| 239 | 山东阿斯德化工有限公司 | 4 020 000 | 0.08 | 68.4 |
| 240 | 潍柴铸造有限公司（铸造二厂） | 4 015 240 | 0.08 | 68.5 |
| 241 | 山东洪业化工集团股份有限公司 | 4 004 400 | 0.08 | 68.6 |
| 242 | 临沂亿利达钢铁有限公司 | 3 992 166.67 | 0.08 | 68.6 |
| 243 | 临清德能金玉米生物有限公司 | 3 952 133.33 | 0.08 | 68.7 |
| 244 | 山东金城石化集团有限公司 | 3 941 233.33 | 0.08 | 68.8 |
| 245 | 诸城市龙光热电有限公司 | 3 940 000 | 0.08 | 68.9 |
| 246 | 山东古贝春有限公司 | 3 855 833.33 | 0.07 | 68.9 |
| 247 | 山东泉兴水泥有限公司 | 3 853 333.33 | 0.07 | 69.0 |
| 248 | 山东滨州环宇纺织集团有限责任公司 | 3 833 333.33 | 0.07 | 69.1 |
| 249 | 山东莱芜鲁能水泥有限公司 | 3 816 000 | 0.07 | 69.2 |
| 250 | 山东日照焦电有限公司 | 3 810 000 | 0.07 | 69.2 |
| 251 | 东营市海科润林化工有限公司 | 3 800 000 | 0.07 | 69.3 |
| 252 | 莒县城阳水泥有限公司 | 3 744 933.33 | 0.07 | 69.4 |
| 253 | 山东新泰联合化工有限公司 | 3 693 333.33 | 0.07 | 69.4 |
| 254 | 枣庄市齐光水泥有限公司 | 3 678 900 | 0.07 | 69.5 |
| 255 | 泰安蓝天建材有限责任公司 | 3 673 350 | 0.07 | 69.6 |
| 256 | 新泰市鲁新建材有限公司 | 3 618 206.67 | 0.07 | 69.6 |
| 257 | 兴东方水泥有限公司 | 3 600 000 | 0.07 | 69.7 |
| 258 | 大宇水泥（山东）有限公司 | 3 590 756.67 | 0.07 | 69.8 |
| 259 | 费县沂州水泥有限公司 | 3 580 333.33 | 0.07 | 69.9 |
| 260 | 青援食品有限公司 | 3 545 666.67 | 0.07 | 69.9 |
| 261 | 青岛明月海藻集团有限公司 | 3 543 333.33 | 0.07 | 70.0 |
| 262 | 淄博鲁中建材水泥厂有限公司 | 3 554 766.67 | 0.07 | 70.1 |
| 263 | 山东海化盛兴化工有限公司 | 3 511 000 | 0.07 | 70.1 |
| 264 | 蓬莱市蓬龙水泥有限公司 | 3 509 800 | 0.07 | 70.2 |
| 265 | 枣庄市声望水泥有限公司 | 3 466 666.67 | 0.07 | 70.3 |

| 序号 | 企业名称 | 等标污染负荷 | 百分比/% | 累计百分比/% |
|---|---|---|---|---|
| 266 | 泉头集团有限公司 | 3 466 666.67 | 0.07 | 70.3 |
| 267 | 泰安鲁珠水泥有限公司 | 3 443 500 | 0.07 | 70.4 |
| 268 | 蓬莱宏祥水泥有限公司 | 3 438 666.67 | 0.07 | 70.5 |
| 269 | 新能凤凰（滕州）能源有限公司 | 3 428 666.67 | 0.07 | 70.5 |
| 270 | 烟台华阳热电 | 3 420 566.67 | 0.07 | 70.6 |
| 271 | 淄博天泰棉业有限公司 | 3 407 853.33 | 0.07 | 70.7 |
| 272 | 山东蓝帆塑胶股份有限公司 | 3 390 010 | 0.07 | 70.7 |
| 273 | 青岛热电集团有限公司观象山供热站 | 3 383 703.33 | 0.06 | 70.8 |
| 274 | 菱花集团有限公司 | 3 376 166.67 | 0.06 | 70.9 |
| 275 | 山东三维油脂集团股份有限公司 | 3 374 000 | 0.06 | 70.9 |
| 276 | 淄博万宝春油棉有限公司 | 3 358 880 | 0.06 | 71.0 |
| 277 | 泰安市恒盛建材有限公司 | 3 358 586.67 | 0.06 | 71.0 |
| 278 | 淄博市先广水泥有限公司 | 3 333 333.33 | 0.06 | 71.1 |
| 279 | 青州市泰丰供热有限公司 | 3 327 333.33 | 0.06 | 71.2 |
| 280 | 青岛海王纸业股份有限公司 | 3 326 666.67 | 0.06 | 71.2 |
| 281 | 诸城市同路热电有限公司 | 3 294 900 | 0.06 | 71.3 |
| 282 | 淄博驰宇建陶有限公司 | 3 260 000 | 0.06 | 71.4 |
| 283 | 潍坊恒联浆纸有限公司 | 3 213 160 | 0.06 | 71.4 |
| 284 | 鲁西化工集团股份有限公司氯碱化工分公司 | 3 198 200 | 0.06 | 71.5 |
| 285 | 青岛海晶化工集团有限公司 | 3 194 673.33 | 0.06 | 71.5 |
| 286 | 山东阜丰发酵有限公司 | 3 182 400 | 0.06 | 71.6 |
| 287 | 沂水山水水泥有限公司 | 3 161 766.67 | 0.06 | 71.7 |
| 288 | 潍坊市临朐燃气热力集团有限公司 | 3 160 123.33 | 0.06 | 71.7 |
| 289 | 淄博宏达焦化有限公司 | 3 155 333.33 | 0.06 | 71.8 |
| 290 | 济南万华水泥有限责任公司 | 3 150 000 | 0.06 | 71.8 |
| 291 | 青岛热电金泉热力有限公司 | 3 142 580 | 0.06 | 71.9 |
| 292 | 潍坊万维热电有限公司（南厂） | 3 136 533.33 | 0.06 | 72.0 |
| 293 | 德州华中纸业有限公司 | 3 133 333.33 | 0.06 | 72.0 |
| 294 | 诸城市杨春水泥有限公司 | 3 130 000 | 0.06 | 72.1 |
| 295 | 山东方泰循环金业股份有限公司 | 3 129 073.33 | 0.06 | 72.1 |
| 296 | 栖霞市兴昊水泥有限公司 | 3 116 666.67 | 0.06 | 72.2 |
| 297 | 山东默锐化学有限公司 | 3 099 200 | 0.06 | 72.3 |
| 298 | 山东铝业公司 | 3 078 200 | 0.06 | 72.3 |
| 299 | 临沂嘉诚陶瓷有限公司 | 3 076 666.67 | 0.06 | 72.4 |
| 300 | 华鹏玻璃（菏泽）有限公司 | 3 073 086.67 | 0.06 | 72.4 |
| 301 | 潍坊山水水泥有限公司 | 3 072 786.67 | 0.06 | 72.5 |
| 302 | 泰安市金塔新型建材有限公司 | 3 067 600 | 0.06 | 72.6 |
| 303 | 滕州金晶玻璃有限公司 | 3 066 666.67 | 0.06 | 72.6 |
| 304 | 巨野县核桃园镇众聚石灰厂 | 3 027 200 | 0.06 | 72.7 |
| 305 | 河口采油厂 | 3 018 470 | 0.06 | 72.7 |
| 306 | 德州欧莱恩永兴碳素有限公司 | 3 015 333.33 | 0.06 | 72.8 |
| 307 | 山东沂源沂阳水泥有限公司 | 3 013 333.33 | 0.06 | 72.9 |
| 308 | 文登市大方水泥有限公司 | 3 012 413.33 | 0.06 | 72.9 |

| 序号 | 企业名称 | 等标污染负荷 | 百分比/% | 累计百分比/% |
|---|---|---|---|---|
| 309 | 烟台氨纶股份有限公司 | 3 008 830 | 0.06 | 73.0 |
| 310 | 栖霞白洋河水泥有限公司 | 2 972 800 | 0.06 | 73.0 |
| 311 | 宁阳县金阳新型建材有限公司 | 2 966 666.67 | 0.06 | 73.1 |
| 312 | 巨野县核桃园镇永兴石灰厂 | 2 956 800 | 0.06 | 73.1 |
| 313 | 山东太阳纸业股份有限公司兴隆分公司 | 2 956 066.67 | 0.06 | 73.2 |
| 314 | 山东铃兰味精有限公司 | 2 947 800 | 0.06 | 73.3 |
| 315 | 枣庄创新山水水泥有限公司 | 2 933 866.67 | 0.06 | 73.3 |
| 316 | 安丘市鲁安药业有限责任公司 | 2 916 666.67 | 0.06 | 73.4 |
| 317 | 淄博山水水泥有限公司 | 2 913 333.33 | 0.06 | 73.4 |
| 318 | 临沂创元焦化有限责任公司 | 2 913 000 | 0.06 | 73.5 |
| 319 | 淄博国泰焦化有限公司 | 2 912 000 | 0.06 | 73.5 |
| 320 | 泰山玻璃纤维有限公司 | 2 896 666.67 | 0.06 | 73.6 |
| 321 | 山东邹平华诚集团化工有限公司 | 2 893 333.33 | 0.06 | 73.6 |
| 322 | 山东滨化滨阳燃化有限公司 | 2 885 533.33 | 0.06 | 73.7 |
| 323 | 潍坊乐港食品有限公司 | 2 860 106.67 | 0.05 | 73.8 |
| 324 | 枣庄山水水泥有限公司 | 2 840 033.33 | 0.05 | 73.8 |
| 325 | 青岛热电集团有限公司银都供热站 | 2 832 686.67 | 0.05 | 73.9 |
| 326 | 山东耀昌球团有限公司 | 2 830 000 | 0.05 | 73.9 |
| 327 | 山东东佳集团有限公司 | 2 809 533.33 | 0.05 | 74.0 |
| 328 | 中海石油东营石化有限公司 | 2 806 666.67 | 0.05 | 74.0 |
| 329 | 东明县勇越纸业有限公司 | 2 800 000 | 0.05 | 74.1 |
| 330 | 青岛广源发集团平度玻璃有限公司 | 2 791 200 | 0.05 | 74.1 |
| 331 | 泰安华泰建材有限公司 | 2 776 666.67 | 0.05 | 74.2 |
| 332 | 山东蔚阳集团有限公司水泥厂 | 2 770 433.33 | 0.05 | 74.2 |
| 333 | 枣庄市丰基水泥有限公司 | 2 766 333.33 | 0.05 | 74.3 |
| 334 | 福田雷沃国际重工股份有限公司 | 2 755 850 | 0.05 | 74.3 |
| 335 | 威海市明珠硅胶有限公司 | 2 746 000 | 0.05 | 74.4 |
| 336 | 诸城市润生淀粉有限公司 | 2 744 980 | 0.05 | 74.4 |
| 337 | 青岛焦化制气有限责任公司（热电公司） | 2 743 800 | 0.05 | 74.5 |
| 338 | 章丘市明水交通水泥有限公司 | 2 743 793.33 | 0.05 | 74.6 |
| 339 | 淄博矿业集团有限责任公司岱庄煤矿 | 2 728 333.33 | 0.05 | 74.6 |
| 340 | 山东盛阳集团有限公司 | 2 724 000 | 0.05 | 74.7 |
| 341 | 陵县乐悟集团 | 2 720 000 | 0.05 | 74.7 |
| 342 | 山东焦化集团铸造焦有限公司 | 2 710 000 | 0.05 | 74.8 |
| 343 | 青岛赢创化学有限公司 | 2 707 546.67 | 0.05 | 74.8 |
| 344 | 烟台长裕玻璃制品有限公司 | 2 699 166.67 | 0.05 | 74.9 |
| 345 | 山东泉润纸业有限公司 | 2 689 600 | 0.05 | 74.9 |
| 346 | 德州昌源纸业有限公司 | 2 689 333.33 | 0.05 | 75.0 |
| 347 | 济南澳海炭素有限公司 | 2 687 280 | 0.05 | 75.0 |
| 348 | 姚保生无机碱厂 | 2 678 666.67 | 0.05 | 75.1 |
| 349 | 青岛双星轮胎工业有限公司 | 2 669 266.67 | 0.05 | 75.1 |
| 350 | 蓬莱市九顶粉磨有限公司 | 2 660 000 | 0.05 | 75.2 |
| 351 | 日照市凌云海糖业集团有限公司 | 2 643 900 | 0.05 | 75.2 |

| 序号 | 企业名称 | 等标污染负荷 | 百分比/% | 累计百分比/% |
|---|---|---|---|---|
| 352 | 青岛铁路红宇建设集团有限公司 | 2 628 410 | 0.05 | 75.3 |
| 353 | 山东正大纸业有限公司 | 2 610 000 | 0.05 | 75.3 |
| 354 | 烟台双塔食品股份有限公司（烟台金华粉丝有限公司） | 2 605 316.67 | 0.05 | 75.4 |
| 355 | 枣庄市市中区永安水泥厂 | 2 600 000 | 0.05 | 75.4 |
| 356 | 枣庄市雷鸣水泥有限公司 | 2 600 000 | 0.05 | 75.5 |
| 357 | 枣庄沪鲁建材厂 | 2 600 000 | 0.05 | 75.5 |
| 358 | 陵县泰华浆纸有限公司 | 2 597 333.33 | 0.05 | 75.6 |
| 359 | 潍坊市五井煤矿有限公司 | 2 580 116.67 | 0.05 | 75.6 |
| 360 | 临沂市久力化工有限公司 | 2 556 000 | 0.05 | 75.7 |
| 361 | 山东省三利轮胎制造有限公司 | 2 551 466.67 | 0.05 | 75.7 |
| 362 | 山东联合王晁水泥有限公司 | 2 539 320 | 0.05 | 75.8 |
| 363 | 龙口玉龙纸业有限公司 | 2 521 693.33 | 0.05 | 75.8 |
| 364 | 沂南铜象水泥有限责任公司 | 2 512 000 | 0.05 | 75.9 |
| 365 | 山东金虹钛白化工有限公司 | 2 509 400 | 0.05 | 75.9 |
| 366 | 汇胜集团股份有限公司 | 2 508 840 | 0.05 | 76.0 |
| 367 | 山东鑫海水泥有限公司 | 2 496 233.33 | 0.05 | 76.0 |
| 368 | 山东齐都药业有限公司 | 2 493 226.67 | 0.05 | 76.1 |
| 369 | 肥城米山水泥有限公司 | 2 486 666.67 | 0.05 | 76.1 |
| 370 | 山东天和纸业有限公司 | 2 474 700 | 0.05 | 76.2 |
| 371 | 蓬莱泓源水泥有限公司 | 2 472 000 | 0.05 | 76.2 |
| 372 | 青岛荣泰玻璃制品有限公司 | 2 456 720 | 0.05 | 76.2 |
| 373 | 巨野县核桃园镇恒利石灰厂 | 2 452 266.67 | 0.05 | 76.3 |
| 374 | 山东海化煤业化工有限公司 | 2 440 400 | 0.05 | 76.3 |
| 375 | 临沂翔诚钢铁有限公司 | 2 422 666.67 | 0.05 | 76.4 |
| 376 | 山东新银麦啤酒有限公司 | 2 412 333.33 | 0.05 | 76.4 |
| 377 | 康达（山东）水泥有限公司 | 2 408 466.67 | 0.05 | 76.5 |
| 378 | 枣庄联丰焦电实业有限公司 | 2 402 800 | 0.05 | 76.5 |
| 379 | 青岛光明热电有限公司 | 2 401 200 | 0.05 | 76.6 |
| 380 | 枣庄市金鸡崮水泥有限公司 | 2 400 000 | 0.05 | 76.6 |
| 381 | 枣庄市凫山水泥厂 | 2 400 000 | 0.05 | 76.7 |
| 382 | 枣庄市永兴水泥厂 | 2 400 000 | 0.05 | 76.7 |
| 383 | 济宁张山水泥厂 | 2 389 653.33 | 0.05 | 76.8 |
| 384 | 烟台隆达纸业有限公司 | 2 380 200 | 0.05 | 76.8 |
| 385 | 鲁中矿业有限公司 | 2 359 380 | 0.05 | 76.8 |
| 386 | 山东中谷淀粉糖有限公司 | 2 354 083.33 | 0.05 | 76.9 |
| 387 | 淄博天工建材有限公司 | 2 353 966.67 | 0.05 | 76.9 |
| 388 | 济南玫德铸造有限公司 | 2 343 253.33 | 0.04 | 77.0 |
| 389 | 青岛广源发玻璃有限公司 | 2 336 000 | 0.04 | 77.0 |
| 390 | 山东唐人水泥集团有限公司 | 2 333 333.33 | 0.04 | 77.1 |
| 391 | 枣庄市瑞福水泥制造有限公司 | 2 333 333.33 | 0.04 | 77.1 |
| 392 | 蓬莱市滨海热力有限公司 | 2 325 733.33 | 0.04 | 77.2 |
| 393 | 吉利化学科技有限公司 | 2 306 666.67 | 0.04 | 77.2 |

| 序号 | 企业名称 | 等标污染负荷 | 百分比/% | 累计百分比/% |
|---|---|---|---|---|
| 394 | 青岛热电集团第三热力分公司 | 2 269 333.33 | 0.04 | 77.3 |
| 395 | 山东佳展塑胶制品有限公司 | 2 240 000 | 0.04 | 77.3 |
| 396 | 临沂市玫尔美陶瓷有限责任公司 | 2 231 333.33 | 0.04 | 77.3 |
| 397 | 山东万乔集团有限公司 | 2 226 666.67 | 0.04 | 77.4 |
| 398 | 蓬莱义利水泥粉磨有限公司 | 2 211 600 | 0.04 | 77.4 |
| 399 | 石油开发中心 | 2 186 100 | 0.04 | 77.5 |
| 400 | 肥城泰山焦化有限公司 | 2 180 790 | 0.04 | 77.5 |
| 401 | 菏泽市格林食品有限公司 | 2 174 533.33 | 0.04 | 77.5 |
| 402 | 青岛琪丰化工有限公司 | 2 165 333.33 | 0.04 | 77.6 |
| 403 | 寿光市联盟石油化工有限公司 | 2 148 666.67 | 0.04 | 77.6 |
| 404 | 蓝星石油有限公司济南分公司 | 2 141 666.67 | 0.04 | 77.7 |
| 405 | 枣庄市热力总公司 | 2 139 480 | 0.04 | 77.7 |
| 406 | 山东隆泰水泥有限公司 | 2 136 736.67 | 0.04 | 77.8 |
| 407 | 定陶品森纸业有限公司 | 2 129 633.33 | 0.04 | 77.8 |
| 408 | 沂水大地玉米开发有限公司 | 2 106 466.67 | 0.04 | 77.8 |
| 409 | 青岛昌华集团股份有限公司 | 2 101 136.67 | 0.04 | 77.9 |
| 410 | 青岛安邦炼化有限公司 | 2 098 000 | 0.04 | 77.9 |
| 411 | 枣庄市十里泉水泥有限责任公司 | 2 093 333.33 | 0.04 | 78.0 |
| 412 | 东营市胜铝水泥有限公司 | 2 085 666.67 | 0.04 | 78.0 |
| 413 | 济南钢铁集团总公司耐火材料厂 | 2 085 043.33 | 0.04 | 78.0 |
| 414 | 现河采油厂 | 2 084 896.67 | 0.04 | 78.1 |
| 415 | 山东沂源汇丰酒业有限公司 | 2 084 666.67 | 0.04 | 78.1 |
| 416 | 山东泰山轮胎有限公司 | 2 083 333.33 | 0.04 | 78.2 |
| 417 | 山东金升有色集团有限公司 | 2 083 333.33 | 0.04 | 78.2 |
| 418 | 山东江泉实业股份有限公司江兴建筑陶瓷厂 | 2 081 000 | 0.04 | 78.2 |
| 419 | 肥城市马山水泥有限责任公司 | 2 080 000 | 0.04 | 78.3 |
| 420 | 莒县中联水泥有限公司 | 2 079 000 | 0.04 | 78.3 |
| 421 | 日照港（集团）岚山港务有限公司 | 2 061 843.33 | 0.04 | 78.4 |
| 422 | 淄博飞源化工有限公司 | 2 059 593.33 | 0.04 | 78.4 |
| 423 | 山东石大科技集团有限公司（石大炼油厂） | 2 059 293.33 | 0.04 | 78.4 |
| 424 | 巨野县核桃园镇永昌窑厂 | 2 058 000 | 0.04 | 78.5 |
| 425 | 淄博鲁王建材有限责任公司 | 2 058 000 | 0.04 | 78.5 |
| 426 | 金能科技有限责任公司 | 2 046 800 | 0.04 | 78.6 |
| 427 | 蓬莱市渤海水泥有限公司 | 2 046 700 | 0.04 | 78.6 |
| 428 | 东营人造板厂 | 2 042 006.67 | 0.04 | 78.6 |
| 429 | 泰山生力源集团玻璃有限公司 | 2 033 333.33 | 0.04 | 78.7 |
| 430 | 山东鲁花浓香花生油有限公司 | 2 025 306.67 | 0.04 | 78.7 |
| 431 | 山东睿鹰先锋制药有限公司 | 2 025 000 | 0.04 | 78.7 |
| 432 | 临邑禹王植物蛋白有限公司 | 2 016 666.67 | 0.04 | 78.8 |
| 433 | 山东中山浆纸有限公司 | 2 005 440 | 0.04 | 78.8 |
| 434 | 山东长盛泰玻璃制品有限公司 | 2 003 583.33 | 0.04 | 78.9 |
| 435 | 济南市匡山热力中心 | 1 960 733.33 | 0.04 | 78.9 |
| 436 | 山东联科白炭黑有限公司 | 1 948 500 | 0.04 | 78.9 |

| 序号 | 企业名称 | 等标污染负荷 | 百分比/% | 累计百分比/% |
|---|---|---|---|---|
| 437 | 潍坊华港包装材料有限公司 | 1 937 413.33 | 0.04 | 79.0 |
| 438 | 枣庄金坛纸业有限公司 | 1 913 600 | 0.04 | 79.0 |
| 439 | 日照市第三水泥厂 | 1 903 433.33 | 0.04 | 79.0 |
| 440 | 烟台长裕玻璃有限公司栖霞分公司 | 1 898 333.33 | 0.04 | 79.1 |
| 441 | 山东北金集团焦化有限公司 | 1 895 666.67 | 0.04 | 79.1 |
| 442 | 青州市鑫泉热力有限公司 | 1 895 333.33 | 0.04 | 79.2 |
| 443 | 山东淄博汇源食品饮料有限公司 | 1 893 666.67 | 0.04 | 79.2 |
| 444 | 山东翔龙钢铁有限公司 | 1 888 333.33 | 0.04 | 79.2 |
| 445 | 济宁山水水泥有限公司 | 1 888 300 | 0.04 | 79.3 |
| 446 | 临沂恒昌焦化股份有限公司 | 1 887 500 | 0.04 | 79.3 |
| 447 | 青岛啤酒股份有限公司青岛啤酒二厂 | 1 887 063.33 | 0.04 | 79.3 |
| 448 | 泰安市鼎泰水泥有限公司 | 1 873 333.33 | 0.04 | 79.4 |
| 449 | 山东华森水泥集团有限公司 | 1 870 000 | 0.04 | 79.4 |
| 450 | 安丘市恒日水泥有限责任公司 | 1 852 333.33 | 0.04 | 79.4 |
| 451 | 山东明水化工有限公司 | 1 850 000 | 0.04 | 79.5 |
| 452 | 山东金石集团有限公司 | 1 830 300 | 0.04 | 79.5 |
| 453 | 山东金顺达集团有限公司 | 1 827 900 | 0.04 | 79.5 |
| 454 | 山东青苑纸业有限公司 | 1 824 783.33 | 0.03 | 79.6 |
| 455 | 山东平阴丰源碳素有限责任公司 | 1 815 373.33 | 0.03 | 79.6 |
| 456 | 临沂山威铸冶有限公司 | 1 814 900 | 0.03 | 79.7 |
| 457 | 沂南三汇玻璃有限公司 | 1 812 500 | 0.03 | 79.7 |
| 458 | 日照中联水泥有限公司 | 1 810 533.33 | 0.03 | 79.7 |
| 459 | 苍山县宏峰青钙石灰厂 | 1 803 166.67 | 0.03 | 79.8 |
| 460 | 烟台鲁宝钢管有限责任公司 | 1 781 746.67 | 0.03 | 79.8 |
| 461 | 章丘双峰新型建材有限公司 | 1 778 000 | 0.03 | 79.8 |
| 462 | 山东奥宝化工集团有限公司—化肥公司 | 1 777 466.67 | 0.03 | 79.9 |
| 463 | 山东恩贝集团有限公司 | 1 767 600 | 0.03 | 79.9 |
| 464 | 临沂沂蒙山焦化有限公司 | 1 762 166.67 | 0.03 | 79.9 |

# 第四节　小　结

"十一五"期间，在全省经济持续两位数增长的背景下，全省 $SO_2$ 排放总量 153.78 万 t，比 2005 年（200.3 万 t）削减了 23.22%；累计削减率分别达到国家下达的"十一五"削减目标任务的 116%，提前一年全面完成总量减排任务。

2010 年，山东省环境统计工业煤炭消费量 29 234.65 万 t，比上年增长 13.6%。全省及 17 个市 2006—2010 年万元 GDP 能耗、规模以上工业增加值能耗均呈下降趋势。2009 年全省万元 GDP 能耗比 2006 年下降了 15.45%；2009 年规模以上工业增加值能耗比 2006 年下降了 23.76%。

2010 年，全省 $SO_2$、$NO_x$、烟尘排放量排名居前三位的行业均为电力、热力的生产和供应业、非金属矿物制品业、黑色金属冶炼及压延加工业；工业粉尘排放量居前 2 位的行业依次为非金属矿物制品业和黑色金属冶炼及压延加工业，工业粉尘排放量占统计工业行业粉尘排放量的 86%。

# 第五章　废水污染源

## 第一节　全省用水情况

根据《山东省统计年鉴》，2005—2009 年万元 GDP 水耗、规模以上工业增加值水耗变化情况见表 5-1、表 5-2。

表 5-1　山东省 2005—2009 年万元 GDP 取水量　　　　　　单位：m³/万元

| 地区 | 2005 年 | 2006 年 | 2007 年 | 2008 年 | 2009 年 |
|---|---|---|---|---|---|
| 全省总计 | 112.95 | 106.25 | 90.41 | 80.76 | 72.46 |
| 济南市 | 79.91 | 71.46 | 64.56 | 58.09 | 52.07 |
| 青岛市 | 38.36 | 34.82 | 26.45 | 23.77 | 21.46 |
| 淄博市 | 74.26 | 65.88 | 54.01 | 43.57 | 38.98 |
| 枣庄市 | 91.28 | 68.38 | 61.27 | 58.95 | 52.8 |
| 东营市 | 74.69 | 66.85 | 59.75 | 50.27 | 44.87 |
| 烟台市 | 43.41 | 39.29 | 33.33 | 27.34 | 24.11 |
| 潍坊市 | 104.38 | 108.71 | 84.41 | 75.19 | 65.29 |
| 济宁市 | 179.09 | 163.19 | 149.98 | 135.29 | 119.24 |
| 泰安市 | 121.18 | 116.41 | 94.77 | 88.01 | 81.47 |
| 威海市 | 23.58 | 20.8 | 18.27 | 15 | 14.06 |
| 日照市 | 122.63 | 114.29 | 82.57 | 74.88 | 68.89 |
| 莱芜市 | 111.12 | 109.23 | 101.62 | 81.92 | 73.5 |
| 临沂市 | 134.98 | 120.23 | 101.25 | 90.24 | 82.26 |
| 德州市 | 240.45 | 216.94 | 193.44 | 172.03 | 151.46 |
| 聊城市 | 293.76 | 315.82 | 228.06 | 195.18 | 165.13 |
| 滨州市 | 227.79 | 203.36 | 162.13 | 141.49 | 130.06 |
| 菏泽市 | 416.93 | 377.75 | 333.21 | 287.83 | 240.93 |

表 5-2　2006—2009 年规模以上工业万元增加值取水指标　　　　单位：m³/万元

| 地区 | 2006 年 | 2007 年 | 2008 年 | 2009 年 |
|---|---|---|---|---|
| 全省总计 | 26.4 | 25.1 | 23.04 | 21.03 |
| 济南市 | 20.48 | 19.6 | 17.97 | 16.52 |
| 青岛市 | 23.79 | 22.47 | 20.84 | 19.15 |

| 地区 | 2006 年 | 2007 年 | 2008 年 | 2009 年 |
|---|---|---|---|---|
| 淄博市 | 29.82 | 27.97 | 24.95 | 21.91 |
| 枣庄市 | 24.94 | 23.66 | 21.9 | 20.13 |
| 东营市 | 22.03 | 21.05 | 19.39 | 17.44 |
| 烟台市 | 16.96 | 16.26 | 15.35 | 14.42 |
| 潍坊市 | 38.61 | 36.24 | 32.43 | 29.57 |
| 济宁市 | 37.55 | 35.51 | 31.86 | 29.07 |
| 泰安市 | 30.06 | 28.25 | 25.13 | 22.5 |
| 威海市 | 15.21 | 14.75 | 13.95 | 13.1 |
| 日照市 | 39.12 | 36.69 | 32.89 | 29.37 |
| 莱芜市 | 48.17 | 45.16 | 40.57 | 36.57 |
| 临沂市 | 26.46 | 25.13 | 23.11 | 21.24 |
| 德州市 | 35.33 | 33.14 | 29.41 | 26.72 |
| 聊城市 | 26.07 | 25 | 23.01 | 21.31 |
| 滨州市 | 19.44 | 18.53 | 17.01 | 15.43 |
| 菏泽市 | 37.99 | 36.12 | 32.26 | 29.66 |

从表 5-1、表 5-2 中可以看出，全省及 17 个市 2005—2009 年万元 GDP 水耗、2006—2009 年规模以上工业增加值水耗均呈明显降低趋势，全省 2009 年比 2005 年、2006 年分别下降了 35.85%和 20.34%。

## 第二节 废水及污染物排放状况

### 一、废水排放情况

2010 年，全省废水排放总量 43.64 亿 t，比上年增长 12.85%。其中生活废水排放量 22.81 亿 t，占 54.49%，比上年增长 11.72%；工业废水排放量 20.83 亿 t，占 45.51%，比上年增长 14.01%。

表 5-3　全省废水及其主要污染物排放量年际对比

| 年份 | 废水排放量/万 t | | | COD 排放量/t | | | 氨氮排放量/t | | |
|---|---|---|---|---|---|---|---|---|---|
| | 工业 | 生活 | 总计 | 工业 | 生活 | 总计 | 工业 | 生活 | 总计 |
| 2005 | 139 070.7 | 141 306 | 280 376.7 | 356 649.6 | 413 611.4 | 770 261 | 31 781 | 52 478.3 | 84 259.3 |
| 2006 | 144 364.7 | 158 272 | 302 636.7 | 336 291.4 | 421 809.6 | 758 100.9 | 25 010.4 | 58 225 | 83 235.4 |
| 2007 | 166 573.6 | 167 681.2 | 334 254.7 | 303 920.3 | 415 936 | 719 856.3 | 20 094.5 | 56 612.8 | 76 697.3 |
| 2008 | 176 976.5 | 181 933.7 | 358 910.2 | 257 315.8 | 421 282.2 | 678 598 | 15 933.4 | 54 441.2 | 70 374.6 |
| 2009 | 182 672.6 | 204 058.4 | 386 731.1 | 260 521.4 | 386 478.8 | 647 000.2 | 13 898.2 | 53 406.6 | 67 304.8 |
| 2010 | 208 256.6 | 228 114.6 | 436 371.2 | 295 127.6 | 325 405.1 | 620 532.7 | 15 441.3 | 51 042.5 | 66 483.8 |

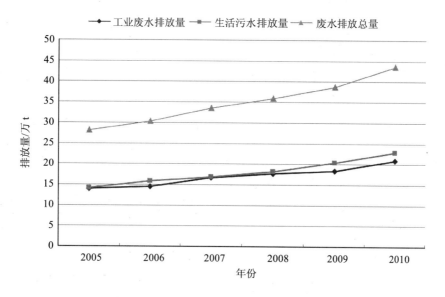

**图5-1　全省废水排放量年际对比图**

从表5-3、表5-4、图5-1可以看出，"十一五"时期，废水排放总量仍呈上升趋势；工业废水排放量和生活污水排放量继续保持增长趋势。

**表5-4　2005—2010年工业废水排放区域分布情况**　　　单位：万t

| 地区 | 2005年 | 2006年 | 2007年 | 2008年 | 2009年 | 2010年 |
|---|---|---|---|---|---|---|
| 全省总计 | 139070.7 | 144364.7 | 166573.6 | 160093.7 | 182672.6 | 208256.61 |
| 济南市 | 5255.46 | 4949 | 5059.065 | 4118.326 | 5013.791 | 5593.71 |
| 青岛市 | 8956.28 | 9521.182 | 9412.17 | 8586.868 | 10401.73 | 10800.37 |
| 淄博市 | 13058.14 | 13362.15 | 18853.41 | 17578.56 | 19608.46 | 21211.75 |
| 枣庄市 | 11202.25 | 12508.54 | 13536.04 | 14085.58 | 13503.55 | 16185.46 |
| 东营市 | 7973.94 | 8952.607 | 9480.995 | 8819.739 | 10079.33 | 10559.02 |
| 烟台市 | 6880.64 | 7065.604 | 7703.629 | 6610.111 | 7599.969 | 8385.85 |
| 潍坊市 | 12849.86 | 12744.05 | 14581.28 | 15721.39 | 17342.59 | 21496.35 |
| 济宁市 | 9185.42 | 10659.59 | 12178.39 | 11000.99 | 13797.67 | 16212.05 |
| 泰安市 | 3520.31 | 3562.353 | 4193.594 | 4005.778 | 4337.795 | 4578.57 |
| 威海市 | 2448.8 | 2851.046 | 2901.988 | 2071.759 | 2252.26 | 2871.51 |
| 日照市 | 6892.01 | 6764.12 | 6702.944 | 7171.956 | 8825.793 | 9977.49 |
| 莱芜市 | 1328.09 | 1392.811 | 1452.647 | 1561.21 | 1677.286 | 2658.57 |
| 临沂市 | 6035.91 | 6263 | 8964.387 | 7137.911 | 7213.12 | 10077.24 |
| 德州市 | 15187.89 | 17049.8 | 18825.93 | 15837.99 | 17977.22 | 19334.512 |
| 聊城市 | 14530.22 | 11572.26 | 14229.51 | 17351.73 | 21590.49 | 20872.89 |
| 滨州市 | 9161.82 | 10401.32 | 12545.15 | 12482.78 | 14097.41 | 15012.59 |
| 菏泽市 | 4603.69 | 4745.272 | 5952.416 | 5951.07 | 7354.169 | 12428.65 |

## 二、废水中主要污染物排放情况

2010 年，工业废水中主要污染物依次为：COD、氨氮、石油类、挥发酚、重金属。排放量分别为：COD 29.51 万 t，氨氮 1.54 万 t，石油类 499.1t，挥发酚 8.74t，重金属 2.22t。

### （一）COD 排放情况

2010 年，全省废水中主要污染物 COD 排放总量 62.05 万 t，比上年下降 4.10%。其中生活 COD 排放量 32.54 万 t，占 52.44%，比上年下降 15.81%；工业 COD 排放量 29.51 万 t，占 47.56%，比上年增长 13.28%。工业 COD 排放量中，造纸及纸制品业排放量最大，为 7.81 万 t，占 29.86%。

从图 5-2 可以看出，"十一五"时期，COD 排放总量呈持续下降趋势，2010 年比 2005 年下降了 19.45%。

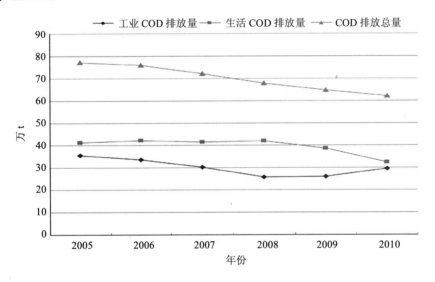

图 5-2　全省 COD 排放量年际对比

### （二）氨氮排放情况

2010 年，全省废水中主要污染物氨氮排放总量 6.64 万 t，比上年下降 1.34%。其中生活氨氮排放量 5.10 万 t，占 76.81%，比上年下降 4.49%；工业氨氮排放量 1.54 万 t，占 23.19%，比上年上升 10.79%。工业氨氮排放量中，造纸及纸制品业排放量最大，为 0.29 万 t，占 20.81%。

从表 5-3、图 5-3 可以看出，"十一五"时期，生活氨氮排放量虽有上升，但由于工业氨氮排放量下降幅度较大，氨氮排放总量呈持续下降趋势。

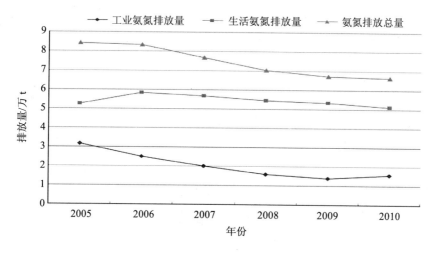

**图5-3 全省废水中氨氮排放量年际对比**

## （三）废水中其他主要污染物排放情况

2010年，全省工业废水中石油类排放量499.1 t，与上年持平；挥发酚排放量8.74 t，氰化物排放量1.96 t，均比上年大幅下降。

从表5-5、图5-4可以看出，"十一五"时期，工业砷、六价铬、石油类、挥发酚、氰化物、镉等污染物排放量下降幅度较大，并呈持续下降趋势；但铅排放量有上升反弹。

**表5-5 全省废水中其他有毒有害污染物排放量年际对比**  单位：t

| 年份 | As | Pb | Hg | Cd | Cr | 石油类 | 挥发酚 | 氰化物 |
|------|-----|------|--------|-------|------|--------|--------|--------|
| 2005 | 1.8 | 0.63 | 0 | 0.01 | 2.01 | 873.2 | 42.6 | 9.3 |
| 2006 | 0.29 | 0.1 | 0.01 | 0.01 | 1.68 | 684.9 | 29.9 | 7.9 |
| 2007 | 0.29 | 0.14 | 0 | 0.01 | 1.21 | 595.2 | 25.3 | 7.4 |
| 2008 | 0.27 | 0.25 | 0 | 0.01 | 0.68 | 556.6 | 17.9 | 7.4 |
| 2009 | 0.27 | 1.60 | 0.00 | 0.05 | 0.59 | 494.9 | 15.3 | 5.1 |
| 2010 | 0.19 | 1.40 | 0.0005 | 0.001 | 0.63 | 499.10 | 8.74 | 1.96 |

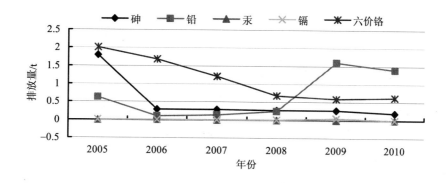

**图5-4 工业废水中五项重金属历年排放趋势**

### 三、工业行业废水及主要污染物排放情况

#### （一）行业废水排放情况

2010 年，在统计的 38 个工业行业中，废水排放量位于前 4 位的行业依次为造纸及纸制品业、化学原料及化学制品制造业、纺织业和农副食品加工业。这 4 个行业排放的废水占重点统计企业废水排放量的 57%（图 5-5）。

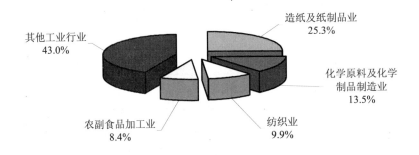

其他工业行业
43.0%

造纸及纸制品业
25.3%

化学原料及化学
制品制造业
13.5%

纺织业
9.9%

农副食品加工业
8.4%

图 5-5　工业行业废水排放情况

全省主要行业 2005—2010 年变化情况见表 5-6。

表 5-6　全省 2005—2010 年工业废水行业排放及负荷变化情况表　　　　单位：t

| 行业 | | 2005 年 | 2006 年 | 2007 年 | 2008 年 | 2009 年 | 2010 年 |
|---|---|---|---|---|---|---|---|
| 农副食品加工业 | 排放量 | 5 639.96 | 7 817.239 | 10 542.36 | 12 092.2 | 16 025.251 9 | 13 876.45 |
| | 负荷比/% | 4.33 | 5.83 | 6.95 | 7.48 | 8.41 | 8.31 |
| 纺织业 | 排放量 | 9 996.48 | 12 088.7 | 13 523.84 | 16 029.69 | 18 884.677 4 | 16 030.49 |
| | 负荷比/% | 7.67 | 9.02 | 8.92 | 9.92 | 9.91 | 9.60 |
| 造纸及纸制品业 | 排放量 | 44 620.02 | 45 163.33 | 45 358.76 | 44 682.04 | 48 043.541 5 | 44 807.02 |
| | 负荷比/% | 34.25 | 33.68 | 29.92 | 27.64 | 25.22 | 26.84 |
| 化学原料及化学制品制造业 | 排放量 | 15 463.86 | 17 400.52 | 21 786.79 | 20 656.49 | 25 707.499 8 | 21 083.66 |
| | 负荷比/% | 11.87 | 12.98 | 14.37 | 12.78 | 13.5 | 12.63 |
| 其他工业行业 | 排放量 | 54 547.11 | 51 620.619 2 | 60 382.8 | 68 197.08 | 81 822.435 2 | 71 145.79 |
| | 负荷比/% | 41.87 | 38.50 | 39.83 | 42.19 | 42.96 | 42.62 |

#### （二）行业 COD 排放情况

2010 年，COD 排放量位于前 4 位的行业依次为造纸及纸制品业、化学原料及化学制品制造业、纺织业和农副食品加工业。这 4 个行业排放的 COD 占重点统计企业 COD 排放量的 60.5%（图 5-6）。

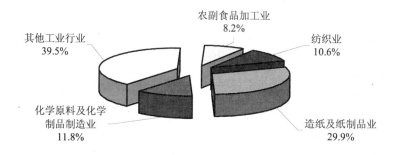

图 5-6 工业行业 COD 排放情况

主要行业 2005—2010 年 COD 变化情况见表 5-7。

表 5-7 全省 2005—2010 年工业行业 COD 排放及负荷变化情况表

| 行业 | | 2005 年 | 2006 年 | 2007 年 | 2008 年 | 2009 年 | 2010 年 |
|---|---|---|---|---|---|---|---|
| 农副食品加工业 | 排放量/t | 14 434.27 | 18 764.29 | 23 173.11 | 17 794.42 | 18 357.46 | 21 526.65 |
| | 负荷比/% | 4.30 | 6.32 | 8.39 | 7.76 | 7.94 | 8.23 |
| 纺织业 | 排放量/t | 26 036.62 | 25 708.45 | 23 843.1 | 22 486.69 | 25 072.634 | 27 796.23 |
| | 负荷比/% | 7.76 | 8.66 | 8.64 | 9.81 | 10.85 | 10.62 |
| 造纸及纸制品业 | 排放量/t | 170 977.7 | 147 073.1 | 121 579.8 | 85 291.33 | 74 159.207 | 78 144.78 |
| | 负荷比/% | 50.96 | 49.55 | 44.04 | 37.20 | 32.08 | 29.86 |
| 化学原料及化学制品制造业 | 排放量/t | 23 192.19 | 24 778.19 | 26 222.8 | 22 271.57 | 23 783.491 | 30 967.55 |
| | 负荷比/% | 6.91 | 8.35 | 9.50 | 9.71 | 10.29 | 11.83 |
| 其他工业行业 | 排放量/t | 100 861.56 | 80 466.98 | 81 234.741 | 81 410.981 | 89 796.237 | 103 276.98 |
| | 负荷比/% | 30.06 | 27.11 | 29.43 | 35.51 | 38.84 | 39.46 |

从表 5-7 中可以看出，造纸及纸制品业、纺织业、化学原料及化学制品制造业、农副食品加工业等主要行业 COD 污染负荷呈下降趋势。

（三）行业氨氮排放情况

2010 年，氨氮排放量占行业前四位的为造纸及纸制品业、化学原料及化学制品制造业、纺织业和农副食品加工业。这 4 个行业排放的氨氮占重点统计企业氨氮排放量的 62.2%（图 5-7）。

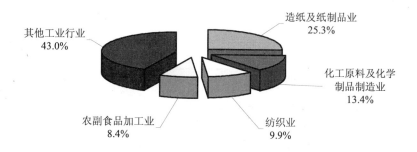

图 5-7 工业行业氨氮排放情况

主要行业 2005—2010 年氨氮变化情况（表 5-8）。

表 5-8 山东省 2005—2010 年行业氨氮排放情况及负荷变化情况表

| 行业 | | 2005年 | 2006年 | 2007年 | 2008年 | 2009年 | 2010年 |
|---|---|---|---|---|---|---|---|
| 农副食品加工业 | 排放量/t | 1442.55 | 1437.54 | 2078.41 | 1138.70 | 1146.6808 | 1466.03 |
| | 负荷比/% | 4.86 | 6.08 | 11.30 | 7.87 | 9.12 | 10.5 |
| 纺织业 | 排放量/t | 953.97 | 1167.97 | 1205.78 | 1252.17 | 1381.5352 | 1545.23 |
| | 负荷比/% | 3.22 | 4.94 | 6.56 | 8.65 | 10.99 | 11.06 |
| 造纸及纸制品业 | 排放量/t | 6585.3 | 6018.41 | 4389.71 | 3051.18 | 3223.8456 | 2907.37 |
| | 负荷比/% | 22.20 | 25.47 | 23.87 | 21.08 | 25.65 | 20.81 |
| 化学原料及化学制品制造业 | 排放量/t | 11120.36 | 7166.01 | 4936.39 | 3460.17 | 2617.3303 | 2763.55 |
| | 负荷比/% | 37.48 | 30.32 | 26.85 | 23.91 | 20.83 | 19.78 |
| 其他工业行业 | 排放量/t | 9567.57 | 7841.18 | 5777.03 | 5568.89 | 4196.9887 | 5285.96 |
| | 负荷比/% | 32.25 | 33.18 | 31.42 | 38.48 | 33.40 | 37.84 |

从表 5-8 中可以看出，造纸及纸制品业、纺织业、化学原料及化学制品制造业、农副食品加工业等主要行业氨氮污染负荷有所下降。

## 第三节　工业废水污染源评价

### 一、评价方法、项目和标准

1. 采用等标污染负荷法评价，计算公式为：

（A）某污染物的等标污染负荷 $P_i$：

$$P_i = \frac{c_i}{c_{io}} \times Q \times 10^{-6} = \frac{w_i}{c_{io}}$$

（B）某市或行业的等标污染负荷 $P_n$：

$$P_n = \sum_{i=1}^{n} P_i$$

（C）某市或行业的等标污染负荷比 $K$：

$$K = \frac{P_n}{P} \times 100\% \qquad P = \sum_{n=1}^{m} P_n$$

（D）某污染物的等标污染负荷比 $K_{it}$：

$$K_{it} = \frac{P_{it}}{P} \times 100\%$$

式中：$c_i$——$i$ 污染物的实测浓度平均值，mg/L；

　　　$c_{io}$——$i$ 污染物的评价标准，mg/L；

　　　$Q$——含 $i$ 污染物的废水排放量，t/a；

　　　$w_i$——$i$ 污染物年排放量，t/a；

　　　$P_n$——$i$ 污染物在所有区域或行业中的污染负荷之和；

　　　$10^{-6}$——废水换算系数。

2. 评价标准和项目。评价标准按原国家环境保护总局制定的"工业污染源建档技术规定"中的标准评价。

评价项目：Pb、As、Cr、挥发性酚、氰化物、石油类、COD、氨氮 8 项。评价标准和项目见表 5-9。

表 5-9 工业废水中主要污染物评价标准

| 污染物名称 | 评价标准/（mg/L） | 污染物名称 | 评价标准/（mg/L） |
|---|---|---|---|
| Pb | 0.1 | 氰化物 | 0.1 |
| As | 0.08 | 石油类 | 0.5 |
| 六价铬 | 0.05 | 氨氮 | 0.5 |
| 挥发性酚 | 0.01 | COD | 10 |

## 二、工业废水评价

### （一）主要污染物

以污染物污染负荷划分，8 种污染物等标污染负荷按大小排序依次为氨氮、COD、石油类、挥发性酚、氰化物、铅、六价铬、砷；其中氨氮、COD 两项累计等标污染负荷比达 96.92%，是全省工业废水中的主要污染物，也是造成水环境污染的主要因素（表 5-10）。

表 5-10 2010 年山东省工业废水中主要污染物评价结果

| 污染物名称 | 污染物排放量/t | 等标污染负荷 | 负荷比/% | 名次 |
|---|---|---|---|---|
| 氨氮 | 15 441.35 | 3 088 269 | 49.56 | 1 |
| COD | 295 127.6 | 2 951 276 | 47.36 | 2 |
| 石油类 | 499.098 9 | 99 819.78 | 1.60 | 3 |
| 挥发性酚 | 8.739 | 87 390 | 1.40 | 4 |
| 氰化物 | 1.959 6 | 1 959.6 | 0.03 | 5 |
| 铅 | 1.395 4 | 1 395.4 | 0.02 | 6 |
| 六价铬 | 0.634 2 | 1 268.4 | 0.02 | 7 |
| 砷 | 0.191 2 | 239 | 0.00 | 8 |

### （二）主要污染区域及行业

从行政区域划分，德州、淄博、滨州 3 个市累计等标污染负荷最高，占全省的 37.89%（表 5-11）。

表 5-11 山东省各市工业废水中主要污染物评价结果

| 城市名称 | 等标污染负荷 | 负荷比/% | 名次 |
|---|---|---|---|
| 德州市 | 828 201 | 13.29 | 1 |
| 淄博市 | 775 842.9 | 12.45 | 2 |
| 滨州市 | 757 357.7 | 12.15 | 3 |
| 潍坊市 | 597 459.8 | 9.59 | 4 |

| 城市名称 | 等标污染负荷 | 负荷比/% | 名次 |
|---|---|---|---|
| 聊城市 | 459 186.4 | 7.37 | 5 |
| 东营市 | 438 364.2 | 7.03 | 6 |
| 枣庄市 | 331 950.7 | 5.33 | 7 |
| 菏泽市 | 318 276.9 | 5.11 | 8 |
| 青岛市 | 315 631.3 | 5.06 | 9 |
| 烟台市 | 307 398.7 | 4.93 | 10 |
| 日照市 | 242 134.4 | 3.89 | 11 |
| 临沂市 | 228 287.5 | 3.66 | 12 |
| 济宁市 | 197 012 | 3.16 | 13 |
| 济南市 | 192 681.1 | 3.09 | 14 |
| 泰安市 | 115 961.5 | 1.86 | 15 |
| 威海市 | 73 284.75 | 1.18 | 16 |
| 莱芜市 | 52 586.71 | 0.84 | 17 |

从工业行业划分，分布的 38 个行业中，以造纸及纸制品业、化工原料及纺织业排放污染物最高，累计等标污染负荷比为 50.97%，为工业废水主要污染行业（表 5-12）。

表 5-12　2010 年山东省各行业工业废水中主要污染物评价结果

| 行业名称 | 等标污染负荷 | 负荷比/% | 名次 |
|---|---|---|---|
| 造纸及纸制品业 | 13 872.11 | 24.76 | 1 |
| 化学原料及化学制品制造业 | 8 800.97 | 15.71 | 2 |
| 纺织业 | 5 880.95 | 10.50 | 3 |
| 农副食品加工业 | 5 092.31 | 9.09 | 4 |
| 食品制造业 | 3 294.68 | 5.88 | 5 |
| 石油加工、炼焦及核燃料加工业 | 2 936.31 | 5.24 | 6 |
| 饮料制造业 | 2 906.60 | 5.19 | 7 |
| 皮革、毛皮、羽毛（绒）及其制品业 | 1 787.34 | 3.19 | 8 |
| 医药制造业 | 1 678.60 | 3.00 | 9 |
| 石油和天然气开采业 | 1 618.16 | 2.89 | 10 |
| 煤炭开采和洗选业 | 1 516.05 | 2.71 | 11 |
| 化学纤维制造业 | 1 511.51 | 2.70 | 12 |
| 电力、热力的生产和供应业 | 983.94 | 1.76 | 13 |
| 黑色金属冶炼及压延加工业 | 784.09 | 1.40 | 14 |
| 有色金属冶炼及压延加工业 | 631.33 | 1.13 | 15 |
| 交通运输设备制造业 | 402.09 | 0.72 | 16 |
| 非金属矿物制品业 | 345.77 | 0.62 | 17 |
| 通信设备、计算机及其他电子设备制造业 | 293.61 | 0.52 | 18 |
| 橡胶制品业 | 292.20 | 0.52 | 19 |
| 专用设备制造业 | 169.53 | 0.30 | 20 |
| 纺织服装、鞋、帽制造业 | 164.35 | 0.29 | 21 |
| 金属制品业 | 164.17 | 0.29 | 22 |
| 电气机械及器材制造业 | 140.38 | 0.25 | 23 |
| 通用设备制造业 | 132.64 | 0.24 | 24 |

| 行业名称 | 等标污染负荷 | 负荷比/% | 名次 |
|---|---|---|---|
| 工艺品及其他制造业 | 129.55 | 0.23 | 25 |
| 木材加工及木、竹、藤、棕、草制品业 | 110.75 | 0.20 | 26 |
| 有色金属矿采选业 | 97.49 | 0.17 | 27 |
| 黑色金属矿采选业 | 82.89 | 0.15 | 28 |
| 燃气生产和供应业 | 57.57 | 0.10 | 29 |
| 塑料制品业 | 43.29 | 0.08 | 30 |
| 水的生产和供应业 | 29.17 | 0.05 | 31 |
| 废弃资源和废旧材料回收加工业 | 28.26 | 0.05 | 32 |
| 仪器仪表及文化、办公用机械制造业 | 13.93 | 0.02 | 33 |
| 烟草制品业 | 12.88 | 0.02 | 34 |
| 非金属矿采选业 | 11.79 | 0.02 | 35 |
| 印刷业和记录媒介的复制 | 8.19 | 0.01 | 36 |
| 文教体育用品制造业 | 1.72 | 0.00 | 37 |
| 家具制造业 | 1.05 | 0.00 | 38 |

### （三）重点工业废水污染源

占全省等标负荷 80% 以上的工业废水主要污染源见表 5-13。

表 5-13　2010 年山东省重点工业废水污染源评价结果

| 序号 | 企业名称 | 等标污染负荷 | 百分比/% | 累计百分比/% |
|---|---|---|---|---|
| 1 | 山东新华制药股份有限公司 | 922 621 | 1.66 | 1.66 |
| 2 | 山东海韵生态纸业有限公司 | 872 759 | 1.57 | 3.24 |
| 3 | 山东晨鸣纸业集团股份有限公司 | 866 100 | 1.56 | 4.8 |
| 4 | 山东泉林纸业有限责任公司 | 847 102.2 | 1.53 | 6.32 |
| 5 | 山东亚太森博浆纸有限公司 | 831 158 | 1.5 | 7.82 |
| 6 | 山东鲁北企业集团总公司 | 801 840 | 1.45 | 9.27 |
| 7 | 山东魏桥创业集团有限公司（魏桥） | 717 618 | 1.29 | 10.56 |
| 8 | 德州华中纸业有限公司 | 716 000 | 1.29 | 11.85 |
| 9 | 山东华泰纸业股份有限公司 | 694 007.18 | 1.25 | 13.1 |
| 10 | 现河采油厂 | 647 371.9 | 1.17 | 14.27 |
| 11 | 山东魏桥创业集团有限公司（邹平） | 626 840 | 1.13 | 15.4 |
| 12 | 中国石油化工股份有限公司催化剂齐鲁分公司 | 591 308 | 1.07 | 16.46 |
| 13 | 山东海龙股份有限公司 | 546 755.2 | 0.99 | 17.45 |
| 14 | 德州沪平永发造纸有限公司 | 538 000 | 0.97 | 18.42 |
| 15 | 淄博中轩生化有限公司 | 534 039 | 0.96 | 19.38 |
| 16 | 中国石油化工集团公司齐鲁分公司 | 525 668.4 | 0.95 | 20.33 |
| 17 | 青岛碱业股份有限公司 | 520 873.96 | 0.94 | 21.27 |
| 18 | 中冶纸业银河有限公司 | 519 216 | 0.94 | 22.2 |
| 19 | 德州昌源纸业有限公司 | 438 000 | 0.79 | 22.99 |
| 20 | 桩西采油厂 | 436 345.1 | 0.79 | 23.78 |
| 21 | 山东滨化集团有限责任公司 | 429 100 | 0.77 | 24.55 |

| 序号 | 企业名称 | 等标污染负荷 | 百分比/% | 累计百分比/% |
|---|---|---|---|---|
| 22 | 山东淄博德元制革有限公司 | 423 003 | 0.76 | 25.31 |
| 23 | 兖矿鲁南化肥厂 | 353 000 | 0.64 | 25.95 |
| 24 | 山东太阳纸业股份有限公司 | 328 500 | 0.59 | 26.54 |
| 25 | 山东齐鲁石化开泰实业股份有限公司 | 327 354.7 | 0.59 | 27.13 |
| 26 | 山东华泰清河实业有限公司 | 313 861.1 | 0.57 | 27.7 |
| 27 | 山东青苑纸业有限公司 | 310 517.6 | 0.56 | 28.26 |
| 28 | 孤东采油厂 | 304 872.31 | 0.55 | 28.81 |
| 29 | 日照华泰纸业有限公司 | 292 446 | 0.53 | 29.33 |
| 30 | 山东博汇纸业股份有限公司 | 271 970 | 0.49 | 29.82 |
| 31 | 孚日集团股份有限公司 | 266 111.8 | 0.48 | 30.3 |
| 32 | 中化平原化工有限公司 | 266 007.5 | 0.48 | 30.78 |
| 33 | 潍坊恒联浆纸有限公司 | 265 980.9 | 0.48 | 31.26 |
| 34 | 山东华金集团有限公司 | 249 200 | 0.45 | 31.71 |
| 35 | 山东东大化学工业（集团）公司 | 243 227.4 | 0.44 | 32.15 |
| 36 | 济钢集团有限公司 | 242 125.7 | 0.44 | 32.59 |
| 37 | 山东三九味精有限公司 | 240 200 | 0.43 | 33.02 |
| 38 | 青岛钢铁有限公司 | 238 317.64 | 0.43 | 33.45 |
| 39 | 山东银鹰化纤有限公司 | 236 554.4 | 0.43 | 33.88 |
| 40 | 陵县泰华浆纸有限公司 | 231 530 | 0.42 | 34.29 |
| 41 | 山东正大纸业有限公司 | 231 400 | 0.42 | 34.71 |
| 42 | 山东海化股份有限公司纯碱厂 | 229 650 | 0.41 | 35.12 |
| 43 | 山东泰山纸业有限公司 | 228 188 | 0.41 | 35.54 |
| 44 | 山东晨鸣纸业集团齐河板纸有限责任公司 | 227 040.1 | 0.41 | 35.94 |
| 45 | 山东世通纸业有限公司 | 221 520 | 0.4 | 36.34 |
| 46 | 济南卢堡啤酒有限公司 | 220 939.9 | 0.4 | 36.74 |
| 47 | 山东世纪阳光纸业集团有限公司 | 220 857.4 | 0.4 | 37.14 |
| 48 | 山东齐鲁味精食品集团有限公司 | 220 011.6 | 0.4 | 37.54 |
| 49 | 德州翔龙纸业有限公司 | 213 000 | 0.38 | 37.92 |
| 50 | 滨州魏桥科技工业园有限公司 | 209 866 | 0.38 | 38.3 |
| 51 | 山东东明石化集团有限公司 | 208 400 | 0.38 | 38.67 |
| 52 | 山东信乐味精有限公司 | 203 400 | 0.37 | 39.04 |
| 53 | 潍坊英轩实业有限公司 | 199 322 | 0.36 | 39.4 |
| 54 | 孤岛采油厂 | 198 326.63 | 0.36 | 39.76 |
| 55 | 山东汇丰石化有限公司 | 195 080 | 0.35 | 40.11 |
| 56 | 德州华北纸业（集团）有限公司 | 189 000 | 0.34 | 40.45 |
| 57 | 山东明水化工有限公司 | 181 659 | 0.33 | 40.78 |
| 58 | 鲁泰纺织股份有限公司 | 175 082 | 0.32 | 41.09 |
| 59 | 沂源丰泽源皮革有限公司 | 175 005 | 0.32 | 41.41 |
| 60 | 茌平信源铝业有限公司 | 171 600 | 0.31 | 41.72 |
| 61 | 烟台锦宏纸业有限公司 | 170 141.8 | 0.31 | 42.02 |
| 62 | 瑞星集团有限公司 | 168 711 | 0.3 | 42.33 |
| 63 | 山东玉皇化工有限公司 | 168 400 | 0.3 | 42.63 |
| 64 | 山东西王集团有限公司 | 168 200 | 0.3 | 42.93 |

| 序号 | 企业名称 | 等标污染负荷 | 百分比/% | 累计百分比/% |
|---|---|---|---|---|
| 65 | 德州华茂生物科技有限公司 | 167 029.67 | 0.3 | 43.24 |
| 66 | 山东德派克纸业有限公司 | 157 000 | 0.28 | 43.52 |
| 67 | 山东雅美纤维有限公司 | 148 750 | 0.27 | 43.79 |
| 68 | 章丘市鲁明化工有限公司 | 148 458 | 0.27 | 44.05 |
| 69 | 中材庞贝捷金晶玻纤有限公司 | 147 028.4 | 0.26 | 44.32 |
| 70 | 山东京博石油化工有限公司 | 146 433.5 | 0.26 | 44.58 |
| 71 | 山东丰元化学有限公司 | 137 466 | 0.25 | 44.83 |
| 72 | 中石化青岛炼油化工有限责任公司 | 135 897.4 | 0.24 | 45.08 |
| 73 | 鸿富泰精密电子（烟台）有限公司 | 135 873.58 | 0.24 | 45.32 |
| 74 | 莱芜钢铁集团有限公司 | 132 474 | 0.24 | 45.56 |
| 75 | 山东华鲁恒升化工股份有限公司 | 131 791 | 0.24 | 45.8 |
| 76 | 烟台氨纶股份有限公司 | 125 941.24 | 0.23 | 46.02 |
| 77 | 阳煤集团淄博齐鲁第一化肥有限公司 | 121 830 | 0.22 | 46.24 |
| 78 | 临邑县信泉食用溶剂厂 | 120 200 | 0.22 | 46.46 |
| 79 | 宁津县康达化工有限公司 | 115 460 | 0.21 | 46.67 |
| 80 | 临沂新程金锣肉制品集团有限公司 | 114 040 | 0.21 | 46.87 |
| 81 | 远通纸业（山东）有限公司 | 111 800 | 0.2 | 47.08 |
| 82 | 兖矿国泰化工有限公司 | 111 292 | 0.2 | 47.28 |
| 83 | 山东金沂蒙集团有限公司 | 111 100 | 0.2 | 47.48 |
| 84 | 山东省宁津县又一春生物化工有限公司 | 110 000 | 0.2 | 47.67 |
| 85 | 青岛啤酒股份有限公司青岛啤酒二厂 | 108 221.99 | 0.2 | 47.87 |
| 86 | 茌平泉林纸业有限公司 | 105 400 | 0.19 | 48.06 |
| 87 | 山东沃源新型面料有限公司 | 105 081.1 | 0.19 | 48.25 |
| 88 | 山东省滕州瑞达化工有限公司 | 102 700 | 0.19 | 48.43 |
| 89 | 山东新银麦啤酒有限公司 | 102 400 | 0.18 | 48.62 |
| 90 | 山东志强集团有限公司 | 102 200 | 0.18 | 48.8 |
| 91 | 滨州愉悦家纺有限公司 | 101 780 | 0.18 | 48.99 |
| 92 | 山东金号织业有限公司 | 99 986.1 | 0.18 | 49.17 |
| 93 | 东阿东昌焦化有限公司 | 99 094.5 | 0.18 | 49.35 |
| 94 | 山东鲁维制药有限公司 | 98 222 | 0.18 | 49.52 |
| 95 | 山东联盟化工股份有限公司 | 97 812.2 | 0.18 | 49.7 |
| 96 | 枣庄金坛纸业有限公司 | 97 411.68 | 0.18 | 49.87 |
| 97 | 山东高唐泉洁纸业有限公司 | 97 285.79 | 0.18 | 50.05 |
| 98 | 中鲁果汁集团平原分公司 | 96 453.5 | 0.17 | 50.22 |
| 99 | 利津县石油化工厂有限公司 | 95 876 | 0.17 | 50.4 |
| 100 | 菏泽泰龙化工有限公司 | 95 850 | 0.17 | 50.57 |
| 101 | 弗思特电子股份有限公司（东辰控股集团有限公司东营经济开发区分公司） | 95 110.4 | 0.17 | 50.74 |
| 102 | 山东联合化工股份有限公司 | 94 800 | 0.17 | 50.91 |
| 103 | 山东尚舜化工有限公司 | 94 253 | 0.17 | 51.08 |
| 104 | 山东东佳集团有限公司 | 93 820 | 0.17 | 51.25 |
| 105 | 玲珑集团 | 93 339.2 | 0.17 | 51.42 |
| 106 | 山东惠民天地缘纸业有限公司 | 93 069.6 | 0.17 | 51.59 |

| 序号 | 企业名称 | 等标污染负荷 | 百分比/% | 累计百分比/% |
|---|---|---|---|---|
| 107 | 山东赛康蓝山大豆生物制品有限责任公司 | 92 368.1 | 0.17 | 51.75 |
| 108 | 烟台双塔食品股份有限公司（烟台金华粉丝有限公司） | 92 203.2 | 0.17 | 51.92 |
| 109 | 山东万通纸业总公司 | 90 220 | 0.16 | 52.08 |
| 110 | 山东联盟化工股份有限公司第一分公司 | 88 296.8 | 0.16 | 52.24 |
| 111 | 阳谷祥光铜业有限公司 | 87 520 | 0.16 | 52.4 |
| 112 | 谷神生物科技集团有限公司 | 87 500 | 0.16 | 52.56 |
| 113 | 山东冠军纸业有限公司 | 87 040 | 0.16 | 52.71 |
| 114 | 寿光市联盟石油化工有限公司 | 86 896.5 | 0.16 | 52.87 |
| 115 | 山东龙大肉食品股份有限公司 | 86 639.6 | 0.16 | 53.03 |
| 116 | 山东校园伙伴食品有限公司 | 85 475.1 | 0.15 | 53.18 |
| 117 | 山东聊城鲁西化工第二化肥有限公司 | 84 133.2 | 0.15 | 53.33 |
| 118 | 山东东岳化工有限公司 | 83 420 | 0.15 | 53.48 |
| 119 | 山东信发希望铝业有限公司 | 81 500 | 0.15 | 53.63 |
| 120 | 山东华星石油化工集团公司 | 80 818.9 | 0.15 | 53.77 |
| 121 | 山东省单县天元纸业有限公司二分厂 | 79 982 | 0.14 | 53.92 |
| 122 | 石油化工总厂 | 79 494.21 | 0.14 | 54.06 |
| 123 | 山东黄海林纸有限公司 | 79 140 | 0.14 | 54.2 |
| 124 | 南山集团有限公司 | 78 984.4 | 0.14 | 54.35 |
| 125 | 宏华胜精密电子（烟台）有限公司 | 77 845.18 | 0.14 | 54.49 |
| 126 | 德州鲁川化工有限公司 | 77 000 | 0.14 | 54.63 |
| 127 | 齐河县华店乡印染厂 | 76 600 | 0.14 | 54.76 |
| 128 | 淄博亚洲啤酒有限公司 | 75 516 | 0.14 | 54.9 |
| 129 | 华纺股份有限公司 | 75 024 | 0.14 | 55.03 |
| 130 | 山东天和纸业有限公司 | 74 940 | 0.14 | 55.17 |
| 131 | 山东尚舜化工有限公司 | 74 533 | 0.13 | 55.3 |
| 132 | 枣庄华峰纸业有限公司 | 74 500 | 0.13 | 55.44 |
| 133 | 山东寿光巨能金玉米开发有限公司 | 74 161.5 | 0.13 | 55.57 |
| 134 | 淄博中宏工贸有限公司 | 73 440 | 0.13 | 55.7 |
| 135 | 日照金禾博源生化有限公司 | 72 907.6 | 0.13 | 55.84 |
| 136 | 山东鲁南纸业有限公司 | 72 862.3 | 0.13 | 55.97 |
| 137 | 山东同兴酒业有限公司 | 72 400 | 0.13 | 56.1 |
| 138 | 山东香驰健源生物科技有限公司（淀粉） | 72 324 | 0.13 | 56.23 |
| 139 | 山东惠民华润纺织有限公司 | 72 100 | 0.13 | 56.36 |
| 140 | 正和集团股份有限公司 | 71 470 | 0.13 | 56.49 |
| 141 | 昌邑华晨纺织印染有限公司 | 70 738.4 | 0.13 | 56.61 |
| 142 | 滨州亚光纺织集团 | 70 486.3 | 0.13 | 56.74 |
| 143 | 淄博兰雁集团有限责任公司 | 69 558.4 | 0.13 | 56.87 |
| 144 | 山东阳煤恒通化工股份有限公司 | 69 500 | 0.13 | 56.99 |
| 145 | 山东良庄矿业有限公司 | 68 672 | 0.12 | 57.12 |
| 146 | 枣庄市普利化工有限公司 | 68 506 | 0.12 | 57.24 |
| 147 | 青州东鑫纸业有限公司 | 68 000 | 0.12 | 57.36 |
| 148 | 德州奥宝登啤酒有限公司 | 67 995 | 0.12 | 57.48 |
| 149 | 山东光华纸业集团有限公司 | 67 960 | 0.12 | 57.61 |

| 序号 | 企业名称 | 等标污染负荷 | 百分比/% | 累计百分比/% |
|---|---|---|---|---|
| 150 | 文登市森鹿制革有限公司 | 67 579.81 | 0.12 | 57.73 |
| 151 | 蓝星石油有限公司济南分公司 | 67 343 | 0.12 | 57.85 |
| 152 | 山东洁晶集团股份有限公司 | 67 235 | 0.12 | 57.97 |
| 153 | 东营顺通化工集团有限公司 | 67 074.21 | 0.12 | 58.09 |
| 154 | 山东泰山华艺纸业有限公司 | 67 066.96 | 0.12 | 58.21 |
| 155 | 山东金虹钛白化工有限公司 | 66 200 | 0.12 | 58.33 |
| 156 | 山东金缘生物科技有限公司 | 66 040 | 0.12 | 58.45 |
| 157 | 平原县晋平化工厂 | 65 930 | 0.12 | 58.57 |
| 158 | 淄博大桓九宝恩皮革集团有限公司 | 65 680.7 | 0.12 | 58.69 |
| 159 | 德州环珠酿造有限公司 | 65 500 | 0.12 | 58.81 |
| 160 | 山东汇通纺织有限公司 | 65 127 | 0.12 | 58.92 |
| 161 | 山东振龙生物化工集团有限公司 | 64 454 | 0.12 | 59.04 |
| 162 | 山东海龙沂星化纤有限公司 | 64 180 | 0.12 | 59.16 |
| 163 | 临沂盛泉油脂化工有限公司 | 63 694 | 0.11 | 59.27 |
| 164 | 山东泰山能源有限责任公司协庄煤矿 | 63 555 | 0.11 | 59.38 |
| 165 | 山东华阳农药化工集团有限公司 | 63 310 | 0.11 | 59.5 |
| 166 | 山东金岭化工股份有限公司 | 63 108.6 | 0.11 | 59.61 |
| 167 | 山东成武天元海藻工业有限公司 | 62 617.5 | 0.11 | 59.73 |
| 168 | 山东大成农药股份有限公司 | 62 487.6 | 0.11 | 59.84 |
| 169 | 山东泉润纸业有限公司 | 61 100 | 0.11 | 59.95 |
| 170 | 烟台只楚药业有限公司 | 60 270 | 0.11 | 60.06 |
| 171 | 山东石大科技集团有限公司（石大炼油厂） | 60 100 | 0.11 | 60.17 |
| 172 | 山东惠民鑫润丝业有限责任公司 | 60 032.4 | 0.11 | 60.27 |
| 173 | 山东省舜天化工集团有限公司 | 60 000 | 0.11 | 60.38 |
| 174 | 山东盈泰食品有限公司 | 59 900 | 0.11 | 60.49 |
| 175 | 山东恒仁工贸有限公司 | 59 800 | 0.11 | 60.6 |
| 176 | 临沂震元纸业有限公司 | 59 740 | 0.11 | 60.71 |
| 177 | 苍山县金信皮革有限公司 | 58 510 | 0.11 | 60.81 |
| 178 | 青岛万福集团股份有限公司 | 57 600 | 0.1 | 60.91 |
| 179 | 山东鲁抗医药股份有限公司 | 57 431.2 | 0.1 | 61.02 |
| 180 | 新能凤凰（滕州）能源有限公司 | 57 280 | 0.1 | 61.12 |
| 181 | 德州勤农乳业有限公司 | 57 200 | 0.1 | 61.22 |
| 182 | 希杰（聊城）生物科技有限公司 | 57 021.3 | 0.1 | 61.33 |
| 183 | 平原县张华乡化工厂 | 57 020 | 0.1 | 61.43 |
| 184 | 德州锦湖皮业有限公司 | 57 000 | 0.1 | 61.53 |
| 185 | 山东沂源汇丰酒业有限公司 | 56 559 | 0.1 | 61.63 |
| 186 | 新汶矿业集团有限责任公司华丰煤矿 | 56 316 | 0.1 | 61.74 |
| 187 | 淄博祥源纺织有限公司 | 55 780 | 0.1 | 61.84 |
| 188 | 夏津县红星棉业浆粕厂 | 55 758.4 | 0.1 | 61.94 |
| 189 | 鲁西化工集团股份有限公司氯碱化工分公司 | 54 700 | 0.1 | 62.04 |
| 190 | 山东吉安化工有限公司 | 54 528 | 0.1 | 62.13 |
| 191 | 淄博矿业集团有限责任公司埠村煤矿 | 53 951.8 | 0.1 | 62.23 |
| 192 | 日照港（集团）有限公司 | 53 773 | 0.1 | 62.33 |

| 序号 | 企业名称 | 等标污染负荷 | 百分比/% | 累计百分比/% |
|---|---|---|---|---|
| 193 | 山东绿霸化工股份有限公司 | 53 139 | 0.1 | 62.42 |
| 194 | 枣庄市华润纸业有限公司 | 53 000 | 0.1 | 62.52 |
| 195 | 定陶品森纸业有限公司 | 52 400 | 0.09 | 62.61 |
| 196 | 武城县伟达纸业有限公司 | 52 200 | 0.09 | 62.71 |
| 197 | 泛高（青岛）有限公司 | 51 525 | 0.09 | 62.8 |
| 198 | 章丘日月化工有限公司 | 51 261.2 | 0.09 | 62.89 |
| 199 | 青岛华绵水洗制衣有限公司 | 50 729.2 | 0.09 | 62.98 |
| 200 | 山东黄金矿业（莱州）有限公司三山岛金矿 | 50 437.7 | 0.09 | 63.08 |
| 201 | 山东同大纺织印染有限公司 | 50 110 | 0.09 | 63.17 |
| 202 | 滨洲滨海皮业有限公司 | 50 099.2 | 0.09 | 63.26 |
| 203 | 庆云久意达纺织有限公司 | 48 784 | 0.09 | 63.34 |
| 204 | 山东中山浆纸有限公司 | 48 000 | 0.09 | 63.43 |
| 205 | 沂水鑫立制胶厂 | 47 565.6 | 0.09 | 63.52 |
| 206 | 庆云保顿纺织有限公司 | 47 340 | 0.09 | 63.6 |
| 207 | 久泰能源科技有限公司 | 47 269 | 0.09 | 63.69 |
| 208 | 青岛凤凰东翔印染有限公司 | 47 088 | 0.08 | 63.77 |
| 209 | 长清淀粉小区 | 47 039 | 0.08 | 63.86 |
| 210 | 临沭县华盛化工有限公司 | 46 400 | 0.08 | 63.94 |
| 211 | 山东齐发药业有限公司 | 46 397.78 | 0.08 | 64.02 |
| 212 | 茌平信发华宇氧化铝有限公司 | 46 160 | 0.08 | 64.11 |
| 213 | 平邑县地方镇罐头加工中心 | 46 020 | 0.08 | 64.19 |
| 214 | 青岛明月海藻集团有限公司 | 45 780 | 0.08 | 64.27 |
| 215 | 青岛啤酒股份有限公司青岛啤酒厂 | 45 478.7 | 0.08 | 64.35 |
| 216 | 山东柠檬生化有限公司 | 45 424.24 | 0.08 | 64.44 |
| 217 | 德州大王集团蛋白食品有限公司 | 45 300 | 0.08 | 64.52 |
| 218 | 日照钢铁控股集团有限公司 | 45 250 | 0.08 | 64.6 |
| 219 | 三角集团有限公司 | 44 408.83 | 0.08 | 64.68 |
| 220 | 山东振兴化工有限公司 | 44 000 | 0.08 | 64.76 |
| 221 | 青岛瑞星海藻工业有限公司 | 43 923 | 0.08 | 64.84 |
| 222 | 山东新方集团股份有限公司 | 43 848 | 0.08 | 64.92 |
| 223 | 德州克代尔集团临邑啤酒有限公司 | 43 600 | 0.08 | 65 |
| 224 | 山东森力啤酒饮料有限公司 | 43 500 | 0.08 | 65.07 |
| 225 | 山东惠民基德织业有限责任公司 | 43 300 | 0.08 | 65.15 |
| 226 | 潍坊弘润石化助剂有限公司 | 42 970 | 0.08 | 65.23 |
| 227 | 新汶矿业集团有限责任公司泰山盐化工分公司 | 42 525 | 0.08 | 65.31 |
| 228 | 山东奥伦葡萄酿酒有限公司 | 42 500 | 0.08 | 65.38 |
| 229 | 山东昌邑石化有限公司 | 42 358.5 | 0.08 | 65.46 |
| 230 | 滨州东升地毯有限公司 | 42 242.9 | 0.08 | 65.53 |
| 231 | 山东国大黄金股份有限公司（招远市黄金冶炼） | 41 910 | 0.08 | 65.61 |
| 232 | 滨州鲁牛皮业有限公司 | 41 832.5 | 0.08 | 65.69 |
| 233 | 潍坊乐港食品有限公司 | 41 616 | 0.08 | 65.76 |
| 234 | 临清市银星纸品有限责任公司 | 41 600 | 0.07 | 65.84 |
| 235 | 青岛啤酒第三有限公司 | 41 503 | 0.07 | 65.91 |

| 序号 | 企业名称 | 等标污染负荷 | 百分比/% | 累计百分比/% |
|---|---|---|---|---|
| 236 | 山东阿斯德化工有限公司 | 41 260 | 0.07 | 65.98 |
| 237 | 山东龙口美佳有限公司 | 41 085 | 0.07 | 66.06 |
| 238 | 山东群星纸业有限公司 | 40 950 | 0.07 | 66.13 |
| 239 | 昌邑华达织造有限公司 | 40 768 | 0.07 | 66.21 |
| 240 | 山东睿鹰先锋制药有限公司 | 40 470 | 0.07 | 66.28 |
| 241 | 邹平天兴化工有限公司 | 40 465 | 0.07 | 66.35 |
| 242 | 山东雪花生物化工股份有限公司 | 40 341.2 | 0.07 | 66.42 |
| 243 | 福喜（威海）农牧发展有限公司 | 40 320 | 0.07 | 66.5 |
| 244 | 瑞阳制药有限公司 | 40 238.3 | 0.07 | 66.57 |
| 245 | 山东方明化工有限公司 | 39 978.8 | 0.07 | 66.64 |
| 246 | 成武县宏达纸业有限公司 | 39 600 | 0.07 | 66.71 |
| 247 | 龙大食品集团有限公司 | 39 592 | 0.07 | 66.78 |
| 248 | 潍坊亚星化学股份有限公司 | 39 310 | 0.07 | 66.86 |
| 249 | 山东省单县天元纸业有限公司 | 38 493 | 0.07 | 66.93 |
| 250 | 万达集团股份有限公司 | 37 980 | 0.07 | 66.99 |
| 251 | 沾化联源皮业有限公司 | 37 656.8 | 0.07 | 67.06 |
| 252 | 淄博凤阳彩钢板有限公司 | 37 635 | 0.07 | 67.13 |
| 253 | 山东福田糖醇（定陶）有限公司 | 37 438 | 0.07 | 67.2 |
| 254 | 乐陵市茨头堡造纸厂 | 37 435 | 0.07 | 67.26 |
| 255 | 山东御馨豆业蛋白有限公司 | 37 430 | 0.07 | 67.33 |
| 256 | 青岛海尔能源动力有限公司 | 37 324.8 | 0.07 | 67.4 |
| 257 | 龙口玉龙纸业有限公司 | 36 885 | 0.07 | 67.47 |
| 258 | 山东辰龙纸业股份有限公司 | 36 280 | 0.07 | 67.53 |
| 259 | 安琪酵母（滨州）有限公司 | 36 180.7 | 0.07 | 67.6 |
| 260 | 临邑县澳泰纺织有限公司 | 35 912 | 0.06 | 67.66 |
| 261 | 沂源县丰华纸业有限公司 | 35 730 | 0.06 | 67.73 |
| 262 | 沂源县阳光纸业有限公司 | 35 730 | 0.06 | 67.79 |
| 263 | 太平洋恩利食品有限公司 | 35 700 | 0.06 | 67.85 |
| 264 | 山东茂源染整股份有限公司 | 35 699 | 0.06 | 67.92 |
| 265 | 沾化皇家皮业有限公司 | 35 596.8 | 0.06 | 67.98 |
| 266 | 山东新巨龙能源有限责任公司 | 35 380.2 | 0.06 | 68.05 |
| 267 | 山东垦利石化有限责任公司 | 35 011.7 | 0.06 | 68.11 |
| 268 | 淄博联昱纺织有限公司 | 34 978.3 | 0.06 | 68.17 |
| 269 | 山东莱钢永锋钢铁有限公司 | 34 880 | 0.06 | 68.24 |
| 270 | 山东省阳信东方生物科技有限公司 | 34 836 | 0.06 | 68.3 |
| 271 | 德州兴豪皮业有限公司 | 34 800 | 0.06 | 68.36 |
| 272 | 得利斯集团有限公司 | 34 734 | 0.06 | 68.42 |
| 273 | 高唐县快乐娃饮料食品有限公司 | 34 693.76 | 0.06 | 68.49 |
| 274 | 中国重汽集团济南动力有限公司发动机部 | 34 638 | 0.06 | 68.55 |
| 275 | 莒县宏德柠檬酸有限公司 | 34 360 | 0.06 | 68.61 |
| 276 | 德州天马纤维素有限公司 | 34 080 | 0.06 | 68.67 |
| 277 | 日照鲁信金禾生化有限公司 | 33 976.8 | 0.06 | 68.73 |
| 278 | 山东禹城中农润田化工有限公司 | 33 901.5 | 0.06 | 68.79 |

| 序号 | 企业名称 | 等标污染负荷 | 百分比/% | 累计百分比/% |
|---|---|---|---|---|
| 279 | 德州恒瑞棉业（集团）有限公司 | 33 881.6 | 0.06 | 68.85 |
| 280 | 山东海化煤业化工有限公司 | 33 700 | 0.06 | 68.92 |
| 281 | 山东天地缘纸业有限公司 | 33 600 | 0.06 | 68.98 |
| 282 | 山东惠民兴博木业有限公司 | 33 423.5 | 0.06 | 69.04 |
| 283 | 兖煤菏泽能化有限公司赵楼煤矿 | 33 408 | 0.06 | 69.1 |
| 284 | 山东晋煤明升达化工有限公司 | 33 155.3 | 0.06 | 69.16 |
| 285 | 武城县裘皮制衣有限公司 | 33 044.5 | 0.06 | 69.22 |
| 286 | 淄博福颜化工集团有限公司 | 32 860 | 0.06 | 69.28 |
| 287 | 中国石化集团青岛石油化工有限责任公司 | 32 859.6 | 0.06 | 69.33 |
| 288 | 济宁矿业集团太平煤矿 | 32 859.2 | 0.06 | 69.39 |
| 289 | 山东时风（集团）有限责任公司 | 32 820 | 0.06 | 69.45 |
| 290 | 山东日照尧王酒业集团有限公司 | 32 745 | 0.06 | 69.51 |
| 291 | 博兴华润油脂化学有限公司 | 32 670 | 0.06 | 69.57 |
| 292 | 山东凤祥（集团）有限责任公司 | 32 608 | 0.06 | 69.63 |
| 293 | 山东省宁津县明达棉业有限公司 | 32 605 | 0.06 | 69.69 |
| 294 | 巨野县新星皮革有限公司 | 32 604.2 | 0.06 | 69.75 |
| 295 | 禹城市金牛皮革厂 | 32 400 | 0.06 | 69.81 |
| 296 | 一汽解放青岛汽车厂 | 32 039.7 | 0.06 | 69.86 |
| 297 | 山东铁雄能源煤化有限公司 | 32 000 | 0.06 | 69.92 |
| 298 | 禹城市北辰新型材料有限公司 | 31 750 | 0.06 | 69.98 |
| 299 | 山东西水橡胶有限公司 | 31 634.2 | 0.06 | 70.04 |
| 300 | 山东盛丰针织品有限公司 | 31 565 | 0.06 | 70.09 |
| 301 | 潍坊市临朐燃气热力集团有限公司 | 31 547.59 | 0.06 | 70.15 |
| 302 | 枣庄市兴一大纸业有限公司 | 31 400 | 0.06 | 70.21 |
| 303 | 乐陵市木糖醇厂 | 31 359.7 | 0.06 | 70.26 |
| 304 | 上海通用东岳汽车有限公司 | 31 026.8 | 0.06 | 70.32 |
| 305 | 青州六和田润食品有限公司 | 30 960 | 0.06 | 70.37 |
| 306 | 山东高密同利化工有限公司 | 30 955 | 0.06 | 70.43 |
| 307 | 威海市山海皮业有限公司 | 30 898.76 | 0.06 | 70.49 |
| 308 | 山东海化集团有限公司热力电力分公司 | 30 835.69 | 0.06 | 70.54 |
| 309 | 滨州安利果汁饮料有限公司 | 30 722 | 0.06 | 70.6 |
| 310 | 沂源县三维纸业有限公司 | 30 704 | 0.06 | 70.65 |
| 311 | 滕州市华闻纸业有限责任公司 | 30 700 | 0.06 | 70.71 |
| 312 | 山东省武所屯生建煤矿 | 30 680 | 0.06 | 70.76 |
| 313 | 滨州金汇玉米开发有限公司 | 30 516 | 0.05 | 70.82 |
| 314 | 山东省晋煤同辉化工有限责任公司 | 30 510 | 0.05 | 70.87 |
| 315 | 昌邑大有印染织造有限公司 | 30 382.4 | 0.05 | 70.93 |
| 316 | 临清三和纺织集团有限公司 | 30 380 | 0.05 | 70.98 |
| 317 | 山东八一煤电化有限公司 | 30 346 | 0.05 | 71.04 |
| 318 | 山东金城石化集团有限公司 | 30 228 | 0.05 | 71.09 |
| 319 | 山东银鹭食品有限公司 | 30 061 | 0.05 | 71.14 |
| 320 | 招远三嘉粉丝蛋白有限公司 | 30 024 | 0.05 | 71.2 |
| 321 | 沂南县同德食品有限公司 | 30 006 | 0.05 | 71.25 |

| 序号 | 企业名称 | 等标污染负荷 | 百分比/% | 累计百分比/% |
|------|----------|------------|----------|-------------|
| 322 | 诸城市枳沟镇东安造纸厂 | 29 820 | 0.05 | 71.31 |
| 323 | 沾化信迪皮业有限公司 | 29 787.6 | 0.05 | 71.36 |
| 324 | 宁津县华远纤维素有限责任公司 | 29 652.7 | 0.05 | 71.41 |
| 325 | 德州金锣肉制品有限公司 | 29 596 | 0.05 | 71.47 |
| 326 | 德州中普啤酒饮料有限公司 | 29 580 | 0.05 | 71.52 |
| 327 | 蓬莱新光颜料化工有限公司 | 29 376 | 0.05 | 71.57 |
| 328 | 日照华东酒业有限公司 | 29 361.6 | 0.05 | 71.63 |
| 329 | 金乡县高氏果蔬食品加工厂 | 28 875 | 0.05 | 71.68 |
| 330 | 山东雪帝啤酒有限公司 | 28 800 | 0.05 | 71.73 |
| 331 | 枣庄金正矿业有限公司 | 28 710 | 0.05 | 71.78 |
| 332 | 武城县辛王庄造纸厂 | 28 700 | 0.05 | 71.83 |
| 333 | 青岛北海船舶重工有限责任公司 | 28 609 | 0.05 | 71.89 |
| 334 | 沂水芙蓉纸制品厂 | 28 501.5 | 0.05 | 71.94 |
| 335 | 临沂汇杰包装材料有限公司 | 28 500 | 0.05 | 71.99 |
| 336 | 山东东明石化集团恒鑫纸业有限公司 | 28 500 | 0.05 | 72.04 |
| 337 | 莱州市宏泽水务有限公司 | 28 500 | 0.05 | 72.09 |
| 338 | 阳谷宏峰橡胶助剂有限公司 | 28 447 | 0.05 | 72.14 |
| 339 | 山东舜亦新能源有限公司 | 28 389.5 | 0.05 | 72.19 |
| 340 | 枣庄金城淀粉有限公司 | 28 000 | 0.05 | 72.24 |
| 341 | 泰安中泰纸业有限公司 | 27 754 | 0.05 | 72.29 |
| 342 | 广饶县福利精制棉厂 | 27 614 | 0.05 | 72.34 |
| 343 | 山东德利再生资源置业有限公司 | 27 600 | 0.05 | 72.39 |
| 344 | 诸城市中顺工贸有限公司 | 27 580 | 0.05 | 72.44 |
| 345 | 青岛碱业股份有限公司天柱化肥分公司 | 27 446 | 0.05 | 72.49 |
| 346 | 滕州市金达煤炭有限责任公司 | 27 440 | 0.05 | 72.54 |
| 347 | 枣庄润保轻纺有限公司 | 27 343 | 0.05 | 72.59 |
| 348 | 山东泰森新昌食品有限公司日照分公司 | 27 310.2 | 0.05 | 72.64 |
| 349 | 金乡县昌隆食品有限公司 | 27 216 | 0.05 | 72.69 |
| 350 | 汇胜集团股份有限公司 | 27 200.01 | 0.05 | 72.74 |
| 351 | 无棣海星煤化工有限责任公司 | 27 120 | 0.05 | 72.79 |
| 352 | 陵县乐悟集团 | 27 000 | 0.05 | 72.84 |
| 353 | 齐河县农药厂 | 27 000 | 0.05 | 72.88 |
| 354 | 山东午阳化工股份有限公司 | 27 000 | 0.05 | 72.93 |
| 355 | 山东豆工坊食品有限公司 | 27 000 | 0.05 | 72.98 |
| 356 | 惠民县中天食品有限公司 | 26 879.5 | 0.05 | 73.03 |
| 357 | 山东滨化滨阳燃化有限公司 | 26 834 | 0.05 | 73.08 |
| 358 | 庆云坤元制革有限公司 | 26 700 | 0.05 | 73.13 |
| 359 | 金乡县阳光蒜业有限公司 | 26 616.6 | 0.05 | 73.17 |
| 360 | 山东鲁晨实业有限公司 | 26 600 | 0.05 | 73.22 |
| 361 | 斯比凯可（山东）生物制品有限公司 | 26 470 | 0.05 | 73.27 |
| 362 | 成武县晓东科技有限公司 | 26 433 | 0.05 | 73.32 |
| 363 | 招远先进化工有限公司 | 26 388 | 0.05 | 73.37 |
| 364 | 枣庄矿业集团有限责任公司柴里煤矿 | 26 150 | 0.05 | 73.41 |

| 序号 | 企业名称 | 等标污染负荷 | 百分比/% | 累计百分比/% |
|---|---|---|---|---|
| 365 | 沾化鑫泰皮业有限公司 | 26 120.8 | 0.05 | 73.46 |
| 366 | 山东中谷淀粉糖有限公司 | 26 024 | 0.05 | 73.51 |
| 367 | 青岛焦化制气有限责任公司（热电公司） | 26 019.2 | 0.05 | 73.55 |
| 368 | 山东宏诚集团有限公司 | 26 000 | 0.05 | 73.6 |
| 369 | 青州市东坝镇东坝造纸厂 | 26 000 | 0.05 | 73.65 |
| 370 | 山东珑山实业有限公司（原夏庄煤矿） | 26 000 | 0.05 | 73.69 |
| 371 | 菏泽华英禽业有限公司 | 26 000 | 0.05 | 73.74 |
| 372 | 高密市富源印染有限公司 | 25 867 | 0.05 | 73.79 |
| 373 | 山东金彩山酒业有限公司 | 25 840 | 0.05 | 73.83 |
| 374 | 南车四方机车车辆股份有限公司 | 25 820 | 0.05 | 73.88 |
| 375 | 安丘市鲁安药业有限责任公司 | 25 658.8 | 0.05 | 73.93 |
| 376 | 山东九羊集团有限公司 | 25 652 | 0.05 | 73.97 |
| 377 | 枣庄市留庄煤业有限公司 | 25 584 | 0.05 | 74.02 |
| 378 | 山东泉林纸业夏津有限公司 | 25 456 | 0.05 | 74.07 |
| 379 | 鄄城县亘古清泉啤酒有限公司 | 25 336.5 | 0.05 | 74.11 |
| 380 | 山东鄄城骏驰精细化工有限公司 | 25 137 | 0.05 | 74.16 |
| 381 | 山东丰源煤电股份有限公司北徐楼煤矿 | 25 120 | 0.05 | 74.2 |
| 382 | 山东阳城生物科技有限公司 | 25 057.2 | 0.05 | 74.25 |
| 383 | 金乡县绿农农贸有限公司 | 25 045.2 | 0.05 | 74.29 |
| 384 | 临邑县正升纸品加工厂 | 25 000 | 0.05 | 74.34 |
| 385 | 菏泽鲁西南纸业有限公司 | 24 800 | 0.04 | 74.38 |
| 386 | 山东华恒矿业有限公司 | 24 759.1 | 0.04 | 74.43 |
| 387 | 临沂长青纺织印染有限公司 | 24 716 | 0.04 | 74.47 |
| 388 | 阳信县立昌纺织有限公司 | 24 498 | 0.04 | 74.52 |
| 389 | 青岛啤酒（寿光）有限公司 | 24 464 | 0.04 | 74.56 |
| 390 | 青岛安邦炼化有限公司 | 24 260 | 0.04 | 74.6 |
| 391 | 巨野县鲁奇皮革有限责任公司 | 24 140 | 0.04 | 74.65 |
| 392 | 兖矿峄山化工有限公司 | 24 118 | 0.04 | 74.69 |
| 393 | 淄博环保能源有限公司 | 24 012.41 | 0.04 | 74.73 |
| 394 | 临沂龙雨食品有限公司 | 24 000 | 0.04 | 74.78 |
| 395 | 枣庄市金庄生建煤矿 | 24 000 | 0.04 | 74.82 |
| 396 | 山东万通石油化工集团有限公司 | 23 982 | 0.04 | 74.86 |
| 397 | 山东德州双汇食品有限公司 | 23 654 | 0.04 | 74.91 |
| 398 | 淄博祥业针棉制品有限公司 | 23 649 | 0.04 | 74.95 |
| 399 | 山东丰源有限责任公司 | 23 619 | 0.04 | 74.99 |
| 400 | 诸城市义昌纺织印染有限公司 | 23 478 | 0.04 | 75.03 |
| 401 | 临沭县华星纸业有限公司 | 23 250 | 0.04 | 75.07 |
| 402 | 山东龙力生物科技股份有限公司 | 23 200 | 0.04 | 75.12 |
| 403 | 五莲森之林海藻有限公司 | 23 100 | 0.04 | 75.16 |
| 404 | 成武县华康面粉有限公司 | 23 100 | 0.04 | 75.2 |
| 405 | 青岛正进集团有限公司 | 23 100 | 0.04 | 75.24 |
| 406 | 力诺集团股份有限公司 | 23 080 | 0.04 | 75.28 |
| 407 | 美孚德食品（山东）有限公司 | 23 050.8 | 0.04 | 75.32 |

| 序号 | 企业名称 | 等标污染负荷 | 百分比/% | 累计百分比/% |
|---|---|---|---|---|
| 408 | 青岛南山海藻有限公司 | 23 012.5 | 0.04 | 75.37 |
| 409 | 山东石大胜华化工股份有限公司垦利分公司 | 22 997 | 0.04 | 75.41 |
| 410 | 淄博新枫晟染丝有限公司 | 22 945 | 0.04 | 75.45 |
| 411 | 开元公司 | 22 932 | 0.04 | 75.49 |
| 412 | 山东莱阳春雪食品有限公司 | 22 750 | 0.04 | 75.53 |
| 413 | 青岛永昌因特皮革有限公司 | 22 648.9 | 0.04 | 75.57 |
| 414 | 烟台啤酒青岛朝日有限公司二分厂 | 22 610 | 0.04 | 75.61 |
| 415 | 山东景芝集团有限公司 | 22 590 | 0.04 | 75.65 |
| 416 | 庆泰人造革生产有限公司 | 22 560 | 0.04 | 75.69 |
| 417 | 山东桑莎制衣集团 | 22 412 | 0.04 | 75.73 |
| 418 | 枣庄王晁煤矿有限责任公司 | 22 400 | 0.04 | 75.78 |
| 419 | 枣庄矿业集团有限责任公司田陈煤矿 | 22 334 | 0.04 | 75.82 |
| 420 | 巨野县鲁春肉类有限公司 | 22 308 | 0.04 | 75.86 |
| 421 | 山东新时代药业有限公司 | 22 231 | 0.04 | 75.9 |
| 422 | 邹平县金桥纸业有限公司 | 22 200 | 0.04 | 75.94 |
| 423 | 山东省宁津县乾丰纤维素有限公司 | 22 200 | 0.04 | 75.98 |
| 424 | 山东三星集团有限公司 | 22 192 | 0.04 | 76.02 |
| 425 | 淄博大染坊丝绸集团有限公司 | 22 184.4 | 0.04 | 76.06 |
| 426 | 巨野县鲁瑞皮革有限公司 | 22 152 | 0.04 | 76.1 |
| 427 | 山东青龙明胶有限公司 | 22 125 | 0.04 | 76.14 |
| 428 | 齐鲁宏业纺织集团有限公司 | 22 122 | 0.04 | 76.18 |
| 429 | 诸城市鲁中生活用纸厂 | 22 120 | 0.04 | 76.22 |
| 430 | 宁津县天翔精棉有限责任公司 | 22 060 | 0.04 | 76.25 |
| 431 | 山东易通达化工有限公司 | 22 000 | 0.04 | 76.29 |
| 432 | 鲁中矿业有限公司 | 21 999 | 0.04 | 76.33 |
| 433 | 鄄城欧亚化工有限公司 | 21 945 | 0.04 | 76.37 |
| 434 | 山东惠民华辰福利工贸有限责任公司 | 21 928 | 0.04 | 76.41 |
| 435 | 山东东阿阿胶股份有限公司 | 21 927 | 0.04 | 76.45 |
| 436 | 无棣华龙明胶有限公司 | 21 840 | 0.04 | 76.49 |
| 437 | 烟台万华合成革集团有限公司 | 21 741.4 | 0.04 | 76.53 |
| 438 | 烟台华龙粉丝有限公司 | 21 740.2 | 0.04 | 76.57 |
| 439 | 烟台隆达纸业有限公司 | 21 719 | 0.04 | 76.61 |
| 440 | 山东洪业化工集团股份有限公司 | 21 600 | 0.04 | 76.65 |
| 441 | 博兴新盛食品有限公司 | 21 573 | 0.04 | 76.69 |
| 442 | 沂南县华龙经贸有限公司 | 21 570 | 0.04 | 76.73 |
| 443 | 山东沃蓝生物有限公司 | 21 546 | 0.04 | 76.77 |
| 444 | 诸城兴贸玉米开发有限公司辛兴淀粉厂 | 21 528 | 0.04 | 76.8 |
| 445 | 烟台通达纺织印染有限公司 | 21 461 | 0.04 | 76.84 |
| 446 | 山东六合集团有限公司临沂分公司 | 21 450 | 0.04 | 76.88 |
| 447 | 东平县本才淀粉制品有限公司 | 21 420 | 0.04 | 76.92 |
| 448 | 山东华阳和乐农药有限公司 | 21 400 | 0.04 | 76.96 |
| 449 | 山东明泉化工股份有限公司 | 21 310 | 0.04 | 77 |
| 450 | 滕州市东大矿业有限责任公司 | 21 303 | 0.04 | 77.04 |

| 序号 | 企业名称 | 等标污染负荷 | 百分比/% | 累计百分比/% |
|---|---|---|---|---|
| 451 | 山东丰源煤电股份有限公司赵坡煤矿 | 21 300 | 0.04 | 77.07 |
| 452 | 山东鲁瑞针织服饰有限公司 | 21 192 | 0.04 | 77.11 |
| 453 | 燕京啤酒（莱州）有限公司 | 21 109.2 | 0.04 | 77.15 |
| 454 | 阳谷盛昊化工有限公司 | 21 000 | 0.04 | 77.19 |
| 455 | 威海魏桥纺织有限公司 | 20 913.38 | 0.04 | 77.23 |
| 456 | 济南伊利乳业有限责任公司 | 20 869.4 | 0.04 | 77.26 |
| 457 | 滨州裕阳铝业有限公司 | 20 860 | 0.04 | 77.3 |
| 458 | 庆祥精细化工有限公司 | 20 770 | 0.04 | 77.34 |
| 459 | 山东永泰化工有限公司 | 20 472.6 | 0.04 | 77.37 |
| 460 | 山东蓝帆塑胶股份有限公司 | 20 445 | 0.04 | 77.41 |
| 461 | 神头镇槐里村造纸厂 | 20 400 | 0.04 | 77.45 |
| 462 | 滕州市民政造纸厂 | 20 320 | 0.04 | 77.49 |
| 463 | 山东奥克特化工有限公司 | 20 293 | 0.04 | 77.52 |
| 464 | 淄博永大化工有限公司 | 20 280 | 0.04 | 77.56 |
| 465 | 山东金都塔林食品有限公司 | 20 225 | 0.04 | 77.59 |
| 466 | 枣庄中意制革有限公司 | 20 180 | 0.04 | 77.63 |
| 467 | 青岛港（集团）有限公司前港分公司 | 20 160 | 0.04 | 77.67 |
| 468 | 淄博市博山区元华明州化工染料有限公司 | 20 160 | 0.04 | 77.7 |
| 469 | 滕州盛隆煤焦化有限责任公司 | 20 160 | 0.04 | 77.74 |
| 470 | 渤海油脂工业有限公司 | 20 106 | 0.04 | 77.78 |
| 471 | 枣庄矿业（集团）有限责任公司高庄煤矿 | 20 102.1 | 0.04 | 77.81 |
| 472 | 青岛啤酒（菏泽）有限公司 | 20 100 | 0.04 | 77.85 |
| 473 | 山东鲁能菏泽煤电开发有限公司 | 20 088 | 0.04 | 77.89 |
| 474 | 山东里能里彦矿业有限公司 | 20 064 | 0.04 | 77.92 |
| 475 | 枣庄市运河纸业有限公司 | 20 000 | 0.04 | 77.96 |
| 476 | 单县四里埠陈家东粉条加工厂 | 19 997 | 0.04 | 77.99 |
| 477 | 菏泽奥斯卡发制品有限公司 | 19 870.2 | 0.04 | 78.03 |
| 478 | 滕州市振兴纸品有限责任公司 | 19 800 | 0.04 | 78.06 |
| 479 | 临邑县第二造纸厂 | 19 778 | 0.04 | 78.1 |
| 480 | 菏泽亿能化工有限公司 | 19 750.5 | 0.04 | 78.14 |
| 481 | 山东省博兴县鑫达工业明胶有限公司 | 19 721.2 | 0.04 | 78.17 |
| 482 | 诸城市润生淀粉有限公司 | 19 604 | 0.04 | 78.21 |
| 483 | 山东渤海羽绒制品有限公司 | 19 600 | 0.04 | 78.24 |
| 484 | 莱阳银通纸业有限公司 | 19 554 | 0.04 | 78.28 |
| 485 | 山东齐都药业有限公司 | 19 500 | 0.04 | 78.31 |
| 486 | 山东省博兴县双龙工业明胶厂 | 19 496.4 | 0.04 | 78.35 |
| 487 | 山东淄博汇源食品饮料有限公司 | 19 440 | 0.04 | 78.38 |
| 488 | 滨州海洋化工有限公司 | 19 334.2 | 0.03 | 78.42 |
| 489 | 单县四里埠陈传东粉条加工厂 | 19 229 | 0.03 | 78.45 |
| 490 | 山东玲珑酒业有限公司 | 19 200 | 0.03 | 78.49 |
| 491 | 山东华派集团有限公司 | 19 180.8 | 0.03 | 78.52 |
| 492 | 淄博钘洣纺织有限公司 | 19 040 | 0.03 | 78.56 |
| 493 | 济南元首针织股份有限公司 | 19 033.5 | 0.03 | 78.59 |

| 序号 | 企业名称 | 等标污染负荷 | 百分比/% | 累计百分比/% |
|------|---------|-------------|----------|-------------|
| 494 | 山东省博兴县胜利工业明胶有限公司 | 19 032.6 | 0.03 | 78.62 |
| 495 | 山东海科化工集团有限公司 | 19 020.2 | 0.03 | 78.66 |
| 496 | 新汶矿业集团有限责任公司孙村煤矿 | 19 011.2 | 0.03 | 78.69 |
| 497 | 威海蓝星玻璃股份有限公司 | 19 007.84 | 0.03 | 78.73 |
| 498 | 山东凯盛生物化工有限公司 | 19 000 | 0.03 | 78.76 |
| 499 | 山东新泰联合化工有限公司 | 18 916.5 | 0.03 | 78.8 |
| 500 | 菏泽福瑞德生物有限公司 | 18 900 | 0.03 | 78.83 |
| 501 | 滕州市新华纸业有限公司 | 18 800 | 0.03 | 78.86 |
| 502 | 菏泽市宏泰纸业有限公司 | 18 800 | 0.03 | 78.9 |
| 503 | 庆云鑫利达化工有限公司 | 18 760 | 0.03 | 78.93 |
| 504 | 山东省高唐蓝山集团总公司 | 18 709.9 | 0.03 | 78.96 |
| 505 | 山东招源硅胶有限公司 | 18 688 | 0.03 | 79 |
| 506 | 山东省朝阳矿业有限公司 | 18 680 | 0.03 | 79.03 |
| 507 | 金乡县诚宜食品有限公司 | 18 648 | 0.03 | 79.07 |
| 508 | 东明县勇越纸业有限公司 | 18 600 | 0.03 | 79.1 |
| 509 | 阳信县恒庆堂酿造有限公司 | 18 512 | 0.03 | 79.13 |
| 510 | 东营华联石油化工厂有限公司 | 18 462 | 0.03 | 79.17 |
| 511 | 肥城矿业集团梁宝寺能源有限责任公司 | 18 456 | 0.03 | 79.2 |
| 512 | 山东恒源石油化工股份有限公司 | 18 440 | 0.03 | 79.23 |
| 513 | 山东泉兴矿业集团有限责任公司泉兴分公司 | 18 360 | 0.03 | 79.27 |
| 514 | 山东省高唐县第二造纸厂 | 18 356.76 | 0.03 | 79.3 |
| 515 | 诸城泰盛化工有限公司 | 18 356 | 0.03 | 79.33 |
| 516 | 新汶矿业集团公司鄂庄煤矿 | 18 262.77 | 0.03 | 79.36 |
| 517 | 山东齐鲁增塑剂股份有限公司 | 18 200 | 0.03 | 79.4 |
| 518 | 山东新世纪清真肉联厂 | 18 150 | 0.03 | 79.43 |
| 519 | 山东兰凤针织集团有限公司 | 18 096 | 0.03 | 79.46 |
| 520 | 山东东方海洋科技股份有限公司 | 18 009.4 | 0.03 | 79.5 |
| 521 | 绿源生态科技发展有限公司 | 18 000 | 0.03 | 79.53 |
| 522 | 金乡县东升蔬菜脱水公司 | 17 964 | 0.03 | 79.56 |
| 523 | 烟台正海电子网板股份有限公司 | 17 924 | 0.03 | 79.59 |
| 524 | 菏泽市喜群纸业有限公司 | 17 890 | 0.03 | 79.62 |
| 525 | 威海世一电子有限公司 | 17 802.4 | 0.03 | 79.66 |
| 526 | 山东铃兰味精有限公司 | 17 794.24 | 0.03 | 79.69 |
| 527 | 山东省博兴县巨龙明胶有限公司 | 17 734 | 0.03 | 79.72 |
| 528 | 烟台宇阳服装有限公司 | 17 732 | 0.03 | 79.75 |
| 529 | 枣庄超越玉米淀粉有限公司 | 17 714 | 0.03 | 79.78 |
| 530 | 山东省博兴县天成明胶有限公司 | 17 691.2 | 0.03 | 79.82 |
| 531 | 阳信县欧亚木器有限公司 | 17 670 | 0.03 | 79.85 |
| 532 | 淄博飞狮巾被有限公司 | 17 640 | 0.03 | 79.88 |
| 533 | 济宁市金桥煤矿 | 17 622 | 0.03 | 79.91 |
| 534 | 山东华义玉米科技有限公司 | 17 600 | 0.03 | 79.94 |
| 535 | 山东中惠食品有限公司 | 17 600 | 0.03 | 79.98 |

## 第四节　城镇生活污水排放及处理情况

### 一、2010 年城镇生活污水排放及"十一五"变化情况

山东省 2005—2010 年生活污水排放情况见表 5-14。

表 5-14　2005—2010 年山东省生活污水排放情况　　　　单位：万 t

| 地区 | 2005 年 | 2006 年 | 2007 年 | 2008 年 | 2009 年 | 2010 年 |
|---|---|---|---|---|---|---|
| 全省总计 | 141 306 | 158 272 | 167 681.2 | 181 933.7 | 204 058.4 | 228 114.6 |
| 济南市 | 17 424 | 18 684.45 | 19 156.86 | 19 494.61 | 19 961.36 | 22 972.84 |
| 青岛市 | 16 488 | 21 808.48 | 22 318.64 | 23 487.59 | 25 244.48 | 27 355.31 |
| 淄博市 | 8 944 | 9 779.29 | 9 667.503 | 10 866.78 | 12 891.88 | 13 522.86 |
| 枣庄市 | 6 623 | 6 693.19 | 7 010.19 | 8 251.373 | 8 763.789 | 8 623.125 |
| 东营市 | 3 154 | 3 890.864 | 4 085.27 | 4 352.716 | 6 415.145 | 7 333.872 |
| 烟台市 | 12 470 | 12 649.07 | 14 445.26 | 14 599.1 | 16 750.96 | 17 116.23 |
| 潍坊市 | 10 744 | 14 699.64 | 15 540.17 | 17 975.17 | 23 068.25 | 24 236.54 |
| 济宁市 | 10 189 | 11 061.78 | 12 125.12 | 12 910.24 | 13 694.38 | 17 280.91 |
| 泰安市 | 9 057 | 9 325.239 | 9 660.455 | 10 022.24 | 10 323.73 | 10 593.54 |
| 威海市 | 4 618 | 5 267.468 | 5 499.75 | 6 208.208 | 7 392.462 | 8 531.78 |
| 日照市 | 3 518 | 3 866.11 | 4 703.791 | 4 960.021 | 4 969.876 | 5 004.862 |
| 莱芜市 | 3 611 | 3 114.29 | 2 767.613 | 2 961.464 | 3 092.864 | 3 131.262 |
| 临沂市 | 9 370 | 9 447.69 | 12 903.43 | 15 277.7 | 16 920.78 | 22 181.28 |
| 德州市 | 7 847 | 8 494.86 | 8 390.906 | 8 934.616 | 9 556.576 | 10 863.57 |
| 聊城市 | 4 852 | 7 170.06 | 7 340.004 | 8 389.014 | 9 144.261 | 10 067.87 |
| 滨州市 | 5 485 | 5 230.13 | 4 572.508 | 5 106.865 | 6 673.634 | 9 207.873 |
| 菏泽市 | 6 912 | 7 089.43 | 7 493.706 | 8 135.996 | 9 194.014 | 10 090.87 |

随着城市化的进程，城市生活污水排放量呈增加趋势。全省城市生活污水排放量 2010 年比 2005 年增加了 46.0%。

### 二、全省污水处理厂建设情况

2010 年，山东省各类污水处理厂共有 205 个，处理能力为 1 000 万 t/d 以上。2005—2010 年，全省污水处理厂建成情况见表 5-15。

表 5-15　2005—2010 年山东省污水处理厂建设情况　　　　单位：个

| 地区 | 2005 年 | 2006 年 | 2007 年 | 2008 年 | 2009 年 | 2010 年 |
|---|---|---|---|---|---|---|
| 全省总计 | 119 | 104 | 128 | 163 | 182 | 205 |
| 济南市 | 5 | 5 | 5 | 6 | 10 | 15 |
| 青岛市 | 12 | 14 | 17 | 19 | 19 | 19 |
| 淄博市 | 8 | 8 | 8 | 11 | 13 | 14 |

| 地区 | 2005 年 | 2006 年 | 2007 年 | 2008 年 | 2009 年 | 2010 年 |
|------|---------|---------|---------|---------|---------|---------|
| 枣庄市 | 2 | 2 | 3 | 6 | 8 | 8 |
| 东营市 | 35 | 2 | 4 | 6 | 8 | 9 |
| 烟台市 | 8 | 10 | 10 | 15 | 18 | 18 |
| 潍坊市 | 9 | 12 | 15 | 16 | 19 | 22 |
| 济宁市 | 7 | 9 | 9 | 13 | 14 | 15 |
| 泰安市 | 3 | 7 | 7 | 7 | 7 | 7 |
| 威海市 | 6 | 9 | 10 | 9 | 6 | 7 |
| 日照市 | 2 | 2 | 4 | 5 | 7 | 9 |
| 莱芜市 | 1 | 1 | 2 | 3 | 3 | 3 |
| 临沂市 | 3 | 5 | 6 | 12 | 13 | 18 |
| 德州市 | 8 | 7 | 7 | 9 | 9 | 11 |
| 聊城市 | 3 | 4 | 7 | 9 | 10 | 11 |
| 滨州市 | 6 | 6 | 8 | 8 | 9 | 10 |
| 菏泽市 | 1 | 1 | 6 | 9 | 9 | 9 |

## 三、山东省生活污水处理情况

2010 年，山东省各类污水处理厂年实际处理生活污水 19.87 亿 t。全省生活污水处理率变化情况见表 5-16。

表 5-16　2005—2010 年全省生活污水处理率变化情况　　　　单位：%

| 地区 | 2005 年 | 2006 年 | 2007 年 | 2008 年 | 2009 年 | 2010 年 |
|------|---------|---------|---------|---------|---------|---------|
| 山东省 | 55.35 | 65.16 | 72.68 | 77.51 | 81.65 | 87.11 |
| 济南市 | 61.67 | 73.4 | 75.67 | 67.81 | 74.57 | 91.76 |
| 青岛市 | 63.55 | 75.63 | 80.25 | 89.03 | 90.05 | 93.63 |
| 淄博市 | 77.77 | 87.16 | 85.7 | 92.07 | 95.85 | 96.69 |
| 枣庄市 | 33.19 | 46.94 | 44.92 | 59 | 71.91 | 80.05 |
| 东营市 | 63.76 | 54.72 | 61.74 | 78.09 | 77.35 | 88.16 |
| 烟台市 | 69.3 | 70.37 | 77.53 | 82.28 | 89.62 | 89.98 |
| 潍坊市 | 68.14 | 64.06 | 82.67 | 84.36 | 79.96 | 82.47 |
| 济宁市 | 59.44 | 74.04 | 79.17 | 87.02 | 93.34 | 92.10 |
| 泰安市 | 39.45 | 58 | 81.49 | 76.57 | 80.52 | 85.91 |
| 威海市 | 80.38 | 86.04 | 88.85 | 79.88 | 82.02 | 83.68 |
| 日照市 | 55.8 | 66.76 | 70.31 | 68.24 | 75 | 73.61 |
| 莱芜市 | 62.7 | 72.18 | 80.07 | 84.31 | 85 | 84.62 |
| 临沂市 | 34.34 | 47.33 | 66.22 | 73.08 | 83.95 | 88.64 |
| 德州市 | 43.28 | 59.21 | 54.2 | 48.41 | 45.21 | 62.07 |
| 聊城市 | 49.86 | 55.09 | 65.66 | 82.41 | 86.79 | 93.46 |
| 滨州市 | 37.99 | 49.4 | 45.02 | 61.46 | 67.91 | 82.83 |
| 菏泽市 | 17.01 | 25.67 | 48.06 | 75.52 | 80.68 | 81.88 |

根据统计结果，2005—2010年全省生活污水处理率逐步提高，2010年比2005年提高了31.76个百分点。

# 第五节 小 结

"十一五"期间，在全省经济持续两位数增长的背景下，2010年全省废水中主要污染物化学需氧量（COD）排放总量62.05万t，比2005年（77.03万t）下降了19.45%；累计削减率达到国家下达的"十一五"削减目标任务的130%，提前一年全面完成总量减排任务。全省水环境质量明显改善。

2010年，全省废水中主要污染物COD排放总量62.05万t。其中生活COD排放量32.54万t，占52.44%；工业COD排放量29.51万t，占47.56%。工业COD排放量中，造纸及纸制品业排放量最大，为7.81万t，占29.86%。

"十一五"时期，COD、氨氮排放总量呈持续下降趋势，COD 2010年比2005年下降了19.45%，氨氮2010年比2005年下降了21.14%。

# 第六章　固体废物

## 第一节　工业固体废物产生、排放及利用情况

### 一、工业固体废物

2010 年，全省工业固体废物产生量 16038.48 万 t，比上年增加 13.4%；工业固体废物排放量 0.01 万 t。全省工业固体废物综合利用量 15297.31 万 t，比上年增加 10.6%，其中工业固体废物贮存量 384.11 万 t，比上年增加 61.46%；处置量 474.97 万 t，比上年减少 0.93%。

"十一五"以来，全省工业固体废物产生量及工业固体废物综合利用量分别呈逐年上升趋势。

### 二、危险废物

2010 年，全省危险废物产生量 289.25 万 t，比上年增加了 30.6%；危险废物排放量 0，与上年持平。其中，危险废物综合利用量 269.7 万 t，比上年增加了 61.1%；危险废物贮存量 0.11 万 t，比上年增加了 334%。

## 第二节　危险废物集中处置情况

2010 年，全省环境统计危险废物集中处置厂 15 座。危险废物集中处置厂运行费用 9966.3 万元，比上年减少 0.18%；危险废物处置能力为 301.5 t/d，其中，焚烧处置能力 234 t/d，填埋处置能力 67.5 t/d。危险废物实际年处置量 5.4 万 t，其中，处置工业危险废物 2.71 万 t，占全省危险废物处置量的 50%。

全省工业固体废物产生、危险废物排放及利用情况见表 6-1 和图 6-1。

## 第三节　城市生活垃圾处理厂建设及处理情况

截至 2010 年 12 月底，全省规划建设的 112 座垃圾处理场，72 座建成运行，33 座正在建设，7 座正在开展前期准备。济南市（含济阳县）、章丘市、平阴县、商河县、青岛市小涧西、青岛市黄岛区、即墨市、胶州市、胶南市、莱西市、平度市、沂源县、枣庄市、枣庄市台儿庄区、枣庄市山亭区、滕州市、东营市、利津县、广饶县、垦利县、烟台市、招远市、莱阳市、莱州市、龙口市、蓬莱市、海阳市、潍坊市（含昌乐县）、青州市、高密市、寿光市、昌邑市、昌邑市综合、济宁市、邹城市、鱼台县、微山县、金乡县、梁山

县、泗水县、宁阳县、东平县、威海市、文登市、荣成市、乳山市、日照市、日照市岚山区、莒县、五莲县、莱芜市、临沂市（含沂南县）、临沭县、沂水县、莒南县、蒙阴县、德州市、临邑县、聊城市、临清市、东阿县、滨州市（含沾化县）、邹平县、博兴县、惠民县、菏泽市综合、东明县 67 座垃圾处理场和淄博市（含高青县、桓台县）、泰安市、肥城市、临沂市、菏泽市 5 座焚烧发电厂已建成运行。全省 108 个市县中，已有 71 个市县生活垃圾进行了无害化处理，12 月份共处理生活垃圾 83.1 万 t。

表 6-1　全省工业固体废物产生、排放及利用情况

| 年份 | 工业固体废物产生量/万 t | 其中：危险废物产生量/t | 工业固体废物综合利用量/万 t | 其中：危险废物综合利用量/t | 工业固体废物贮存量/万 t | 其中：危险废物贮存量/t | 工业固体废物处置量/万 t | 其中：危险废物处置量/t | 工业固体废物排放量/万 t | 其中：危险废物排放量/t |
|---|---|---|---|---|---|---|---|---|---|---|
| 2005 | 9 174.9 | 943 291.6 | 8 683.1 | 529 823.7 | 598.7 | 385 256.3 | 322.2 | 28 218.6 | 0.14 | 0 |
| 2006 | 11 010.8 | 1 212 642 | 10 396.98 | 749 229.5 | 577.8 | 428 862.8 | 342.8 | 167 162.2 | 0.41 | 0 |
| 2007 | 11 934.7 | 1 399 054 | 11 615.2 | 840 185.1 | 427.1 | 1 553.2 | 232.9 | 593 033.1 | 0.07 | 0 |
| 2008 | 12 988.4 | 2 279 219 | 12 173.2 | 1 770 623.8 | 454.3 | 3 774.6 | 526.3 | 633 922.4 | 0.08 | 0 |
| 2009 | 14 137.95 | 2 214 419 | 13 826.4 | 1 674 311.8 | 237.9 | 258.6 | 523.9 | 540 543.3 | 0.01 | 0 |
| 2010 | 16 038.48 | 2 892 533.27 | 15 297.31 | 2 697 521.21 | 384.11 | 1 122.46 | 474.97 | 196 273.45 | 0.01 | 0 |

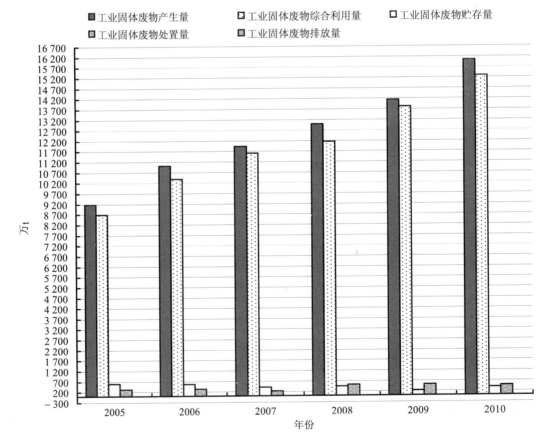

图 6-1　全省工业固体废物产生、危险废物排放及利用情况

章丘市二场、枣庄市峄城区、东营市河口区、栖霞市、临朐县、安丘市、新泰市、平邑县、郯城县、苍山县、宁津县、齐河县、乐陵市、高唐县、冠县、阳谷县、莘县、茌平县、无棣县、阳信县、巨野县、定陶县、郓城县、鄄城县、单县、成武县 26 座（期）垃圾处理场和济南市、青岛市小涧西、威海市、德州市、广饶县、诸城市、禹城市 7 座生活垃圾焚烧（发电）厂正在建设。

济南市长清区、费县、夏津县、平原县、庆云县、陵县、曹县 7 座（期）垃圾处理场正在开展前期准备工作。

# 第四节　小　结

"十一五"以来，全省工业固体废物产生量及工业固体废物综合利用量分别呈逐年上升趋势。全省环境统计危险废物集中处置厂 18 座，危险废物得到有效处置。

全省规划建设的 112 座垃圾处理场，72 座建成运行，33 座正在建设，7 座正在开展前期准备。全省生活垃圾月无害化处理量为 83.1 万 t，无害化处理率达到 70%以上。

# 第七章　污染源监督性监测

## 第一节　污染源监督性监测概况

近年来，山东省经济发展速度快，人口密度高，污染物排放量大，环境容量小，排污总量与环境容量间的矛盾十分突出。"十一五"期间，为了确保完成总量减排、环境质量改善规划目标，山东省建立科学有效的污染源监测体系，切实加强重点污染源监督性监测，有效促进了排污单位达标排放和环境质量改善。

### 一、国控重点污染源监督性监测

严格按照国务院国发[2007]36 号文《主要污染物总量减排监测办法》和环境保护部环办 [2009]34 号文中关于污染源监测工作的规定，以及年度《山东省环境监测计划》的具体要求，对山东省国控重点污染源实行每季度一次的监督性监测。

监测范围均按照环境保护部下发的年度《国家重点监控企业名单》开展监测。

国控废水、废气污染源和污水处理厂严格按国家规定的监测项目要求进行监测；对污水处理厂与 COD 重点减排环保工程，同时监测 COD 等的去除效率；对重点 $SO_2$ 总量减排环保工程设施，同时监测 $SO_2$ 等的去除效率，并于 2009 年开始，废水监测项目按照行业或地方排放标准以及该企业环评报告书规定的项目确定；执行综合排放标准的按照《地表水和污水监测技术规范》（HJ/T 91—2002）中表 6-2 所列的项目和该企业环评报告书要求的监测项目确定；废水监测项目均包括废水流量。废气监测项目按照行业或地方排放标准以及该企业环评报告书规定的项目确定；执行综合排放标准的参照《建设项目环境保护设施竣工验收监测技术要求（试行）》附录二和该企业环评报告书确定；废气监测项目均包括废气流量。污水处理厂监测项目按照《城镇污水处理厂污染物排放标准》（GB 18918—2002）的要求确定（表 1 和表 2 的 19 项为必测项目，表 3 项目为选测项目），并监测 COD、氨氮和总氮等的去除效率。对国控重点企业污染源实行全指标监测，规范全省国控重点污染源监督性监测工作。

### 二、省控重点污染源监测

从实际出发，狠抓省控重点污染源监测。制定了《全省重点企业监管办法》等四个监管办法，对省控重点污染源实施经常性人工抽查监测，省控重点污染源监督性监测与"四个办法"有机结合，并用于检查校正自动监测数据。废水污染源必测项目为 COD、氨氮、流量 3 项，选测特征污染物 1 项；城镇污水处理厂必测项目为 COD、氨氮、流量 3 项，选测特征污染物 1 项。废气污染源必测项目为 $SO_2$、流量 2 项，但水泥行业需选测粉尘 1 项，其他行业须选测特征污染物项目 1 项。对全省 1 022 家重点监管企业，省、市、县三级每旬分别按照 3%、15% 和 100% 的比例进行随机抽查监测；对城镇污水处理厂，省级每旬按 10% 的比例进行随机抽查监测，市、县级分别每旬、每天进行一次检查监测。累计抽查监测省重点监管企业 15 万家次，城镇污水处理厂 18 万座次，共获取监测数据近 100 万个，规范和加强了全省重点污染源监测工作。

### 三、污染源预警监测

按照建设先进的环境监测预警体系的要求，建设省、市、县三级环境监控中心，并实现全省联网；对全省重点监管企业、城镇污水处理厂、主要河流跨市断面水质、17 个设区城市建成区空气质量以及主要饮用水水源地水质全部实行自动监测；2008 年 4 月 1 日起，全省环境自动监控系统正式启用并使用自动监测数据。手工与自动监测的有机结合，实现污染源预警监测。

### 四、质量控制与数据应用

坚持抽查监测工作的随机性和独立性，坚持与国控重点污染源监督性监测相结合，抓质量、抓应用，为污染源监管提供有力技术支撑。在数据确认上，制定了《人工监测与自动监测数据的对接办法》，明确了责任分工和具体部署，对接程序更加清晰、责任更加明确，保证了监测数据的时效性、可比性。重点污染源抽查监测数据，由省站进行综合分析每旬一报，对发现的超标情况立即报告。省厅每旬、月召开一次环境形势分析调度会，作为环境统计、定期通报、总量减排、"以奖代补"、环保执法、排污收费等方面的重要依据。

### 五、2010 年重点污染源监督性监测情况

2010 年，全省监测了包括国控废气污染源 306 家，废水污染源 305 家，城镇污水处理厂 164 家（实际监测 177 家）；列入占全省污染负荷 80% 以上的 1 022 家省重点监管企业和 168 家城镇污水处理厂。

## 第二节 污染源监督性监测结果与评价

### 一、废水

#### （一）废水排放达标情况

2010 年，全省实际监测的 561 家废水国控、省控污染源中，企业综合排放达标率为 98.6%。其中 COD 排放达标率为 99.7%，氨氮达标率是 99.8%；BOD、悬浮物达标率分别为 99.6% 和 99.7%，氨氮达标率是 99.8%。在超标的污染源中，COD 的平均超标倍数是 1，BOD 和悬浮物的平均超标倍数分别为 1.24 和 0.48；但六价铬的平均超标倍数为 5.48（表 7-1）。

从变化趋势来看，2010 年全省国控废水污染源主要污染物 COD 和氨氮达标率均稳

定在99%以上，较2009年略有提高。

表 7-1　重点污染物废水中各监测项目排放达标情况

| 监测项目 | 监测企业数 | 达标率/% | 超标企业平均超标倍数 |
| --- | --- | --- | --- |
| pH 值 | 438 | 99.9 | 0.08 |
| 氨氮 | 548 | 99.8 | 0.46 |
| 苯 | 3 | 100 | |
| 苯胺类 | 25 | 100 | |
| 动植物油 | 13 | 100 | |
| 粪大肠菌群数 | 7 | 95.2 | 13 |
| 氟化物 | 3 | 100 | |
| COD | 560 | 99.7 | 1 |
| 挥发酚 | 52 | 100 | |
| 甲苯 | 3 | 100 | |
| 磷酸盐（以 P 计） | 22 | 100 | |
| 硫化物 | 85 | 100 | |
| 六价铬 | 61 | 99.5 | 5.48 |
| 氰化物（总氰化合物） | 33 | 100 | |
| 色度 | 137 | 98.1 | 1.51 |
| BOD | 251 | 99.6 | 1.24 |
| 石油类 | 57 | 100 | |
| 悬浮物 | 290 | 99.7 | 0.48 |
| 阴离子表面活性剂 | 2 | 100 | |
| 总氮 | 3 | 100 | |
| 总镉 | 4 | 100 | |
| 总铬 | 21 | 100 | |
| 总汞 | 10 | 100 | |
| 总磷 | 11 | 100 | |
| 总镍 | 3 | 100 | |
| 总铅 | 6 | 100 | |
| 总砷 | 7 | 100 | |
| 总铜 | 20 | 100 | |
| 总锌 | 8 | 100 | |

### （二）各城市重点污染源废水排放达标情况

2010年，全省17个城市重点污染源废水排放达标率为100%的市为淄博、枣庄、东营、潍坊、济宁、威海、莱芜、聊城和菏泽9个市，其余各市达标率也在94%以上（表7-2）。

全省重点污染源废水COD排放达标率除烟台、临沂、德州3个市外，其余14个市均为100%。

表 7-2 各市重点污染源废水排放达标率

| 市 | 企业数量 | 达标率/% | COD 达标率/% |
|---|---|---|---|
| 山东省 | 561 | 98.6 | 99.6 |
| 济南市 | 25 | 95 | 100 |
| 青岛市 | 56 | 99.1 | 100 |
| 淄博市 | 43 | 100 | 100 |
| 枣庄市 | 35 | 100 | 100 |
| 东营市 | 23 | 100 | 100 |
| 烟台市 | 50 | 98.5 | 98.5 |
| 潍坊市 | 33 | 100 | 100 |
| 济宁市 | 30 | 100 | 100 |
| 泰安市 | 15 | 94.5 | 100 |
| 威海市 | 30 | 100 | 100 |
| 日照市 | 19 | 97.4 | 100 |
| 莱芜市 | 6 | 100 | 100 |
| 临沂市 | 57 | 98.7 | 99.6 |
| 德州市 | 35 | 96.4 | 97.1 |
| 聊城市 | 40 | 100 | 100 |
| 滨州市 | 38 | 94.7 | 100 |
| 菏泽市 | 26 | 100 | 100 |

## （三）主要行业废水排放达标情况

2010 年，全省废水重点污染源主要集中分布在纺织、化工、造纸等 5 个行业，其中纺织业占企业总数的 16%，化工业占 14%，造纸及纸制品业占 14%、农副食品加工业占 12%，医药制造业占 3%，其他行业占 12%，废水排放达标情况见表 7-3。

表 7-3 主要行业重点污染源废水排放达标情况

| 行 业 | 企业数量 | 达标率/% | COD 达标率/% |
|---|---|---|---|
| 全部 | 561 | 98.6 | 99.6 |
| 煤炭开采和洗选业 | 17 | 98.1 | 100 |
| 农副食品加工业 | 66 | 99.6 | 100 |
| 食品制造业 | 42 | 98.2 | 98.8 |
| 饮料制造业 | 54 | 99.5 | 100 |
| 纺织业 | 88 | 97.2 | 100 |
| 皮革及其制品业 | 19 | 94.7 | 94.7 |
| 造纸及纸制品业 | 79 | 99 | 99.4 |
| 石油加工 | 27 | 99.1 | 100 |
| 化学原料及化学制品制造业 | 81 | 99.7 | 100 |
| 医药制造业 | 19 | 100 | 100 |
| 其他行业 | 69 | 94.6 | 100 |

全省废水排放行业中，医药制造业排放达标率为 100%；煤炭开采和洗选业，农副食品加工业，食品制造业，饮料制造业，化学原料及化学制品制造业，造纸及纸制品业，石油加工等 8 个行业废水排放达标率为 98%以上。

2010 年，全省主要行业废水 COD 排放达标率均高于 90%。

## 二、废气

2010 年，全省共监测 495 家国控和省控重点污染源。国控重点污染源废气监测项目为 6 项，省控重点污染源监测了氮氧化物、$SO_2$、氟化物、颗粒物、烟尘等常规监测项目。

### （一）企业废气排放达标情况

全省 495 家重点污染源废气排放达标率为 97.0%，其中企业 $SO_2$ 达标率为 99.5%。企业氮氧化物、烟尘、颗粒物的达标率分别是 98.8%、97.9%和 98.3%。污染源废气中各监测项目排放达标率及超标企业的平均超标倍数（表 7-4 和图 7-1）。

**表 7-4　废气中监测项目排放达标情况**

| 监测项目名称 | 监测企业数 | 达标率/% | 超标企业平均超标倍数 |
| --- | --- | --- | --- |
| 氮氧化物 | 411 | 98.8 | 0.15 |
| 二氧化硫 | 480 | 99.5 | 1.52 |
| 氟化物 | 9 | 100 | |
| 颗粒物 | 67 | 98.3 | 0.82 |
| 氯化氢 | 1 | 100 | |
| 烟尘 | 332 | 97.9 | 0.6 |

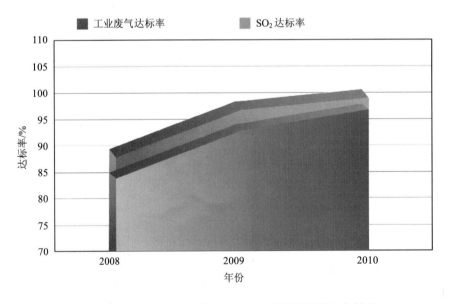

**图 7-1　2008—2010 年工业废气和 $SO_2$ 排放达标率变化情况**

在超标的重点污染源中，$SO_2$ 的平均超标倍数为 1.52，烟尘的平均超标倍数为 0.6，氮氧化物的平均超标倍数为 0.15。

从变化趋势来看，2010 年全省国控废气污染源各季度达标率稳定在 90%以上，$SO_2$ 达标率稳定在 99%以上，较 2009 年略有提高。

（二）各城市废气排放达标情况

2010 年，全省 17 个城市中有淄博、枣庄、威海、莱芜、聊城 5 个市废气排放达标率为 100%，其余各市废气排放达标率都在 90% 以上。济南、淄博、枣庄、烟台、潍坊、济宁、威海、日照、莱芜、临沂、聊城、菏泽 12 个市废气中主要污染物 $SO_2$ 排放达标率为 100%，其余各市废气 $SO_2$ 排放达标率都在 90%以上。各市废气排放达标情况见表 7-5。

表 7-5 各市废气排放达标情况

| 市 | 企业数量 | 达标率/% | $SO_2$ 达标率/% |
|---|---|---|---|
| 山东省 | 495 | 97.0 | 99.2 |
| 济南市 | 28 | 92.5 | 100 |
| 青岛市 | 32 | 97.0 | 97.7 |
| 淄博市 | 55 | 100 | 100 |
| 枣庄市 | 30 | 100 | 100 |
| 东营市 | 15 | 93.3 | 93.3 |
| 烟台市 | 42 | 97.0 | 100 |
| 潍坊市 | 47 | 97.6 | 100 |
| 济宁市 | 42 | 98.8 | 100 |
| 泰安市 | 35 | 94.3 | 98.6 |
| 威海市 | 15 | 100 | 100 |
| 日照市 | 10 | 96.4 | 100 |
| 莱芜市 | 10 | 100 | 100 |
| 临沂市 | 35 | 98.6 | 100 |
| 德州市 | 24 | 93.8 | 99 |
| 聊城市 | 34 | 100 | 100 |
| 滨州市 | 28 | 95.5 | 98.2 |
| 菏泽市 | 13 | 96.2 | 100 |

（三）主要行业废气排放达标情况

2010 年，山东省废气重点污染源主要分布在电力、热力行业，占污染源总数的 53%，其次依次为非金属矿物制品业占 13%，化工业占 8%，石油业占 5%，以上 4 个行业的企业数量占总数的 79%。

全省主要废气排放行业废气排放中，石油加工业，化学原料及化学制品制造业，非金属矿物制品业，金属冶炼业，非金属矿采选业 5 个行业废气排放达标率为 100%，电力、热力的生产和供应业废气排放达标率比例为 98.8%。主要行业废气排放达标率见表 7-6。

2010 年，全省主要行业废气中 $SO_2$ 排放达标率均达 100%。

表 7-6　主要行业废气排放达标情况

| 行业 | 企业数量 | 达标率/% | SO₂ 达标率/% |
|---|---|---|---|
| 造纸 | 18 | 100 | 100 |
| 石油加工 | 24 | 100 | 100 |
| 化工 | 34 | 100 | 100 |
| 非金属制品 | 59 | 100 | 100 |
| 金属冶炼 | 20 | 100 | 100 |
| 电力、热力 | 244 | 98.8 | 100 |
| 其他行业 | 58 | 100 | 100 |

## 三、城镇污水处理厂

### （一）污水处理厂达标情况

2010 年，实际监测的 180 家城市污水处理厂，监测污染物共计 28 项，排放综合达标率为 99.2%，其中 COD 达标率为 99.9%，氨氮达标排放的比例为 98.7%。其余按规定监测的各项指标达标率均在 95% 以上。各监测项目的排放达标率见表 7-7。

表 7-7　污水处理厂污染物排放达标率

| 监测项目 | 监测污水厂数 | 达标率/% | 超标污水处理厂平均超标倍数 |
|---|---|---|---|
| pH 值 | 175 | 100 | |
| 氨氮 | 179 | 98.7 | 1.22 |
| 苯胺类 | 13 | 100 | |
| 动植物油 | 129 | 100 | |
| 粪大肠菌群数 | 142 | 98.3 | 6.09 |
| COD | 179 | 99.9 | 0.05 |
| 挥发酚 | 97 | 100 | |
| 硫化物 | 42 | 100 | |
| 六价铬 | 146 | 100 | |
| 氰化物 | 76 | 100 | |
| 色度 | 147 | 99.8 | 0.33 |
| BOD | 152 | 99.7 | 1.23 |
| 石油类 | 148 | 100 | |
| 烷基汞 | 12 | 100 | |
| 悬浮物 | 150 | 95.6 | 0.97 |
| 阴离子表面活性剂（LAS） | 140 | 100 | |
| 总氮 | 149 | 97.2 | 0.8 |
| 总镉 | 142 | 100 | |
| 总铬 | 144 | 100 | |
| 总汞 | 143 | 100 | |

| 监测项目 | 监测污水厂数 | 达标率/% | 超标污水处理厂平均超标倍数 |
|---|---|---|---|
| 总磷 | 152 | 96.3 | 1.1 |
| 总镍 | 18 | 100 | |
| 总铅 | 144 | 100 | |
| 总砷 | 148 | 100 | |
| 总铜 | 22 | 100 | |
| 总锌 | 17 | 100 | |

在超标的污水处理厂中，氨氮的超标倍数为1.22，粪大肠菌群数超标倍数为6.09，悬浮物的超标倍数为0.97，总氮的超标倍数为0.8，总磷的平均超标倍数为1.1。

## （二）各市污水处理厂排放达标情况

2010年，全省17个城市中淄博、枣庄、烟台、潍坊、威海、日照、莱芜、临沂、聊城9个市污水处理厂排放综合达标率为100%，青岛、东营、德州、滨州4个市平均排放达标率在90%以上，济南、济宁、泰安3个市污水处理厂排放达标率较低，年均达标率分别为50%、59.6%和64.3%。各市污水处理厂排放达标情况见表7-8。

**表7-8 各市污水处理厂废水排放达标率**

| 市 | 企业数量 | 达标率/% | COD达标率/% |
|---|---|---|---|
| 山东省 | 180 | 92.2 | 99.9 |
| 济南市 | 8 | 50 | 96.9 |
| 青岛市 | 20 | 99 | 100 |
| 淄博市 | 14 | 100 | 100 |
| 枣庄市 | 8 | 100 | 100 |
| 东营市 | 8 | 93.8 | 100 |
| 烟台市 | 16 | 100 | 100 |
| 潍坊市 | 17 | 100 | 100 |
| 济宁市 | 13 | 59.6 | 100 |
| 泰安市 | 7 | 64.3 | 100 |
| 威海市 | 6 | 100 | 100 |
| 日照市 | 6 | 100 | 100 |
| 莱芜市 | 3 | 100 | 100 |
| 临沂市 | 15 | 100 | 100 |
| 德州市 | 12 | 93.8 | 100 |
| 聊城市 | 10 | 100 | 100 |
| 滨州市 | 8 | 96.9 | 100 |
| 菏泽市 | 9 | 94.4 | 100 |

## 四、比对监测结果评价

2010年，废水污染源中，全省共对556个COD在线自动监测设备进行比对监测，合格率为94.3%；其中废水污染源394个，合格率为93.0%；污水处理厂162个，合格率为96%。共对106个氨氮在线自动监测设备进行比对监测，合格率为85.2%。

废气污染源中，共对474个$SO_2$在线自动监测设备进行比对监测，平均合格率为93.8%。

## 第三节　变化趋势分析

### 一、工业废气

从达标率变化趋势与$SO_2$削减情况分析，与2008年同期相比，废气重点污染源减少了5家，工业废气达标率逐年提高，上升了13个百分点；$SO_2$、烟尘、颗粒物的达标率分别上升了11.2个百分点、13.9个百分点和15.3个百分点（图7-1）。

### 二、工业废水、污水处理厂

从达标率变化趋势与COD削减情况分析，与2008年相比，省控以上废水污染源排放达标率上升了6.7个百分点。其中COD达标率上升了3.5个百分点、BOD上升了5.2个百分点、悬浮物上升了1.6个百分点、氨氮达标率上升了1个百分点（图7-2）。

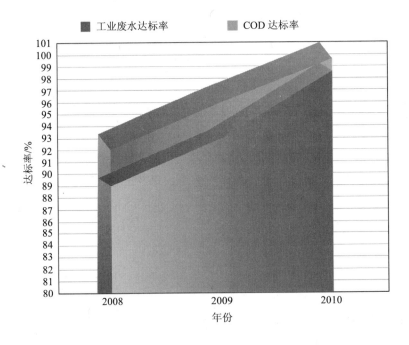

图7-2　2008—2010年工业废水和COD排放达标率变化情况

与2008年同期相比，监测的污水处理厂数量增加了11家，排放达标率上升了20.2个百分点；COD、氨氮、BOD、悬浮物达标率分别上升了 2.2 个百分点、2.5 个百分点、3.2 个百分点和 5.9 个百分点（图 7-3）。

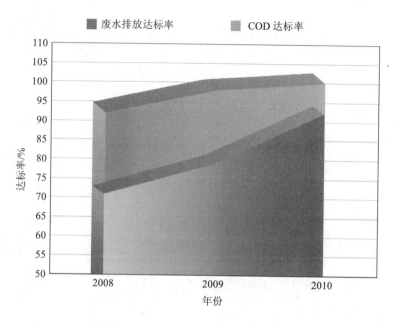

图 7-3 2008—2010 年污水处理厂废水和 COD 排放达标率变化情况

## 第四节 小 结

2010 年，全省实际监测的 561 家废水国控、省控污染源中，企业综合排放达标率为 98.6%；495 家重点污染源废气排放达标率为 97.0%；180 家城市污水处理厂排放综合达标率为 99.2%。

与 2007 年相比，重点废水污染源排放达标率为 99.7%，提高了 6.7 个百分点；重点废气污染源排放达标率为 98.8%，提高了 5.8 个百分点；城市污水处理厂排放达标率为 99.2%，提高了 20.2 个百分点。全省省控以上重点污染源 COD 和 $SO_2$ 等主要污染物排放达标率明显提高。

# 第三部分 环境质量状况

# 第八章　城市环境空气

## 第一节　城市环境空气监测概况

### 一、监测范围与点位

省控环境空气质量监测城市为 17 个设区城市，共设置监测点位 144 个，其中 $SO_2$、$NO_2$、可吸入颗粒物参与评价的监测点位为 74 个。

### 二、监测项目

必测项目 5 项。$SO_2$、$NO_2$、可吸入颗粒物、NO、臭氧。各城市应选择 1 处具有代表性的测点，同步测定有关气象参数（风向、风速、温度、湿度、气压）。

### 三、监测时间

每天 24 h 连续监测。

### 四、评价标准

#### （一）单项污染源水平和级别评价

城市空气质量分析通过确定的单项污染源水平和级别进行评价。其中年均值单项污染物级别由《环境空气质量标准》（GB 3095—1996）中的年平均值确定，综合空气质量级别由最差的一个单项污染物级别确定。达到国家空气质量二级标准（一级和二级）为达标，超过二级标准（三级和劣三级）为超标，其中一级为空气接近良好的背景水平的优级，二级为空气有一定程度污染存在但影响程度尚可接受的合格水平，三级为空气污染已经显著到危害性程度，劣三级为空气污染相当严重（表 8-1）。

表 8-1　《环境空气质量标准》（GB 3095—1996）污染物年均值浓度限值

| 污染物名称 | 取值时间 | 浓度限值/（标准状态，$mg/m^3$） | | |
| --- | --- | --- | --- | --- |
| | | 一级标准 | 二级标准 | 三级标准 |
| $SO_2$ | 年均值 | 0.02 | 0.06 | 0.10 |
| | 日均值 | 0.05 | 0.15 | 0.25 |
| | 1 h 均值 | 0.15 | 0.50 | 0.70 |

| 污染物名称 | 取值时间 | 浓度限值/（标准状态，mg/m³） | | |
|---|---|---|---|---|
| | | 一级标准 | 二级标准 | 三级标准 |
| NO₂ | 年均值 | 0.04 | 0.08 | 0.08 |
| | 日均值 | 0.08 | 0.12 | 0.12 |
| | 1 h 均值 | 0.12 | 0.24 | 0.24 |
| PM₁₀ | 年均值 | 0.04 | 0.1 | 0.15 |
| | 日均值 | 0.05 | 0.15 | 0.25 |

### （二）空气污染指数（API）评价

城市环境空气质量日报 $SO_2$、$NO_2$ 和可吸入颗粒物三项目的单项水平和日均空气质量级别（即优良天数和各级污染天数）以及相关分布，日均空气质量级别根据三项目综合确定的空气污染指数（API）确定。空气污染指数用于判断日均污染水平，根据环境空气质量标准与各项污染物对人体健康和生态环境的影响来确定污染指数的分级及相应的污染物浓度限值。日均空气质量的好坏取决于危害最大的污染物的污染程度，目前采取的空气污染指数分为五级（表 8-2、表 8-3）。

表 8-2　API 标准对应的污染物浓度限值

| API 指数 | 污染物浓度日均值/（mg/m³） | | |
|---|---|---|---|
| | $SO_2$ | $NO_2$ | $PM_{10}$ |
| 50 | 0.05 | 0.08 | 0.05 |
| 100 | 0.15 | 0.12 | 0.15 |
| 200 | 0.80 | 0.28 | 0.35 |
| 300 | 1.60 | 0.57 | 0.42 |
| 400 | 2.10 | 0.75 | 0.50 |
| 500 | 2.62 | 0.94 | 0.60 |

表 8-3　API 标准及相应的空气质量类别

| API 指数 | 空气质量状况 | 表征颜色 | 对健康的影响 |
|---|---|---|---|
| 0～50 | 优 | 蓝 | 可正常活动 |
| 51～100 | 良 | 绿 | 可正常活动 |
| 101～150 | 轻微污染 | 黄 | 易感人群症状有轻度加剧，健康人群出现刺激症状 |
| 151～200 | 轻度污染 | 黄 | 易感人群症状有轻度加剧，健康人群出现刺激症状 |
| 201～250 | 中度污染 | 橙 | 心脏病和呼吸系统疾病患者应减少体力消耗和户外活动 |
| 251～300 | 中度重污染 | 橙 | 心脏病和呼吸系统疾病患者应减少体力消耗和户外活动 |
| >300 | 重污染 | 红 | 健康人群运动耐受力降低，有明显强烈症状，提前出现某些疾病 |

## （三）空气综合污染指数法评价

城市环境空气质量的总体情况和年际间的变化情况采用空气综合污染指数法评价。空气综合污染指数的数学表达式为：

$$P = \sum_{i=1}^{n} P_i$$

$$P_i = C_i / S_i$$

式中：$P$——空气污染综合指数；

$P_i$——$i$ 项污染物分指数；

$C_i$——$i$ 项污染物实测浓度；

$S_i$——$i$ 项污染物的环境质量标准限值；

$n$——计入空气污染综合指数的污染物的项数。

根据全省城市环境空气污染的来源特征，确定计入空气污染综合指数的参数为监测项目中的 $SO_2$、$NO_2$ 和可吸入颗粒物三项污染物。各项污染物的评价标准为《环境空气质量标准》（GB 3095—1996）中的年均值二级标准限值，空气综合污染指数数值越大，表示空气污染程度越重，空气质量越差；单项污染物的分指数在综合污染指数所占比例（即污染负荷系数）越大，其对综合指数的贡献率越大，对空气污染程度的影响越大。

## （四）采用 Daniel 的趋势检验法评价

运用 spearman 秩相关系数进行城市环境空气质量变化趋势分析。计算公式如下：

$$r_s = 1 - \left[ 6 \sum_{i=1}^{N} d_{i2} \right] / [N_3 - N]$$

$$d_i = X_i - Y_i$$

式中：$d_i$——变量 $X_i$ 和变量 $Y_i$ 的差值；

$X_i$——周期 1 到周期 $N$ 按浓度值从小到大排列的序号；

$Y_i$——按时间顺序排列的序号。

将秩相关系数 $r_s$ 的绝对值同 spearman 秩相关系数统计表中的临界值 $Wp$ 进行比较。当 $r_s > Wp$ 则表明变化趋势有显著意义：如果 $r_s$ 是负值，则表明在评价时段内有关统计量指标变化呈下降趋势或好转趋势；如果 $r_s$ 为正值，则表明在评价时段内有关统计量指标变化呈上升趋势或加重趋势；当 $r_s \leq Wp$ 则表明变化趋势没有显著意义：说明在评价时段内水质（空气质量、酸雨频率）变化稳定或平稳。

# 第二节　城市环境空气质量现状

## 一、全省城市环境空气质量状况

17 个设区城市中，青岛、淄博、枣庄、东营、烟台、潍坊、泰安、威海、日照、莱芜、临沂、德州、聊城、滨州和菏泽 15 个城市环境空气符合国家《环境空气质量标准》二级标准（占 88.2%）；济南、济宁 2 个城市环境空气符合国家《环境空气质量标准》三级标准

（占 11.8%）。31 个县级城市环境空气全部符合国家《环境空气质量标准》二级标准。

17 个设区城市 $SO_2$ 浓度年均值为 0.049 mg/m³，比 2009 年下降 15.5%；$NO_2$ 浓度年均值为 0.037 mg/m³，比 2009 年下降 14.1%；可吸入颗粒物浓度年均值为 0.094 mg/m³，比 2009 年下降 11.5%。但 2010 年 $SO_2$、$NO_2$、可吸入颗粒物浓度年均值分别是区域对照测点的 0.96 倍、1.47 倍和 2.13 倍。

2001—2010 年，全省设区城市空气质量有所改善，没有劣于三级标准的城市，符合二级标准的城市比例显著提高，2010 年比 2001 年增加了 47.1 个百分点，符合三级标准的城市减少了 35.3 个百分点。但由于污染排放负荷仍然较重，部分城市污染仍然严重，全省没有符合一级标准的城市（图 8-1）。

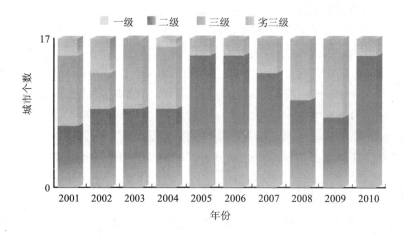

图 8-1　全省城市环境空气质量年际比较

## 二、主要污染物均值

### （一）$SO_2$

2010 年，全省城市空气中 $SO_2$ 浓度年均值在 0.022～0.064 mg/m³，全省城市 $SO_2$ 测点浓度年均值分布区间主要集中在 0.040～0.050 mg/m³，占全部测点 73.9%，其中在 0.05 mg/m³ 附近分布测点比例最高（图 8-2、图 8-4）。

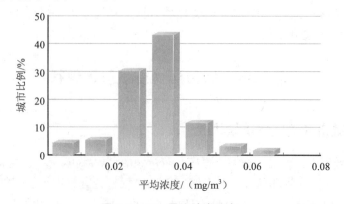

图 8-2　$SO_2$ 平均浓度分布

2010 年,全省 17 个设区城市 $SO_2$ 浓度月均值在 $0.032\sim0.087\,mg/m^3$,1 月份最高,7—8 月份最低(图 8-3)。

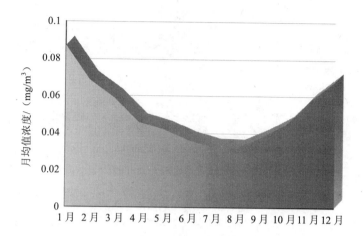

图 8-3  $SO_2$ 月平均浓度变化

图 8-4  17 个设区城市和 31 个县级市 $SO_2$ 浓度分布

## (二)$NO_2$

2010 年,全省城市空气中 $NO_2$ 浓度年均值在 $0.025\sim0.049\,mg/m^3$,全省城市 $SO_2$ 测点浓度年均值分布区间主要集中在 $0.030\sim0.040\,mg/m^3$,占全部测点的 76.8%,其中在 $0.03\,mg/m^3$ 附近分布测点比例最高(图 8-5、图 8-7)。

2010 年,全省 17 个设区城市 $NO_2$ 浓度月均值在 $0.028\sim0.051\,mg/m^3$,1 月份最高,7 月份最低(图 8-6)。

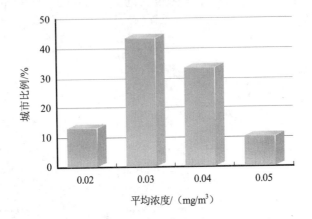

图 8-5　NO₂ 平均浓度分布

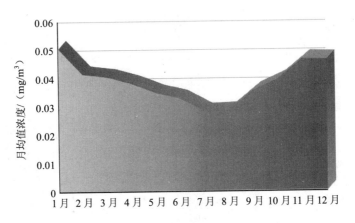

图 8-6　NO₂ 月平均浓度变化

图 8-7　17 个设区城市和 31 个县级市 NO₂ 浓度分布

（三）可吸入颗粒物

2010 年，全省城市空气中可吸入颗粒物浓度年均值在 0.067～0.117 mg/m³，全省城市可吸入颗粒物测点浓度年均值分布区间主要集中在 0.080～0.100 mg/m³，占全部测点的 72.5%，其中在 0.09 mg/m³ 附近分布测点比例最高（图 8-8、图 8-10）。

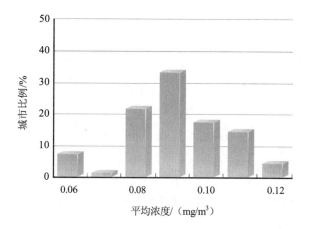

**图 8-8　可吸入颗粒物平均浓度分布**

2010 年，全省 17 个设区城市可吸入颗粒物浓度月均值在 0.073～0.122 mg/m³，1 月份最高，8 月份最低（图 8-9）。

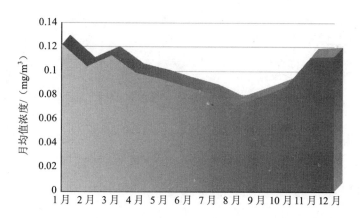

**图 8-9　可吸入颗粒物月平均浓度变化**

（四）NO

2010 年，全省 17 个设区城市 NO 浓度年均值在 0.855～10.32 mg/m³，莱芜最高，烟台最低。17 个设区城市 NO 浓度月均值在 2.017～4.462 mg/m³，1 月份最高，9 月份最低（图 8-11、图 8-12）。

**图 8-10　17 个设区城市和 31 个县级市 PM$_{10}$ 浓度分布**

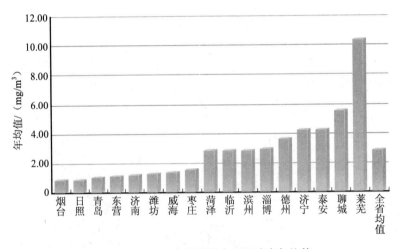

**图 8-11　17 个设区城市 NO 浓度年均值**

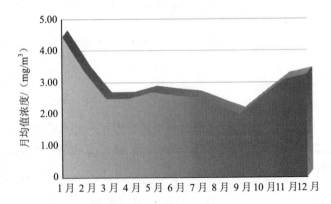

**图 8-12　NO 月平均浓度变化**

## （五）臭氧

2010 年，全省 17 个设区城市臭氧浓度年均值在 0.032～0.549 mg/m³，莱芜最高，枣庄最低。17 个设区城市臭氧浓度月均值在 0.043～0.332 mg/m³，1 月份最高，12 月份最低（图 8-13、图 8-14）。

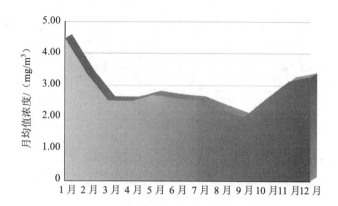

图 8-13　17 个设区城市臭氧浓度年均值

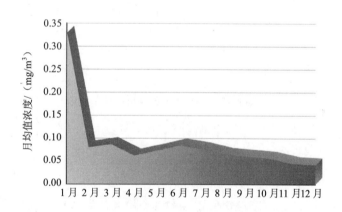

图 8-14　臭氧浓度月平均浓度变化

## 三、17 个设区城市环境空气质量

### （一）$SO_2$

2010 年，全省 17 个设区城市 $SO_2$ 浓度年均值全部符合二级标准，占 94.1%，1 个符合二级标准，占 5.9%。浓度日均值超标率济南最高，为 3.84%，泰安、莱芜、聊城为零；全省 17 个设区城市浓度日均值超标率为 1.26%。最大浓度日均值在济南市，为 0.418 mg/m³，超标 1.79 倍（图 8-15、图 8-16）。

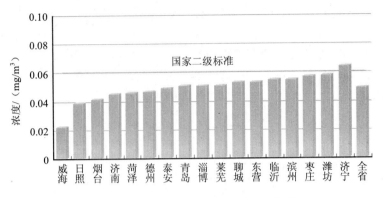

图 8-15　17 个设区城市 $SO_2$ 浓度年均值

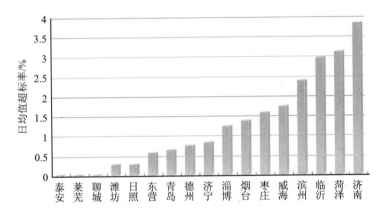

图 8-16　$SO_2$ 浓度日均值超标率

## （二）$NO_2$

2010 年，全省 17 个设区城市中 11 个 $NO_2$ 浓度年均值符合一级标准，占 64.7%，6 个符合二级标准，占 35.3%。浓度日均值超标率滨州最高，为 2.17%，枣庄、日照、莱芜、聊城为零；全省 17 个设区城市浓度日均值超标率为 0.13%。最大浓度日均值在临沂市，为 0.217 mg/m³，超标 1.81 倍（图 8-17、图 8-18）。

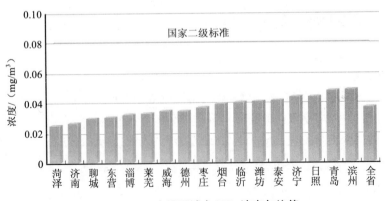

图 8-17　17 个设区城市 $NO_2$ 浓度年均值

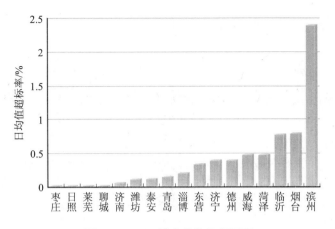

图 8-18 NO$_2$浓度日均值超标率

（三）可吸入颗粒物

2010年，全省17个设区城市中15个可吸入颗粒物浓度年均值符合二级标准，占88.2%，2个符合三级标准，占11.8%。浓度日均值超标率枣庄最高，为17.8%，泰安最低，为1.37%；全省17个设区城市浓度日均值超标率为10.7%。浓度最大日均值在德州市，为0.950mg/m$^3$，超标5.33倍（图8-19、图8-20）。

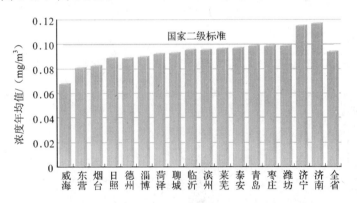

图 8-19　17个设区城市可吸入颗粒物浓度年均值

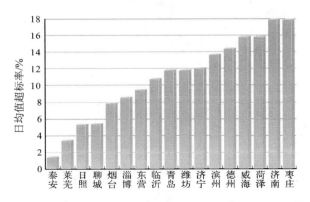

图 8-20　可吸入颗粒物浓度日均值超标率

## 四、县级市城区环境空气质量

### （一）SO₂

31 个县级市 SO₂ 浓度年均值符合一级标准的占 12.9%，符合二级标准的占 87.1%。31 个县级市 SO₂ 浓度年均值的平均值为 0.025 mg/m³，其中邹城市浓度年均值最高，为 0.058 mg/m³，莱西市浓度年均值最低，为 0.013 mg/m³。浓度日均值超标率 8 个县级市中滕州市最高，为 13.3%，31 个县级市浓度日均值超标率平均为 1.40%（图 8-21、图 8-22）。

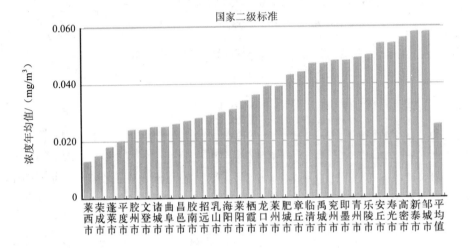

图 8-21　SO₂ 浓度年均值

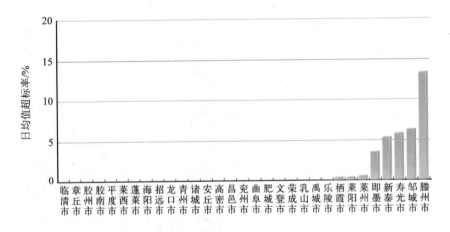

图 8-22　SO₂ 浓度日均值超标率

### （二）NO₂

31 个县级市 NO₂ 浓度年均值符合一级标准的占 87.1%，符合二级标准的占 12.9%。31 个县级市 SO₂ 浓度年均值的平均值为 0.020 mg/m³，其中滕州市浓度年均值最高，为

0.074 mg/m$^3$，荣成市浓度年均值最低，为 0.010 mg/m$^3$。5 个县级市浓度日均值超标率滕州市最高，为 12.1%，31 个县级市城市浓度日均值超标率平均为 0.56%（图 8-23、图 8-24）。

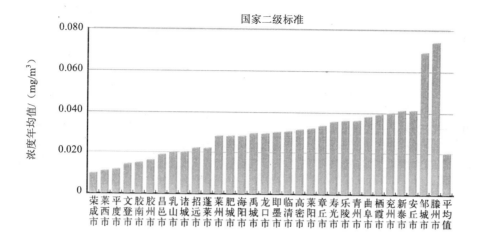

图 8-23　NO$_2$ 浓度年均值

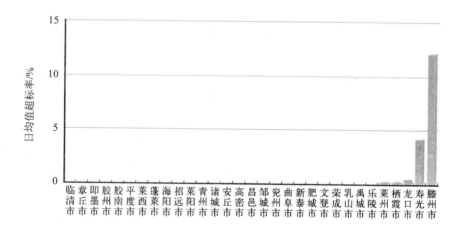

图 8-24　NO$_2$ 浓度日均值超标率

## （三）可吸入颗粒物

31 个县级市可吸入颗粒物浓度年均值符合一级标准的占 9.7%，符合二级标准的占 90.3%。31 个县级市可吸入颗粒物浓度年均值的平均值为 0.056 mg/m$^3$，其中肥城市浓度年均值最高，为 0.098 mg/m$^3$，莱城市浓度年均值最低，为 0.035 mg/m$^3$。20 个县级市浓度日均值超标率肥城市最高，为 28.2%，31 个县级市城市浓度日均值超标率平均为 3.76%（图 8-25、图 8-26）。

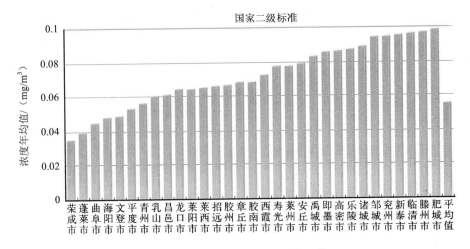

**图 8-25　可吸入颗粒物浓度年均值**

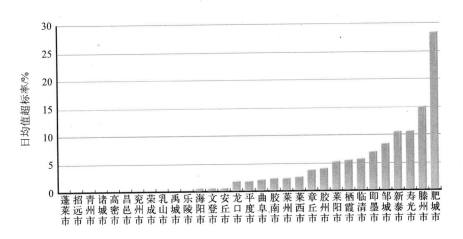

**图 8-26　可吸入颗粒物浓度日均值超标率**

## 五、全省城市环境空气污染频度

### （一）总体状况

2010 年，全省 17 个设区城市环境空气平均优良天数比例为 91.2%，比上年度上升 0.3 个百分点。优良天数比例大于 90% 的城市 12 个，占 70.6%；优良天数比例大于 80% 的城市 5 个，占 29.4%。与 2009 年相比，济南、莱芜、德州、菏泽 4 个市优良天数增加 10 天以上，增幅较大；青岛、日照、烟台、滨州、泰安 5 个市优良天数减少 10 天以上，降幅较大（图 8-27、图 8-28）。

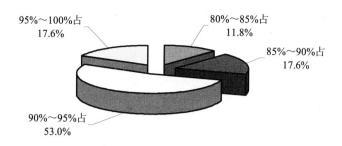

**图 8-27 山东省城市优良天数占 80%～100%比例分布**

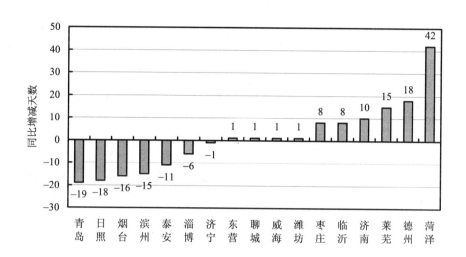

**图 8-28 山东省城市优良天数同比变化情况**

## （二）污染负荷

全省 17 个设区城市环境空气中可吸入颗粒物贡献率最大，污染负荷占 42.4%；其次为 $SO_2$，占 36.9%（图 8-29）。

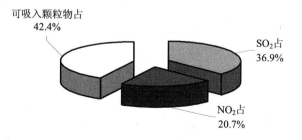

**图 8-29 城市环境空气主要污染负荷比例**

德州、菏泽、聊城、枣庄、临沂 5 个城市空气综合污染指数比 2009 年增幅超过 20%，空气污染程度加重，泰安空气综合污染指数比 2009 年削减 10%，空气污染程度有所改善。见表 8-4。

表 8-4　山东省城市 2010 年空气污染综合指数评价表

| 城市名称 | SO$_2$ | | NO$_2$ | | 可吸入颗粒物 | | P 值 | | |
|---|---|---|---|---|---|---|---|---|---|
| | C1 | P1 | C2 | P2 | C3 | P3 | 2010 年 | 2009 年 | 同比增加幅度/% |
| 济南 | 0.045 | 0.75 | 0.027 | 0.34 | 0.117 | 1.17 | 2.26 | 2.77 | −18.5 |
| 青岛 | 0.051 | 0.85 | 0.048 | 0.60 | 0.099 | 0.99 | 2.44 | 2.29 | 6.6 |
| 淄博 | 0.051 | 0.85 | 0.032 | 0.40 | 0.090 | 0.90 | 2.15 | 2.24 | −4.0 |
| 枣庄 | 0.057 | 0.95 | 0.037 | 0.46 | 0.099 | 0.99 | 2.40 | 3.08 | −22.0 |
| 东营 | 0.054 | 0.89 | 0.031 | 0.38 | 0.081 | 0.81 | 2.08 | 2.39 | −13.1 |
| 烟台 | 0.041 | 0.68 | 0.039 | 0.49 | 0.082 | 0.82 | 1.99 | 2.03 | −1.9 |
| 潍坊 | 0.058 | 0.97 | 0.041 | 0.51 | 0.099 | 0.99 | 2.47 | 2.67 | −7.5 |
| 济宁 | 0.064 | 1.07 | 0.044 | 0.55 | 0.115 | 1.15 | 2.77 | 2.88 | −3.9 |
| 泰安 | 0.049 | 0.82 | 0.042 | 0.53 | 0.097 | 0.97 | 2.31 | 2.08 | 11.1 |
| 威海 | 0.022 | 0.37 | 0.035 | 0.44 | 0.067 | 0.67 | 1.47 | 1.53 | −3.6 |
| 日照 | 0.039 | 0.65 | 0.044 | 0.55 | 0.089 | 0.89 | 2.09 | 1.97 | 6.1 |
| 莱芜 | 0.051 | 0.85 | 0.033 | 0.41 | 0.096 | 0.96 | 2.22 | 2.67 | −16.8 |
| 临沂 | 0.055 | 0.92 | 0.040 | 0.50 | 0.095 | 0.95 | 2.37 | 3.02 | −21.6 |
| 德州 | 0.047 | 0.78 | 0.035 | 0.44 | 0.089 | 0.89 | 2.11 | 3.36 | −37.2 |
| 聊城 | 0.053 | 0.88 | 0.030 | 0.38 | 0.093 | 0.93 | 2.19 | 3.22 | −32.0 |
| 滨州 | 0.055 | 0.92 | 0.049 | 0.61 | 0.095 | 0.95 | 2.48 | 2.32 | 6.9 |
| 菏泽 | 0.046 | 0.77 | 0.025 | 0.31 | 0.092 | 0.92 | 2.00 | 3.05 | −34.5 |
| 全省 | 0.049 | 0.82 | 0.037 | 0.46 | 0.094 | 0.94 | 2.22 | 2.56 | −13.3 |

## 六、不同空气质量影响的人口比例

全省 17 个设区城市和 31 个县级市建成区人口数量共 3 100 万多人，城市环境空气质量达到二级标准的城市人口比例占 87.0%，其中在 100 万以上、50 万～100 万、10 万～50 万、10 万以下人口的城市，达标城市的人口比例分别为 77.8%、89.5%、100%、100%（图 8-30）。

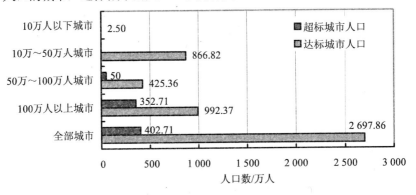

图 8-30　不同规模城市不同空气质量影响的人口数

## 第三节　环境空气质量变化趋势分析

### 一、全省环境空气质量变化

2001—2010 年，SO$_2$、NO$_2$、可吸入颗粒物浓度年均值基本呈现上升趋势，但 2010 年有所下降。在"十五"、"十一五"两个五年周期中，三项污染物均是先上升后下降。2010年 $SO_2$、$NO_2$、可吸入颗粒物浓度年均值比 2005 年分别上升了 3.1%、32.5%、8.1%；$SO_2$、$NO_2$ 比 2000 年分别上升了 4.3%、27.4%，可吸入颗粒物浓度年均值比 2003 年（2003 年监测项目由总悬浮颗粒物改为可吸入颗粒物）下降了 4.1%（图 8-31）。

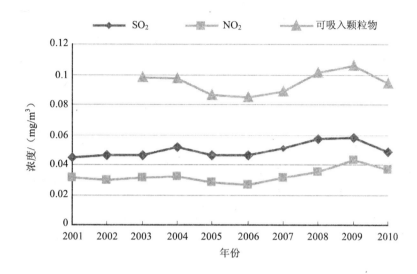

图 8-31 全省城市环境空气主要污染物变化

通过计算秩相关系数进行趋势变化分析，2001—2010 年 $SO_2$ 和 $NO_2$ 浓度年均值和 2003—2010 年可吸入颗粒物浓度年均值均呈上升趋势。

## 二、17 个设区城市环境空气质量变化

通过计算秩相关系数进行趋势变化分析，2001—2010 年，聊城、潍坊、枣庄、日照、菏泽、德州、济宁、东营 8 个市 $SO_2$ 浓度年均值呈上升趋势，其他 9 个市维持平稳趋势（图 8-32）。

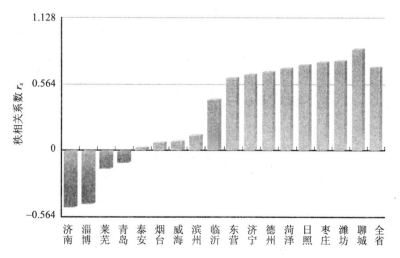

图 8-32 17 个设区城市（2001—2010 年）$SO_2$ 浓度年均值秩相关系数

2001—2010 年，淄博、烟台、威海、东营、青岛、日照、潍坊、滨州、枣庄、聊城 10 个市 $NO_2$ 浓度年均值呈上升趋势，其他 7 个市维持平稳趋势（图 8-33）。

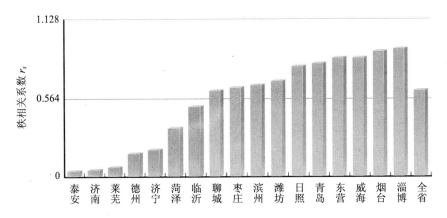

**图 8-33　17 个设区城市（2001—2010 年）$NO_2$ 浓度年均值秩相关系数**

2003—2010 年，聊城、潍坊、枣庄、日照、菏泽、德州 6 个市可吸入颗粒物浓度年均值呈上升趋势，其他 11 个市维持平稳趋势（图 8-34）。

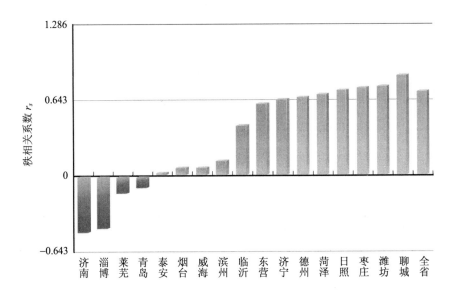

**图 8-34　17 个设区城市（2003—2010 年）可吸入颗粒物浓度年均值秩相关系数**

## 第四节　环境空气污染原因分析

### 一、气候与特殊气象条件

山东省属于暖温带季风气候。根据山东省近 50 a 气象观测资料分析，气候变化具有三个典型特点：一是升温趋势明显，平均每 10 a 升高 0.19℃；二是降水量明显下降。平均每

10 a 减少 17.1 mm；三是极端天气增多。例如省城济南市 20 世纪 50—70 年代灰霾日数较少，一般每年都在 60 d 以下；80—90 年代为灰霾高峰期，一般每年在 100 d 以上，且主要出现在 10 月至次年 3 月，以 12 月份最多。冬季干燥多偏北风，逆温偏重；春季干旱少雨多风沙多变，易形成沙尘天气。采暖期半岛内陆城市微风或静风和逆温及灰霾等不利气象条件出现频率较大，抑制污染物的传输扩散，导致污染物浓度升高；春季由于冷空气活跃，风速大，地表裸露，地面灰尘扬起或北方沙尘侵入，使空气中的可吸入颗粒物浓度升高。夏季大气稳定度好，有利于污染物的输送扩散，而且降水量大，起到淋溶作用，从而稀释了污染物浓度。

## 二、产业结构与污染负荷偏重

从山东省城市空气质量看，以颗粒物和 SO₂ 为主的煤烟型污染特征非常显著，这与山东省产业结构与能源消费结构有直接关系。山东省主要支柱产业为电力、钢铁、建材、化工、焦化、冶金、平板玻璃等，落后产能比重大，加上城市工业布局不合理，结构型污染矛盾突出；能源消费结构以燃煤为主，经济总量与燃煤量同步持续增长，SO₂、烟尘等污染物排放总量基数高。如 2009 年，山东省一次能源消费量中原煤达到 34 535.66 万 t，占能源消费总量的 77.13%，明显超过 68.7% 的全国水平，而且一些治污设施难以稳定运行，空气质量改善面临较大挑战。

"十一五"期间，山东省将改善空气质量作为环保工作的重中之重，扎实推进。一是强化燃煤电厂脱硫工程建设，实现达标排放。山东省现役火电脱硫机组装机容量达到 20 612 MW，超出国家下达山东省"十一五"脱硫装机容量 36 个百分点，燃煤电厂脱硫设施的配套率由"十五"末的 10% 左右提高到 95% 以上。二是严格控制焦化、水泥、化工、燃煤锅炉等非电力行业 SO₂、烟（粉）尘排放，淘汰落后产能。截至"十一五"末，累计关停小火电机组 717.1 万 kW，淘汰炼铁产能 821.6 万 t、炼钢产能 527.3 万 t、水泥立窑熟料产能 7595.8 万 t，已建成脱硫设施的烧结机面积占全省烧结机总面积的 50.0%；取缔石灰窑和砖瓦窑 1000 多座，整治化工企业 1000 多家；加强城市各类扬尘污染源综合整治；有力推动了产业的升级换代和污染物排放总量控制。三是加大对废气重点污染源的监管力度，分析、排查污染源超标原因，有针对性地采取措施，加强城市各类扬尘污染源综合整治；采取大气污染治理措施取得明显成效。在全省经济持续增长、燃煤量增加 1.19 亿 t（增长 42%）的前提下，SO₂ 总量明显下降，"十一五"期间累计削减率为 23.22%，完成国家下达减排目标的 116%。

## 三、城市建筑、交通污染源污染贡献趋增

从全省城市环境空气中主要污染物负荷看，近些年首要污染物仍是可吸入颗粒物，污染负荷可吸入颗粒物＞SO₂＞NO₂，以 NO₂ 增速趋势明显。据山东济南等市空气污染源解析相关数据：可吸入颗粒物中工业源占 30%，机动车尾气占 29.4%，风沙扬尘占 21.7%，是主要的污染源。内陆城市扬尘造成的污染对可吸入颗粒物浓度的贡献率高达 60%～70%；机动车尾气占城市空气污染物排放分担率达 40%～60%，对 NO₂ 贡献率可达 60.8%；可见交通移动源（汽车尾气）是空气中的 NO₂ 的主要来源。"十一五"期间，山东省机动车数量连年大幅度增长，截至 2010 年底，全省机动车保有量达 2037.3 万辆，位居全国第一，机动车保有量与 2009 年相比增加了 137.5 万辆，增长 7.23%，其中汽车增长速度达到

18.74%。加上建设拆迁和建筑施工点多面广，扬尘、机动车尾气等未得到有效治理，导致空气中 $NO_2$ 浓度趋高。另外，汽车尾气对 NO、碳氢化合物、可吸入颗粒物等污染物的贡献也日趋增加。

## 第五节　小　结

　　山东省"十一五"末（2010 年）17 个设区城市环境空气质量符合二级标准和三级标准的城市数量与"十五"末（2005 年）没有变化，但明显优于"九五"末（2000 年）。"十一五"期间，全省城市环境空气中主要污染物 $SO_2$、$NO_2$、可吸入颗粒物浓度年均值均呈上升趋势，污染负荷排序仍为可吸入颗粒物＞$SO_2$＞$NO_2$，$NO_2$ 增速趋势明显。但全省 $NO_2$ 浓度整体水平较低，且地理分布特征不明显。全省城市环境空气中主要污染物 $SO_2$、$NO_2$、可吸入颗粒物、NO、臭氧浓度明显受季节和降水量的影响，冬季（采暖季）污染物浓度明显增加，夏季（雨季）污染物浓度出现全年最低值。全省 17 个设区城市 $SO_2$ 和可吸入颗粒物浓度呈现出明显的地理分布差异，内陆城市的污染水平大大高于沿海城市。$SO_2$、可吸入颗粒物浓度日均值超标较多的城市主要集中在内陆城市，但空气质量优良天数有所增加；$NO_2$ 浓度日均值超标较多的城市主要集中在胶东半岛城市，但空气质量优良天数有所减少。全省 31 个县级市环境空气质量好于 17 个设区城市，50 万人口以下城市环境空气质量明显优于 50 万人口以上大、中城市。

◎ **专栏资料**

## 沙尘暴天气监测

"十一五"期间，山东省作为国家沙尘暴监测网络成员省份之一，在内陆城市济南和沿海城市青岛进行了沙尘天气影响城市空气质量监测试点工作，目前具备在线监测和数据传输能力，每年1—6月连续监测，监测项目为可吸入颗粒物和总悬浮颗粒物，同时开展能见度和气象参数的监测。

### 一、监测结果

2006—2010年，山东内陆城市济南和沿海城市青岛共发生沙尘天气19次（表8-5）。

表8-5 "十一五"期间济南和青岛沙尘天气情况统计

| 年份 | 济南 | | 青岛 | |
|---|---|---|---|---|
| | 沙尘次数 | 沙尘时间 | 沙尘次数 | 沙尘时间 |
| 2006 | 2 | 3月10日、3月27日 | 5 | 3月10—12日、4月11—12日<br>4月18—19日、4月24—25日 |
| 2007 | 1 | 3月31日 | 1 | 4月1日 |
| 2008 | 1 | 3月1日 | 4 | 3月2日、3月19日<br>5月29—30日 |
| 2009 | 1 | 4月24日 | | |
| 2010 | 2 | 3月20日、3月23日 | 2 | 3月21日、11月12日 |

### 二、沙尘天气特性

沙尘天气发生前后，城市环境空气质量变化显著，往往形成短时间内重度污染状况，当日空气质量一般都在中度污染以上水平。但由于沙尘暴天气持续时间相对较短，并常常伴有大风、降雨等气象过程，对后期空气质量影响较小。

每年春季是山东省沙尘天气的高发期，发生在3—6月沙尘暴占全年总出现天数的83%以上。4月份是一年中发生沙尘天气最高的月份，4月平均发生沙尘暴天数为总出现天数的26%；扬沙多发生在3—5月，占全年总出现天数的57%，4月份占总出现天数的24%以上；浮尘多发生在3—4月，占全年总出现天数的46%，4月份占总出现天数的26%以上。

从沙尘天气的空间分布看，山东省沙尘暴分布呈西多东少的特点。除半岛外，鲁东南也是沙尘暴少发区。扬沙的影响范围比沙尘暴要广，据统计，有气象监测资料以来，山东省出现了100次以上的扬沙现象，在聊城、德州、滨州、东营、菏泽、济南、潍坊的大部和临沂、枣庄的南部以及济宁的东部；半岛地区最少，大部地区在50次以下。山东省浮尘的分布范围明显比沙尘暴和扬沙更广，而且与沙尘暴和扬沙的分布大不相同，德州、菏泽、东营和青岛的大部较少，在100次以下，其他地区较多但比较凌乱。

从沙尘天气过程的统计看，不管是沙尘暴、扬沙还是浮尘天气过程，都是出现1d频次为多，连续多天出现的较少。与同期山东省年平均降水年际变化曲线对比，沙尘天气年际变化与年平均降水量年际变化无明显相关性，说明山东省沙尘天气与更大尺度的天气气候背景关系密切。

◎ 专栏资料

# 山东省"十一五"室内环境空气质量现状

随着经济社会的迅猛发展和公众居住、办公条件的极大改善，室内空气质量对人体健康的影响也日趋重要。室内装饰、家具和私人轿车、餐饮和娱乐场所的污染，主要是挥发性有机物的持续性污染，也呈现出结构型、复合型、压缩型的特点。室内环境污染是关乎民生健康的大问题，控制和防范室内环境污染已迫在眉睫。《中华人民共和国环境保护法》第二条明确将影响人类社会生存和发展的经过人工改造的大气、水等自然因素总体列为环境保护对象，因此环境保护主管部门作为室内环境污染防控执法主体的职责不容置疑。

"十五"以来，山东省 17 个设区城市中，有济南、青岛、淄博、东营、烟台、潍坊、济宁、临沂、日照、德州、聊城、滨州、菏泽 13 个城市环境监测中心站设置了专（兼）职机构，具备了室内空气质量监测能力，并通过了计量认证，质量控制执行《室内环境空气质量监测技术规范》（HJ/T 167—2004）。

"十一五"期间，省环境监测中心站针对家庭、企事业单位、公共场所等敏感点，开展了室内空气质量监测，共计 656 家。监测项目为温度、相对湿度、甲醛、氨、苯、甲苯、二甲苯、总挥发性有机物、氡 9 种室内空气污染物，按照《室内空气质量标准》（GB 18883—2002）进行评价。2010 年，实际监测 175 家，比 2006 年增加了 91 家，年增长率约 20%。

根据监测结果分析，2006—2010 年，室内空气质量超标率从 80.5% 降至 37.5%，主要污染物为甲醛、挥发性有机物。

2010 年，室内空气中甲醛监测最大值为 $0.19\,mg/m^3$，超标 0.9 倍，2006 年监测最大值为 $0.71\,mg/m^3$，超标 6.1 倍；甲醛浓度呈逐年降低趋势。

2010 年，室内空气中挥发性有机物监测最大值为 $3.20\,mg/m^3$，超标 4.33 倍，2006 年监测最大值为 $6.41\,mg/m^3$，超标 9.68 倍；挥发性有机物浓度呈逐年降低趋势。

室内空气中氨、苯、甲苯、氡监测结果分析，室内空气中 4 项污染物监测浓度均较低，氨监测值在未检出 ~ $0.08\,mg/m^3$；苯监测值在未检出 ~ $0.08\,mg/m^3$、甲苯监测值在未检出 ~ $0.11\,mg/m^3$，氡监测值在 $25.1 \sim 50.1\,Bq/m^3$，以上 4 项污染物均符合《室内空气质量标准》（GB 18883—2002）标准限值要求，个体也未发现超标现象。

"十一五"期间，室内空气质量变化趋势主要表现在以下几个方面：一是甲醛浓度呈逐年降低趋势。主要是公众环境意识和维权行为逐年提高，使用含脲醛树脂较少的环保型装修材料，从而减少了室内甲醛浓度。二是与"十五"相比，挥发性有机物浓度值处于下降趋势，但总挥发性有机物仍是室内空气主要污染物。个别家庭挥发性有机物超标严重，主要是室内家具表面漆未释放完全等原因造成。

# 第九章  城市降水

## 第一节  城市降水监测概况

### 一、监测范围与点位

山东省属于国家 $SO_2$ 控制区，17 个设区城市及长岛县城共设置降水监测点位 47 个。

### 二、监测项目

必测项目 5 项：降雨量、电导率、酸度、硫酸根、硝酸根；

选测项目 7 项：降水化学成分中钾、钠、钙、镁、铵、氯、氟离子浓度；监测的同时应记录每次降水的起止时间和有关气象参数（风向、风速、温度、湿度、气压）。

### 三、监测时间

逢雨必测，每日上午 9:00 到次日上午 9:00 计 24h 为一个采样监测周期。

### 四、评价标准

采用降水 pH 值小于 5.6 作为酸雨判定依据，用降水 pH 年均值和酸雨出现的频率评价酸雨状况。

## 第二节  城市降水现状评价

2010 年，全省 17 个设区城市共采集分析 1 108 个降水样品，监测统计结果表明：降水 pH 年均值范围在 5.90～7.28，pH 年均值均大于等于 5.60，全省无酸雨城市。

### 一、城市酸雨比例分布

全省 17 个设区城市为无酸雨城市。与 2009 年相比，有酸雨检出城市增加了 1 个，酸雨检出率降低 4 个百分点。降水 pH 年均值小于 6 的城市有 2 个，占 5.9%；降水 pH 年均值在 6.0～7.0 之间的城市有 14 个，占 82.4%；降水 pH 年均值大于 7.0 的城市有 2 个，占 11.8%。与 2009 年相比，降水 pH 年均值小于 6.0 的城市有所减少，降水 pH 年均值在 6.0～7.0 之间的城市持平，降水 pH 年均值大于 7.0 有所增加（图 9-1）。

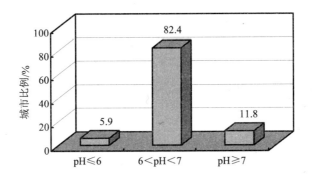

图9-1　2010年不同降水pH年均值的城市比例

## 二、全省城市酸雨频率

降水样品中检出酸雨样品9个，酸雨检出率0.8%；有酸雨样品检出的城市为莱芜、济南、青岛3个市，酸雨样品检出率分别为13.8%、5.3%、1.9%；酸雨样品pH值最小值为4.82，出现在8月25日济南市监测站测点（图9-2）。

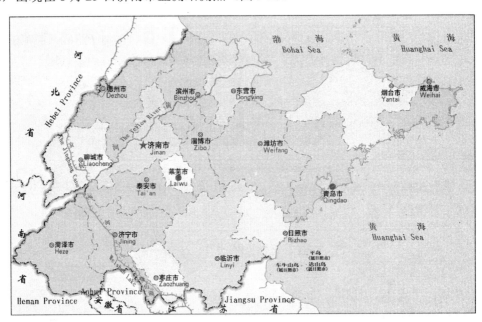

图9-2　2010年山东省检出酸雨样品点位分布

## 三、降水化学组成

全省济南、青岛、淄博、枣庄、烟台、潍坊、泰安、临沂、德州、聊城、菏泽11个城市对降水中主要离子进行了分析。

11个城市降水中主要阳离子为钠离子和钙离子，平均分别占离子总当量的9.1%和21.8%。其中，临沂市钙离子占离子总当量的53.7%，德州市钠离子占离子总当量的29.8%。

11个城市降水中主要阴离子为硫酸根离子和硝酸根离子，平均分别占离子总当量的

30.5%和4.2%。其中，泰安、济南市硫酸根离子占离子总当量超过了40%，济南、青岛、菏泽市硝酸根离子占离子总当量超过了10%（图9-3）。

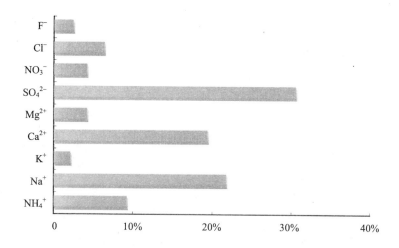

图9-3 2010年11个设区城市降水中主要离子当量浓度百分比

# 第三节 "十一五"期间城市降水趋势评价

## 一、城市降水酸度比例变化

2001—2010年，全省只有1个城市分别在2002年、2004年和2007年降水pH年均值小于5.6属于酸雨城市，"十一五"期间大部分城市降水pH年均值在6.0~7.0范围内，降水酸度无明显变化（图9-4）。

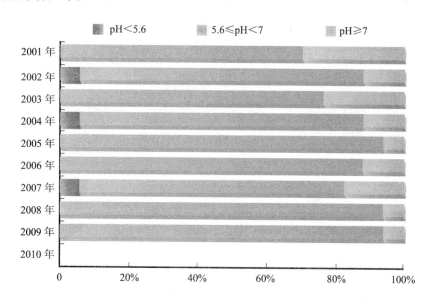

图9-4 山东省酸雨城市比例变化趋势

## 二、城市降水酸度变化趋势

2001—2010年，全省降水pH年均值酸度基本稳定。其中2002年全省降水pH年均值酸度最高，2004—2007年呈下降趋势，2007—2010年呈缓慢升高趋势（图9-5）。

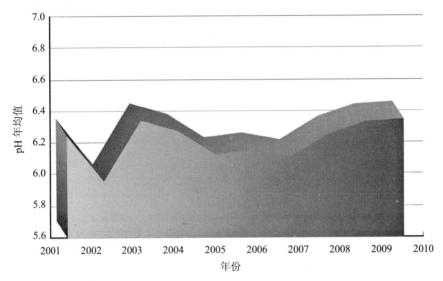

图9-5 山东省降水pH年均值变化趋势

## 三、酸雨频率变化趋势

2001—2010年，全省酸雨发生频率较低。其中2004年全省酸雨发生频率最低，2005年反弹至最高，2006—2010年呈下降趋势（图9-6）。

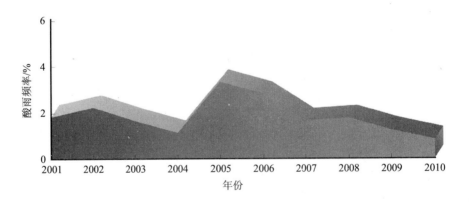

图9-6 山东省酸雨发生频率变化趋势

## 四、降水化学组成变化

2001—2010年，全省主要城市降水中主要阳离子铵离子2006—2007年出现高峰值，其余时间基本保持稳定；钙离子和钾离子2001—2006年呈上升趋势，2007年后呈下降趋势；钠离子2001—2006年呈下降趋势，2008—2010年呈上升趋势；镁离子2001—2010年无明显变化（图9-7）。

2001—2010年，全省主要城市降水中主要阴离子硫酸根离子2001—2007年呈下降趋势，"十一五"期间，2008年逐渐呈上升趋势；氯离子2001—2007年呈下降趋势，"十一五"期间，2008年上升到峰值之后呈下降趋势；硝酸根离子和氟离子基本保持稳定无明显变化（图9-8）。

2001—2010年，全省主要城市降水中硝酸盐与硫酸盐当量浓度的比例基本呈现上升趋势，2010年达到最高值（图9-9）。

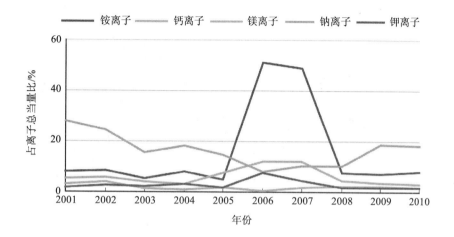

图9-7　各阳离子当量浓度占总离子当量比变化趋势（4个城市统计）

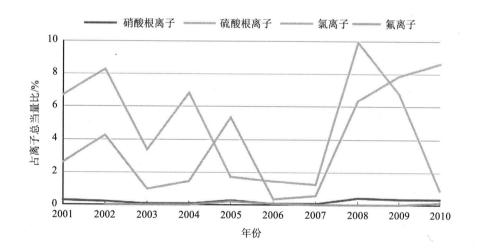

图9-8　各阴离子当量浓度占总离子当量比变化趋势（4个城市统计）

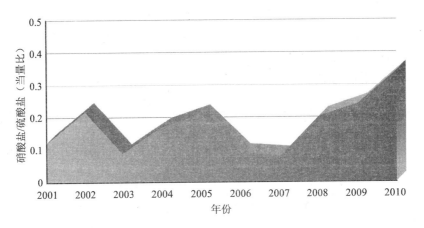

图 9-9　硝酸盐与硫酸盐当量浓度比变化（4 个城市统计）

## 五、酸雨区域分布

2001—2010 年，全省酸雨检出城市主要集中在中东部地区，青岛 2002 年、2004 年和 2007 年为酸雨城市。济南从 2005—2010 年连续有酸雨检出，烟台 2002—2004 年连续有酸雨检出（表 9-1）。

表 9-1　2001—2010 年全省酸雨区域分布表

| | 2001 年 | 2002 年 | 2003 年 | 2004 年 | 2005 年 | 2006 年 | 2007 年 | 2008 年 | 2009 年 | 2010 年 |
|---|---|---|---|---|---|---|---|---|---|---|
| 酸雨城市 | 无 | 青岛 | 无 | 青岛 | 无 | 无 | 青岛 | 无 | 无 | 无 |
| 有酸雨检出城市 | 济南 青岛 潍坊 | 青岛 烟台 | 青岛 烟台 | 青岛 烟台 菏泽 | 济南 青岛 烟台 | 济南 青岛 | 济南 青岛 | 济南 青岛 枣庄 | 济南 青岛 | 济南 青岛 莱芜 |

2001—2010 年，全省酸雨检出城市建成区人口占总人口 10 年平均值为 32.3%，2005 年出现最高值为 41.6%，2002 年和 2003 年为最低值，均为 23.4%，基本呈现上升趋势。见图 9-10。

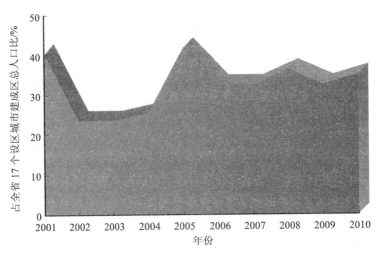

图 9-10　酸雨检出城市人口分布变化

2001—2010 年，全省酸雨检出城市建成区面积占总面积 10 年平均值为 35.3%。2002—2005 年由于烟台市的酸雨检出，连续 4 年出现高值在 60% 以上；2006 年后恢复平稳状态（图 9-11）。

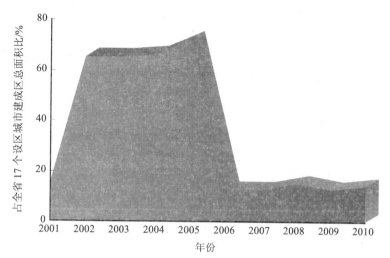

图 9-11　酸雨检出城市区域变化

## 第四节　城市降水原因分析

全省酸雨分布总体上基本维持多年的格局。即 pH 年均值低于 5.60 的区域主要出现在青岛市，其特点是酸雨频率较高、强度较大。青岛三面临海，市区内地形复杂，导致局部区域大气污染物不易扩散，加之 $SO_2$ 排放量处于相对较高水平，这就是导致青岛酸雨频率高的环境因素，青岛市区一般为东南风，也是造成青岛市区南部酸性降水的重要条件。济南等中部地区的酸雨样品主要与当地的能源结构和企业性质有关，企业主要能源为原煤，以上因素和气候条件较适合的条件下，本地酸性物质的贡献造成降水中出现酸雨样品。随着经济的发展，汽车数量猛增，济南、青岛等大、中城市交通流量的增加，汽车尾气中含有的氮氧化物对降水酸度贡献有明显上升的趋势。

山东省酸雨检出主要发生在夏季。2010 年全省 9 个测点检出酸雨全部集中在雨季（8 月份）。原因在于酸雨主要贡献来自于硫的排放，酸雨污染与 $SO_2$ 浓度呈正相关，酸雨污染重的城市 $SO_2$ 浓度相对较高。由于冬季降水少，城市空气中尘的污染比较严重，且含有碱性物质，由于冬季采暖，煤炭燃烧产生的大量 $SO_2$，在降水中与含有碱性物质的尘进行中和，有效减轻了降水的酸度，然而夏季降水持续冲刷，使城市空气中尘的量明显减少，这也是山东省夏季降水酸度明显强于冬季的主要原因。

## 第五节　小　结

2010 年山东省绝大部分城市降水酸碱性呈现中性，酸雨检出频率极低，城市降水中主要阳离子为钙离子，主要阴离子为硫酸根离子。2001—2010 年，山东省降水酸度基本稳定无明显变化；酸雨频率呈现逐渐升高后缓慢降低趋势；降水中钙离子呈现下降趋势，硝酸根离子所占比重逐年增加。2001—2010 年，有酸雨检出的城市主要集中在东部少数地区，全省 1/3 城市建成区人口所在城市有酸雨样品检出，有酸雨样品检出城市建成区面积 2006 年后下降到平稳水平。

# 第十章　河流水质

## 第一节　河流水质监测概况

### 一、监测概况

"十一五"期间，山东省共设置省控以上河流断面142个，其中国控断面30个（图10-1）。所有国控、省控河流断面的监测频率为每月一次。水质监测项目包括《地表水环境质量标准》（GB 3838—2002）中的基本项目（表1）24项，同时测定流量、水位和电导率，共27项。

### 二、评价方法

#### （一）评价指标

按照2011年新颁发的《地表水环境质量评价办法（试行）》（环办[2011]22号）文中的基本规定，地表水水质评价指标为《地表水环境质量标准》（GB 3838—2002）表1中除水温、总氮、粪大肠菌群以外的21项指标；水质类别判定采用最大单因子类别评价方法；水质超标率、主要污染物及其超标倍数按地表水环境功能区划和《山东省环境保护"十一五"规划》要求评价。

#### （二）河流水质评价方法

当河流、流域（水系）的断面总数少于5个时，计算河流、流域（水系）所有断面各评价指标浓度算术平均值，然后按照"1. 断面水质评价"方法评价，并按表10-1指出每个断面的水质类别和水质状况。

表10-1　断面水质定性评价

| 水质类别 | 水质状况 | 表征颜色 | 水质功能类别 |
|---|---|---|---|
| Ⅰ～Ⅱ类水质 | 优 | 蓝色 | 饮用水源地一级保护区、珍稀水生生物栖息地、鱼虾类产卵场、仔稚幼鱼的索饵场等 |
| Ⅲ类水质 | 良好 | 绿色 | 饮用水源地二级保护区、雨虾类越冬场洄游通道、水产养殖区、游泳区 |
| Ⅳ类水质 | 轻度污染 | 黄色 | 一般工业用水和人体非直接接触的娱乐用水 |
| Ⅴ类水质 | 中度污染 | 橙色 | 农业用水及一般景观用水 |
| 劣Ⅴ类水质 | 重度污染 | 红色 | 除调节局部气候外，使用功能较差 |

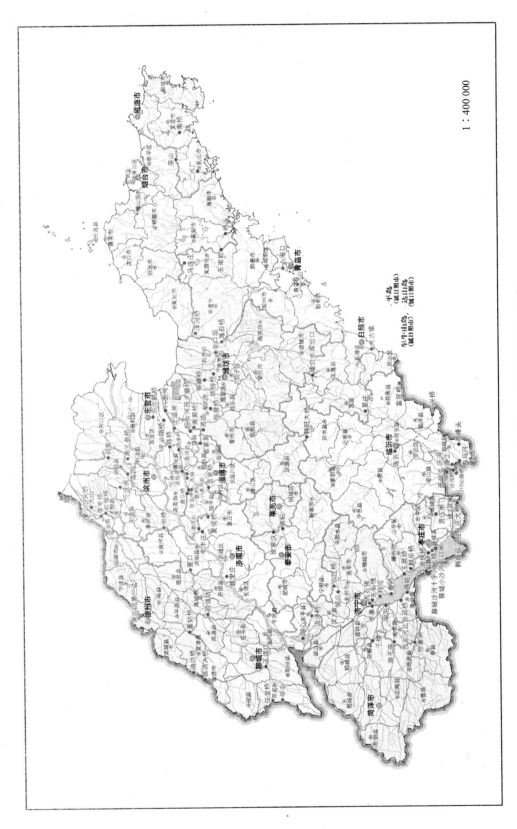

**图 10-1　山东省省控重点河流断面监测点位分布图**

当河流、流域（水系）的断面总数在 5 个（含 5 个）以上时，采用断面水质类别比例法，即根据评价河流、流域（水系）中各水质类别的断面数占河流、流域（水系）所有评价断面总数的百分比来评价其水质状况。河流、流域（水系）的断面总数在 5 个（含 5 个）以上时不做平均水质类别的评价。

河流、流域（水系）水质类别比例与水质定性评价分级的对应关系见表 10-2。

表 10-2　河流、流域（水系）水质定性评价分级

| 水质类别比例 | 水质状况 | 表征颜色 |
| --- | --- | --- |
| Ⅰ～Ⅲ类水质比例≥90% | 优 | 蓝色 |
| 75%≤Ⅰ～Ⅲ类水质比例＜90% | 良好 | 绿色 |
| Ⅰ～Ⅲ类水质比例＜75%，且劣Ⅴ类比例＜20% | 轻度污染 | 黄色 |
| Ⅰ～Ⅲ类水质比例＜75%，且20%≤劣Ⅴ类比例＜40% | 中度污染 | 橙色 |
| Ⅰ～Ⅲ类水质比例＜60%，且劣Ⅴ类比例≥40% | 重度污染 | 红色 |

# 第二节　地表水现状及评价

省控 67 条河流 142 个断面中，Ⅰ～Ⅲ类水质断面 34 个，占监测断面比例为 23.95%；Ⅳ类水质断面 30 个，占监测断面的 21.13%；Ⅴ类水质断面 26 个，占监测断面的 18.31%；劣Ⅴ类水质断面 52 个，占监测断面的 36.62%（图 10-2）。全省河流断面功能区达标率为 45.07%。全省河流高锰酸盐指数年均值为 7.55 mg/L，氨氮年均值为 1.93 mg/L，均值首次符合Ⅴ类水标准。

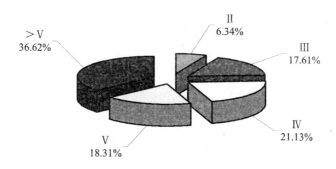

图 10-2　全省河流水质类别

## 一、主要河流水系水质

### （一）淮河流域

山东省辖淮河流域涉及 7 城市共 42 个县（市、区），总面积为 47 100 km²，人口约为 3 000 多万。流域内主要河流有 30 条、1 个湖泊及 8 座大中型水库，分布于南四湖、沂沭河两大水系。

沂河和沭河分别发源于淄博市沂源县和临沂市沂水县，均经临沂市郯城县出境进入江

苏（沭河支流新沭河经临沭县进入江苏），是鲁东南地区的两大主要河流。

### 1. 淮河流域总体水质

2010 年，淮河流域水质总体呈轻度污染。省控 30 条河流 55 个断面中，优于III类断面 13 个，占监测断面比例为 23.64%；IV类 22 个，占 40.00%；V类 14 个，占 25.45%；劣V类 6 个，占 10.91%。沂沭河流域 19 个断面均达到水环境功能区目标要求，南四湖流域有 12 个断面达到水环境功能区目标要求；10 个跨省界断面中，2 个断面符合III类标准，8 个断面符合IV类标准，均达到功能区划要求；淮河流域整体达标率为 60.00%。

淮河流域高锰酸盐指数年均值为 5.68 mg/L，氨氮年均值为 0.76 mg/L。与上年相比，流域内断面高锰酸盐指数均值下降了 11.7%，COD 均值下降了 8.2%，氨氮均值下降了 15.6%。水环境功能区目标要求达标率上升了 12.73%。该流域水质总体有明显好转（图 10-3）。

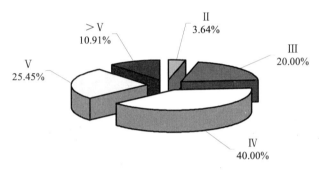

图 10-3　淮河流域河流水质类别图

### 2. 南四湖水系水质

2010 年，淮河流域的南四湖水系水质总体呈轻度污染。监测的 36 个断面中，II类断面 1 个，占 2.78%，III类断面 6 个，占 16.66%；IV类 9 个，占 25.00%；V类 14 个，占 38.89%；劣V类 6 个，占 16.67%。水质规划目标达标断面 12 个。与上年相比，优于III类断面所占比例上升了 11.11 个百分点，IV类水质断面持平，V类水质断面所占比例上升了 8.33 个百分点，劣V类水质断面所占比例下降了 19.44 个百分点；水环境功能区达标率上升了 11.11 个百分点。COD 均值下降 9.66%，氨氮均值下降 14.42%（图 10-4）。

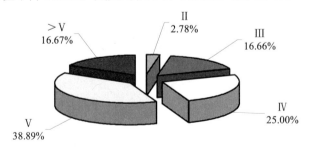

图 10-4　淮河流域南四湖水系河流水质类别图

### 3. 主要支流

（1）洙赵新河。2010 年，洙赵新河总体轻度污染。监测的 3 个断面中，菏泽菜园集水质为Ⅳ类，达到功能区规划目标；菏泽于楼水质为Ⅴ类，最大超标污染物石油类超标 1.06 倍；济宁喻屯水质为Ⅴ类，最大超标污染物 COD 超标 0.56 倍。

（2）东渔河。2010 年，东渔河总体呈中度污染。监测的 4 个断面中，菏泽大黄集和黄军营水质均为Ⅳ类；达到功能区规划目标；济宁西姚水质为Ⅴ类，最大超标污染物 COD 超标 0.78 倍；济宁徐寨水质为劣Ⅴ类，最大超标污染物 COD 超标 1.48 倍。

（3）泗河。2010 年，泗河总体呈轻度污染。监测的 4 个断面均位于济宁，泉林和兖州南大桥达到水环境功能区规划标准。断面水质类别和最大超标污染物及其超标倍数分别为：书院，Ⅴ类，COD 超标 0.53 倍；兖州南大桥，Ⅳ类，COD 超标 0.48 倍；尹沟，Ⅴ类，石油超标 1.24 倍。

（4）城郭河。2010 年城郭河总体呈轻度污染。监测的 3 个断面均位于枣庄，岩马水库、幸福桥和群乐桥水质分别为Ⅳ、劣Ⅴ、Ⅳ类，只有群乐桥达到功能区规划目标；岩马水库石油类超标 0.02 倍；幸福桥总磷超标 1.22 倍。

（5）京杭大运河。2010 年京杭大运河总体呈重度污染，监测的 5 个断面中，台儿庄大桥达到水环境功能区规划标准。其他 4 个断面李集、西石佛、邓楼、御景花园，均为劣Ⅴ类。

#### 4．主要污染物指标

由表 10-3 可知，36 个断面中在评价的 21 项指标中，有 9 项指标出现年均值超过Ⅲ类标准；其中高锰酸盐指数、COD、BOD、总磷有 18 个断面以上超过Ⅲ类标准；但超标倍数均较低。

表 10-3　2010 年南四湖水系主要污染指标汇总

| 项目名称 | 断面个数 | 超Ⅲ类断面个数 | 监测值/（mg/L） | | 年均值超标最高断面 | |
|---|---|---|---|---|---|---|
| | | | 最小值 | 最大值 | 断面名称 | 超标倍数（Ⅲ类） |
| pH | 36 | | 7.29 | 8.06 | | |
| 溶解氧 | 36 | 1 | 4.36 | 9.44 | 老运河西石佛 | 0.13 |
| 高锰酸盐指数 | 36 | 18 | 1.84 | 11.96 | 老运河西石佛 | 0.99 |
| 化学需氧量 | 36 | 24 | 13.8 | 49.58 | 东渔河徐寨 | 1.48 |
| 生化需氧量 | 36 | 20 | 2.46 | 6.63 | 东渔河徐寨 | 0.66 |
| 氨氮 | 36 | 9 | 0.257 | 3.176 | 光府河黄庄 | 2.18 |
| 总磷 | 36 | 18 | 0.033 | 0.952 | 光府河黄庄 | 3.76 |
| 铜 | 36 | | 0.0012 | 0.0478 | | |
| 锌 | 36 | | 0.003 | 0.042 | | |
| 氟化物 | 36 | 1 | 0.249 | 1.049 | 洙赵新河于楼 | 0.05 |
| 硒 | 36 | | 0.000047 | 0.000625 | | |
| 砷 | 36 | | 0.000587 | 0.01275 | | |
| 汞 | 36 | | 0.000025 | 0.000039 | | |
| 镉 | 36 | | 0.00004 | 0.0005 | | |
| 六价铬 | 36 | | 0.002 | 0.0107 | | |
| 铅 | 36 | | 0.00075 | 0.0055 | | |
| 氰化物 | 36 | | 0.002 | 0.0096 | | |
| 挥发酚 | 36 | | 0.0001 | 0.0024 | | |
| 石油类 | 36 | 13 | 0.013 | 0.183 | 老运河西石佛 | 2.66 |
| 阴离子表面活性剂 | 36 | 2 | 0.03 | 0.3 | 老运河西石佛 | 0.50 |
| 硫化物 | 36 | | 0.003 | 0.022 | | |

### 5. 南四湖水系水质月际变化

2010 年，南四湖水系水质以 1 月份水质最差，劣Ⅴ类占到 54.29%；12 月份水质最好，Ⅰ～Ⅳ类水质占到 97.14%（表 10-4、图 10-5）。

表 10-4　2010 年 1—12 月南四湖水系水质比较

| 月份<br>类别<br>比例% | 1月 | 2月 | 3月 | 4月 | 5月 | 6月 | 7月 | 8月 | 9月 | 10月 | 11月 | 12月 |
|---|---|---|---|---|---|---|---|---|---|---|---|---|
| 断面数 | 35 | 35 | 35 | 35 | 36 | 34 | 36 | 35 | 36 | 35 | 34 | 35 |
| Ⅰ～Ⅲ类 | 14.29 | 17.14 | 31.43 | 14.29 | 11.11 | 14.71 | 27.78 | 25.71 | 22.22 | 31.43 | 26.47 | 40.00 |
| Ⅳ | 17.14 | 25.71 | 17.14 | 14.29 | 30.56 | 20.59 | 36.11 | 28.57 | 13.89 | 31.43 | 29.41 | 54.29 |
| Ⅴ类 | 14.29 | 25.71 | 25.71 | 48.57 | 30.56 | 32.35 | 25.00 | 17.14 | 30.56 | 28.57 | 14.71 | 2.86 |
| 劣Ⅴ类 | 54.29 | 31.43 | 25.71 | 22.86 | 27.78 | 32.35 | 11.11 | 28.57 | 33.33 | 8.57 | 29.41 | 2.86 |
| 水质达标率 | 31.43 | 34.29 | 40.00 | 25.71 | 33.33 | 26.47 | 52.78 | 40.00 | 36.11 | 54.29 | 44.12 | 71.43 |
| COD超Ⅴ类 | 17.14 | 17.14 | 2.86 | 2.86 | 13.89 | 20.59 | 8.33 | 20.00 | 5.56 | 5.71 | 20.59 | 0.00 |
| 氨氮超Ⅴ类 | 17.14 | 14.29 | 14.29 | 2.86 | 0.00 | 2.94 | 5.56 | 5.71 | 5.56 | 5.71 | 5.88 | 0.00 |

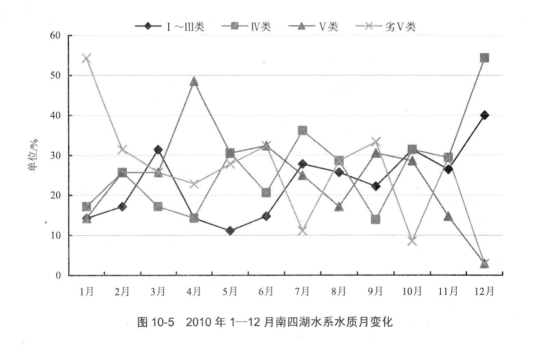

图 10-5　2010 年 1—12 月南四湖水系水质月变化

### 6. 沂沭河水系

2010 年，沂沭河水系水质总体呈轻度污染。监测的 19 个断面中，Ⅱ类 1 个，占 5.26%；Ⅲ类 5 个，占 26.32%；Ⅳ类 13 个，占 68.42%。水质类别分类见图 10-6。水质规划目标断面达标率为 100%。与上年相比，优于Ⅲ类水质断面增加了 2 个，Ⅳ类水质断面减少了 1 个，Ⅴ类减少了 1 个；水环境功能区达标率上升了 5.26 个百分点；COD 均值下降 4.02%，氨氮均值下降 21.54%；总体水质略有好转。

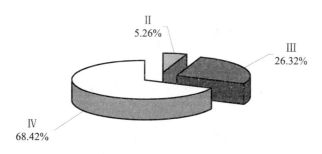

**图 10-6 沂河流域河流水质类别**

（1）沂河。2010 年，沂河总体良好。监测的 4 个断面均达到了水环境功能区规划标准，其中韩旺大桥断面位于淄博，其余 3 个位于临沂。韩旺大桥、港上、跋山水库、临沂新大桥水质分别为Ⅲ、Ⅲ、Ⅱ、Ⅳ类。

（2）沭河。2010 年，沭河总体呈轻度污染。监测的 4 个断面中，青峰岭水库为Ⅲ类水质，大官庄闸、高峰头、夏庄为Ⅳ类水质，均达到水环境功能区规划标准。

（3）跨界断面水质：①水质类别。沂沭河水系的跨省市界断面有 10 个，其中Ⅲ类水质占 20%，Ⅳ类水质占 70%，Ⅴ类水质占 10%，属轻度污染。8 个省界断面全部为鲁—苏跨界断面，和上年相比，10 个断面水质类别未发生变化，总体水质持平（表 10-5）。

②主要监测指标。由表 10-6 可知，19 个断面中在评价的 21 项指标中，有 6 项指标出现年均值超过Ⅲ类标准；其中高锰酸盐指数、生化需氧量、氨氮仅有 1 个断面超过Ⅲ类标准；该流域水质较好。

**表 10-5 沂沭河水系跨界断面水质**

| 城市名称 | 河流名称 | 断面名称 | 上下游市（省） | 2010 年水质 | 2009 年水质 |
|---|---|---|---|---|---|
| 淄博 | 沂河 | 韩旺水库 | 淄博—临沂 | Ⅲ | Ⅲ |
| 临沂 | 沂河 | 港上 | 鲁—苏 | Ⅲ | Ⅲ |
| 临沂 | 沭河 | 夏庄 | 日照—临沂 | Ⅳ | Ⅳ |
| 临沂 | 沭河 | 高峰头 | 鲁—苏 | Ⅳ | Ⅳ |
| 临沂 | 白马河 | 捷庄 | 鲁—苏 | Ⅳ | Ⅳ |
| 临沂 | 新沭河 | 临沭大兴桥 | 鲁—苏 | Ⅳ | Ⅳ |
| 临沂 | 张疃河 | 张疃桥 | 鲁—苏 | Ⅳ | Ⅳ |
| 临沂 | 武河 | 310 公路桥 | 鲁—苏 | Ⅳ | Ⅳ |
| 临沂 | 东郊苍分洪道 | 东偏泓 | 鲁—苏 | Ⅴ | Ⅴ |
| 临沂 | 沙沟河 | 沙沟桥 | 鲁—苏 | Ⅳ | Ⅳ |

**表 10-6 2010 年沂沭河水系主要污染指标汇总**

| 项目名称 | 断面个数 | 超Ⅲ类断面个数 | 监测值/（mg/L） | | 年均值超标最高断面 | |
|---|---|---|---|---|---|---|
| | | | 最小值 | 最大值 | 断面名称 | 超标倍数（Ⅲ类） |
| pH | 19 | | 7.2 | 8.13 | | |
| 溶解氧 | 19 | | 6.43 | 10.76 | | |
| 高锰酸盐指数 | 19 | 1 | 3.11 | 6.17 | 沭河高峰头 | 0.03 |

| 项目名称 | 断面个数 | 超Ⅲ类断面个数 | 监测值/（mg/L） | | 年均值超标最高断面 | |
|---|---|---|---|---|---|---|
| | | | 最小值 | 最大值 | 断面名称 | 超标倍数（Ⅲ类） |
| 化学需氧量 | 19 | 5 | 12.58 | 22.08 | 沭河夏庄 | 0.10 |
| 生化需氧量 | 19 | 1 | 2.12 | 4.96 | 沭河夏庄 | 0.24 |
| 氨氮 | 19 | 1 | 0.216 | 1.048 | 沭河夏庄 | 0.05 |
| 总磷 | 19 | | 0.005 | 0.199 | | |
| 铜 | 19 | | 0.0005 | 0.0045 | | |
| 锌 | 19 | | 0.013 | 0.025 | | |
| 氟化物 | 19 | | 0.142 | 0.577 | | |
| 硒 | 19 | | 0.0001 | 0.00235 | | |
| 砷 | 19 | | 0.000138 | 0.007 | | |
| 汞 | 19 | 1 | 0.000003 | 0.000104 | 邳苍分洪道西偏泓 | 0.04 |
| 镉 | 19 | | 0.0005 | 0.002 | | |
| 六价铬 | 19 | | 0.002 | 0.002 | | |
| 铅 | 19 | | 0.005 | 0.01 | | |
| 氰化物 | 19 | | 0.002 | 0.0037 | | |
| 挥发酚 | 19 | | 0.001 | 0.0015 | | |
| 石油类 | 19 | 11 | 0.022 | 0.212 | 武河310公路桥 | 3.24 |
| 阴离子表面活性剂 | 19 | | 0.03 | 0.09 | | |
| 硫化物 | 19 | | 0.001 | 0.003 | | |

（4）沂沭河水系水质月际变化。由表10-7和图10-7可知：2010年12月污染最重，Ⅴ类占到5.56%，其他月份均为0，以6、7月水质最好，符合Ⅰ～Ⅲ类水质占到75%。6、7月水质状况良，其他10个月均为轻度污染。

表10-7　2010年1—12月沂沭河水系水质比较

| 月份<br>类别<br>比例% | 1月 | 2月 | 3月 | 4月 | 5月 | 6月 | 7月 | 8月 | 9月 | 10月 | 11月 | 12月 |
|---|---|---|---|---|---|---|---|---|---|---|---|---|
| 断面数 | 19 | 18 | 18 | 18 | 16 | 15 | 18 | 19 | 19 | 19 | 19 | 19 |
| Ⅰ～Ⅲ类 | 36.84 | 31.58 | 33.33 | 93.75 | 50.00 | 75.00 | 75.00 | 44.44 | 66.67 | 55.56 | 61.11 | 50.00 |
| Ⅳ类 | 63.16 | 68.42 | 66.67 | 6.25 | 50.00 | 25.00 | 25.00 | 55.56 | 33.33 | 44.44 | 38.89 | 44.44 |
| Ⅴ类 | | | | | | | | | | | | 5.56 |
| 水质达标率 | 100.00 | 94.74 | 100.00 | 100.00 | 100.00 | 100.00 | 100.00 | 100.00 | 100.00 | 100.00 | 100.00 | 88.89 |
| COD超Ⅴ类 | 0.00 | 0.00 | 0.00 | 0.00 | 0.00 | 0.00 | 0.00 | 0.00 | 0.00 | 0.00 | 0.00 | 0.00 |
| 氨氮超Ⅴ类 | 0.00 | 0.00 | 0.00 | 0.00 | 0.00 | 0.00 | 0.00 | 0.00 | 0.00 | 0.00 | 0.00 | 0.00 |

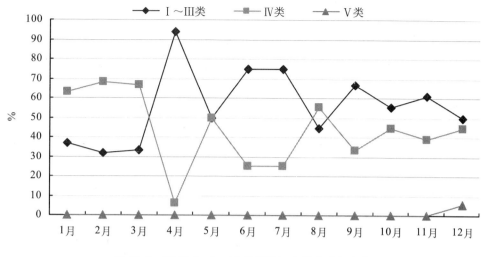

图 10-7 2010 年 1—12 月沂沭河水系水质月变化

## （二）海河流域

山东省辖海河流域位于鲁西北平原，东南以黄河为界，西北以漳卫南运河和漳卫新河与河北省相邻，流域面积 26281 km²。流域内主要分布两大水系，即徒骇河、马颊河水系和漳卫南运河水系，主要河流有：徒骇河、马颊河、卫运河、漳卫新河、德惠新河和潮河。另外，金堤河是全省与河南省的一条交界河流，该河历史上属黄河水系，但早已失去其原有的功能，现主要接纳河南省濮阳、范县、台前等市、县的污废水，由于地势南高北低的自然地理因素，河水全部通过山东省聊城辖区的莘县和阳谷汇入徒骇河水系。

### 1. 海河流域总体水质

2010 年海河流域水质总体呈重度污染。监测的 27 个断面中，符合 V 类的有 5 个，占 18.5%；劣 V 类 22 个，占 81.5%。水质类别与上年持平。全流域无断面达到水环境功能区目标要求，海河流域达标率为 0%。流域内主要污染指标为 COD、氨氮和挥发酚等。

高锰酸盐指数年均值为 10.57 mg/L，氨氮年均值为 3.04 mg/L。与上年相比，流域内断面高锰酸盐指数均值下降了 11.9%，COD 年均值下降了 13.5%，氨氮均值上升了 10.1%。

### 2. 流域内主要河流

（1）卫运河。卫运河总体呈重度污染。监测的 4 个断面均为劣 V 类水质。断面最大超标污染物及其超标倍数分别为油坊桥挥发酚超标 6.46 倍、称勾湾氨氮超标 4.90 倍、临清大桥氨氮超标 3.78 倍、第三店总磷超标 2.06 倍。

（2）德惠新河。德惠新河总体呈重度污染，监测的 3 个断面，除大山达到 V 类水质，其他 2 个断面均为劣 V 类水质。断面最大超标污染物及其超标倍数分别为十里铺挥发酚超标 4.36 倍、王杠子闸石油类超标 4.16 倍、大山石油类超标 1.76 倍。

（3）马颊河。马颊河总体呈重度污染，监测的 6 个断面，除任堂桥达到 V 类水质，其他 5 个断面均为劣 V 类水质。断面最大超标污染物及其超标倍数分别为任堂桥五日生化需氧量超标 1.10 倍、千户营五日生化需氧量超标 1.78 倍、任家桥挥发酚超标 2.80 倍、董姑桥石油类超标 2.38 倍、张习桥总磷超标 9.67 倍、胜利桥氨氮超标 3.99 倍。

（4）徒骇河。徒骇河总体呈重度污染，监测的6个断面中，富国为Ⅴ类水质，其他5个断面均为劣Ⅴ类水质。断面最大超标污染物及其超标倍数分别为毕屯氨氮超标7.54倍、莘县桥五日生化需氧量超标2.21倍、前油坊氨氮超标4.11倍、夏口氨氮超标3.26倍、富国石油类超标0.76倍、申桥石油类超标3.34倍。

### 3．主要监测指标

由表10-8可知，27个断面中在评价的21项指标中，有11项指标出现年均值超过Ⅲ类标准，其中化学需氧量、生化需氧量和氨氮27个断面年均值均超过Ⅲ类标准。马颊河张习桥总磷年均值超标9.67倍，徒骇河毕屯氨氮年均值超标7.54倍，潮河邵家年均值超标7.22倍。

### 4．海河流域水质月际变化

2010年1—12月海河流域水质月际有小幅度变化，以3月污染最为严重，劣Ⅴ类水质达到96.15%（表10-9，图10-8）。

表10-8　2010年海河流域主要污染指标汇总

| 项目名称 | 断面个数 | 超Ⅲ类断面个数 | 监测值/（mg/L） | | 年均值超标最高断面 | |
| --- | --- | --- | --- | --- | --- | --- |
| | | | 最小值 | 最大值 | 断面名称 | 超标倍数（Ⅲ类） |
| pH | 27 | | 7.59 | 8.56 | | |
| 溶解氧 | 27 | 10 | 3.27 | 10.87 | 潮河邵家 | 0.35 |
| 高锰酸盐指数 | 27 | 27 | 6.42 | 18.98 | 卫运河临清大桥 | 2.16 |
| 化学需氧量 | 27 | 27 | 21.67 | 64.89 | 马颊河董姑桥 | 2.24 |
| 生化需氧量 | 27 | 27 | 5 | 17.96 | 卫运河临清大桥 | 3.49 |
| 氨氮 | 27 | 24 | 0.842 | 8.543 | 徒骇河毕屯 | 7.54 |
| 总磷 | 27 | 18 | 0.038 | 2.133 | 马颊河张习桥 | 9.67 |
| 铜 | 27 | | 0.0005 | 0.025 | | |
| 锌 | 27 | | 0.003 | 0.065 | | |
| 氟化物 | 27 | 11 | 0.336 | 1.538 | 卫运河油坊 | 0.54 |
| 硒 | 27 | | 0.000413 | 0.0028 | | |
| 砷 | 27 | | 0.00005 | 0.009278 | | |
| 汞 | 27 | 1 | 0.000019 | 0.000109 | 潮河邵家 | 0.09 |
| 镉 | 27 | | 0.00001 | 0.000841 | | |
| 六价铬 | 27 | | 0.002 | 0.002 | | |
| 铅 | 27 | | 0.00005 | 0.002091 | | |
| 氰化物 | 27 | | 0.002 | 0.0079 | | |
| 挥发酚 | 27 | 10 | 0.001 | 0.0409 | 岔河田龙庄 | 7.18 |
| 石油类 | 27 | 26 | 0.03 | 0.411 | 潮河邵家 | 7.22 |
| 阴离子表面活性剂 | 27 | 4 | 0.03 | 0.26 | 岔河田龙庄 | 0.30 |
| 硫化物 | 27 | | 0.003 | 0.064 | | |

表 10-9 2010 年 1—12 月海河流域水质比较

| 月份<br>类别<br>比例% | 1月 | 2月 | 3月 | 4月 | 5月 | 6月 | 7月 | 8月 | 9月 | 10月 | 11月 | 12月 |
|---|---|---|---|---|---|---|---|---|---|---|---|---|
| 断面数 | 24 | 25 | 26 | 25 | 25 | 25 | 22 | 24 | 23 | 23 | 22 | 24 |
| I～III类 | | | | | | | | | | | | |
| IV类 | | | | | 4.00 | 16.00 | 4.55 | | | 13.04 | 9.09 | 16.67 |
| V类 | 8.33 | 12.00 | 3.85 | 28.00 | 28.00 | 24.00 | 27.27 | 20.83 | 17.39 | 17.39 | 18.18 | 16.67 |
| 劣V类 | 91.67 | 88.00 | 96.15 | 72.00 | 68.00 | 60.00 | 68.18 | 79.17 | 82.61 | 69.57 | 72.73 | 66.67 |
| 水质达标率 | 0.00 | 0.00 | 0.00 | 0.00 | 0.00 | 0.00 | 0.00 | 0.00 | 0.00 | 13.04 | 4.55 | 8.33 |
| COD超V类 | 79.17 | 72.00 | 69.23 | 52.00 | 56.00 | 36.00 | 59.09 | 50.00 | 21.74 | 30.43 | 50.00 | 45.83 |
| 氨氮超V类 | 75.00 | 76.00 | 92.31 | 40.00 | 40.00 | 36.00 | 27.27 | 25.00 | 34.78 | 21.74 | 36.36 | 37.50 |

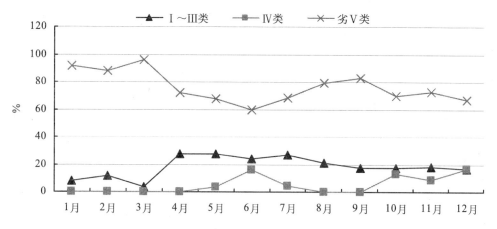

图 10-8 2010 年 1—12 月海河流域水质月变化

## （三）黄河水系

黄河由河南省兰考县入山东省境，流经菏泽、聊城、泰安、济南、德州、滨州、淄博、东营 8 个市辖区，由垦利县注入渤海。

2010 年，黄河流域水质总体呈中度污染。监测的 10 个断面中，II 类水质占 10%，III 类占 50%，IV 类占 20%，劣 V 类占 20%。水质类别分类见图 10-9。水质规划目标断面达标率为 70%。水质类别 III 类水质增加 1 个，劣 V 类水质减少 1 个、水环境功能区达标率与上年持平，总体水质保持稳定。

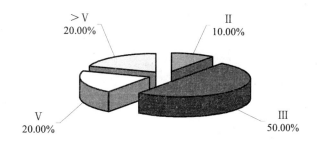

图 10-9 黄河流域河流水质类别

### 1. 黄河

2010 年黄河干流山东段总体属于优。黄河泺口断水质为 II 类，其他 2 个断面水质均为 III 类水质，均达到了水环境功能区规划的标准要求。

### 2. 大汶河

2010 年大汶河总体呈中度污染。监测的 5 个断面中，只有大汶口未达到水环境功能区规划标准要求，其余 4 个断面均达标。超标断面水质类别、最大超标污染物及超标倍数为大汶口，劣 V 类，氨氮超标 1.03 倍。

### 3. 主要监测指标

由表 10-10 可知，10 个断面在评价的 21 项指标中，有 4 项指标出现年均值超过 III 类标准。北大沙河入黄河口断面的 COD、TP 年均值为流域的最大值，大汶河大汶口断面的生化需氧量和氨氮为该流域的最大值。

表 10-10　2010 年黄河水系主要污染指标汇总

| 项目名称 | 断面个数 | 超III类断面个数 | 监测值/（mg/L） | | 年均值超标最高断面 | |
| --- | --- | --- | --- | --- | --- | --- |
| | | | 最小值 | 最大值 | 断面名称 | 超标倍数（III类） |
| pH | 10 | | 7.43 | 8.55 | | |
| 溶解氧 | 10 | | 7.14 | 9.43 | | |
| 高锰酸盐指数 | 10 | | 1.72 | 5.97 | | |
| 化学需氧量 | 10 | 3 | 14.42 | 42.8 | 北大沙河入黄河口 | 1.14 |
| 生化需氧量 | 10 | 4 | 1.24 | 6.78 | 大汶河大汶口 | 0.70 |
| 氨氮 | 10 | 2 | 0.208 | 2.029 | 大汶河大汶口 | 1.03 |
| 总磷 | 10 | 2 | 0.045 | 1.046 | 北大沙河入黄河口 | 4.23 |
| 铜 | 10 | | 0.0054 | 0.0313 | | |
| 锌 | 10 | | 0.008 | 0.044 | | |
| 氟化物 | 10 | | 0.339 | 0.819 | | |
| 硒 | 9 | | 0.000072 | 0.0015 | | |
| 砷 | 10 | | 0.00005 | 0.007792 | | |
| 汞 | 10 | | 0.000009 | 0.000092 | | |
| 镉 | 10 | | 0.00001 | 0.000715 | | |
| 六价铬 | 10 | | 0.002 | 0.0098 | | |
| 铅 | 10 | | 0.00005 | 0.010175 | | |
| 氰化物 | 10 | | 0.002 | 0.0047 | | |
| 挥发酚 | 10 | | 0.0001 | 0.0036 | | |
| 石油类 | 10 | | 0.003 | 0.04 | | |
| 阴离子表面活性剂 | 9 | | 0.03 | 0.12 | | |
| 硫化物 | 10 | | 0.003 | 0.011 | | |

### 4. 黄河水系水质月际变化

由表 10-11 和图 10-10 可知，2010 年 1—12 月黄河水系水质有所波动，以 10 月份水质最好，7 月份水质最差。

表 10-11 2010 年 1—12 月黄河水系水质比较

| 月份<br>类别<br>比例% | 1月 | 2月 | 3月 | 4月 | 5月 | 6月 | 7月 | 8月 | 9月 | 10月 | 11月 | 12月 |
|---|---|---|---|---|---|---|---|---|---|---|---|---|
| 断面数 | 10 | 10 | 10 | 10 | 10 | 10 | 10 | 10 | 10 | 10 | 10 | 10 |
| Ⅰ～Ⅲ类 | 60.00 | 30.00 | 40.00 | 50.00 | 40.00 | 60.00 | 50.00 | 40.00 | 60.00 | 80.00 | 60.00 | 60.00 |
| Ⅳ类 | 20.00 | 40.00 | 30.00 | 20.00 | 30.00 | 10.00 | | 40.00 | 30.00 | 10.00 | 40.00 | 20.00 |
| Ⅴ类 | | | 10.00 | 10.00 | | 20.00 | 10.00 | 10.00 | 10.00 | 10.00 | | 10.00 |
| 劣Ⅴ类 | 20.00 | 30.00 | 20.00 | 20.00 | 30.00 | 10.00 | 40.00 | 10.00 | | | | 10.00 |
| 水质达标率 | 70.00 | 50.00 | 60.00 | 60.00 | 50.00 | 80.00 | 50.00 | 80.00 | 80.00 | 100.00 | 90.00 | 70.00 |
| COD 超Ⅴ类 | 10.00 | 10.00 | 10.00 | 10.00 | 0.00 | 10.00 | 30.00 | 10.00 | 10.00 | 10.00 | 10.00 | 10.00 |
| 氨氮超Ⅴ类 | 10.00 | 20.00 | 11.11 | 10.00 | 10.00 | 10.00 | 10.00 | 0.00 | 0.00 | 0.00 | 0.00 | 0.00 |

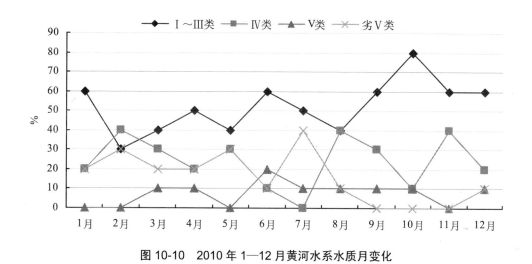

图 10-10 2010 年 1—12 月黄河水系水质月变化

## （四）小清河流域

小清河源于济南睦里庄，自西向东流经济南、淄博、滨州、东营，至潍坊市羊角沟注入莱州湾。上游济南市区的生活污水和工业废水大部分流入小清河，中游 2 条主要支流（孝妇河、朱龙河）接纳淄博市的废水后于浮桥断面上游分别汇入小清河干流。

### 1. 水质总体评价

2010 年，小清河流域水质总体呈重度污染。监测的 22 个断面中，符合Ⅱ类、Ⅲ类、Ⅴ类水质的断面分别为 1 个，各占 4.55%；劣Ⅴ类断面 19 个，占 86.36%。水质类别分类见图 10-11。水质规划目标断面达标率为 9.09%，较上年上升了 4.54 个百分点。高锰酸盐指数年均值为 12.26mg/L，氨氮年均值为 5.49mg/L。与上年相比，流域内断面高锰酸盐指数均值下降了 16.5%，COD 浓度均值下降了 21.6%，氨氮均值下降了 31.7%。该流域总体进入了水质持续改善期，水质进一步改善。

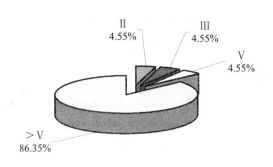

**图 10-11　小清河流域河流水质类别**

### 2．小清河干流水质

2010 年小清河干流总体呈重度污染。9 个监测断面中，源头睦里庄断面水质符合Ⅲ类标准，达到规划目标要求；除位桥最大超标污染物为石油类，超标 6.34 倍外，其余 7 个断面水质均超过Ⅴ类，最大超标污染物均为氨氮，超标倍数分别为：还乡店超标 7.11 倍、辛丰庄超标 8.30 倍、浮桥超标 6.85 倍、石村超标 7.30 倍、金家闸超标 5.91 倍、三岔超标 6.60 倍、羊口超标 7.44 倍。

### 3．小清河支流水质

2010 年小清河支流总体呈重度污染。小清河流域支流 13（2 个断流）个断面中只有孝妇河的神头为Ⅱ类水质，北支新河的宋旺桥达到Ⅴ类标准，其余 11 个皆为劣Ⅴ类。

### 4．主要监测指标表

由表 10-12 可知，22 个监测断面在评价的 21 项指标中，有 11 项指标出现年均值超过Ⅲ类标准。其中溶解氧、高锰酸盐指数、COD、生化需氧量、氨氮、TP 超过Ⅲ类标准的断面在 15 个以上。年均值超标的断面中，预备河甄庙断面汞超过Ⅲ类标准 17.26 倍；阳河苏庙闸断面总磷年均值超过Ⅲ类标准 27.28 倍；织女河三座楼断面，石油类年均值超过Ⅲ类标准 26.66 倍。

**表 10-12　2010 年小清河水系主要污染指标汇总**

| 项目名称 | 断面个数 | 超Ⅲ类断面个数 | 监测值/（mg/L） | | 年均值超标最高断面 | |
| --- | --- | --- | --- | --- | --- | --- |
| | | | 最小值 | 最大值 | 断面名称 | 超标倍数（Ⅲ类） |
| pH | 22 | | 7.2 | 8.25 | | |
| 溶解氧 | 22 | 18 | 1.47 | 8.63 | 小清河大码头 | 0.71 |
| 高锰酸盐指数 | 22 | 19 | 1.29 | 21.77 | 张增河八面河 | 2.63 |
| 化学需氧量 | 22 | 20 | 7.5 | 75.65 | 阳河苏庙闸 | 2.78 |
| 生化需氧量 | 22 | 20 | 0.97 | 19.4 | 小清河羊口 | 3.85 |
| 氨氮 | 22 | 19 | 0.016 | 10.784 | 孝妇河长山 | 9.78 |
| 总磷 | 22 | 19 | 0.01 | 5.656 | 阳河苏庙闸 | 27.28 |
| 铜 | 22 | | 0.002 5 | 0.032 1 | | |
| 锌 | 22 | | 0.003 | 0.107 | | |
| 氟化物 | 22 | 7 | 0.235 | 3.911 | 张增河八面河 | 2.91 |

| 项目名称 | 断面个数 | 超III类断面个数 | 监测值/（mg/L） | | 年均值超标最高断面 | |
|---|---|---|---|---|---|---|
| | | | 最小值 | 最大值 | 断面名称 | 超标倍数（III类） |
| 硒 | 22 | | 0.000 09 | 0.002 5 | | |
| 砷 | 22 | | 0.001 136 | 0.014 8 | | |
| 汞 | 22 | 8 | 0.000 003 | 0.001 8 | 预备河甄庙 | 17.26 |
| 镉 | 22 | | 0.000 01 | 0.002 | | |
| 六价铬 | 22 | | 0.002 | 0.002 | | |
| 铅 | 22 | | 0.000 05 | 0.029 2 | | |
| 氰化物 | 22 | | 0.002 | 0.043 8 | | |
| 挥发酚 | 22 | 14 | 0.000 1 | 0.026 1 | 小清河石村 | 4.22 |
| 石油类 | 22 | 17 | 0.02 | 1.383 | 织女河三座楼 | 26.66 |
| 阴离子表面活性剂 | 22 | 10 | 0.03 | 0.44 | 小清河石村 | 1.20 |
| 硫化物 | 22 | | 0.003 | 0.039 | | |

## 5. 小清河水系水质月际变化

由表 10-13 和图 10-12 可知：2010 年 1—12 月小清河水系水质月际无明显变化，全年水质污染严重，始终为重度污染状态。

表 10-13　2010 年 1—12 月小清河水系水质比较

| 月份<br>类别<br>比例% | 1 月 | 2 月 | 3 月 | 4 月 | 5 月 | 6 月 | 7 月 | 8 月 | 9 月 | 10 月 | 11 月 | 12 月 |
|---|---|---|---|---|---|---|---|---|---|---|---|---|
| 断面数 | 21 | 22 | 22 | 22 | 22 | 22 | 22 | 22 | 22 | 22 | 22 | 21 |
| I～III类 | 9.52 | 9.09 | 9.09 | 9.09 | 9.09 | 4.55 | 9.09 | 4.55 | 9.09 | 9.09 | 4.55 | 4.76 |
| IV类 | 0.00 | 0.00 | 0.00 | 0.00 | 0.00 | 4.55 | 0.00 | 4.55 | 0.00 | 0.00 | 4.55 | 4.76 |
| V类 | 0.00 | 4.55 | 4.55 | 4.55 | 4.55 | 4.55 | 0.00 | 0.00 | 0.00 | 9.09 | 4.55 | 4.76 |
| 劣V类 | 90.48 | 86.36 | 86.36 | 86.36 | 86.36 | 86.36 | 90.91 | 90.91 | 90.91 | 81.82 | 86.36 | 85.71 |
| 水质达标率 | 9.52 | 9.09 | 9.09 | 9.09 | 9.09 | 4.55 | 9.09 | 4.55 | 9.09 | 13.64 | 4.55 | 4.76 |
| COD 超V类 | 78.95 | 70.00 | 75.00 | 80.00 | 75.00 | 70.00 | 80.00 | 65.00 | 50.00 | 45.00 | 50.00 | 42.11 |
| 氨氮超V类 | 73.68 | 80.00 | 85.00 | 85.00 | 75.00 | 60.00 | 65.00 | 80.00 | 65.00 | 65.00 | 70.00 | 73.68 |

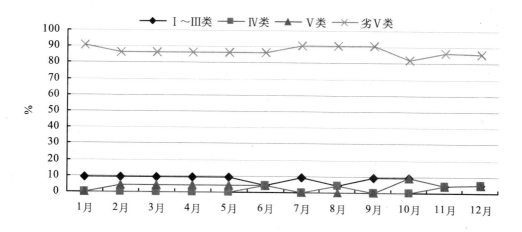

图 10-12　2010 年 1—12 月小清河水系水质月变化

## （五）半岛流域

山东半岛流域主要有汇入莱州湾的白浪河、潍河、广利河、胶莱河以及注入黄海的大沽河（青岛）、大沽夹河（烟台）、母猪河（威海）等。

### 1．水质总体评价

2010年，半岛流域水质总体呈轻度污染。监测的28个断面中，优于Ⅲ类水质的断面有13个，占监测断面比例为46.5%，符合Ⅳ类水质的断面有6个，占监测断面比例为21.4%，符合Ⅴ类水质的断面有6个，占监测断面比例为21.4%，其余3个断面均劣于Ⅴ类，占监测断面比例为10.7%；有24个断面达标，达标率为85.7%。水质类别分类见图10-13。

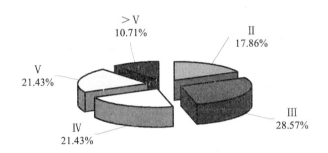

> Ⅴ
10.71%

Ⅱ
17.86%

Ⅴ
21.43%

Ⅲ
28.57%

Ⅳ
21.43%

图10-13　半岛流域河流水质类别

高锰酸盐指数年均值为5.89mg/L，氨氮年均值为0.82mg/L。与上年相比，流域内断面高锰酸盐指数均值上升了4.2%，氨氮均值上升了7.9%。

与上年相比，在28个可比断面中，主要污染指标COD下降的断面13个，持平2个，氨氮下降的断面14个。COD浓度均值上升了0.81%，氨氮均值浓度上升了7.9%。该流域河流水质一直保持较好状态。

### 2．主要河流水质

（1）白浪河。2010年，白浪河总体呈中度污染，3个监测断面中均达到了水环境功能区规划标准。

（2）潍河。2010年，潍河总体水质属于良好，除峡山水库入口未达到功能区划外，其他3个监测断面均达标功能区划标准。

（3）广利河。2010年，广利河呈中度污染，3个监测断面都符合Ⅴ类水质标准，达到了水环境功能区规划标准。

（4）胶莱河。2010年，胶莱河呈重度污染，是半岛沿海诸河中污染最重的河流。2个监测断面都是劣Ⅴ类水质，其最大超标污染物及超标倍数分别为：潍石桥五日生化需氧量2.42倍、新河闸五日生化需氧量2.90倍。

（5）母猪河。2010年，母猪河为良好，4个监测断面均达到了水环境功能区规划标准。

（6）大沽河。2010年，大沽河为良好，大沽河是胶东半岛的主要河流之一，位于青岛市辖区内。4个监测断面都达到了水环境功能区规划标准。

### 3．主要监测指标

由表10-14可知，28个监测断面在评价的21项指标中，有12项指标出现年均值超过

III类标准。年均值超标的断面中，广利河沙营断面汞、挥发酚、石油类、阴离子表面活性剂4项指标均为该流域最大值，其中汞超过III类标准0.70倍；黄垒河巫山断面砷年均值超过III类标准0.06倍；北胶莱河流河闸断面，其高锰酸盐指数、COD、五日生化需氧量、氨氮和总磷都是该流域最大值；氨氮年均值超过III类标准5.73倍。

表 10-14 2010年半岛流域主要污染指标汇总

| 项目名称 | 断面个数 | 超III类断面个数 | 监测值/（mg/L） | | 年均值超标最高断面 | |
|---|---|---|---|---|---|---|
| | | | 最小值 | 最大值 | 断面名称 | 超标倍数（III类） |
| pH | 28 | | 6.89 | 8.31 | | |
| 溶解氧 | 28 | 2 | 4.54 | 10.99 | 广利港广利港 | 0.09 |
| 高锰酸盐指数 | 28 | 8 | 1.77 | 18.23 | 北胶新河流河闸 | 2.04 |
| 化学需氧量 | 28 | 12 | 6.08 | 81.75 | 北胶新河流河闸 | 3.09 |
| 生化需氧量 | 28 | 13 | 1 | 25.5 | 北胶新河流河闸 | 5.38 |
| 氨氮 | 28 | 7 | 0.015 | 6.729 | 北胶新河流河闸 | 5.73 |
| 总磷 | 28 | 8 | 0.005 | 0.461 | 北胶新河流河闸 | 1.31 |
| 铜 | 28 | | 0.000 5 | 0.132 4 | | |
| 锌 | 28 | | 0.001 | 0.376 | | |
| 氟化物 | 28 | 4 | 0.271 | 1.846 | 胶莱河滩石桥 | 0.85 |
| 硒 | 26 | | 0.000 1 | 0.001 25 | | |
| 砷 | 28 | 1 | 0.001 063 | 0.052 875 | 黄垒河巫山 | 0.06 |
| 汞 | 28 | 3 | 0.000 025 | 0.000 17 | 广利河沙营 | 0.70 |
| 镉 | 28 | | 0.000 05 | 0.004 646 | | |
| 六价铬 | 28 | | 0.002 | 0.003 | | |
| 铅 | 28 | | 0.000 25 | 0.018 367 | | |
| 氰化物 | 28 | | 0.002 | 0.158 9 | | |
| 挥发酚 | 28 | 4 | 0.000 6 | 0.020 1 | 广利河沙营 | 3.02 |
| 石油类 | 28 | 9 | 0.005 | 0.8 | 广利河沙营 | 15.00 |
| 阴离子表面活性剂 | 28 | 1 | 0.02 | 0.22 | 广利河沙营 | 0.10 |
| 硫化物 | 28 | | 0.001 | 0.005 | | |

#### 4. 半岛流域主要河流水质月际变化

由表10-15和图10-14可知：2010年1—12月，半岛流域主要河流断面水质类别所占比例变化不大，全年总体水质无明显变化。

表 10-15 2010年1—12月半岛流域主要河流水质比较

| 月份 / 类别比例% | 1月 | 2月 | 3月 | 4月 | 5月 | 6月 | 7月 | 8月 | 9月 | 10月 | 11月 | 12月 |
|---|---|---|---|---|---|---|---|---|---|---|---|---|
| 断面数 | 27 | 27 | 28 | 28 | 28 | 28 | 28 | 28 | 28 | 28 | 28 | 28 |
| I～III类 | 48.15 | 51.85 | 50.00 | 50.00 | 50.00 | 53.57 | 42.86 | 53.57 | 57.14 | 46.43 | 46.43 | 46.43 |
| IV | 11.11 | 7.41 | 14.29 | 10.71 | 14.29 | 14.29 | 21.43 | 14.29 | 10.71 | 14.29 | 14.29 | 17.86 |

| 类别<br>比例% \ 月份 | 1月 | 2月 | 3月 | 4月 | 5月 | 6月 | 7月 | 8月 | 9月 | 10月 | 11月 | 12月 |
|---|---|---|---|---|---|---|---|---|---|---|---|---|
| V类 | 25.93 | 29.63 | 25.00 | 25.00 | 21.43 | 21.43 | 21.43 | 21.43 | 21.43 | 28.57 | 25.00 | 25.00 |
| 劣V类 | 14.81 | 11.11 | 10.71 | 14.29 | 14.29 | 10.71 | 14.29 | 10.71 | 10.71 | 10.71 | 14.29 | 10.71 |
| 水质达标率 | 81.48 | 85.19 | 85.71 | 82.14 | 85.71 | 85.71 | 82.14 | 85.71 | 85.71 | 82.14 | 82.14 | 82.14 |
| COD超V类 | 17.24 | 17.24 | 16.67 | 16.67 | 16.67 | 16.67 | 16.67 | 13.33 | 13.33 | 10.00 | 10.00 | 16.67 |
| 氨氮超V类 | 10.34 | 10.34 | 13.33 | 13.33 | 16.67 | 16.67 | 10.00 | 6.67 | 6.67 | 6.67 | 6.67 | 3.33 |

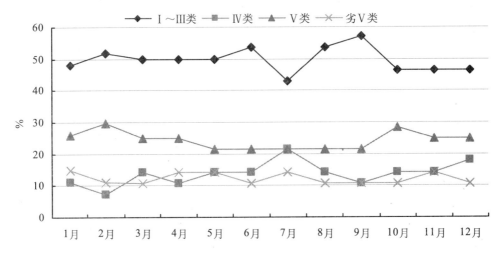

图 10-14　2010 年 1—12 月半岛流域主要河流水质月变化

## 二、主要流域比较

2010 年，山东境内水质较好的流域为沂沭河流域、半岛流域和黄河流域，污染程度最重的为海河流域，其次为小清河流域和南四湖流域（表 10-16、图 10-15）。

表 10-16　2010 年山东省各流域河流水质类别统计

| 水系 \ 比例/% | 断面数/个 | I～III类/% | IV类/% | V类/% | 劣V类/% | 水质目标达标率/% |
|---|---|---|---|---|---|---|
| 南四湖流域 | 36 | 19.44 | 25.00 | 38.89 | 16.67 | 33.33 |
| 沂沭河流域 | 19 | 31.58 | 68.42 | 0.00 | 0.00 | 100.0 |
| 海河流域 | 27 | 0.00 | 0.00 | 18.52 | 81.48 | 0.0 |
| 黄河流域 | 10 | 60.00 | 20.00 | 0.00 | 20.00 | 70.0 |
| 小清河流域 | 22 | 9.09 | 0.00 | 4.55 | 86.36 | 9.1 |
| 半岛流域 | 28 | 46.43 | 21.43 | 21.43 | 10.71 | 85.71 |
| 总体水质 | 142 | 23.94 | 21.13 | 18.31 | 36.62 | 45.07 |

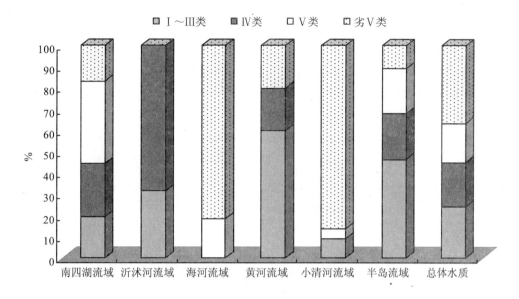

图 10-15 各流域河流水质类别比较

# 第三节 "十一五"期间河流水质变化趋势分析

## 一、"十一五"期间河流水质变化趋势

### （一）河流总体水质变化情况

山东省"十一五"期间河流总体水质见表 10-17 和图 10-16。

表 10-17 "十一五"期间河流总体水质变化表

| 年份 类别 | I～III类 | IV类 | V类 | 劣V类 |
|---|---|---|---|---|
| 2005 | 14.66 | 24.14 | 15.52 | 45.69 |
| 2006 | 15.71 | 18.57 | 12.14 | 53.57 |
| 2007 | 16.90 | 16.20 | 17.61 | 49.30 |
| 2008 | 20.42 | 17.61 | 18.31 | 43.66 |
| 2009 | 20.42 | 19.01 | 18.31 | 42.25 |
| 2010 | 23.94 | 21.13 | 18.31 | 36.62 |

从表 10-18 可见，山东省"十一五"期间河流总体水质呈好转趋势，2010 年与 2005 年相比，I～III类断面（水质较好）上升了 10.4 个百分点，劣V类断面（水质较差）下降了 12.6 个百分点。

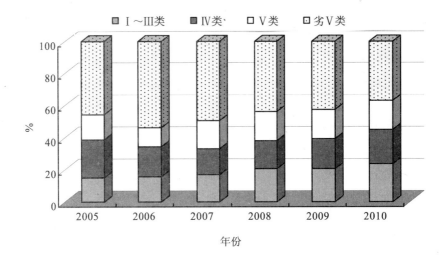

图 10-16　"十一五"期间河流总体水质变化图

## （二）地表水高锰酸盐指数及氨氮浓度均值及变化趋势

2010 年高锰酸盐指数年均值为 7.55 mg/L，氨氮年均值为 1.93 mg/L（图 10-17）。

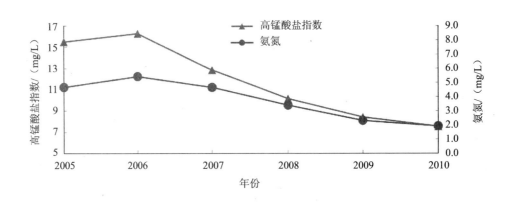

图 10-17　2005—2010 年全省河流断面主要污染物浓度变化图

从图 10-17 中可以看出，2005—2010 年，河流断面高锰酸盐指数和氨氮平均浓度呈明显下降趋势。2010 年与 2005 年相比，河流断面高锰酸盐指数年均值下降了 51.3%，氨氮年均值下降了 58.7%。

### （三）主要河流水系水质变化情况

#### 1. 黄河流域

"十一五"期间，黄河流域 8 个断面 COD 和氨氮平均浓度总体呈下降趋势，COD 以 2007 年最高，氨氮以 2008 年最高。2010 年与 2005 年相比，COD 年均值下降了 24.2%，氨氮年均值下降了 54.6%（图 10-18、图 10-19）。

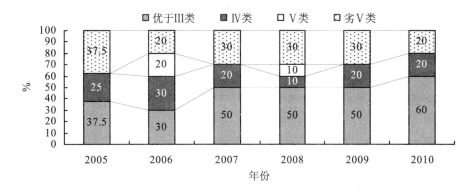

图 10-18 2005—2010 年黄河流域水质类别比较图

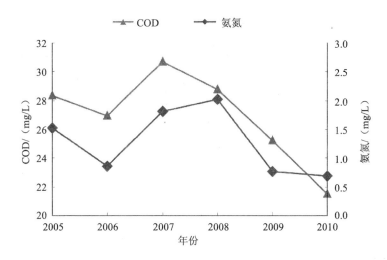

图 10-19 2005—2010 年黄河流域主要污染物浓度变化图

## 2．淮河流域

"十一五"期间，淮河流域河流断面 COD 和氨氮平均浓度总体呈明显下降趋势。2010 年与 2005 年相比，COD 年均值下降了 31.9%，氨氮年均值下降了 71.7%（图 10-20、图 10-21）。

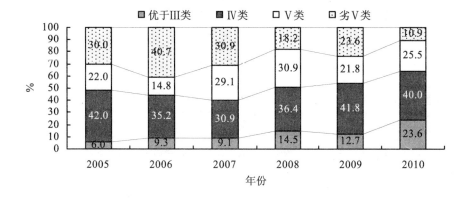

图 10-20 2005—2010 年淮河流域水质类别比较

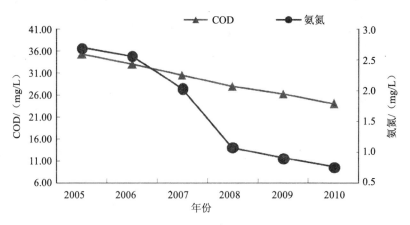

**图 10-21　2005—2010 年淮河流域主要污染物浓度变化图**

### 3．海河流域

"十一五"期间，海河流域河流断面 COD 和氨氮平均浓度总体呈明显下降趋势。2010 年与 2005 年相比，COD 年均值下降了 71.5%，氨氮年均值下降了 67.1%（图 10-22、图 10-23）。

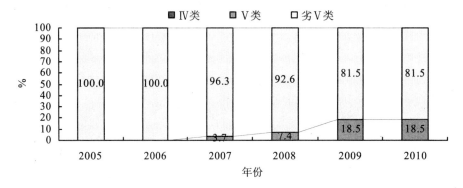

**图 10-22　2005—2010 年海河流域水质类别比较**

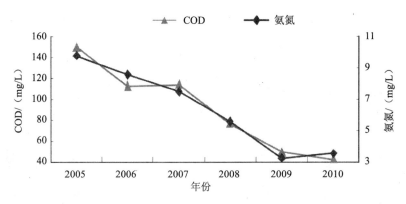

**图 10-23　2005—2010 年海河流域主要污染物浓度变化图**

### 4．小清河流域

"十一五"期间，小清河流域河流断面 COD 和氨氮平均浓总体呈下降趋势。COD 和氨氮平均浓度均以 2006 年最高，2006 年后明显下降。2010 年与 2005 年相比，COD 年均值下降了 42.0%，氨氮年均值下降了 61.7%（图 10-24、图 10-25）。

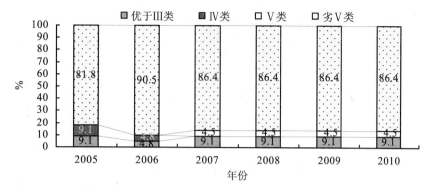

图 10-24　2005—2010 年小清河流域水质类别比较

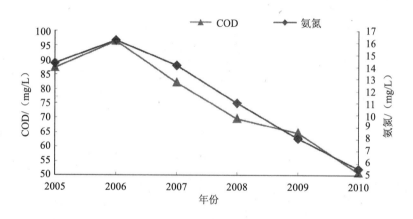

图 10-25　2005—2010 年小清河流域主要污染物浓度变化图

### 5. 半岛流域

"十一五"期间，半岛流域河流断面 COD 和氨氮平均浓度总体趋于稳定（图 10-26、图 10-27）。

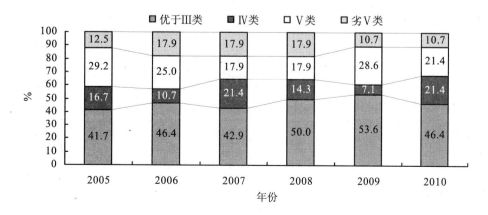

图 10-26　2005—2010 年半岛流域水质类别比较

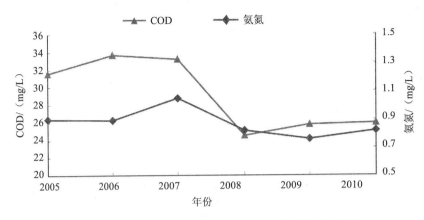

图 10-27　2005—2010 年半岛流域主要污染物浓度变化图

## 二、河流水体污染及变化原因分析

2010 年，山东省各流域水质均进一步明显改善。但省辖海河流域和小清河流域部分断面水质污染仍比较严重。"十一五"期间，全省各流域水质均持续快速改善。

### （一）2010 年河流水质变化原因

2010 年 1 月，山东省"两会"的《政府工作报告》中明确提出了"争取年底前省控59 条重点污染河流全部恢复鱼类生长"的奋斗目标。为实现这个目标，全省环保系统坚持推行"治、用、保"并举的科学思路，采取一系列强有力措施，扎实推进流域综合治理。一是从 2010 年 1 月 1 日起，省内四大流域在全国率先统一执行严于国家标准 4 倍多的水污染物排放标准，确保了山东省水环境质量的改善。二是每月编印《重点污染河流水质情况》，并分别报送省级各领导和 17 个市市委、政府，督促未达标断面及责任市加快治污步伐，确保河流水质尽快达标。三是每月召开一次全省环境形势分析专题会议，及时调度未达到要求的污染河流治污工作进程，研究分析存在问题，部署下月工作重点。四是对流域水环境质量连续超标的断面涉及责任县（市、区）实行废水排放建设项目从严审批制度。五是通过省直主流媒体及时将河流达标进度、水质状况信息公开化、透明化。截至 2010年 12 月底，59 条重点河流断面 COD 和氨氮平均浓度分别为 23.7 mg/L 和 1.4 mg/L，已全部达到Ⅳ类水质标准，比上年同期分别下降 40.4% 和 61.7%。按常见鱼类能够稳定生存的技术参考指标（COD≤60 mg/L、氨氮≤6 mg/L）衡量，全部达到恢复鱼类生长的标准。2010年山东省水质改善幅度创历年之最，全省水环境质量总体达到 1985 年以来最好水平。

### （二）"十一五"期间河流水质变化原因

"十一五"期间，山东省高度重视水污染防治工作，进一步加大治污力度，取得了明显成效。一是切实加强重点流域水污染防治的组织领导，实行严格的考核奖惩；二是分阶段实施逐步加严的水污染物排放标准，督促重点流域内排污单位按照流域性地方法规和标准实现稳定达标排放；三是继续坚持"治、用、保"多措并举的流域污染综合治理策略；四是加快城市污水处理厂建设和配套设施建设；五是继续实施"四个办法"，强化对重点污染源、城市污水处理厂、跨界河流断面的日常监管；六是加强重点河流和饮用水源地环境安全监管，防范环境污染事故。通过以上措施，在山东省社会经济迅猛发展的同时，全省各流域及主要河流水质呈持续快速改善。

### （三）河流水质污染的主要因素

#### 1. 流域内经济结构偏重，环境容量低

山东省属严重缺水地区，水资源量比较贫乏，而省辖海河、小清河流域水资源量更少，加上流域内经济结构偏重，降雨时空分布不均，枯水期基本上无水或断流，平水期径流量较小或形不成径流，环境容量低，河流稀释和自净作用严重不足。例如山东省海河流域总面积为 29713 km², 流域多年平均降水量 546 mm, 其中 70% 集中在 7—9 月份。多年平均蒸发量约为 1300 mm, 流域地表水资源量 14 亿 m³, 人均不足 300 m³, 属资源性缺水地区。河道断流天数大多年份在 300 d 以上，断流范围扩大，虽有一定入海水量，但集中在 7—8 月份。发源于济南市南部山区的小清河，近年来因上游清水补给量逐年减少，地下水超采日益严重，河道生态用水不断减少，径流来源主要为沿线济南、淄博、滨州、东营、潍坊等城市工业和生活废水，致使水质污染较重。

#### 2. 城市化进程较快

"十一五"期间，山东省全力加快工程减排项目建设，累计建成城镇污水处理厂 203 座，日处理水量达 975 万 t, 污水集中处理率由 2005 年的 52% 提高到 2010 年的 85%。但由于部分城市生活污水处理厂因截污不完善，管网配套不足，未建脱磷脱氮设施等原因，导致经过城区的河段水质变差。

#### 3. 少数企业达标不稳定，面源污染贡献趋增

虽然山东省重点工业废水污染源主要污染物实现了达标排放，但少数企业达标不稳定，甚至存在偷排偷放现象。另外，对农村地区生产、生活产生的面源污染缺乏有效监管和控制。

## 第四节 小 结

"十一五"期间，山东省河流总体水质呈持续好转趋势，I～III类断面 2010 年比 2005 年上升了 10.4 个百分点，劣V类断面 2010 年比 2005 年下降了 12.6 个百分点。全省河流总体上属中度污染。

省辖黄河干、支流断面基本符合功能区标准，半岛流域水质一直保持较好状态，南水北调东线工程山东段、省辖淮河流域、小清河流域、海河流域水质均有所改善，但省辖海河流域和小清河流域部分断面水质污染比较严重。全省地表水体环境质量明显好转并呈持续快速改善趋势。

# 第十一章 湖泊（水库）水质

## 第一节 湖泊、水库水质监测概况

### 一、监测概况

山东省共设置 26 个省控以上湖泊、水库断面，其中国控断面 13 个。所有国控、省控湖泊、水库断面每月监测一次。

### 二、评价方法

湖泊、水库水质评价按照《地表水环境质量评价办法（试行）》中的基本规定执行。评价指标为：《地表水环境质量标准》（GB 3838—2002）表 1 中除水温以外的 23 项指标。水质类别判定采用最大单因子类别评价方法。水质超标率、主要污染物及其超标倍数按地表水环境功能区划和山东省环境保护"十五"计划要求评价。参加湖泊、水库富营养化状态指数计算的项目为：叶绿素 a（Chla）、总磷（TP）、总氮（TN）、透明度（SD）和高锰酸盐指数（$COD_{Mn}$）。

#### 1. 计算公式

$$TLI(\Sigma) = \sum_{j=1}^{m} W_j \cdot TLI(j)$$

式中：$TLI(\Sigma)$——综合营养状态指数；

　　　$W_j$——第 $j$ 种参数的营养状态指数的相关权重；

　　　$TLI(j)$——第 $j$ 种参数的营养状态指数。

以 chla 作为基准参数，则第 $j$ 种参数的归一化的相关权重计算公式为：

$$W_j = \frac{r_{ij}^2}{\sum_{j=1}^{m} r_{ij}^2}$$

式中：$r_{ij}$——第 $j$ 种参数与基准参数 chla 的相关系数；

　　　$m$——评价参数的个数。

湖泊（水库）的 chla 与其他参数之间的相关关系 $r_{ij}$ 及 $r_{ij}^2$ 见表 11-1。

表 11-1　中国湖泊（水库）富营养化参数的相关关系 $r_{ij}$ 及 $r_{ij}^2$ 值※

| 参数 | chla | TP | TN | SD | COD_Mn |
|---|---|---|---|---|---|
| $r_{ij}$ | 1 | 0.84 | 0.82 | −0.83 | 0.83 |
| $r_{ij}^2$ | 1 | 0.705 6 | 0.672 4 | 0.688 9 | 0.688 9 |

注：※引自金相灿等著《中国湖泊环境》，表中 $r_{ij}$ 来源于中国 26 个主要湖泊调查。

### 2. 各项目营养状态指数计算公式

（1）TLI（chla）=10（2.5+1.086lnchla）

（2）TLI（TP）=10（9.436+1.624lnTP）

（3）TLI（TN）=10（5.453+1.694lnTN）

（4）TLI（SD）=10（5.118−1.94lnSD）

（5）TLI（COD_Mn）=10（0.109+2.661lnCOD）

式中：叶绿素 a（chla）单位为 $mg/m^3$，透明度 SD 单位为 m；其他指标单位均为 mg/L。

### 3. 湖泊营养状态分级

采用 0～100 的一系列连续数字对湖泊营养状态进行分级：

| | |
|---|---|
| TLI（∑）<30 | 贫营养 |
| 30≤TLI（∑）≤50 | 中营养 |
| TLI（∑）>50 | 富营养 |
| 50<TLI（∑）≤60 | 轻度富营养 |
| 60<TLI（∑）≤70 | 中度富营养 |
| TLI（∑）>70 | 重度富营养 |

# 第二节　湖泊、水库水质现状

## 一、湖泊、水库总体水质

2010 年，山东省湖泊、水库 26 个断面中，符合Ⅱ类水质的断面有 4 个，占监测断面比例为 15.38%，符合Ⅲ类水质的断面有 14 个，占监测断面比例为 53.85%，符合Ⅳ类水质的断面有 3 个，占监测断面比例为 11.54%，符合Ⅴ类水质的断面有 3 个，占监测断面比例为 11.54%，2 个断面劣于Ⅴ类，占监测断面比例为 7.69%；有 18 个断面达标，达标率为 69.23%（图 11-1）。

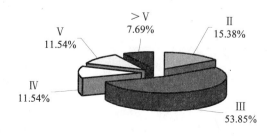

图 11-1　湖库、水质类别

2010 年，全省湖泊、水库高锰酸盐指数年均值为 3.61 mg/L，氨氮年均值为 0.24 mg/L，总磷年均值为 0.08 mg/L。与上年相比，流域内断面高锰酸盐指数均值下降了 7.0%，氨氮均值下降了 17.2%，总磷均值与上年持平。

## 二、重点湖库水质

全省 4 个湖泊 12 个断面，年均浓度值符合Ⅲ类的断面有 5 个，符合Ⅳ类的断面有 2 个，符合Ⅴ类的有 3 个，其他的 2 个测点均劣于Ⅴ类水质。

全省 6 座水库 14 个断面，年均浓度值符合Ⅲ类的断面有 13 个，Ⅳ类的有 1 个（表 11-2）。

表 11-2　2010 年重点湖库水质类别统计

| 湖库＼比例/% | 断面数 | Ⅰ～Ⅲ类 | Ⅳ类 | Ⅴ类 | 劣Ⅴ类 | 功能区达标率 |
|---|---|---|---|---|---|---|
| 湖泊 | 12 | 41.67 | 16.67 | 25.00 | 16.67 | 41.67 |
| 水库 | 14 | 92.86 | 7.14 | | | 92.86 |
| 总体水质 | 26 | 69.23 | 11.54 | 11.54 | 7.69 | 69.23 |

全省 4 个湖泊 12 个测点中，大明湖的 3 个测点和东平湖的湖南、湖心 2 个测点符合Ⅲ类水质标准；东平湖的湖北和南四湖的二级坝 2 个测点符合Ⅳ类水质标准，南四湖的前白口、南阳、大捐 3 个测点符合Ⅴ类水质，南四湖的岛东和马踏湖的鱼塘 2 个测点劣于Ⅴ类水质。6 座水库 14 个测点，除峡山水库的入口测点符合Ⅳ水质标准外，其他的 13 个测点均优于Ⅲ类水质标准，水质较好（表 11-3）。

表 11-3　2010 年重点湖库水质类别

| 流域名称 | 河流名称 | 点位名称 | 所在市地 | 目标 | 2010 年水质 | 2009 年水质 | 最大超标污染物及超标倍数 |
|---|---|---|---|---|---|---|---|
| 湖泊 | 南四湖 | 前白口 | 济宁 | Ⅲ | Ⅴ | Ⅴ | 总磷：1.10 倍 |
| | 南四湖 | 二级坝 | 济宁 | Ⅲ | Ⅳ | Ⅳ | 总磷：0.96 倍 |
| | 南四湖 | 南阳 | 济宁 | Ⅲ | Ⅴ | Ⅴ | 总磷：1.44 倍 |
| | 南四湖 | 岛东 | 济宁 | Ⅲ | ＞Ⅴ | Ⅳ | 总磷：4.20 倍 |
| | 南四湖 | 大捐 | 济宁 | Ⅲ | Ⅴ | Ⅳ | 总磷：1.46 倍 |
| | 大明湖 | 无名亭 | 济南 | Ⅳ | Ⅲ | Ⅳ | |
| | 大明湖 | 历下亭 | 济南 | Ⅳ | Ⅲ | Ⅳ | |
| | 大明湖 | 汇波桥 | 济南 | Ⅳ | Ⅲ | Ⅳ | |
| | 东平湖 | 湖南 | 泰安 | Ⅲ | Ⅲ | Ⅳ | |
| | 东平湖 | 湖心 | 泰安 | Ⅲ | Ⅲ | Ⅳ | |
| | 东平湖 | 湖北 | 泰安 | Ⅲ | Ⅳ | Ⅳ | $COD_{Cr}$：0.09 倍 |
| | 马踏湖 | 鱼塘 | 淄博 | Ⅱ | ＞Ⅴ | ＞Ⅴ | 总磷：12.34 倍 |
| 水库 | 崂山水库 | 入口 | 青岛 | Ⅲ | Ⅲ | Ⅱ | |
| | 崂山水库 | 中心 | 青岛 | Ⅲ | Ⅲ | Ⅱ | |
| | 崂山水库 | 出口 | 青岛 | Ⅲ | Ⅲ | Ⅱ | |
| | 门楼水库 | 入口 | 烟台 | Ⅲ | Ⅲ | Ⅱ | |

| 流域名称 | 河流名称 | 点位名称 | 所在市地 | 目标 | 2010年水质 | 2009年水质 | 最大超标污染物及超标倍数 |
|---|---|---|---|---|---|---|---|
| 水库 | 门楼水库 | 出口 | 烟台 | III | II | II | |
| | 卧虎山水库 | 入口 | 济南 | III | II | II | |
| | 卧虎山水库 | 出口 | 济南 | III | III | II | |
| | 锦绣川水库 | 入口 | 济南 | III | III | II | |
| | 锦绣川水库 | 出口 | 济南 | III | II | II | |
| | 峡山水库 | 入口 | 潍坊 | III | IV | III | |
| | 峡山水库 | 中心 | 潍坊 | III | III | III | |
| | 峡山水库 | 出口 | 潍坊 | III | III | III | |
| | 高陵水库 | 入口 | 烟台 | III | III | II | |
| | 高陵水库 | 出口 | 烟台 | III | III | II | |

根据湖泊水库营养化程度评价结果，马踏湖属重度富营养，南四湖、大明湖、崂山水库属轻度富营养，东平湖、门楼水库、卧虎山水库、锦绣川水库、峡山水库、高陵水库属中营养（表11-4，图11-2）。

**表11-4　2010年重点湖库营养状态评价结果**

| 湖区 | 叶绿素 a/（mg/m³） | 高锰酸盐指数/（mg/L） | 总磷/（mg/L） | 总氮/（mg/L） | 透明度/m | 综合营养指数 | 营养状态分级 |
|---|---|---|---|---|---|---|---|
| 南四湖 | 10.76 | 8.14 | 11.76 | 8.66 | 11.45 | 50.77 | 轻度富营养 |
| 大明湖 | 17.00 | 1.85 | 8.10 | 15.37 | 9.41 | 51.73 | 轻度富营养 |
| 崂山水库 | 13.48 | 5.35 | 8.06 | 13.10 | 12.13 | 52.11 | 轻度富营养 |
| 东平湖 | 13.90 | 6.58 | 8.42 | 11.78 | 8.92 | 49.61 | 中营养 |
| 门楼水库 | 8.40 | 4.18 | 3.97 | 14.30 | 6.94 | 37.79 | 中营养 |
| 卧虎山 | 15.12 | 2.29 | 6.22 | 17.08 | 7.50 | 48.20 | 中营养 |
| 锦绣川 | 14.71 | 3.28 | 6.65 | 15.21 | 7.50 | 47.35 | 中营养 |
| 峡山水库 | 7.78 | 8.65 | 7.32 | 9.45 | 8.60 | 41.81 | 中营养 |
| 高陵水库 | 7.24 | 5.04 | 1.56 | 13.25 | 7.11 | 34.21 | 中营养 |
| 马踏湖 | 17.25 | 11.81 | 16.49 | 15.91 | 11.85 | 73.32 | 重度富营养 |

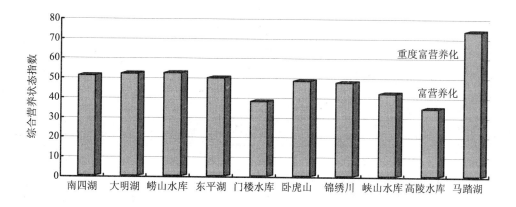

**图11-2　湖泊、水库富营养化程度比较**

全省湖泊主要超标项目是总氮和总磷。采用湖泊水库综合营养指数进行评价，马踏湖属重度富营养；南四湖、大明湖和崂山水库属轻度富营养，东平湖和其他 5 个水库均属于中营养（图 11-2）。

与上年同期相比，东平湖由中度富营养变为中营养，南四湖和崂山水库由中营养变为轻度富营养，其余湖库营养状态指数没有大的变化，东平湖富营养化程度有所减轻，南四湖和崂山水库富营养化程度有所加重。

### 三、主要监测指标

由表 11-5 可知，湖库主要污染指标全省湖库主要超标项目是 $COD_{Cr}$、总磷，超Ⅲ类标准点位数分别为 7 个和 6 个。超Ⅲ类的项目的年均值最高均出现在马踏湖鱼塘，特别是总磷，超过Ⅲ类标准 12.34 倍。

表 11-5　2010 年湖库主要污染指标汇总

| 项目名称 | 断面个数 | 超Ⅲ类断面个数 | 监测值/（mg/L） | | 年均值超标最高断面 | |
|---|---|---|---|---|---|---|
| | | | 最小值 | 最大值 | 断面名称 | 超标倍数（Ⅲ类） |
| pH | 26 | | 7.41 | 8.29 | | |
| 溶解氧 | 26 | | 6.75 | 10.49 | | |
| 高锰酸盐指数 | 26 | 1 | 1.24 | 10.79 | 马踏湖鱼塘 | 0.80 |
| 化学需氧量 | 26 | 7 | 9.68 | 37.64 | 马踏湖鱼塘 | 0.25 |
| 生化需氧量 | 26 | 2 | 0.81 | 14.06 | 马踏湖鱼塘 | 2.52 |
| 氨氮 | 26 | | 0.053 | 0.927 | | |
| 总磷 | 26 | 6 | 0.005 | 0.667 | 马踏湖鱼塘 | 12.34 |
| 铜 | 26 | | 0.0005 | 0.025 | | |
| 锌 | 26 | | 0.001 | 0.052 | | |
| 氟化物 | 26 | 1 | 0.257 | 2.363 | 马踏湖鱼塘 | 1.36 |
| 硒 | 26 | | 0.00004 | 0.002591 | | |
| 砷 | 26 | | 0.00005 | 0.012273 | | |
| 汞 | 26 | | 0.000002 | 0.000048 | | |
| 镉 | 26 | | 0.00001 | 0.002 | | |
| 六价铬 | 26 | | 0.002 | 0.002 | | |
| 铅 | 26 | | 0.00005 | 0.011127 | | |
| 氰化物 | 26 | | 0.002 | 0.0093 | | |
| 挥发酚 | 26 | | 0.0002 | 0.003 | | |
| 石油类 | 26 | 1 | 0.01 | 0.091 | 马踏湖鱼塘 | 0.82 |
| 阴离子表面活性剂 | 26 | | 0.01 | 0.07 | | |
| 硫化物 | 26 | | 0.002 | 0.031 | | |

### 四、湖泊水质月际变化

由表 11-6 和图 11-3 可知，2010 年 2、3 月功能区达标率最低，为 33.33%，5、6、7、

9、10、12 月功能区达标率最高，均为 50%。

表 11-6    2010 年 1—12 月湖泊水质比较

| 月份<br>比例/% | 1月 | 2月 | 3月 | 4月 | 5月 | 6月 | 7月 | 8月 | 9月 | 10月 | 11月 | 12月 |
|---|---|---|---|---|---|---|---|---|---|---|---|---|
| 断面数 | 8 | 9 | 12 | 12 | 12 | 12 | 12 | 12 | 12 | 12 | 12 | 12 |
| Ⅰ～Ⅲ类 | 37.50 | 22.22 | 33.33 | 33.33 | 33.33 | 33.33 | 33.33 | 33.33 | 50.00 | 50.00 | 25.00 | 41.67 |
| Ⅳ类 | 62.50 | 55.56 | 50.00 | 58.33 | 58.33 | 58.33 | 58.33 | 50.00 | 0.00 | 41.67 | 25.00 | 50.00 |
| Ⅴ类 | 0.00 | 0.00 | 8.33 | 0.00 | 0.00 | 0.00 | 0.00 | 8.33 | 33.33 | 0.00 | 41.67 | 0.00 |
| 劣Ⅴ类 | 0.00 | 22.22 | 8.33 | 8.33 | 8.33 | 8.33 | 8.33 | 8.33 | 16.67 | 8.33 | 8.33 | 8.33 |
| 水质目标达标率 | 37.50 | 33.33 | 33.33 | 41.67 | 50.00 | 50.00 | 50.00 | 41.67 | 50.00 | 50.00 | 25.00 | 50.00 |

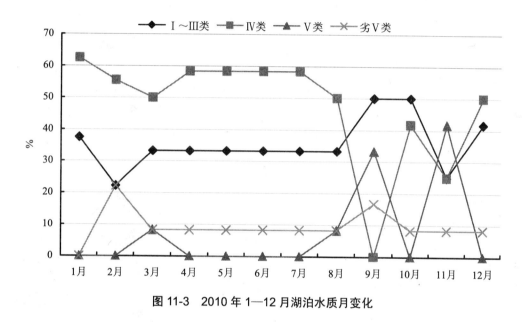

图 11-3    2010 年 1—12 月湖泊水质月变化

由表 11-7 和图 11-4 可知，2010 年水库全年水质有小幅波动，基本保持稳定状态，水质较好，全年无 Ⅴ 类和劣 Ⅴ 类水质，功能区达标率在 90% 以上。

表 11-7    2010 年 1—12 月水库水质比较

| 月份<br>比例/% | 1月 | 2月 | 3月 | 4月 | 5月 | 6月 | 7月 | 8月 | 9月 | 10月 | 11月 | 12月 |
|---|---|---|---|---|---|---|---|---|---|---|---|---|
| 断面数 | 10 | 10 | 10 | 10 | 10 | 10 | 10 | 10 | 10 | 14 | 14 | 14 |
| Ⅰ～Ⅲ类 | 100 | 100 | 100 | 100 | 100 | 100 | 90 | 90 | 100 | 92.86 | 100 | 92.86 |
| Ⅳ类 | 0 | 0 | 0 | 0 | 0 | 0 | 10 | 10 | 0 | 7.14 | 0 | 7.14 |
| Ⅴ类 | 0 | 0 | 0 | 0 | 0 | 0 | 0 | 0 | 0 | 0.00 | 0 | 0.00 |
| 劣Ⅴ类 | 0 | 0 | 0 | 0 | 0 | 0 | 0 | 0 | 0 | 0.00 | 0 | 0.00 |
| 水质达标率 | 100 | 100 | 100 | 100 | 100 | 100 | 90 | 90 | 100 | 92.86 | 100 | 92.86 |

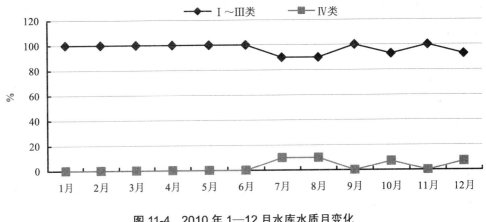

图 11-4　2010 年 1—12 月水库水质月变化

## 五、南水北调（东线）工程

南水北调（东线）工程由江苏经京杭大运河进入山东境内的枣庄韩庄运河段，经韩庄闸汇入南四湖，经京杭大运河的梁济运河段入东平湖，经位山闸穿黄河进入海河流域，共设置 43 个监测点位，每月监测 1 次。

2010 年，南水北调的水质总体呈中度污染。监测的 43 个断面中，优于Ⅲ类占 23.26%，Ⅳ类占 25.58%，Ⅴ类占 34.88%；劣Ⅴ类占 16.28%。水质类别分类见图 11-5。水质规划目标断面达标率为 34.88%，见表 11-8。

与上年相比，Ⅲ类水质断面比例上升了 6.98 个百分点，Ⅳ类水质断面比例上升了 2.33 个百分点，Ⅴ类水质断面比例上升了 4.65 个百分点，劣Ⅴ类水质断面比例下降了 13.95 个百分点。

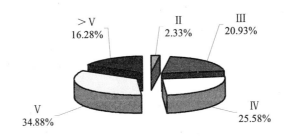

图 11-5　南水北调水质类别

与上年相比，在南水北调沿线河流的 35 个可比断面中，主要污染指标 COD 下降的断面 27 个，氨氮下降的断面 15 个。河流断面 COD 浓度均值下降了 10.29%，氨氮浓度均值下降了 17.38%。水质状况有所好转。

与上年相比，在南水北调沿线湖泊的 8 个可比测点中，主要污染指标 COD 均有所下降，氨氮下降的测点 7 个。测点 COD 浓度均值下降了 13.74%，氨氮浓度均值下降了 18.44%。水质状况有所好转。

表 11-8　2010 年南水北调沿线河流、湖库断面水质统计

| 水系 \ 类别比例/% | 断面数 | Ⅰ～Ⅲ类 | Ⅳ类 | Ⅴ类 | 劣Ⅴ类 | 水质达标率 |
|---|---|---|---|---|---|---|
| 南四湖流域 | 28 | 21.43 | 17.86 | 42.86 | 21.74 | 25.00 |
| 沂沭河流域 | 5 | 40.00 | 60.00 | 0.00 | 0.00 | 100 |
| 黄河流域 | 2 | 0.00 | 50.00 | 0.00 | 50.00 | 50.00 |
| 湖泊 | 8 | 25.00 | 25.00 | 37.50 | 12.50 | 0 |
| 总体水质 | 43 | 23.26 | 25.58 | 34.88 | 16.28 | 34.88 |

# 第三节　"十一五"期间湖库水质变化趋势分析

## 一、湖泊

"十一五"期间，湖泊 12 个断面主要污染物平均浓度总体呈下降趋势。2010 年，省控湖泊 COD 年均值比 2005 年下降了 16.3%；高锰酸盐指数年均值比 2005 年下降了 1.6%；总氮平均浓度年均值比 2005 年下降了 12.3%（图 11-6、图 11-7）。

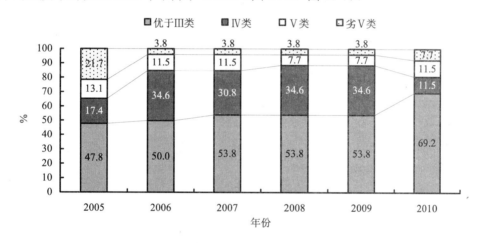

图 11-6　2005—2010 年湖泊、水库水质类别比较

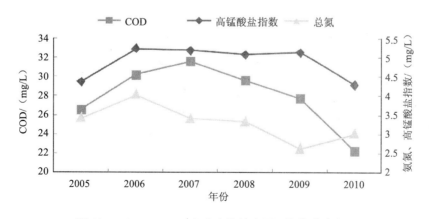

图 11-7　2005—2010 年全省湖泊主要污染物浓度变化

由表 11-9 可以看出，"十一五"期间，山东省湖泊富营养化呈逐步改善趋势。

表 11-9　2005—2010 年湖泊富营养化程度统计

| 营养状态分级 | 2005 年 | 2006 年 | 2007 年 | 2008 年 | 2009 年 | 2010 年 |
| --- | --- | --- | --- | --- | --- | --- |
| 南四湖 | 轻度富营养 | 轻度富营养 | 轻度富营养 | 轻度富营养 | 中营养 | 轻度富营养 |
| 大明湖 | 中度富营养 | 轻度富营养 | 轻度富营养 | 轻度富营养 | 轻度富营养 | 轻度富营养 |
| 东平湖 | 中营养 | 中营养 | 中营养 | 轻度富营养 | 中度富营养 | 中营养 |
| 马踏湖 | | 重度富营养 | 重度富营养 | 重度富营养 | 重度富营养 | 重度富营养 |

## 二、水库

"十一五"期间，水库 14 个断面主要污染物平均浓度总体呈下降趋势。但 2010 年省控水库 COD 年均值比 2005 年上升了 13.6%；高锰酸盐指数年均值比 2005 年下降了 4.7%；总氮平均浓度年均值比 2005 年上升了 13.5%。水库富营养化程度呈加重趋势（表 11-10、图 11-8）。

表 11-10　2005—2010 年水库富营养化程度统计

| 营养状态分级 | 2005 年 | 2006 年 | 2007 年 | 2008 年 | 2009 年 | 2010 年 |
| --- | --- | --- | --- | --- | --- | --- |
| 崂山水库 | 中营养 | 中营养 | 中营养 | 中营养 | 中营养 | 轻度富营养 |
| 门楼水库 | 中营养 | 中营养 | 中营养 | 中营养 | 中营养 | 中营养 |
| 卧虎山水库 | | 中营养 | 中营养 | 中营养 | 中营养 | 中营养 |
| 锦绣川水库 | | 中营养 | 中营养 | 中营养 | 中营养 | 中营养 |
| 峡山水库 | 中营养 | 中营养 | 轻度富营养 | 中营养 | 中营养 | 中营养 |
| 高陵水库 | | 中营养 | 中营养 | 中营养 | 中营养 | 中营养 |

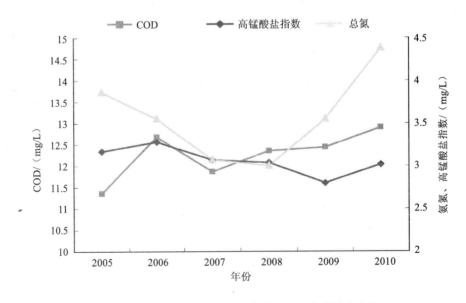

图 11-8　2005—2010 年全省水库主要污染物浓度变化

## 三、水体污染及变化原因分析

湖泊、水库的水质污染主要是受汇水区入湖河流来水水质影响和区内的生活污水、农业生产的农药化肥面源污染，引入地表径流中的 TN、TP 的影响。

# 第十二章　城市饮用水水源地水质

## 第一节　城市饮用水水源地水质监测概况

### 一、饮用水水源地点位设置

山东省 17 个城市生活饮用水水源地实际监测为 53 处共 73 个测点，包括地表水水源地 26 处 46 个测点，地下水水源地 27 处 27 个测点。

### 二、监测项目与频次

山东省 17 个城市集中式饮用水水源地水质监测频次为每月 1 次，全年 12 次；每月上旬完成监测分析。

#### （一）地表水饮用水源地

基本、补充项目 29 项：水温、pH 值、TP、高锰酸盐指数、COD、溶解氧、氟化物、挥发酚、石油类、粪大肠菌群、氨氮、硫酸盐、TN、生化需氧量、氯化物、Fe、Mn、硝酸盐氮、Cu、Zn、Se、As、Cd、六价铬、Pb、Hg、阴离子表面活性剂、氰化物和硫化物。

17 个设区城市中济南、青岛、淄博、枣庄、烟台、潍坊、济宁、泰安、威海、日照 10 个国家环保重点城市饮用水水源地地表水监测项目，除上述 29 项外，每月要增加《地表水环境质量标准》中特定项目（表 3）中的前 35 项，共计 64 项。

#### （二）地下水水源地

地下水饮用水源地每月监测《地下水质量标准》（GB/T 14848—93）中 23 项，即 pH、总硬度、硫酸盐、氯化物、Fe、Mn、Cu、Zn、挥发酚、阴离子表面活性剂、高锰酸盐指数、硝酸盐、亚硝酸盐、氨氮、氟化物、氰化物、Hg、As、Se、Cd、六价铬、Pb、总大肠菌群。

#### （三）饮用水水源地水质全分析监测

根据环保部和省环保厅的要求，17 个设区城市每年要对集中式饮用水水源地进行一次水质全分析。地表水饮用水源地每年按照《地表水环境质量标准》（GB 3838—2002）要求进行一次 109 项全分析；地下水饮用水水源地每年按照《地下水质量标准要求》进行一次 39 项全分析。

## 三、评价标准

地表水水源地水质评价标准采用《地表水环境质量标准》（GB 3838—2002）中的III类水质标准，其中大肠菌群按 10 000 个/L 评价；地下水水源地采用《地下水质量标准》（GB/T 14848—93）中III类标准，其中大肠菌群按 1 000 个/L 进行评价。

# 第二节　城市生活饮用水水源地水质现状

## 一、地表水水源地水质

2010 年，山东省城市生活饮用水地表水水源地水质超标情况见表 12-1。其中 26 处地表水水源地的 46 个测点中，在各点单次监测中，共有 5 处 7 个测点检出超标样品，超标项目为 TP 5 次、五日生化需氧量 1 次和氟化物 1 次；其中有 5 个测点为水源地入口测点，不进行取水。各点单次具体超标情况详见表 12-2。地表水水源地的全年无测点年均值超标。

表 12-1　地表水水源地各测点单次测定超标情况

| 期数 | 城市名称 | 水源地名称 | 取水量/万 m³ | 超标水源地取水量/万 m³ | 超标项目及超标倍数 | 城市总取水量/万 m³ |
|---|---|---|---|---|---|---|
| 201006 | 济南 | 鹊山水库入口 | 0 | 0 | 总磷（0.036） | 1 421 |
| 201006 | 济南 | 鹊山水库 | 610 | 610 | 总磷（0.944） | 1 421 |
| 201009 | 泰安 | 黄前水库入口下港河 | 0 | 0 | 五日生化需氧量（0.125） | 420 |
| 201010 | 济南 | 锦绣川水库入口 | 0 | 0 | 总磷（0.120） | 1 421 |
| 201010 | 东营 | 耿井水源入口 | 0 | 0 | 总磷（0.200） | 0 |
| 201011 | 德州 | 德州三水厂 | 170 | 170 | 总磷（0.200） | 170 |
| 201012 | 东营 | 耿井水源入口 | 0 | 0 | 氟化物（0.020） | 0 |

## 二、地下水水源地水质

2010 年，山东省 27 处地下水水源地的 27 个测点中，监测项目年均值超标的 2 处水源地均为枣庄市的测点。其中，枣庄的丁庄水源地和十里泉水源地总硬度年均值均超标 0.17 倍，丁庄水源地硫酸盐年均值超标 0.08 倍，十里泉水源地超标 0.15 倍。

在各点单次监测中，超标项目检出为枣庄十里泉水源地和丁庄水源地，超标项目为总硬度和硫酸盐；各点单次具体超标情况详见表 12-2。

表 12-2　地下水水源地各测点单次测定超标情况

| 期数 | 城市名称 | 水源地名称 | 取水量/万 m³ | 超标水源地取水量/万 m³ | 超标项目 | 城市总取水量/万 m³ |
|---|---|---|---|---|---|---|
| 201001 | 枣庄 | 十里泉水源 | 262 | 262 | 总硬度（0.224）、硫酸盐（0.214） | 508 |
| 201001 | 枣庄 | 丁庄水源 | 246 | 246 | 总硬度（0.192） | 508 |

| 期数 | 城市名称 | 水源地名称 | 取水量/万 m³ | 超标水源地取水量/万 m³ | 超标项目 | 城市总取水量/万 m³ |
|---|---|---|---|---|---|---|
| 201002 | 枣庄 | 十里泉水源 | 260 | 260 | 总硬度（0.250）、硫酸盐（0.349） | 507 |
| 201002 | 枣庄 | 丁庄水源 | 247 | 247 | 总硬度（0.199）、硫酸盐（0.238） | 507 |
| 201003 | 枣庄 | 十里泉水源 | 266 | 266 | 总硬度（0.241）、硫酸盐（0.357） | 519 |
| 201003 | 枣庄 | 丁庄水源 | 253 | 253 | 总硬度（0.181）、硫酸盐（0.230） | 519 |
| 201004 | 枣庄 | 十里泉水源 | 245 | 245 | 总硬度（0.221）、硫酸盐（0.046） | 495 |
| 201004 | 枣庄 | 丁庄水源 | 250 | 250 | 总硬度（0.430） | 495 |
| 201005 | 枣庄 | 十里泉水源 | 263 | 263 | 总硬度（0.144）、硫酸盐（0.147） | 535 |
| 201005 | 枣庄 | 丁庄水源 | 272 | 272 | 总硬度（0.050） | 535 |
| 201006 | 枣庄 | 十里泉水源 | 263 | 263 | 总硬度（0.144）、硫酸盐（0.147） | 535 |
| 201006 | 枣庄 | 丁庄水源 | 272 | 272 | 总硬度（0.050） | 535 |
| 201007 | 枣庄 | 十里泉水源 | 285 | 285 | 总硬度（0.227） | 557 |
| 201007 | 枣庄 | 丁庄水源 | 272 | 272 | 总硬度（0.107）、硫酸盐（0.116） | 557 |
| 201008 | 枣庄 | 十里泉水源 | 289 | 289 | 总硬度（0.239）、硫酸盐（0.221） | 577 |
| 201008 | 枣庄 | 丁庄水源 | 288 | 288 | 总硬度（0.158）、硫酸盐（0.125） | 577 |
| 201009 | 枣庄 | 十里泉水源 | 286 | 286 | 总硬度（0.092）、硫酸盐（0.209） | 573 |
| 201009 | 枣庄 | 丁庄水源 | 287 | 287 | 硫酸盐（0.083） | 573 |
| 201010 | 枣庄 | 十里泉水源 | 282 | 282 | 总硬度（0.029） | 566 |
| 201010 | 枣庄 | 丁庄水源 | 284 | 284 | 总硬度（0.056）、硫酸盐（0.019） | 566 |
| 201011 | 枣庄 | 十里泉水源 | 272 | 272 | 总硬度（0.187）、硫酸盐（0.080） | 537 |
| 201011 | 枣庄 | 丁庄水源 | 265 | 265 | 总硬度（0.413）、硫酸盐（0.472） | 537 |
| 201012 | 枣庄 | 十里泉水源 | 235 | 235 | 总硬度（0.100）、硫酸盐（0.204） | 456 |
| 201012 | 枣庄 | 丁庄水源 | 221 | 221 | 总硬度（0.073）、硫酸盐（0.428） | 456 |

## 第三节 城市饮用水水源地水质全分析监测

### 一、水质全分析监测概况

2010 年，山东省 17 个设区城市中，济南、青岛、淄博、东营、烟台、潍坊、泰安、威海、日照、临沂、德州、滨州、菏泽 13 个城市对 24 个地表水饮用水水源地的 32 个测点进行了地表水全分析。济南、淄博、枣庄、烟台、潍坊、济宁、泰安、日照、莱芜、聊城 10 个城市对 26 个地下水饮用水水源地进行了地下水水质全分析。

### 二、质量保证/质量控制

2010 年，全省城市饮用水水源地水质全分析监测过程中，始终贯穿着质量保证/质量控制措施。除样品采集、保存和运输参照《地表水和污水监测技术规范》（HJ/T 91—2002）有关规定执行外，项目监测分析的质量控制/质量保证措施均严格参照《环境监测技术规范（水和废水部分）》有关规定执行。

### 三、水质全分析监测结果

#### （一）超标情况

2010 年，全省 13 个城市 24 个集中式地表水饮用水水源地水质按《地表水环境质量标准》要求的 109 项监测项目进行单因子评价，各水源地水质分析各项监测值均符合或优于《地表水环境质量标准》（GB 3838—2002）Ⅲ类标准（总氮、总磷没有参与评价），水质较好，符合饮用要求。

2010 年，全省 10 个城市对 26 个地下水水源地水质按《地下水质量标准》（GB 14848—93）要求的 39 项监测项目进行单因子评价，只有枣庄市 2 个水源地有项目超标，分别为：枣庄市的 2 个水源地的总硬度和硫酸盐年均浓度超标，其中十里泉水源地总硬度为 498 mg/L，超标 0.11 倍，硫酸盐为 278.93 mg/L，超标 0.12 倍，丁庄水源地总硬度为 552 mg/L，超标 0.23 倍。

其他水源地水质分析各项监测值均符合或优于《地下水质量标准》（GB 14848—93）Ⅲ类标准，水质符合要求。

#### （二）饮用水地表水源地特定项目监测结果

2010 年，全省 13 个城市 24 个集中式地表水饮用水源地水质按《地表水环境质量标准》表 3 中 80 项监测项目进行单因子评价，有机物和重金属监测项目共检出 12 项，分别为邻苯二甲酸二丁酯、邻苯二甲酸二（2-乙基己基）酯、林丹、Mo、Co、B、Sb、Ni、Ba、V、Ti、Tl，但均未超标，其余 68 个项目监测结果均远小于标准限值，水质符合要求。

2010 年，全省 10 个城市对 26 个地下水水源地水质按《地下水质量标准》（GB 14848—93）要求的 39 项监测项目进行单因子评价，全分析增加的 16 个项目中，除嗅和味、肉眼可见物、六六六和滴滴涕 4 个项目外，其余项目均有检出，但各水源地均无超标项目检出。

# 第四节 "十一五"期间水质变化趋势

"十一五"期间，全省17个设区城市53处城市生活饮用水水源地水质一直保持较好状态，水质符合要求，无明显变化。

2007—2008年，全省饮用水地表水源地水质有年均值超标项目。2007年是临沂市岸堤水库的入口和出口测点总磷，分别超标0.4倍和0.2倍。菏泽市2005—2007年为地下水源地，2008年起采用雷泽湖水库为水源地，2008年雷泽湖水库入口锰年均值超标0.1倍。

"十一五"期间，全省饮用水地下水源地每年均有年均值超标项目。2005—2007年，菏泽市采用地下水源地水质氟化物年均值超标；另外2个超标测点为枣庄市的丁庄水源地和十里泉水源地，主要是总硬度和硫酸盐超过III类标准（表12-3、表12-4）。

其他水源地水质分析各项监测值均符合或优于标准，水质较好。

表12-3 "十一五"期间地表水水源地年均值超标情况

| 年份 | 监测 | | 年均值超标 | | 超标项目 | 超标测点 | 超标倍数 |
| --- | --- | --- | --- | --- | --- | --- | --- |
| | 水源地数 | 点位数 | 水源地数 | 点位数 | | | |
| 2007 | 21 | 35 | 1 | 2 | 总磷 | 临沂岸堤水库入口 | 0.4 |
| 2007 | | | | | 总磷 | 临沂岸堤水库出口 | 0.2 |
| 2008 | 26 | 39 | 1 | 1 | 锰 | 菏泽雷泽湖水库入口 | 0.1 |

表12-4 "十一五"期间地下水水源地年均值超标情况

| 年份 | 监测 | | 年均值超标 | | 超标项目 | 超标测点 | 超标倍数 |
| --- | --- | --- | --- | --- | --- | --- | --- |
| | 水源地数 | 点位数 | 水源地数 | 点位数 | | | |
| 2005 | 26 | 28 | 3 | 3 | 氟化物 | 菏泽自来水西厂 | 0.66 |
| | | | | | | 菏泽华瑞东22号井 | 1.42 |
| | | | | | | 菏泽刘寨水厂 | 0.54 |
| 2006 | 31 | 32 | 4 | 4 | 氟化物 | 菏泽自来水西厂 | 0.64 |
| | | | | | | 菏泽华瑞东22号井 | 1.48 |
| | | | | | | 菏泽刘寨水厂 | 0.62 |
| | | | | | 总硬度 | 枣庄丁庄水源地 | 0.13 |
| 2007 | 31 | 32 | 4 | 4 | 氟化物 | 菏泽自来水西厂 | 0.63 |
| | | | | | | 菏泽华瑞东22号井 | 1.29 |
| | | | | | | 菏泽刘寨水厂 | 0.57 |
| | | | | | 总硬度 | 枣庄丁庄水源地 | 0.06 |
| 2008 | 25 | 26 | 1 | 1 | 总硬度 | 枣庄丁庄水源地 | 0.000 8 |
| 2009 | 25 | 25 | 2 | 2 | 总硬度 | 枣庄丁庄水源地 | 0.1 |
| | | | | | 总硬度 | 枣庄十里泉水源地 | 0.02 |
| | | | | | 硫酸盐 | 枣庄丁庄水源地 | 0.07 |

| 年份 | 监测 | | 年均值超标 | | 超标项目 | 超标测点 | 超标倍数 |
|---|---|---|---|---|---|---|---|
| | 水源地数 | 点位数 | 水源地数 | 点位数 | | | |
| 2010 | 27 | 27 | 2 | 2 | 总硬度 | 枣庄丁庄水源地 | 0.17 |
| | | | | | 总硬度 | 枣庄十里泉水源地 | 0.17 |
| | | | | | 硫酸盐 | 枣庄丁庄水源地 | 0.08 |
| | | | | | 硫酸盐 | 枣庄十里泉水源地 | 0.15 |

## 第五节　水质特征及变化原因分析

近年来，全省城市集中式饮用水水源地水质监测结果表明，水质无明显变化。但个别饮用水源地水质受到不同程度的污染，有年均值超标现象，主要是总磷、氟化物、总硬度和硫酸盐等。

山东省饮用水水源地主要是湖库型和地下水型两大类集中式饮用水源。作为湖库型集中式饮用水源，从饮用水源地保护的角度看，一级保护区内均无工业污染源，来水主要靠上游开放式河流和集雨区补给补充，水质安全隐患一是上游地区仍有一定的工业污染源废水进入水体；二是周围有大量的生活污染源，农村生活污水、生活垃圾、家禽养殖等对水体的污染。目前农村乡镇级尚未建设生活污水处理厂和垃圾处理设施，导致生活污水和生活垃圾直接进入湖库；三是湖库集雨区补给水源来水均通过农田、土壤，面源污染问题突出。多年来由于农田种植业农药、化肥施用量大、不合理，且面源污染基本没有得到有效控制，水土流失较为严重，使得各湖库均受到了不同程度的污染，造成 TN、TP 等项目超标。作为地下水型集中式饮用水源，个别项目有所超标，是由于当地的特殊地质结构导致本底值较高造成的。如枣庄市地下水水源地以岩溶裂隙水为主，总硬度和溶解性总固体浓度偏高主要与地质条件有关。而菏泽市地处高氟区，地质条件是氟化物超标的主要原因。经该市调查统计，菏泽市无论浅层地下水还是深层地下水均为高氟区，其中含氟量在 1.5～3.0 mg/L 的面积占菏泽市总面积的 47%：大于 3.0 mg/L 的面积占菏泽市总面积的 7%，近年来由于地下水大量开采，使水位下降，水氟含量回升。浅井水水源锰介于 0.1～1 mg/L 的面积占菏泽市总面积的 14.7%。从以上数据可以看出，菏泽市地下水超过 50%属咸水高氟水，另外还存在 Fe、Mn 重金属超标区。

## 第六节　小　结

总体上看，全省城市生活饮用水水源地水质状况良好，大部分水源为优质饮用水源。

根据监测结果，枣庄、菏泽市地下水源个别指标超过国家地下水质量标准（GB/T 14848—93）中规定的III类标准，虽然是反映地下水化学组分的天然背景含量，但应引起足够的关注。目前，菏泽饮用水水源地已调整为黄河水——雷泽湖水库。

◎ 专栏资料

## 强化"四个办法"监测
## 建设科学高效的环境监管体系

"十一五"期间，山东省为切实加强对水、气主要环境质量和重点污染源的监管力度，以科学发展观为指导，以主要污染物总量减排为目标，建立了科学有效的环境监管体系，有效促进了排污企业的达标排放，改善了环境质量。

2007年，山东省环保厅有针对性地制定并实施了《全省主要河流水质监测办法（试行）》、《全省重点企业监管办法（试行）》、《全省城市污水处理厂监管办法（试行）》和《全省17个设区城市建成区空气质量监管办法（试行）》（以下简称"四个办法"）。规范了环保部门监管的基本任务，促进了环境监测工作向"制度化、日常化、自动化"转变。

按照"四个办法"规定，全省各级环境监测和监察部门要对重点污染源开展经常性的抽查监测。对辖区内重点监管企业，省、市、县三级环保部门每旬分别按照3%、15%和100%的比例进行随机抽查监测；对辖区内城镇污水处理厂，省级按每旬10%的比例进行随机抽查监测，市、县级分别按每旬、每天进行1次检查监测。废水企业监测COD和氨氮；废气企业监测$SO_2$；城市污水处理厂监测项目为进口、出口COD、氨氮、流量、出口水温。同时，省级每月定期对全省主要河流水质COD和氨氮随机进行抽查监测；每半月对17个城市的部分空气自动站进行抽查。2010年开始，继续深化"四个办法"，省级每半月对全省河流断面部分剧毒物质的开展监测，监测项目为As、Cd、Hg、Pb、氰化物、六价铬、Be、Ni、Cr、Ag。

截至2010年底，全省环境监测系统累计出动抽查监测人员达35.7万人（次），监测车16.04万辆（次），行程651万km，抽查监测重点监管企业9.24万家（次），城镇污水处理厂8.54万座（次），共获取手工监测数据100.24万个。省环境监测中心站每年抽查的省控重点监管企业覆盖率达100%以上，污水处理厂和城市空气自动监测站抽查覆盖率达300%以上。

2007年，根据国家建设先进的环境监测预警体系的要求并结合山东省实际，全省开始建设"三级五方面"自动监控系统，对省重点监管企业、城镇污水处理厂、主要河流断面水质、17个设区城市建成区空气质量以及主要饮用水水源地水质实行自动监测，并于2008年4月1日起正式启用。目前，59条省控河流的主要断面水质自动监测站、144个空气自动监测站全部建成；1000多家省控重点监管企业和181座污水处理厂全部安装了自动监测设备，每天可获取45万个数据；整合了全省重点污染源和水、气环境质量的自动监测监控平台，建立了污染源和环境质量的关联。

省环保厅每月召开全省环境形势分析会，专门听取"四个办法"检查情况汇报，实时掌握辖区水、城市环境空气、饮用水水源地的环境质量和污染物排放状况。"四个办法"监测数据作为定期通报、总量减排、"以奖代补"、环保执法等方面的重要依据。针对检查中发现的突出环境问题处理意见形成《"四个办法"旬查通报》，报、抄送省政府领导、相关市委书记、市长，发送所在市环保局，责成有关部门和企业按照要求立即整改；形成了齐抓共管、协调推进的环保工作大格局。

通过"四个办法"监测工作的开展，为环境监管提供了强有力的技术支撑，"十一五"末实现了全省省控 59 条重点河流污染浓度下降，全部恢复鱼类生长的目标，水环境质量总体上已恢复到 1985 年以前的水平，标志着山东省的水生态环境质量实现了历史性重要转折。

# 第十三章　近岸海域海水水质

## 第一节　近岸海域水环境监测概况

### 一、近岸海域水环境质量监测

#### （一）监测点位设置与分布

2010 年，山东省近岸海域监测范围为渤海、黄海近岸海域，共设置监测点位 100 个，涵盖环境质量监测点位 41 个（包括同时具备环境质量监测与环境功能区监测的点位 32 个，环境功能区外环境质量监测点位 9 个），功能区监测点位 91 个（包括 89 个功能区）。其中渤海环境质量监测点位 14 个，环境功能区监测点位为 22 个；黄海环境质量监测点位 27 个，环境功能区监测点位 69 个。环境质量监测点位和功能区监测点位分布见图 13-1。

#### （二）监测项目与频次

近岸海域水质监测项目为水温、水深、透明度、pH 值、盐度、悬浮物、溶解氧、COD、活性磷酸盐、亚硝酸盐氮、硝酸盐氮、氨氮、石油类、Hg、Cu、Cd、Pb 和六价铬共 18 项。监测时间为 5 月、8 月和 10 月，监测频率为 3 次/a。

#### （三）评价指标与标准

评价指标为 COD、活性磷酸盐、无机氮、石油类、Cu 和 Pb 6 项，其中无机氮为亚硝酸盐氮、硝酸盐氮、氨氮 3 项之和。各项目的平均值和超标率均以样品个数为计算单位，超标率按二类海水水质评价。

评价标准采用国家《海水水质标准》（GB 3097—1997）（表 13-1），评价方法采用单因子指数法，即某一测点的海水水质任一评价指数超过一类海水标准的，即为二类海水；超过二类海水标准的，即为三类海水；超过三类海水标准的，即为四类海水；超过四类海水标准的，即为劣四类海水。

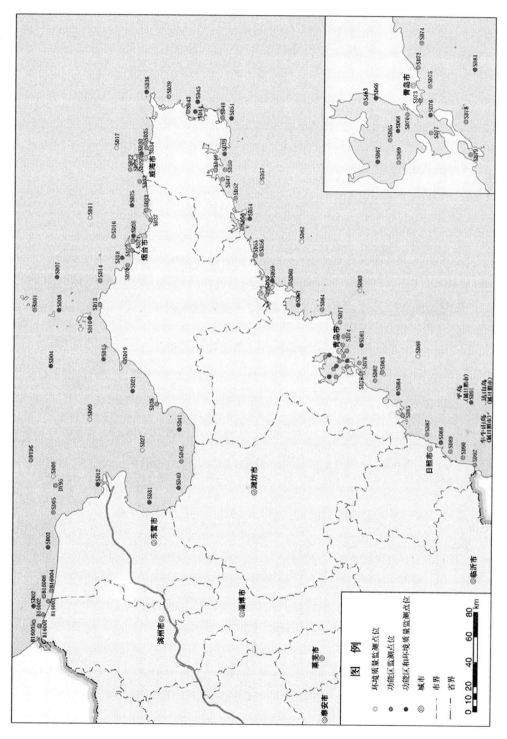

图 13-1 山东省近岸海域环境监测点位分布图

表 13-1　海水水质标准（GB 3097—1997）　　　　　　　单位：mg/L

| 序号 | 监测项目 | 第一类 | 第二类 | 第三类 | 第四类 |
|---|---|---|---|---|---|
| 1 | 化学需氧量≤ | 2 | 3 | 4 | 5 |
| 2 | 活性磷酸盐≤ | 0.015 | 0.030 | | 0.045 |
| 3 | 无机氮≤ | 0.20 | 0.30 | 0.40 | 0.50 |
| 4 | 石油类≤ | 0.05 | | 0.30 | 0.50 |
| 5 | 铜≤ | 0.005 | 0.010 | 0.050 | |
| 6 | 铅≤ | 0.001 | 0.005 | 0.010 | 0.050 |

## 二、海水浴场水质监测

2010 年，在青岛、烟台、日照、威海 4 个城市及蓬莱、长岛、莱州、龙口、牟平、荣成、海阳 7 个县（市、区）的 15 个海水浴场开展水质监测工作，每个海水浴场设 2 个监测点位。

海水浴场监测项目为水温、pH、漂浮物质、粪大肠菌群和石油类 5 项，评价项目为粪大肠菌群、漂浮物质和石油类，监测时间为 7—9 月份。监测频率为每周一次。海水浴场水质评价标准采用环保部海水浴场水质及游泳适宜度分级标准（表 13-2）。

表 13-2　海水浴场水质及游泳适宜度分级

| 粪大肠菌群/（个/L） | 漂浮物质 | 石油类/（mg/L） | 质量等级 | 海水评价 | 游泳适宜度 |
|---|---|---|---|---|---|
| ≤100 | 海面不得出现油膜、浮沫和其他漂浮物质 | ≤0.05 | 一级 | 优 | 最适宜游泳 |
| 101～1 000 | 海面不得出现油膜、浮沫和其他漂浮物质 | ≤0.05 | 二级 | 良 | 适宜游泳 |
| 1 001～2 000 | 海面不得出现油膜、浮沫和其他漂浮物质 | ≤0.05 | 三级 | 一般 | 较适宜游泳 |
| >2 000 | 海面无明显油膜、浮沫和其他漂浮物质 | >0.05 | 四级 | 差 | 不适宜游泳 |

## 三、直排海污染源监测

### （一）监测点位设置与分布

2010 年，全省直排海污染源监测对象为 7 个沿海城市日排放废水 100 t 以上（含 100 t）的直排海工业污染源和综合排放污染源，其中综合排放污染源包括直排海市政生活源和排河（沟、渠）。

2010 年全省直排海污染源共 48 个，其中青岛市 24 个、烟台市 16 个、威海市 3 个、潍坊市 3 个、日照市 2 个。滨州和东营市无符合直排海污染物监测条件的污染源。

（二）监测项目与频次

直排海污染源的监测项目为 COD、石油类、氨氮、氰化物、As、Hg、六价铬、Pb、Cd、TN 和 TP 11 项。监测时间为 1—12 月。监测频次分别为：潍坊和威海 2 个市 4 次/a、烟台和青岛 2 个市 4～12 次/a、日照市 36～365 次/a。

## 四、入海河流污染物通量监测

（一）监测点位设置与分布

2010 年，全省对 32 条入海河流开展了入海河流污染物通量监测。其中滨州 4 条、潍坊 3 条、东营 4 条、烟台 12 条、威海 3 条、青岛 5 条、日照 1 条。32 条入海河流中，渤海和黄海各 16 条。

（二）监测项目与频次

入海河流污染物通量监测项目主要为流量、水温、pH 值、盐度、电导率、溶解氧、高锰酸盐指数（$COD_{Mn}$）、五日生化需氧量、COD、氨氮、石油类、挥发酚、TN、TP、Hg、Cu、Cd、Pb、Zn、As 等。计算总量项目为高锰酸盐指数、氨氮、石油类、挥发酚、Hg、Pb、TN、TP、Cu、Cd、流量 11 项。

（三）评价指标与标准

评价指标为高锰酸盐指数、五日生化需氧量、COD、$NH_3\text{-}N$、TN、TP、挥发酚、石油类、Hg、Pb、Cu、Zn、As、Cd 14 项。各项目年均值以样品个数为计算单位，超标率以年均值个数为计算单位。监测时间为 1—12 月，监测频次分别为：滨州和潍坊 2 个市为 3 次/a、东营 4 次/a、青岛 6 次/a、烟台 3～12 次/a、威海和日照 2 个市为 12 次/a。评价标准执行《地表水环境质量标准》（GB 3838—2002）中 IV 类标准（表 13-3）。

表 13-3　地表水环境质量标准（GB 3838—2002）　　　单位：mg/L

| 序号 | 监测项目 | | 标准值（IV类） |
|---|---|---|---|
| 1 | $COD_{Mn}$ | ≤ | 10 |
| 2 | COD | ≤ | 30 |
| 3 | $BOD_5$ | ≤ | 6 |
| 4 | $NH_3\text{-}N$ | ≤ | 1.5 |
| 5 | TN | ≤ | 1.5 |
| 6 | TP | ≤ | 0.3 |
| 7 | 挥发酚 | ≤ | 0.01 |
| 8 | 石油类 | ≤ | 0.5 |
| 9 | Hg | ≤ | 0.001 |
| 10 | Pb | ≤ | 0.05 |
| 11 | Cu | ≤ | 1.0 |
| 12 | Zn | ≤ | 2.0 |
| 13 | As | ≤ | 0.1 |
| 14 | Cd | ≤ | 0.005 |

## 第二节　近岸海域海水水质状况

### 一、全省近岸海域水质状况

#### （一）近岸海域水质现状

2010年，全省近岸海域水质以一、二类海水为主。其中一类海水测点达标率为53.7%，二类海水测点达标率为43.9%，劣四类海水测点超标率为2.4%，无三、四类海水测点（图13-2）。

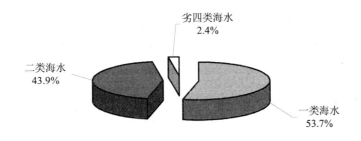

**图13-2　全省近岸海域海水水质分级图**

与2009年相比，全省近岸海域一类海水测点达标率和劣四类海水测点超标率持平，二类海水测点达标率上升了4.9个百分点，三、四类海水测点达标率均下降了2.43个百分点。

2010年渤海近岸海域一类海水测点达标率为57.1%，二类海水测点达标率为42.9%；黄海近岸海域一类和二类海水测点达标率分别为51.9%和44.4%，劣四类海水测点超标率为3.7%（表13-4）。

**表13-4　2010年渤海、黄海近岸海域海水水质评价结果**

| 市地 | 点位数 | 符合各类海水标准的测点百分比（%） | | | | |
|------|--------|------|------|------|------|------|
| | | 一类 | 二类 | 三类 | 四类 | 劣四类 |
| 渤海 | 14 | 57.1 | 42.9 | 0 | 0 | 0 |
| 黄海 | 27 | 51.9 | 44.4 | 0 | 0 | 3.7 |
| 全省 | 41 | 53.7 | 43.9 | 0 | 0 | 2.4 |

2010年，全省7个沿海城市海区中日照、滨州、东营、潍坊、烟台和威海6海区一、二类海水测点达标率均为100%；青岛海区一、二类海水测点达标率为90.0%，劣四类海水测点超标率为10.0%（表13-5）。

表 13-5　2010 年山东省各海区近岸海域海水水质评价结果

| 监测海区 | 测点数量/个 | 符合各类海水标准的测点百分比/% | | | | |
|---|---|---|---|---|---|---|
| | | 一类海水 | 二类海水 | 三类海水 | 四类海水 | 劣四类海水 |
| 滨州 | 1 | 0 | 100 | 0 | 0 | 0 |
| 东营 | 4 | 100 | 0 | 0 | 0 | 0 |
| 潍坊 | 1 | 0 | 100 | 0 | 0 | 0 |
| 烟台 | 14 | 50 | 50 | 0 | 0 | 0 |
| 威海 | 9 | 22.2 | 77.8 | 0 | 0 | 0 |
| 青岛 | 10 | 70 | 20 | 0 | 0 | 10 |
| 日照 | 2 | 100 | 0 | 0 | 0 | 0 |
| 全省 | 41 | 53.7 | 43.9 | 0 | 0 | 2.4 |

## （二）功能区测点达标率

2010 年全省近岸海域水质功能区测点达标率为 95.6%，比 2009 年上升了 2.1 个百分点。其中一类和三类功能区测点达标率为 100%，二类功能区测点达标率为 95.2%，四类功能区测点达标率为 87.5%。

2010 年，渤海近岸海域水质功能区测点达标率为 100%。黄海近岸海域水质功能区测点达标率为 94.2%，其中一类功能区测点达标率为 100%，二类功能区测点达标率为 93.8%，三、四类功能区测点达标率分别为 100% 和 80.0%。

2010 年，全省 7 个设区城市海区中，东营、滨州、日照、威海、潍坊 5 个海区水质功能区测点达标率均为 100%；青岛和烟台海区水质功能区测点达标率分别为 91.7% 和 96%。

## （三）海水浴场水质状况

2010 年，全省 15 个海水浴场水质总体以优良为主。海水最适宜游泳率和适宜游泳率分别为 68.8% 和 22.8%，较适宜游泳率为 7.9%，超过三级标准的不适宜游泳率为 0.5%。与 2009 年相比，15 个海水浴场最适宜游泳率持平，适宜游泳率下降了 7.8 个百分点，较适宜游泳率和不适宜游泳率分别上升了 7.4 个和 0.5 个百分点。

2010 年影响海水浴场水质的主要因子是粪大肠菌群。在 15 个海水浴场 404 个样品中，粪大肠菌群样品检出率为 90.6%，检出样品最小浓度为 13 个/L，最大浓度为 1 980 个/L。其中符合一级海水标准的样品占 70.3%，符合二、三级海水标准的样品分别占 21.8% 和 7.9%。

## 二、近岸海域海水主要污染物

2010 年，全省近岸海域主要超标污染物为无机氮、活性磷酸盐和石油类，其二类海水超标率分别为 3.5%、1.8% 和 1.7%（表 13-6）。

与 2009 年相比，全省近岸海域主要污染物无机氮和活性磷酸盐的二类海水超标率分别下降了 0.9 个和 1.6 个百分点，石油类超标率持平。

表 13-6　2010 年山东省近岸海域主要污染物监测结果统计表　　　　单位：mg/L

| 监测项目 | 样品数量 | 算术均值 | 测值范围 | 符合各类海水标准的样品百分比/% | | | | | 超标率/% |
| --- | --- | --- | --- | --- | --- | --- | --- | --- | --- |
| | | | | 一类 | 二类 | 三类 | 四类 | 劣四类 | |
| 无机氮 | 115 | 0.155 | 0.013～0.799 | 82.6 | 13.9 | 0.9 | 1.7 | 0.9 | 3.5 |
| 活性磷酸盐 | 115/98 | 0.012 | 未检出～0.055 | 83.4 | 14.8 | | 0.9 | 0.9 | 1.8 |
| COD | 115 | 1.48 | 0.27～2.92 | 80.0 | 20.0 | 0 | 0 | 0 | 0 |
| 石油类 | 115/72 | 0.027 | 未检出～0.085 | 98.3 | | 1.7 | 0 | 0 | 1.7 |
| Cu | 115/70 | 0.003 | 未检出～0.0078 | 95.7 | 4.3 | 0 | 0 | 0 | 0 |
| Pb | 115/72 | 0.001 | 未检出～0.0036 | 84.3 | 15.7 | 0 | 0 | 0 | 0 |

注：1. 活性磷酸盐、石油类、Cu 和 Pb 的"样品数"一栏内分别为：样品数/检出样品数；
　　2. 活性磷酸盐、石油类、Cu 和 Pb 的未检出样品均按符合一类海水标准的样品计算。

## 第三节　陆源污染物入海情况

### 一、入海河流污染物入海情况

2010 年，全省入海河流的废水入海量为 12.37 亿 t/a，其中渤海 3.83 亿 t/a、黄海 8.54 亿 t/a，分别占废水入海量的 31.0% 和 69.0%。

全省入海河流污染物入海总量为 2.47 万 t/a，其中渤海 0.97 万 t/a，黄海 1.50 万 t/a。入海河流污染物入海量以高锰酸盐指数为主，为 1.08 万 t/a，占污染物入海总量的 43.7%；其次是 TN 和氨氮，分别为 9348.66 t/a 和 3529.83 t/a，分别占污染物入海总量的 37.81% 和 14.28%；TP 和石油类入海量分别为 691.23 t/a 和 338.39 t/a，分别占污染物入海总量的 2.8% 和 1.37%。挥发性酚、Cu、Pb、Hg、Cd 污染物的入海量为 13.26 t/a，仅占污染物入海总量的 0.05%。

2010 年，渤、黄海入海河流污染物入海量也均以高锰酸盐指数最大，分别为 4466.35 t/a 和 6338.84 t/a，占各海域污染物入海总量的 46.13% 和 42.14%；渤海 TN、氨氮、TP、石油类的入海量分别为 3145.95 t/a、1610.47 t/a、184.13 t/a 和 263.51 t/a，分别占渤海污染物入海总量的 32.49%、16.63%、1.90% 和 2.72%；黄海 TN、氨氮、TP、石油类的入海量分别为 6202.71 t/a、1919.36 t/a、507.10 t/a 和 74.89 t/a，分别占黄海污染物入海总量的 41.23%、12.76%、3.37% 和 0.50%；挥发性酚、Cu、Pb、Hg、Cd 等其他污染物的入海量渤海为 12.02 t/a，黄海为 1.24 t/a，仅占各海域污染物入海总量的 0.12% 和 0.008%（表 13-7）。

表 13-7　2010 年山东省各海区入海河流污染物通量监测结果统计表

| 监测指标 | 单位 | 渤海 | 黄海 | 全省 | 各污染物入海量占污染物入海总量的百分比/% |
| --- | --- | --- | --- | --- | --- |
| 废水入海量 | 亿 t/a | 3.83 | 8.54 | 12.37 | |
| 污染物入海量 | t/a | 9682.44 | 15044.12 | 24726.55 | |
| 其中：高锰酸盐指数 | t/a | 4466.35 | 6338.84 | 10805.19 | 43.7 |
| 氨氮 | t/a | 1610.47 | 1919.36 | 3529.83 | 14.28 |

| 监测指标 | 单位 | 渤海 | 黄海 | 全省 | 各污染物入海量占污染物入海总量的百分比/% |
|---|---|---|---|---|---|
| TN | t/a | 3 145.95 | 6 202.71 | 9 348.66 | 37.81 |
| TP | t/a | 184.13 | 508.00 | 691.23 | 2.8 |
| 挥发性酚 | t/a | 4.68 | 0.331 5 | 5.01 | 0.02 |
| 石油类 | t/a | 263.51 | 74.89 | 338.39 | 1.37 |
| Pb | t/a | 4.18 | 0.28 | 4.46 | 0.02 |
| Cu | t/a | 2.99 | 0.63 | 3.62 | 0.01 |
| Cd | t/a | 0.17 | 0 | 0.17 | 0.000 7 |
| Hg | t/a | 0 | 0.000 8 | 0.000 8 | 0.000 003 |

## 二、直排海污染源污染物入海情况

全省废水入海总量为 48 248.56 万 t/a，以综合排放污染源废水入海量为主，为 43 206.07 万 t/a，占全省废水入海量的 89.5%；直排海工业污染源废水入海量为 5 042.50 万 t/a，占全省废水入海量的 10.5%。

全省污染物入海量为 3.97 万 t/a，以 COD 入海量最大，为 2.22 万 t/a，占全省污染物入海量的 56.1%。TN、氨氮和 TP 入海量分别为 7 414.04 t/a、1 951.09 t/a 和 475.29 t/a，分别占全省污染物入海量的 18.7%、4.9% 和 1.2%。石油类入海量为 77.41 t/a，占全省污染物入海量的 0.2%。BOD$_5$、SS、氰化物、六价铬等污染物入海量为 7 508.12 t/a，占全省污染物入海量的 18.9%。

全省污染物入海量以直排海综合排放污染源的污染物入海量最大，为 35 660.30 t/a，占全省污染物入海量的 89.9%；直排海工业污染源污染物入海量为 4 004.23 t/a，仅占全省污染物入海量的 10.1%（表 13-8）。

表 13-8 山东省直排海污染源监测基本情况

| 调查指标 | | 直排海工业污染源 | 直排海综合排放污染源 | 合计 |
|---|---|---|---|---|
| 数量/个 | | 26 | 22 | 48 |
| 废水入海量/（万 t/a） | | 5 042.50 | 43 206.07 | 48 248.56 |
| 污染物入海量/（t/a） | COD | 1 912.55 | 20 326.03 | 22 238.58 |
| | 石油类 | 8.14 | 69.27 | 77.41 |
| | 氨氮 | 136.61 | 1 814.48 | 1 951.09 |
| | TN | 48.84 | 7 365.20 | 7 414.04 |
| | TP | 2.23 | 473.06 | 475.29 |
| | 其他污染物 | 1 895.86 | 5 612.25 | 7 508.11 |
| | 总量 | 4 004.23 | 35 660.30 | 39 664.53 |

## 第四节 "十一五"期间近岸海域海水水质变化趋势分析

"十一五"期间，全省近岸海域一、二类海水测点达标率均在 90% 以上，同时一、二类海水测点中一类海水测点比例逐年提高，全省近岸海域水质优良。"十一五"全省近岸海域海水水质监测结果见表 13-9。

表 13-9　"十一五"全省近岸海域海水水质评价结果

| 年份 | 实测点位数 | 符合各类海水标准的测点百分比/% | | | | |
|------|----------|------|------|------|------|------|
| | | 一类 | 二类 | 三类 | 四类 | 劣四类 |
| 2006 | 35 | 37.1 | 60.0 | 0 | 2.9 | 0 |
| 2007 | 40 | 37.5 | 52.5 | 5.0 | 0 | 5.0 |
| 2008 | 41 | 46.3 | 43.9 | 4.9 | 2.45 | 2.45 |
| 2009 | 41 | 53.7 | 39.0 | 2.43 | 2.43 | 2.43 |
| 2010 | 41 | 53.7 | 39.0 | 2.43 | 2.43 | 2.43 |

"十一五"期间，全省近岸海域水质功能区测点达标率稳步提高，五年间全省近岸海域水质功能区测点达标率在 83.7%～95.6%；渤海和黄海海域水质功能区测点达标率稳中有升，功能区测点达标率分别在 72.7%～100%和 84.3%～94.2%（表 13-10）。

表 13-10　"十一五"期间全省近岸海域水质功能区测点达标率评价结果　　单位：%

| 年份 | 全省 | 渤海 | 黄海 |
|------|------|------|------|
| 2006 | 85.9 | 86.4 | 85.3 |
| 2007 | 83.7 | 72.7 | 87.1 |
| 2008 | 88.0 | 100 | 84.3 |
| 2009 | 93.5 | 95.5 | 92.9 |
| 2010 | 95.6 | 100 | 94.2 |

# 第五节　小　结

2010 年，全省近岸海域水质以一、二类海水为主。其中一类海水测点达标率为 53.7%，二类海水测点达标率为 43.9%，劣四类海水测点超标率为 2.4%，无三、四类海水测点。7 个市海区中日照、滨州、东营、潍坊、烟台和威海 6 个海区一、二类海水测点达标率均为 100%；青岛海区一、二类海水测点达标率为 90.0%，劣四类海水测点超标率为 10.0%。

全省近岸海域水质功能区测点达标率为 95.6%，比 2009 年上升了 2.1 个百分点。7 个市海区中，东营、滨州、日照、威海、潍坊 5 个海区水质功能区测点达标率均为 100%；青岛和烟台海区水质功能区测点达标率分别为 91.7%和 96%。

全省 15 个海水浴场水质总体以优良为主。海水最适宜游泳率和适宜游泳率分别为 68.8%和 22.8%，较适宜游泳率为 7.9%，超过三级标准的不适宜游泳率为 0.5%。

全省近岸海域主要超标污染物为无机氮、活性磷酸盐和石油类，与 2009 年相比，全省近岸海域主要污染物无机氮和活性磷酸盐的二类海水超标率分别下降了 0.9 个和 1.6 个百分点，石油类超标率持平。

全省入海河流的废水入海量为 12.37 亿 t/a，其中渤海 3.83 亿 t/a、黄海 8.54 亿 t/a；全省入海河流污染物入海总量为 2.47 万 t/a，其中渤海 0.97 万 t/a，黄海 1.50 万 t/a。入海河流污染物入海量以高锰酸盐指数为主，为 1.08 万 t/a，占污染物入海总量的 43.7%；其次是 TN 和氨氮，为 9 348.66 t/a 和 3 529.83 t/a，分别占污染物入海总量的 37.81% 和 14.28%；TP 和石油类入海量分别为 691.23 t/a 和 338.39 t/a，分别占污染物入海总量的 2.8% 和 1.37%。挥发性酚、Cu、Pb、Hg、Cd 污染物的入海量为 13.26 t/a，仅占污染物入海总量的 0.05%。

全省直排海污染源废水入海总量为 48 248.56 万 t/a，以综合排放污染源废水入海量为主，为 43 206.07 万 t/a，直排海工业污染源废水入海量为 5 042.496 7 万 t/a。全省直排海污染物入海量为 3.97 万 t/a，以 COD 入海量最大，为 2.22 万 t/a，占全省污染物入海量的 56.1%。TN、氨氮和 TP 入海量分别为 7 414.04 t/a、1 951.09 t/a 和 475.29 t/a，分别占全省污染物入海量的 18.7%、4.9% 和 1.2%。石油类入海量为 77.41 t/a，占全省污染物入海量的 0.2%。$BOD_5$、SS、氰化物、六价铬等污染物入海量为 7 508.113 8 t/a，占全省污染物入海量的 18.9%。

"十一五"期间，全省近岸海域一、二类海水测点达标率均在 90% 以上，同时一、二类海水测点中一类海水测点比例逐年提高，全省近岸海域水质优良。

"十一五"期间，全省近岸海域水质功能区测点达标率稳步提高，五年间全省近岸海域水质功能区测点达标率在 83.7%～95.6%；渤海和黄海海域水质功能区测点达标率稳中有升，功能区测点达标率分别在 72.7%～100% 和 84.3%～94.2%。

# 第十四章　城市声环境质量

## 第一节　城市环境噪声

### 一、监测概况

"十一五"期间，山东省17个城市环境监测站对所在城市的道路交通噪声、区域环境噪声和功能区噪声进行了监测。

（一）监测点位

城市环境噪声监测点位设置于17个城市，共设功能区噪声测点111个，区域噪声测点3 902个，道路交通噪声测点1 189个。

（二）监测项目

包括功能区噪声、道路交通噪声、区域环境噪声。在监测道路交通噪声的同时，必须记录车流量；在监测区域噪声和功能区噪声的同时，必须记录声源类型。

（三）监测频率和时间

1. 功能区噪声监测

功能区噪声国控、省控点均为每季度监测1次，分别于2月、5月、8月、11月的1—20日进行监测。

2. 道路交通噪声监测

每年监测1次，于5月进行。每次监测应在昼间正常工作时间内连续测量20 min。

3. 区域噪声监测

每年监测1次，于5月进行。每次监测时应分别在昼、夜间连续测量10 min。测量过程中等效声级涨落大于10 dB时，应作20 min的测量。

### 二、2010年城市环境噪声状况

（一）城市道路交通声环境

声环境质量评价方法采用中国环境监测总站《声环境质量评价方法》技术规定，对城市道路交通噪声进行评价，其质量等级划分标准如下（表14-1）。

2010年，17个城市的道路交通声环境质量均属于好或较好，其中13个城市道路交通声环境质量属于好，占 82.4%；4 个城市属于较好，占 17.6%。

表 14-1　道路交通声环境质量等级划分

| 等级 | 好 | 较好 | 轻度污染 | 中度污染 | 重度污染 |
|---|---|---|---|---|---|
| 等效声级 dB（A） | ≤68.0 | 68.0～70.0 | 70.0～72.0 | 72.0～74.0 | ＞74.0 |

17 个城市道路交通噪声共监测道路长度 1480.328 km，按所处各声级段的比率评价其声环境质量等级，分别为：质量等级属于"好"和"较好"的道路长度占 82.6%，质量等级属于"轻度污染"、"中度污染"和"重度污染"的道路长度占 17.4%。山东省的道路交通声环境较好（图 14-1）。

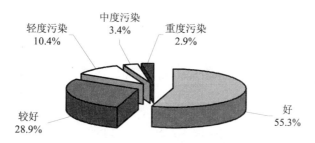

图 14-1　2010 年道路交通声环境质量状况

17 个城市中，淄博市、东营市、潍坊市、济宁市、泰安市、威海市、日照市、莱芜市、临沂市、德州市、聊城市、滨州市和菏泽市 13 个城市等效声级值≤68.0 dB，质量等级属于"好"；济南市、青岛市、枣庄市和烟台市 4 个城市等效声级值为 68.0～70.0 dB，质量等级属于"较好"（图 14-2）。

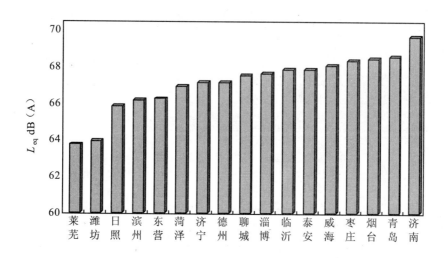

图 14-2　2010 年 17 个城市道路噪声等效声级排序

17 个城市监测道路长度为 1480.328 km，其中 258.032 km 路段等效声级超过 70 dB（A），占监测道路长度的 17.4%。东营市、济宁市、日照市、莱芜市、临沂市、滨州市、菏泽市

7 个城市无超标路段出现，其余 10 个城市不同程度地存在超标路段。路段超标率范围在 2.4%～43.6%，济南市的路段超标率最大（表 14-2）。

表 14-2　全省 17 个城市道路交通噪声监测结果

| 城市名称 | 监测总长度/km | 超过 70 dB 比率/% | 平均路宽/m | 有效路段数 | 平均车流量/（辆/h） | 噪声均值/dB（A） | 质量等级 | 与 2009 年噪声均值对比/% |
|---|---|---|---|---|---|---|---|---|
| 济南市 | 159.91 | 43.60 | 52.51 | 98 | 2 700 | 69.6 | 较好 | 上升 0.26 |
| 青岛市 | 214.12 | 24.79 | 19.59 | 176 | 2 080 | 68.5 | 较好 | 上升 0.26 |
| 淄博市 | 160.26 | 17.87 | 29.67 | 131 | 1 489 | 67.6 | 好 | 下降 0.47 |
| 枣庄市 | 22.24 | 13.67 | 20.42 | 30 | 1 350 | 68.3 | 较好 | 上升 0.27 |
| 东营市 | 84.51 | 0 | 40.95 | 53 | 1 502 | 66.2 | 好 | 下降 0.39 |
| 烟台市 | 143.11 | 30.74 | 25.72 | 92 | 1 897 | 68.4 | 较好 | 上升 0.22 |
| 潍坊市 | 145.71 | 2.42 | 45.57 | 100 | 1 778 | 63.9 | 好 | 上升 0.88 |
| 济宁市 | 43.41 | 0 | 36.17 | 12 | 1 685 | 67.1 | 好 | 下降 1.15 |
| 泰安市 | 99.9 | 28.52 | 31.32 | 65 | 1 249 | 67.8 | 好 | 下降 2.6 |
| 威海市 | 72.68 | 11.21 | 27.6 | 27 | 2 154 | 68 | 好 | 上升 0.1 |
| 日照市 | 83 | 0 | 35.38 | 45 | 1 573 | 65.8 | 好 | 上升 0.98 |
| 莱芜市 | 17.92 | 0 | 39.98 | 28 | 1 307 | 63.7 | 好 | 下降 3.51 |
| 临沂市 | 58.78 | 0 | 51.55 | 88 | 1 933 | 67.8 | 好 | 上升 0.39 |
| 德州市 | 34.95 | 7.73 | 24.74 | 20 | 1 705 | 67.1 | 好 | 下降 0.34 |
| 聊城市 | 72.3 | 23.10 | 37.51 | 71 | 1 460 | 67.5 | 好 | 下降 0.41 |
| 滨州市 | 38.48 | 0.00 | 36.48 | 13 | 954 | 66.1 | 好 | 上升 0.26 |
| 菏泽市 | 29.05 | 0.00 | 40.25 | 14 | 1 669 | 66.9 | 好 | 下降 0.96 |

表 14-3　全省 17 个城市道路交通噪声监测结果统计表

| 城市名称 | 等级划分 | 监测总长度/km | 平均路宽/m | 平均路长/m | 有效路段数 | 平均车流量/（辆/h） | 噪声均值/dB（A） | 比例/% |
|---|---|---|---|---|---|---|---|---|
| 济南市 | 好 | 48.56 | 43.79 | 1 313 | 37 | 2 635 | 66.78 | 37.76 |
| | 较好 | 41.63 | 79 | 1 982 | 21 | 3 501 | 69.12 | 21.43 |
| | 轻度污染 | 39.78 | 43.04 | 1 530 | 26 | 2 288 | 71 | 26.53 |
| | 中度污染 | 28.24 | 43.66 | 2 172 | 13 | 2 249 | 72.57 | 13.27 |
| | 重度污染 | 1.7 | 22 | 1 700 | 1 | 2 041 | 75.8 | 1.02 |
| 青岛市 | 好 | 90.55 | 15.78 | 1 207 | 75 | 1 656 | 66.39 | 42.61 |
| | 较好 | 70.51 | 16.07 | 1 052 | 67 | 2 062 | 68.81 | 38.07 |
| | 轻度污染 | 42.47 | 28.05 | 1 416 | 30 | 2 712 | 70.83 | 17.05 |
| | 中度污染 | 5 | 40 | 2 500 | 2 | 2 786 | 73.24 | 1.14 |
| | 重度污染 | 5.6 | 43.07 | 2 800 | 2 | 3 757 | 75.3 | 1.14 |
| 淄博市 | 好 | 79.67 | 27.32 | 1 285 | 62 | 1 190 | 65.23 | 47.33 |
| | 较好 | 51.95 | 29.19 | 980.2 | 53 | 1 758 | 69.02 | 40.46 |
| | 轻度污染 | 16.35 | 35.03 | 1 362 | 12 | 1 758 | 71.06 | 9.16 |
| | 中度污染 | 12.3 | 39.77 | 3 075 | 4 | 1 933 | 72.84 | 3.05 |
| | 重度污染 | | | | | | | |

| 城市名称 | 等级划分 | 监测总长度/<br>km | 平均路宽/<br>m | 平均路长/<br>m | 有效<br>路段数 | 平均车流量/<br>（辆/h） | 噪声均值/<br>dB（A） | 比例/<br>% |
|---|---|---|---|---|---|---|---|---|
| 枣庄市 | 好 | 7.68 | 21.73 | 698.2 | 11 | 1294 | 65.99 | 36.67 |
| | 较好 | 11.52 | 21.44 | 720 | 16 | 1390 | 69.22 | 53.33 |
| | 轻度污染 | 3.04 | 13.28 | 1013 | 3 | 1340 | 70.45 | 10 |
| | 中度污染 | | | | | | | |
| | 重度污染 | | | | | | | |
| 东营市 | 好 | 82.01 | 40.81 | 1608 | 51 | 1495 | 66.13 | 96.23 |
| | 较好 | 2.5 | 45.6 | 1250 | 2 | 1734 | 68.62 | 3.77 |
| | 轻度污染 | | | | | | | |
| | 中度污染 | | | | | | | |
| | 重度污染 | | | | | | | |
| 烟台市 | 好 | 84.7 | 27.36 | 1970 | 43 | 1262 | 66.35 | 46.74 |
| | 较好 | 14.42 | 24.04 | 1109 | 13 | 1933 | 69.05 | 14.13 |
| | 轻度污染 | 26.34 | 24.42 | 1317 | 20 | 2873 | 71.06 | 21.74 |
| | 中度污染 | 12.34 | 19.67 | 1028 | 12 | 3505 | 72.98 | 13.04 |
| | 重度污染 | 5.31 | 24.52 | 1328 | 4 | 3364 | 75.87 | 4.35 |
| 潍坊市 | 好 | 134.7 | 45.68 | 1433 | 94 | 1710 | 63.42 | 94 |
| | 较好 | 7.47 | 47.38 | 1868 | 4 | 2675 | 69.01 | 4 |
| | 轻度污染 | 3.52 | 37.39 | 1760 | 2 | 2479 | 70.63 | 2 |
| | 中度污染 | | | | | | | |
| | 重度污染 | | | | | | | |
| 济宁市 | 好 | 33.1 | 35.65 | 3678 | 9 | 1728 | 66.33 | 75 |
| | 较好 | 10.31 | 37.86 | 3435 | 3 | 1546 | 69.39 | 25 |
| | 轻度污染 | | | | | | | |
| | 中度污染 | | | | | | | |
| | 重度污染 | | | | | | | |
| 泰安市 | 好 | 51.63 | 26.69 | 1395 | 37 | 1110 | 62.8 | 56.92 |
| | 较好 | 19.78 | 30.54 | 1521 | 13 | 1549 | 68.92 | 20 |
| | 轻度污染 | 1.17 | 8 | 582.5 | 2 | 774.8 | 71.1 | 3.08 |
| | 中度污染 | 5.08 | 17.86 | 1270 | 4 | 900.2 | 72.39 | 6.15 |
| | 重度污染 | 22.25 | 47.03 | 2472 | 9 | 1410 | 77.2 | 13.85 |
| 威海市 | 好 | 35.22 | 25.63 | 3202 | 11 | 1910 | 66.48 | 40.74 |
| | 较好 | 29.31 | 29.67 | 2443 | 12 | 2369 | 69.06 | 44.44 |
| | 轻度污染 | 7.25 | 28.48 | 2417 | 3 | 2502 | 70.51 | 11.11 |
| | 中度污染 | 0.9 | 30 | 900 | 1 | 1887 | 72.4 | 3.7 |
| | 重度污染 | | | | | | | |
| 日照市 | 好 | 65.3 | 35.45 | 1674 | 39 | 1497 | 64.96 | 86.67 |
| | 较好 | 17.7 | 35.15 | 2950 | 6 | 1850 | 68.79 | 13.33 |
| | 轻度污染 | | | | | | | |
| | 中度污染 | | | | | | | |
| | 重度污染 | | | | | | | |
| 莱芜市 | 好 | 16.71 | 40.7 | 618.9 | 27 | 1354 | 63.34 | 96.43 |
| | 较好 | 1.21 | 30 | 1210 | 1 | 663 | 68.5 | 3.57 |
| | 轻度污染 | | | | | | | |
| | 中度污染 | | | | | | | |
| | 重度污染 | | | | | | | |

| 城市名称 | 等级划分 | 监测总长度/km | 平均路宽/m | 平均路长/m | 有效路段数 | 平均车流量/（辆/h） | 噪声均值/dB（A） | 比例/% |
|---|---|---|---|---|---|---|---|---|
| 临沂市 | 好 | 34.03 | 51.09 | 630.2 | 54 | 1 868 | 67.22 | 61.36 |
| | 较好 | 24.75 | 52.19 | 727.9 | 34 | 2 021 | 68.59 | 38.64 |
| | 轻度污染 | | | | | | | |
| | 中度污染 | | | | | | | |
| | 重度污染 | | | | | | | |
| 德州市 | 好 | 24.55 | 24.13 | 1 637 | 15 | 1 677 | 66.12 | 75 |
| | 较好 | 7.7 | 26.26 | 1 925 | 4 | 1 453 | 68.96 | 20 |
| | 轻度污染 | 2.7 | 26 | 2 700 | 1 | 2 685 | 70.2 | 5 |
| | 中度污染 | | | | | | | |
| | 重度污染 | | | | | | | |
| 聊城市 | 好 | 44 | 38.89 | 1 000 | 44 | 1 340 | 65.33 | 61.97 |
| | 较好 | 11.6 | 31.5 | 966.7 | 12 | 1 342 | 69.12 | 16.9 |
| | 轻度污染 | 10.2 | 36.2 | 1 275 | 8 | 1 836 | 71.39 | 11.27 |
| | 中度污染 | 5.6 | 40.11 | 933.3 | 6 | 1 857 | 72.77 | 8.45 |
| | 重度污染 | 0.9 | 46 | 900 | 1 | 2 076 | 74.6 | 1.41 |
| 滨州市 | 好 | 35.67 | 35.88 | 2 972 | 12 | 967.1 | 65.87 | 92.31 |
| | 较好 | 2.81 | 44 | 2 810 | 1 | 783 | 68.4 | 7.69 |
| | 轻度污染 | | | | | | | |
| | 中度污染 | | | | | | | |
| | 重度污染 | | | | | | | |
| 菏泽市 | 好 | 19.2 | 45.59 | 1 920 | 10 | 1 646 | 65.92 | 71.43 |
| | 较好 | 9.85 | 29.83 | 2 463 | 4 | 1 715 | 68.91 | 28.57 |
| | 轻度污染 | | | | | | | |
| | 中度污染 | | | | | | | |
| | 重度污染 | | | | | | | |

## （二）城市区域声环境

声环境质量评价方法采用中国环境监测总站《声环境质量评价方法》技术规定，对城市区域声环境进行评价，其质量等级划分标准如下（表 14-4）。

城市区域声环境质量等级划分（0410 版导则中，分昼夜间，昼间为＞70 dB，在 2003年公布的技术规定中，不分昼夜间，总站年报用的 2003 年版）。

表 14-4　城市区域声环境质量等级划分

| 等级 | 好 | 较好 | 轻度污染 | 中度污染 | 重度污染 |
|---|---|---|---|---|---|
| 等效声级/dB（A） | ≤50.0 | 50.0～55.0 | 55.0～60.0 | 60.0～65.0 | ＞65.0 |

17 个城市区域环境噪声昼夜监测结果见表 14-5、表 14-6。

2010 年 17 个城市区域环境噪声昼间 3 888 个测点，按所处各声级段的比率评价其声环境质量等级（图 14-3），分别为：质量等级属于"好"和"较好"的测点占 62.4%，质量等级属于"轻度污染"、"中度污染"和"重度污染"的测点占 37.6%。山东省的昼间城市区域声环境质量总体较好。

表 14-5 2010 年全省 17 个城市昼间区域环境噪声统计结果表

| 城市名称 | 网格边长/m | 网格总数/个 | 2010 年噪声均值 | | | | 质量等级 | 2009 年噪声均值 |
| | | | $L_{eq}$ dB（A） | $L_{10}$ dB（A） | $L_{50}$ dB（A） | $L_{90}$ dB（A） | | $L_{eq}$ dB（A） |
|---|---|---|---|---|---|---|---|---|
| 济南 | 1 000 | 214 | 54.1 | 55.5 | 51.6 | 49.1 | 较好 | 54.1 |
| 青岛 | 500 | 331 | 53.5 | 55.6 | 51.9 | 49.3 | 较好 | 53.5 |
| 淄博 | 500 | 392 | 52.5 | 57.6 | 48.7 | 43.1 | 较好 | 52.6 |
| 枣庄 | 500 | 225 | 56.2 | 58.9 | 53.1 | 49.3 | 轻度污染 | 55.9 |
| 东营 | 500 | 210 | 55.4 | 58.2 | 54.4 | 50.5 | 轻度污染 | 55.3 |
| 烟台 | 500 | 224 | 54.4 | 58 | 51.7 | 48.9 | 较好 | 54.2 |
| 潍坊 | 500 | 238 | 53.2 | 55.8 | 52.3 | 48.6 | 较好 | 52.4 |
| 济宁 | 400 | 200 | 52.9 | 54.9 | 50.9 | 48.7 | 较好 | 53.5 |
| 泰安 | 570 | 208 | 55.2 | 57.3 | 49.2 | 44.3 | 轻度污染 | 55.4 |
| 威海 | 400 | 203 | 52.7 | 55.3 | 50.7 | 45.9 | 较好 | 52.7 |
| 日照 | 370 | 230 | 54.4 | 56.2 | 51.5 | 48.6 | 较好 | 53.3 |
| 莱芜 | 400 | 202 | 53.1 | 56.0 | 50.0 | 46.2 | 较好 | 53.9 |
| 临沂 | 563.3 | 300 | 54.5 | 56 | 54 | 53.1 | 较好 | 54.7 |
| 德州 | 440 | 200 | 55.1 | 57.7 | 53.7 | 50.4 | 轻度污染 | 54.9 |
| 聊城 | 546.8 | 203 | 55.2 | 58.1 | 54.2 | 49.3 | 轻度污染 | 55.0 |
| 滨州 | 500 | 500 | 54.6 | 57.1 | 46.8 | 39.8 | 较好 | 52.7 |
| 菏泽 | 548 | 108 | 52.7 | 55 | 48.7 | 45.4 | 较好 | 51.4 |

表 14-6 2010 年全省 13 个城市夜间区域环境噪声统计结果表

| 城市名称 | 网格边长/m | 网格总数/个 | 2010 年噪声均值 | | | | 质量等级 | 2009 年噪声均值 |
| | | | $L_{eq}$ dB（A） | $L_{10}$ dB（A） | $L_{50}$ dB（A） | $L_{90}$ dB（A） | | $L_{eq}$ dB（A） |
|---|---|---|---|---|---|---|---|---|
| 济南 | 1 000 | 214 | 44.3 | 46.0 | 41.7 | 39.3 | 好 | 43.9 |
| 淄博 | 500 | 392 | 43.3 | 46.2 | 41.0 | 38.1 | 好 | 43.8 |
| 枣庄 | 500 | 225 | 46.4 | 50.2 | 44.5 | 41.2 | 好 | 47.5 |
| 东营 | 500 | 210 | 45.3 | 47.9 | 44.2 | 41.0 | 好 | 45.4 |
| 烟台 | 500 | 224 | 45.7 | 48.3 | 44.0 | 42.1 | 好 | 45.9 |
| 潍坊 | 500 | 238 | 43.5 | 45.7 | 42.7 | 40.3 | 好 | 42.7 |
| 济宁 | 400 | 200 | 43.7 | 46.0 | 41.7 | 39.2 | 好 | 46.7 |
| 泰安 | 570 | 208 | 47.1 | 48.7 | 41.5 | 37.9 | 好 | 52.7 |
| 威海 | 400 | 203 | 42.5 | 44.3 | 40.6 | 37.9 | 好 | 42.5 |
| 日照 | 370 | 230 | 43.8 | 45.9 | 41.6 | 39.5 | 好 | 43.4 |
| 德州 | 440 | 200 | 45.8 | 47.8 | 45.0 | 42.6 | 好 | 45.4 |
| 聊城 | 546.8 | 203 | 46.3 | 48.0 | 45.9 | 44.0 | 好 | 46.3 |
| 滨州 | 500 | 200 | 46.2 | 48.2 | 43.3 | 38.9 | 好 | 45.4 |

对夜间城市区域声环境进行监测的共 13 个城市 2 947 个测点按所处各声级段的比率评价其声环境质量等级（图 14-4），分别为：质量等级属于"好"的测点占 89.3%，质量等级属于"较好"的测点占 8.9%，质量等级属于"轻度污染"、"中度污染"和"重度污染"的测点分别占 1.3%、0.5% 和 0.03%。全省的夜间城市区域声环境好于昼间。

17 个城市昼间平均等效声级值范围在 52.5～56.2 dB 之间，平均 54.1 dB；其中枣庄最高，淄博最低。

青岛、莱芜、临沂、菏泽 4 个城市夜间未进行监测，其余 13 个城市夜间平均等效声级值范围在 42.5～47.1 dB，其中泰安最高，威海最低。全省城市区域环境噪声年均值见图 14-5。

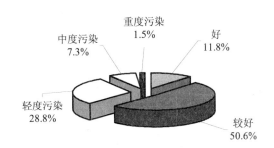

图 14-3　2010 年昼间城市区域声环境质量状况

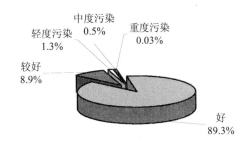

图 14-4　2010 年夜间城市区域声环境质量状况

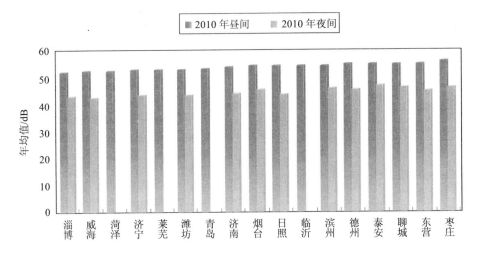

图 14-5　2010 年 17 个城市区域声环境昼夜间年均值对比

在 17 个城市中，区域环境噪声昼间质量等级属于"好"和"较好"的测点比率范围在 17.8%～88.2%，以威海最高，莱芜最低；测点比率在 70% 以上城市从大到小依次有威海、淄博、潍坊、济南、济宁、菏泽、临沂 7 个城市。质量等级属于"轻度污染"的测点比率范围在 11.8%～51.2%，以聊城最高，威海最低。质量等级属于"中度污染"和"重度污染"的测点比率范围在 0～58.9%，以莱芜最高，威海市的测点比率为零。

对夜间城市区域声环境进行监测的 13 个城市中，区域环境噪声夜间质量等级属于

"好"和"较好"的测点比率范围在 93.1%～100.0%，达到 100% 的城市有东营、威海、日照、德州 4 个城市。

## （三）城市功能区噪声

评价标准采用《城市区域环境噪声标准》（GB 3096—93）进行评价。其标准值如下（表 14-7、图 14-6）：

**表 14-7 城市区域环境噪声评价标准**

| 功能类型 | 昼间/dB（A） | 夜间/dB（A） |
|---|---|---|
| 特殊住宅区（0 类） | ≤50 | ≤40 |
| 居民文教区（1 类） | ≤55 | ≤45 |
| 混杂区（2 类） | ≤60 | ≤50 |
| 工业集中区（3 类） | ≤65 | ≤55 |
| 交通干线道路两侧（4 类） | ≤70 | ≤55 |

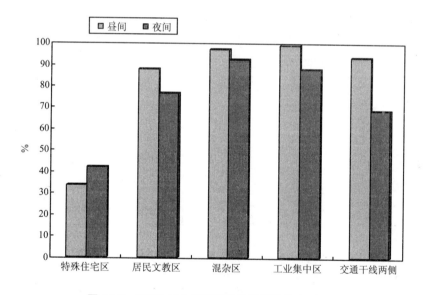

**图 14-6 2010 年全省声环境功能区达标率对比**

2010 年，全省各类功能区共监测 1 072 点次，昼间、夜间均为 536 点次；其中昼间、夜间均为 0 类 12 点次、1 类 160 点次、2 类 140 点次、3 类 104 点次、4 类 120 点次。

2010 年，17 个城市所监测的各类功能区按点次达标统计，昼间达标率最高为 3 类工业集中区，达标率为 99.0%；达标率最低的为 0 类特殊住宅区，达标率为 33.3%。夜间达标率最高为 2 类居住、商业、工业混杂区，达标率为 92.1%；达标率最低的为 0 类特殊住宅区，达标率为 41.7%。总体而言，全省的噪声功能区达标率昼间高于夜间，2 类居住、商业、工业混杂区和 3 类工业集中区的达标率好于其他类功能区（表 14-8、表 14-9）。

表 14-8　2010 年全省声环境各类功能区达标率汇总表

| 项目分类 | 0 类<br>特殊住宅区 | | 1 类<br>居民、文教区 | | 2 类<br>居住、商业、工业混杂区 | | 3 类<br>工业集中区 | | 4 类<br>交通干线道路两侧 | |
|---|---|---|---|---|---|---|---|---|---|---|
| 项目分类 | 昼 | 夜 | 昼 | 夜 | 昼 | 夜 | 昼 | 夜 | 昼 | 夜 |
| 达标点次 | 4 | 5 | 140 | 122 | 136 | 129 | 103 | 91 | 112 | 82 |
| 监测点次 | 12 | 12 | 160 | 160 | 140 | 140 | 104 | 104 | 120 | 120 |
| 达标率/% | 33.3 | 41.7 | 87.5 | 76.2 | 97.1 | 92.1 | 99 | 87.5 | 93.3 | 68.3 |

表 14-9　2010 年 17 个城市声环境各类功能区达标率

| 城市名称 | 分类 | 0 类<br>特殊住宅区 | 1 类<br>居民、文教区 | 2 类<br>居住、商业、工业混杂区 | 3 类<br>工业集中区 | 4 类<br>交通干线道路两侧 |
|---|---|---|---|---|---|---|
| 济南市 | 监测点次 | | 3 | 2 | 2 | 2 |
| | 昼间达标率 | | 66.7 | 100 | 100 | 50 |
| | 夜间达标率 | | 66.7 | 100 | 0 | 0 |
| 青岛市 | 监测点次 | 1 | 2 | 2 | 1 | 2 |
| | 昼间达标率 | 0 | 0 | 100 | 100 | 100 |
| | 夜间达标率 | 100 | 0 | 100 | 0 | 100 |
| 淄博市 | 监测点次 | | 6 | 5 | 6 | |
| | 昼间达标率 | | 100 | 100 | 100 | |
| | 夜间达标率 | | 100 | 100 | 100 | |
| 枣庄市 | 监测点次 | | 1 | 3 | 1 | 2 |
| | 昼间达标率 | | 100 | 100 | 100 | 100 |
| | 夜间达标率 | | 100 | 66.7 | 100 | 100 |
| 东营市 | 监测点次 | | 4 | 4 | | |
| | 昼间达标率 | | 100 | 100 | | |
| | 夜间达标率 | | 100 | 100 | | |
| 烟台市 | 监测点次 | 1 | 1 | 2 | 3 | 2 |
| | 昼间达标率 | 0 | 100 | 100 | 100 | 50 |
| | 夜间达标率 | 0 | 0 | 100 | 100 | 50 |
| 潍坊市 | 监测点次 | | 4 | 4 | 4 | 8 |
| | 昼间达标率 | | 100 | 100 | 100 | 100 |
| | 夜间达标率 | | 75 | 75 | 75 | 75 |
| 济宁市 | 监测点次 | | 2 | 2 | 1 | 2 |
| | 昼间达标率 | | 100 | 100 | 100 | 100 |
| | 夜间达标率 | | 100 | 100 | 0 | 0 |
| 泰安市 | 监测点次 | | 3 | 2 | 2 | 1 |
| | 昼间达标率 | | 100 | 100 | 100 | 100 |
| | 夜间达标率 | | 66.7 | 100 | 100 | 0 |
| 威海市 | 监测点次 | 1 | 4 | 1 | 2 | 2 |
| | 昼间达标率 | 100 | 75 | 100 | 100 | 100 |
| | 夜间达标率 | 0 | 0 | 100 | 50 | 50 |
| 日照市 | 监测点次 | | 1 | 1 | 1 | 1 |
| | 昼间达标率 | | 100 | 100 | 100 | 100 |
| | 夜间达标率 | | 100 | 100 | 100 | 100 |
| 莱芜市 | 监测点次 | | 1 | 1 | 1 | 3 |
| | 昼间达标率 | | 100 | 100 | 100 | 100 |
| | 夜间达标率 | | 100 | 100 | 100 | 100 |

| 城市名称 | 分类 | 0类<br>特殊住宅区 | 1类<br>居民、文教区 | 2类<br>居住、商业、<br>工业混杂区 | 3类<br>工业集中区 | 4类<br>交通干线<br>道路两侧 |
|---|---|---|---|---|---|---|
| 临沂市 | 监测点次 | | 1 | | 1 | 2 |
| | 昼间达标率 | | 100 | | 100 | 100 |
| | 夜间达标率 | | 100 | | 100 | 100 |
| 德州市 | 监测点次 | | 1 | 1 | 1 | 2 |
| | 昼间达标率 | | 100 | 100 | 100 | 100 |
| | 夜间达标率 | | 100 | 100 | 100 | 100 |
| 聊城市 | 监测点次 | | 1 | 1 | 1 | 1 |
| | 昼间达标率 | | 100 | 100 | 100 | 100 |
| | 夜间达标率 | | 100 | 100 | 100 | 100 |
| 滨州市 | 监测点次 | | 3 | 2 | 1 | 2 |
| | 昼间达标率 | | 100 | 100 | 100 | 100 |
| | 夜间达标率 | | 100 | 100 | 100 | 100 |
| 菏泽市 | 监测点次 | | 1 | 3 | | |
| | 昼间达标率 | | 100 | 100 | | |
| | 夜间达标率 | | 100 | 100 | | |

# 第二节　"十一五"期间城市环境噪声变化情况

## 一、"十一五"城市道路交通声环境质量变化趋势

"十一五"期间，全省 17 个城市道路交通噪声一直保持较好状态，2010 年全省道路交通噪声均值比 2005 年下降了 0.4 dB（表 14-10）。

表 14-10　"十一五"全省道路交通噪声均值　　　　单位：dB

| 年份 | 2005 | 2006 | 2007 | 2008 | 2009 | 2010 |
|---|---|---|---|---|---|---|
| 全省 | 67.80 | 66.90 | 67.20 | 67.10 | 67.40 | 67.40 |

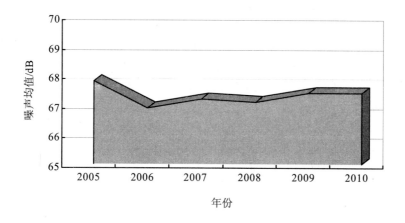

图 14-7　2005—2010 年全省城市道路交通噪声均值变化

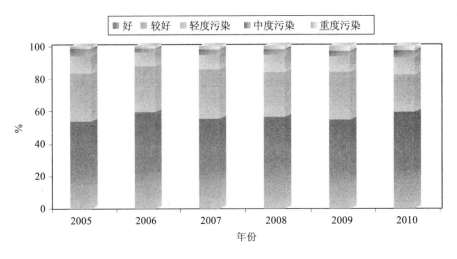

**图 14-8    2005—2010 年全省城市道路噪声等级变化**

## 二、"十一五"期间城市区域声环境质量的变化趋势

"十一五"期间，山东省区域环境噪声昼间上升趋势（表 14-11）。2005—2008 年上升幅度缓慢，2009—2010 年上升幅度较大。2010 年全省区域环境噪声均值比 2005 年上升了 1 dB（图 14-9、图 14-10）。

**表 14-11    "十一五"期间全省区域环境噪声均值**

| 年份 | 2005 | 2006 | 2007 | 2008 | 2009 | 2010 |
|------|------|------|------|------|------|------|
| 全省 | 53.30 | 53.50 | 53.50 | 53.60 | 53.80 | 54.30 |

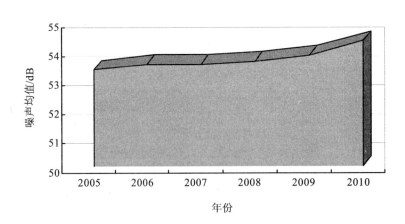

**图 14-9    2005—2010 年全省城市区域环境噪声均值昼间变化**

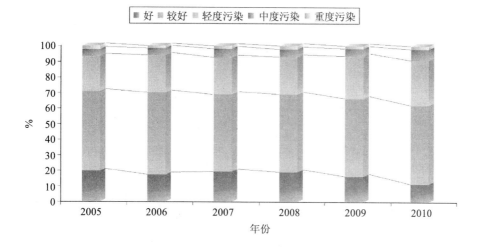

图 14-10 2005—2010 年全省城市区域环境噪声昼间等级变化

## 三、"十一五"期间城市功能区声环境质量的变化趋势

"十一五"期间，全省 17 个城市各类噪声功能区中工业集中区昼间达标率较高，达标率均维持在 90%以上，混杂区、交通干线两侧、居民文教区有所好转；0 类特殊住宅区达标率变化较大，10 年为 33.3%，达标率有所下降（图 14-11、图 14-12）。

夜间达标率较高的为工业集中区、居民文教区、混杂区及交通干线两侧，达标率呈上升趋势；较低的为 0 类特殊住宅区。总体而言，全省的噪声功能区达标率昼间高于夜间，工业集中区、居民文教区、混杂区的达标率好于其他类功能区。

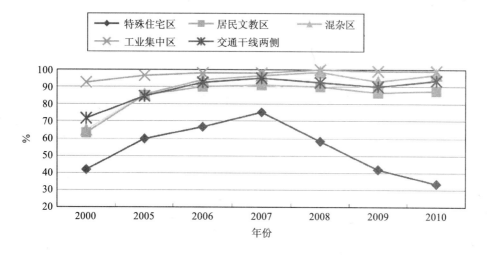

图 14-11 2005—2010 年全省功能区昼间达标率变化

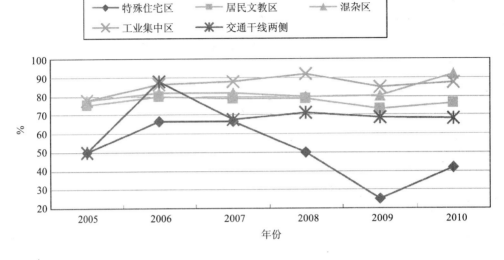

图 14-12　2005—2010 年全省功能区夜间达标率变化

## 四、城市声环境质量变化原因

一是噪声达标区建设工作稳步推进，"安静小区"创建工作取得成效；二是对建筑施工、工业噪声源严格管理控制和治理，降低了工业和施工噪声源扰民的影响范围；三是加大市政建设投入，改善道路交通条件，加快城市干线拓宽改造和立交、高架快速工程及调整城市结构和布局，在道路两侧种植降噪效果好的树木；四是各城市重视环境噪声污染防治，实行统一监管，突出控制交通噪声。在近几年城市人口、车辆激增的情况下，道路交通噪声达标率逐年上升。

## 五、小结

2010 年，17 个城市中道路交通声环境质量属于好和较好的有 17 个城市，达到 100%，城市区域声环境质量属于较好的城市有 11 个，达到 64.7%；17 个城市各类功能区声环境质量昼间达标率比夜间高，3 类功能区达标率好于其他类功能区。"十一五"期间声环境呈逐步改善趋势。2010 年城市功能区噪声昼间和夜间达标率分别比 2005 年增加 5.9 个、10.25 个百分点。

# 第十五章　辐射环境质量

## 第一节　辐射监测概况

辐射环境质量监测包括环境电离辐射和电磁辐射质量监测。

### 一、监测布点和项目

国家辐射环境监测网于 2007 年建立，同年确定了山东省第一批辐射环境质量监测国控点，2008 年在第一批国控点的基础上进行了增补，目前山东省辐射环境质量监测点位共计 43 个。其中：辐射环境自动站 4 个，陆地辐射监测点 25 个，水体监测断面 4 个，土壤监测点 3 个，电磁辐射监测点 6 个，国家重点监管的核与辐射设施监测点 1 个。

#### （一）辐射环境自动站

截至 2010 年年底，全省 4 个辐射环境自动站国控点，分布在济南、青岛、威海。连续监测环境γ辐射剂量率，其中 3 个自动站开展气溶胶、沉降物总α和总β活度浓度监测，2 个自动站开展空气中氚化水（HTO）活度浓度监测。

#### （二）陆地辐射

截至 2010 年年底，全省 25 个陆地辐射监测点覆盖全省 17 个地市，监测环境地表γ辐射剂量率和环境γ辐射累积剂量。其中济南、东营、烟台、济宁、威海陆地点为省控点。

#### （三）水体

截至 2010 年年底，全省共 4 个水体国控断面，分布在济南、青岛 2 个市。分别为黄河洛口、黄海沙子口、小清河历下亭和青岛棘洪滩水库。

地表水和水源地饮用水监测总α、总β、铀、钍、镭-226、钾-40、锶-90、铯-137 活度浓度，海水监测铀、钍、镭-226、锶-90、铯-137 活度浓度。

#### （四）土壤

截至 2010 年年底，全省共 3 个土壤监测点，分布在济南、青岛。土壤监测铀-238、钍-232、镭-226、钾-40、锶-90、铯-137 比活度。

#### （五）环境电磁辐射

山东省电磁辐射环境质量监测点 6 个，其中济南 4 个，青岛 2 个。环境电磁辐射监测点和广播电视发射塔监测环境综合电场强度，变电站监测工频电场和工频磁感应强度。

## （六）国家重点监管的核与辐射设施

山东省国家重点监管的核与辐射设施监测点 1 个，为山东省地矿院济南微堆，地点在山东省地质科学实验研究院，监测环境地表γ辐射剂量率、环境γ辐射累积剂量、气溶胶总α、总β和工作场所表面污染水平。

山东省辐射环境质量监测点位分布见表 15-1、图 15-1。

### 表 15-1　山东省辐射环境质量监测点位

| 序号 | 监测类别 | 监测点位名称 | 点位编号 | 所在辖区 |
|---|---|---|---|---|
| 1 | 自动站 | 省辐射站 | 1007A01 | 济南市 |
| 2 | | 青岛市环保局 | 1012A01 | 青岛市 |
| 3 | | 崂山区南窑站 | 1012A04 | 青岛市 |
| 4 | | 威海市环境监测站 | 1005A03 | 威海市 |
| 5 | 陆地点 | 济南市环境监测站 | 1007B21 | 青岛市 |
| 6 | | 青岛市南窑站 | 1012B08 | 青岛市 |
| 7 | | 青岛市下清宫 | 1012B09 | 青岛市 |
| 8 | | 青岛市幸福村 | 1012B10 | 青岛市 |
| 9 | | 青岛市北岭山 | 1012B11 | 青岛市 |
| 10 | | 青岛市黄岛 | 1012B12 | 青岛市 |
| 11 | | 青岛市沙子口 | 1012B13 | 青岛市 |
| 12 | | 青岛市胶州 | 1012B14 | 青岛市 |
| 13 | | 青岛市流清河 | 1012B15 | 青岛市 |
| 14 | | 青岛市栲栳岛 | 1012B16 | 青岛市 |
| 15 | | 淄博市人民公园 | 1006B03 | 淄博市 |
| 16 | | 枣庄市山亭区 | 1017B20 | 枣庄市 |
| 17 | | 东营市环保局 | 1003B22 | 东营市 |
| 18 | | 烟台莱山区环保局 | 1004B23 | 烟台市 |
| 19 | | 潍坊市环保局 | 1008B04 | 潍坊市 |
| 20 | | 济宁市政府 | 1013B24 | 济宁市 |
| 21 | | 泰安市环保监测站 | 1011B07 | 泰安市 |
| 22 | | 日照市市政广场 | 1014B17 | 日照市 |
| 23 | | 莱芜高等技术学校 | 1010B06 | 莱芜市 |
| 24 | | 临沂市军分区 | 1016B19 | 临沂市 |
| 25 | | 德州市环境监测站 | 1001B01 | 德州市 |
| 26 | | 聊城市东昌府区 | 1009B05 | 聊城市 |
| 27 | | 滨州市环境监测站 | 1002B02 | 滨州市 |
| 28 | | 菏泽市环境监测站 | 1015B18 | 菏泽市 |
| 29 | 水体 | 黄河，洛口 | 1007D01 | 济南市 |
| 30 | | 小清河，历下亭 | 1007D02 | 济南市 |
| 31 | | 黄海，沙子口湾 | 10E01 | 青岛市 |
| 32 | | 棘洪滩水库 | 1012D03 | 青岛市 |

| 序号 | 监测类别 | 监测点位名称 | 点位编号 | 所在辖区 |
|---|---|---|---|---|
| 33 | 土壤点 | 省辐射站 | 1007C01 | 济南市 |
| 34 | | 青岛市南窑点 | 1012C02 | 青岛市 |
| 35 | | 青岛市中山公园 | 1012C03 | 青岛市 |
| 36 | 电磁点 | 泉城广场 | 1007H01 | 济南市 |
| 37 | | 泉城公园 | 1007H02 | 济南市 |
| 38 | | 山东省广播电视塔 | 1007H05 | 济南市 |
| 39 | | 老东门 220 kV 变电站 | 1007H06 | 济南市 |
| 40 | | 李沧区娄山后 | 1012H03 | 青岛市 |
| 41 | | 市南区香港花园 | 1012H04 | 青岛市 |
| 42 | 核安全预警点 | 省地矿院微堆 | 1007F01 | 济南市 |

## 二、监测实施方案

2010 年国家辐射环境监测网辐射环境质量γ辐射、水汽、沉降物、水体、土壤、环境电磁辐射、重点监管的核与辐射设施监测实施方案见表 15-2。

**表 15-2　山东省辐射环境质量监测实施方案**

| 监测类别 | 监测对象 | 监测项目 | 监测（采样）频次 |
|---|---|---|---|
| 辐射环境自动站 | γ辐射 | 连续γ辐射剂量率 | 连续 |
| | 气溶胶 | 总α、总β，必要时测谱 | 2 次/a |
| | 沉降物 | 总α、总β，必要时测谱 | 2 次/a |
| | 水汽 | 氚 | 1 次/a |
| 陆地辐射 | γ辐射 | 环境地表γ辐射剂量率 | 2 次/a |
| | | γ辐射累积剂量（率） | 2 次/a |
| 水体 | 地表水 | U、Th、$^{226}$Ra、$^{40}$K、总α、总β、$^{90}$Sr、$^{137}$Cs | 2 次/a（枯、平水期各 1 次） |
| | 海水 | U、Th、$^{226}$Ra、$^{90}$Sr、$^{137}$Cs | 1 次/a |
| 土壤 | 土壤 | $^{238}$U、$^{232}$Th、$^{226}$Ra、$^{40}$K、$^{90}$Sr、$^{137}$Cs | 1 次/a |
| 电磁辐射 | 辐射源 | 综合场强（$\mu W/cm^2$） | 1 次/a |
| | | 工频电场强度（V/m）、工频磁感应强度（$\mu T$） | |
| 电磁辐射 | 辐射环境质量 | 功率密度（$\mu W/cm^2$）、场强（V/m） | 1 次/a |
| 核安全预警点 | γ辐射 | 环境地表 辐射剂量率、累积剂量 | 2 次/a |
| | 工作场所 | α、β表面污染 | |
| | 气溶胶 | 总α、总β | |

## 三、监测方法和仪器

山东省辐射环境监测方法采用最新有效的国家标准和行业标准，各监测项目的监测方法和仪器见表 15-3。

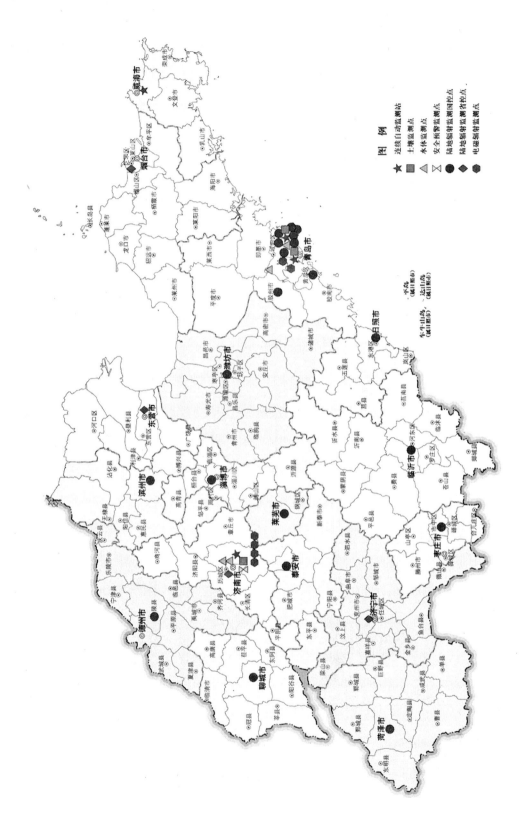

图 15-1　山东省辐射环境电离辐射监测国控点布点示意图

表 15-3 监测方法和仪器

| 序号 | 监测项目 | 监测方法 | 监测仪器 |
|---|---|---|---|
| 1 | 环境γ辐射剂量率 | 《环境地表γ辐射剂量率测定规范》（GB/T 14583—93）<br>《辐射环境监测技术规范》（HJ/T 61—2001） | 高压电离室 |
| 2 | 环境地表γ剂量率 | 《环境地表γ辐射剂量率测定规范》（GB/T 14583—93） | 便携式 X-γ剂量率仪 |
| 3 | 个人和环境 X-γ辐射累积剂量 | 《个人和环境监测用热释光剂量测量规范》（GB 10264—88） | 热释光剂量仪 TLD 元件 |
| 4 | α、β表面污染水平 | 《表面污染测定第一部分β发射体（$E_{\beta MAX}>0.15\,MeV$）和α发射体》（GB/T 14056.1—2008） | 表面污染测量仪 |
| 5 | 环境样品总α、β | 《辐射环境监测技术规范》（HJ/T 61—2001）<br>《水中总α放射性浓度的测定厚样法》（EJ/T 1075—1998）<br>《水中总β放射性测定蒸发法》（EJ/T 900—1994） | 低本底α/β测量装置 |
| 6 | 水中 Ra-226 | 《水中镭-226 的分析方法》（GB 11214—89）<br>《水中镭的α放射性核素的测定》（GB 11218—89） | 低本底α/β测量装置<br>高纯锗γ谱仪 |
| 7 | 环境样品 Sr-90 | 《水中锶-90 放射化学分析方法二-（2-乙基己基）磷酸酯萃取色层法》（GB 6766—86）<br>《土壤中锶-90 的分析方法》（EJ/T1035—1996） | 低本底α/β测量装置 |
| 8 | 水中 Cs-137 | 《水中铯-137 放射化学分析方法》（GB 6767—86） | 低本底α/β测量装置<br>高纯锗γ谱仪 |
| 9 | 水中 U | 《水中微量铀分析方法》（液体激光荧光法）（GB 6768—86） | 微量铀分析仪 |
| 10 | 气氡 | 《水中氡的分析方法》（GB 12375—90） | 低本底液闪谱仪 |
| 11 | 水中 Th | 《水中钍的分析方法》（GB 11224—89） | 可见分光光度计 |
| 12 | 水中 K-40 | 原子吸收法《水中钾-40 的分析方法》（GB 11338—89） | 原子吸收分光光度计 |
| 13 | 放射性核素 | 《土壤中放射性核素的γ能谱分析方法》（GB 11743—89）<br>《水中放射性核素的γ能谱分析方法》（GB 16140—1995）<br>《生物样品中放射性核素的γ能谱分析方法》（GB/T 16145—1995） | 高纯锗γ谱仪 |
| 14 | 射频电磁场强度 | 《辐射环境保护管理导则——电磁辐射监测仪器和方法》（HJ/T 10.2—1996）<br>《电磁辐射防护规定》（GB 8702—88） | 射频场强仪<br>电磁辐射分析仪 |
| 15 | 工频电磁场强度 | 《工频电场测量》（GB/T 12720—91）<br>《辐射环境保护管理导则——电磁辐射监测仪器和方法》（HJ/T 10.2—1996） | 工频场强仪 |

## 第二节 监测结果与评价

### 一、环境γ辐射剂量率

#### （一）连续γ辐射剂量率

2010 年，山东省辐射环境自动监测站测得的环境γ辐射剂量率（未扣除宇宙射线响应值），排除降雨等自然因素的影响，未见异常升高（表 15-4）。统计年均值范围为 64.4～101.9 nGy/h，平均值为 83.5 nGy/h，标准差为 13.6 nGy/h。与 2007—2009 年相比，为同一水平，无明显变化。

#### （二）陆地γ辐射剂量率

2010 年，全省各陆地辐射监测点环境地表γ辐射剂量率（扣除宇宙射线响应值）年均值范围为 39.4～119.6 nGy/h，平均值为 78.3 nGy/h，标准差为 17.0 nGy/h。与 2007—2009 年的监测结果相比，无明显变化，为同一水平；与 1983—1990 年全国环境天然放射性水平调查的测量值相比，无明显变化。

各陆地辐射监测点γ辐射累积剂量（未扣除宇宙射线响应值）年均值范围为 64.8～120.8 nGy/h，平均值为 90.8 nGy/h，标准差为 17.3 nGy/h。与 2007—2009 年的监测结果相比，无明显变化，为同一水平（表 15-5）。

### 二、空气

#### （一）气溶胶

2010 年，按山东省 3 个辐射环境自动监测站监测结果统计，气溶胶总α活度浓度年均值范围为 0.14～0.20 mBq/m³，平均值为 0.17 mBq/m³；气溶胶总β活度浓度年均值范围为 0.32～1.62 mBq/m³，平均值为 0.77 mBq/m³。与 2007—2009 年监测结果相比，无明显变化，均为环境正常水平（表 15-6）。

#### （二）沉降物

2010 年，按山东省 3 个辐射环境自动监测站监测结果统计，沉降物总α活度浓度年均值范围为 0.10～0.24 Bq/m²·d，平均值为 0.15 Bq/m²·d；沉降物总β活度浓度年均值范围为 0.28～0.97 Bq/m²·d，平均值为 0.52 Bq/m²·d。与 2007—2009 年监测结果相比无明显变化，为环境正常水平（表 15-7）。

#### （三）空气氚化水

2010 年，按山东省青岛 2 个开展空气氚化水（HTO）监测的自动站结果统计，空气氚化水（HTO）均低于检出限，2007—2009 年也均低于检出限（表 15-8）。

表15-4 2010年辐射环境自动监测站测得的环境γ辐射剂量率（未扣除宇宙射线响应值）

| 自动站所在地及编号 | 月份 | 运行时间/d | 5 min均值数据获取率/% | 小时平均值 | | | | 月均值 | | |
|---|---|---|---|---|---|---|---|---|---|---|
| | | | | 最大值 | 最大值测得时间 | 最小值 | 最小时测得时间 | 月均值范围 | 平均值 | 标准差 |
| 山东省辐射环境管理站 1007A01 | 1 | 31 | 100.0 | 92.3 | 20日0时 | 81.8 | 5日10时 | 82.2~86.6 | 83.2 | 0.9 |
| | 2 | 28 | 100.0 | 95.1 | 28日15时 | 81.6 | 11日23时 | 82.1~86.8 | 83.7 | 0.1 |
| | 3 | 31 | 100.0 | 113.0 | 15日21时 | 80.5 | 1日7时 | 81.1~85.2 | 83.6 | 1.0 |
| | 4 | 30 | 100.0 | 90.8 | 21日5时 | 85.2 | 13日1时 | 82.7~85.5 | 83.8 | 0.5 |
| | 5 | 31 | 100.0 | 87.4 | 5日16时 | 84.2 | 11日11时 | 85.3~86.8 | 85.9 | 0.5 |
| | 6 | 23 | 76.7 | 96.6 | 17日20时 | 83.7 | 11日9时 | 84.2~87.7 | 85.6 | 0.7 |
| | 7 | 31 | 100.0 | 95.0 | 19日16时 | 84.2 | 20日8时 | 84.7~87.7 | 85.9 | 0.7 |
| | 8 | 28 | 90.3 | 98.1 | 14日2时 | 83.5 | 25日7时 | 83.9~88.6 | 86.0 | 1.2 |
| | 9 | 30 | 100.0 | 90.4 | 8日1时 | 82.9 | 21日21时 | 83.6~86.5 | 84.7 | 0.6 |
| | 10 | 31 | 100.0 | 87.2 | 24日23时 | 82.1 | 26日9时 | 82.6~84.8 | 84.1 | 0.5 |
| | 11 | 30 | 100.0 | 86.4 | 19日10时 | 82.4 | 24日10时 | 83.1~85.0 | 84.0 | 0.5 |
| | 12 | 31 | 100.0 | 85.7 | 31日23时 | 82.6 | 15日04时 | 83.4~84.5 | 83.8 | 0.3 |
| | | | | | | | | 年均值范围[1] | 平均值 | 标准差 |
| | 2010年 | 355 | 97.3 | 113.0 | 3月15日21时 | 80.5 | 3月1日7时 | 83.6~86.0 | 84.5 | 1.0 |
| | 2009年 | 358 | 98.1 | 119.0 | 6月6日11时 | 81.8 | 1月14日19时 | 80.7~91.7 | 84.5 | 0.9 |
| | 2008年 | 364 | 99% | 117.0 | 8月4日20时 | 80.7 | 1月12日21时 | 82.9~85.7 | 84.6 | 0.9 |
| | 2007年 | 254 | 92% | 117.0 | 8月4日21时 | 82.3 | 11月15日15时 | 83.6~85.8 | 84.8 | 0.7 |
| 威海市环境监测站 1005A03 | 1 | 31 | 100.0 | 111.1 | 20日14时 | 76.9 | 16日5时 | 77.5~87.5 | 80.4 | 2.0 |
| | 2 | 28 | 100.0 | 103.0 | 28日21时 | 80.1 | 12日8时 | 80.5~88.7 | 82.2 | 1.5 |
| | 3 | 31 | 100.0 | 95.9 | 17日8时 | 77.4 | 2日5时 | 78.7~89.5 | 81.9 | 2.0 |
| | 4 | 29 | 93.8 | 95.0 | 28日11时 | 80.1 | 15日1时 | 80.8~85.2 | 82.0 | 1.0 |
| | 5 | 31 | 100.0 | 101.0 | 23日15时 | 81.0 | 31日12时 | 81.8~88.5 | 83.0 | 1.7 |
| | 6 | 30 | 100.0 | 92.6 | 11日11时 | 80.7 | 8日21时 | 81.3~86.1 | 82.3 | 0.9 |
| | 7 | 12 | 36.0 | 95.7 | 2日2时 | 80.0 | 25日14时 | 80.7~85.7 | 82.1 | 1.4 |

| 自动站所在地及编号 | 月份 | 运行时间/d | 5 min 均值数据获取率/% | 小时平均值 | | | | 月均值 | | |
|---|---|---|---|---|---|---|---|---|---|---|
| | | | | 最大值 | 最大值测得时间 | 最小值 | 最小时测得时间 | 月均值范围 | 平均值 | 标准差 |
| 威海市环境监测站 1005A03 | 8 | 29 | 93.5 | 112.2 | 14 日 13 时 | 80.0 | 19 日 14 时 | 81.1~89.0 | 83.0 | 2.0 |
| | 9 | 30 | 100.0 | 104.5 | 19 日 9 时 | 80.6 | 17 日 13 时 | 81.2~89.5 | 82.8 | 1.9 |
| | 10 | 31 | 100.0 | 96.7 | 3 日 7 时 | 80.8 | 27 日 14 时 | 81.8~86.8 | 82.4 | 0.9 |
| | 11 | 26 | 86.7 | 93.5 | 27 日 1 时 | 80.6 | 14 日 17 时 | 81.4~84.6 | 82.5 | 0.8 |
| | 12 | 31 | 100% | 89.2 | 29 日 20 时 | 78.5 | 31 日 22 时 | 79.2~87.7 | 82.5 | 1.6 |
| | 2010 年 | 339 | 84.3 | 112.2 | 8 月 14 日 13 时 | 77.4 | 3 月 2 日 5 时 | 年均值范围[1] 81.9~93.0 | 平均值 82.3 | 标准差 0.7 |
| | 2009 年 | 357 | 97.1 | 123.2 | 3 月 27 日 4 时 | 79.8 | 1 月 14 日 22 时 | 82.2~84.1 | 83.0 | 0.5 |
| | 2008 年 | 209 | 98.0% | 123.2 | 11 月 27 日 4 时 | 78.9 | 12 月 6 日 15 时 | 82.4~84.1 | 83.1 | 0.6 |
| 青岛市环保局 1012A02 | 1 | 31 | 96.8 | 127.4 | 11 日 16:00 | 76.8 | 21 日 21:00 | 86.1~91.2 | 85.6 | 3.63 |
| | 2 | 28 | 100 | 131.5 | 12 日 2:00 | 74.2 | 26 日 3:00 | 83.9~90.2 | 85.7 | 1.81 |
| | 3 | 31 | 99.2 | 112.5 | 31 日 17:00 | 78.1 | 13 日 00:00 | 84.3~101.9 | 86.3 | 3.4 |
| | 4 | 30 | 95.0 | 105.9 | 09 日 4:00 | 78.3 | 13 日 9:00 | 84.1~88.4 | 85.6 | 1.0 |
| | 5 | 27 | 93.9 | 123.8 | 11 日 13:00 | 82.9 | 13 日 1:00 | 83.9~95.0 | 86.1 | 2.4 |
| | 6 | 30 | 100 | 101.1 | 18 日 4:00 | 86.1 | 03 日 10:00 | 86.6~92.9 | 87.4 | 1.33 |
| | 7 | 31 | 99.7 | 108.2 | 01 日 23:00 | 84.6 | 20 日 6:00 | 86.1~91.8 | 87.8 | 1.16 |
| | 8 | 31 | 94.1 | 110.4 | 20 日 18:00 | 77.7 | 13 日 10:00 | 83.9~90.3 | 86.8 | 1.70 |
| | 9 | 30 | 100.0 | 87.8 | 19 日 8:00 | 83.1 | 08 日 9:00 | 84.0~87.1 | 86.1 | 0.75 |
| | 10 | 31 | 100.0 | 94.2 | 08 日 5:00 | 84.6 | 26 日 21:00 | 85.5~87.9 | 86.4 | 0.56 |
| | 11 | 30 | 100.0 | 90.0 | 07 日 22:00 | 85.6 | 15 日 9:00 | 85.9~88.2 | 87.0 | 0.59 |
| | 12 | 31 | 98.0 | 94.2 | 21 日 9:00 | 84.4 | 19 日 3:00 | 84.9~90.5 | 87.1 | 1.15 |
| | 2010 年 | 359 | 98.4 | 131.5 | 2 月 12 日 2:00 | 74.2 | 2 月 26 日 3:00 | 年均值范围 83.9~101.9 | 平均值 86.5 | 标准差 0.73 |
| | 2009 年 | 358 | 98 | 131.7 | 7 月 8 日 23:00 | 82.0 | 12 月 22 日 10:15 | 83.7~104.3 | 86.5 | 1.27 |
| | 2008 年 | 366 | 95.6 | 98.6 | 7 月 27 日 | 83.3 | 8 月 20 日 | 83.6~97.8 | 85.8 | 0.4 |
| | 2007 年 | 349 | 95.6 | 98.6 | 7 月 27 日 | 83.3 | 8 月 20 日 | 83.3~98.6 | 85.8 | 0.5 |

| 自动站所在地及编号 | 月份 | 运行时间/d | 5 min均值数据获取率/% | 小时平均值 | | | | 月均值 | | |
|---|---|---|---|---|---|---|---|---|---|---|
| | | | | 最大值 | 最大值测得时间 | 最小值 | 最小时测得时间 | 月均值范围 | 平均值 | 标准差 |
| 青岛南窑 1012A04 | 1 | 31 | 98.5 | 115.1 | 09 日 14:00 | 57.4 | 04 日 8:00 | 72.8~95.1 | 84.1 | 0.89 |
| | 2 | 28 | 98.9 | 112.6 | 27 日 22:00 | 50.8 | 10 日 6:00 | 68.2~85.4 | 77.8 | 123 |
| | 3 | 30 | 90.6 | 93.6 | 15 日 2:00 | 78.3 | 17 日 2:00 | 80.3~83.4 | 79.1 | 0.8 |
| | 4 | 30 | 92.6 | 97.5 | 27 日 2:00 | 72.3 | 16 日 5:00 | 80.4~93.0 | 84.0 | 3.8 |
| | 5 | 31 | 100 | 98.9 | 18 日 00:00 | 53.7 | 14 日 17:00 | 64.4~84.1 | 79.5 | 5.4 |
| | 6 | 29 | 95.8 | 94.5 | 10 日 2:00 | 58.5 | 12 日 4:00 | 65.2~82.5 | 75.9 | 6.25 |
| | 7 | 30 | 92.6 | 93.2 | 08 日 6:00 | 55.3 | 18 日 19:00 | 70.9~84.2 | 79.3 | 3.20 |
| | 8 | 29 | 95.7 | 99.2 | 01 日 13:00 | 50.3 | 08 日 14:00 | 65.8~86.8 | 79.7 | 5.19 |
| | 9 | 29 | 93.9 | 96.1 | 14 日 9:00 | 63.9 | 15 日 6:00 | 67.8~93.1 | 80.1 | 4.87 |
| | 10 | 31 | 98.0 | 94.8 | 22 日 1:00 | 65.5 | 14 日 14:00 | 80.5~86.7 | 82.5 | 1.21 |
| | 11 | 30 | 97.4 | 89.6 | 07 日 13:00 | 57.4 | 05 日 13:00 | 79.2~84.7 | 82.9 | 1.14 |
| | 12 | 31 | 96.9 | 90.6 | 22 日 22:00 | 65.1 | 28 日 4:00 | 79.9~85.3 | 83.4 | 1.28 |
| | | | | | | | | 年均值范围 | 平均值 | 标准差 |
| | 2010 年 | 358 | 98.1 | 115.1 | 1 月 09 日 14:00 | 50.3 | 8 月 08 日 14:00 | 64.4~95.1 | 80.7 | 2.64 |
| | 2009 年 | 360 | 98.6 | 103.1 | 7 月 14 日 4:00 | 53.5 | 12 月 14 日 4:05 | 68.8~86.3 | 79.4 | 1.84 |
| | 2008 年 | 366 | 95.6 | 98.6 | 7 月 27 日 | 83.3 | 8 月 20 日 | 42.1~77.8 | 66.6 | 3.20 |
| 全省 | 2010 年 | | | | | | | 64.4~101.9 | 83.5 | 13.6 |
| | 2009 年 | | | | | | | 68.8~104.3 | 83.4 | 19.5 |
| | 2008 年 | | | | | | | 42.1~97.8 | 80.0 | 15.3 |
| | 2007 年 | | | | | | | 83.3~98.6 | 85.3 | 12.4 |

注：1）威海市环境监测站因仪器设备出现故障，7 月设备维修期间停止运行。

表15-5　2010年山东省环境γ辐射剂量率监测结果

| 地区（市） | 点位名称 | 环境地表γ辐射剂量率/（nGy/h） | | | | | γ辐射累积剂量按小时平均测量结果/（nGy/h） | | | | |
|---|---|---|---|---|---|---|---|---|---|---|---|
| | | 频次/（次/a） | 测值范围 | 平均值 | 平均值标准差 | 2009年平均值 | 频次/（次/a） | 测值范围 | 平均值 | 平均值标准差 | 2009年平均值 |
| 济南市 | 济南市环境监测站 | 2 | 60.3~61.9 | 61.1 | 1.1 | 62.0 | 2 | 69.5~75.8 | 72.7 | 4.5 | 88.3 |
| | 南窑 | 2 | 91.1~99.7 | 95.4 | — | — | 2 | 90.9~95.0 | 93.0 | — | — |
| | 下清宫 | 2 | 89.1~104.0 | 96.6 | — | — | 2 | 112.8~128.8 | 120.8 | — | — |
| | 辛福村 | 2 | 98.1~102.9 | 100.5 | — | — | 2 | 105.2~127.7 | 116.4 | — | — |
| | 北岭山 | 2 | 93.1~119.6 | 106.4 | — | — | 2 | 91.9~104.3 | 98.1 | — | — |
| 青岛市 | 黄岛 | 2 | 85.9~90.4 | 88.2 | — | — | 2 | 73.5~105.7 | 89.6 | — | — |
| | 沙子口 | 2 | 89.9~92.5 | 91.2 | — | — | 2 | 112.4~119.1 | 115.8 | — | — |
| | 胶州 | 2 | 64.7~85.6 | 75.2 | — | — | 2 | 63.6~65.9 | 64.8 | — | — |
| | 流清河 | 2 | 94.0~103.9 | 99.0 | — | — | 2 | 102.3~122.9 | 112.6 | — | — |
| | 拷栳岛 | 2 | 90.0~115.2 | 102.6 | — | — | 2 | 92.6~103.7 | 98.2 | — | — |
| 淄博市 | 淄博市人民公园 | 2 | 57.5~58.2 | 57.9 | 0.5 | 55.7 | 2 | 68.1~70.6 | 69.4 | 1.8 | 87.4 |
| 枣庄市 | 山亭区环保局 | 2 | 66.3~68.5 | 67.4 | 1.6 | 68.3 | 2 | 88.5~92.3 | 90.4 | 2.7 | 95.3 |
| 东营市 | 东营市环保局 | 2 | 72.3~77.9 | 75.1 | 4.0 | 70.9 | 2 | 85.1~95.8 | 90.5 | 7.6 | 100.6 |
| 烟台市 | 莱山环保局 | 2 | 78.1~84.5 | 81.3 | 4.5 | 83.7 | 2 | 65.7~68.0 | 66.9 | 1.6 | 103.1 |
| 潍坊市 | 潍坊市环保局 | 2 | 69.1~70.4 | 69.8 | 0.9 | 69.8 | 2 | 76.4~87.8 | 82.1 | 8.1 | 87.0 |
| 济宁市 | 济宁市政府 | 2 | 37.0~41.7 | 39.4 | 3.3 | 43.3 | 2 | 103.6~103.7 | 103.7 | 0.1 | 109.7 |
| 泰安市 | 泰安市环境保护监测站 | 2 | 52.5~64.7 | 58.6 | 8.6 | 56.4 | 2 | 79.2~83.9 | 81.6 | 3.3 | 89.9 |
| 日照市 | 日照市政府广场 | 2 | 70.2~71.5 | 70.9 | 0.9 | 71.9 | 2 | 69.2~73.8 | 71.5 | 3.3 | 108.1 |
| 莱芜市 | 莱芜高等技术学校 | 2 | 70.4~92.2 | 81.3 | 15.4 | 87.1 | 2 | 89.3~96.3 | 92.8 | 4.9 | 106.9 |
| 临沂市 | 临沂市军分区 | 2 | 71.4~72.1 | 71.8 | 0.5 | 73.2 | 2 | 105.6~121.6 | 113.6 | 11.3 | 95.7 |
| 德州市 | 德州市环境监测中心站 | 2 | 60.8~82.0 | 71.4 | 15.0 | 55.9 | 2 | 74.0~77.8 | 75.9 | 2.7 | 112.1 |
| 聊城市 | 东昌府区人民政府 | 2 | 76.7~78.8 | 77.8 | 1.5 | 70.3 | 2 | 102.5~107.8 | 105.2 | 3.7 | 86.1 |
| 滨州市 | 滨州市环境保护监测站 | 2 | 74.9~89.0 | 82.0 | 10.0 | 81.5 | 2 | 71.5~74.9 | 73.2 | 2.4 | 82.9 |
| 菏泽市 | 菏泽市环境监测中心站 | 2 | 54.8~59.9 | 57.4 | 3.6 | 53.2 | 2 | 75.0~86.4 | 80.7 | 8.1 | 83.6 |
| 全省 | 2010年 | 2 | 39.4~119.6 | 78.3 | 17.0 | — | 2 | 64.8~120.8 | 90.8 | 17.3 | — |
| | 2009年 | 2 | 41.2~94.1 | 66.9 | 12.3 | — | 2 | 72.6~124.2 | 95.8 | 10.2 | — |
| | 2008年 | 2 | 37.1~108 | 63.9 | 18.0 | — | 2 | 96.7~213.7 | 146.6 | 38.1 | — |
| | 2007年 | 2 | 45.0~91.2 | 66.5 | 12.2 | — | 2 | 63.7~149.2 | 93.1 | 18.4 | — |
| 全省 | 1983—1990年 | 2 | 16.9~162.6 | 56.5 | 12.6 | | | | | | |

表 15-6 2010 年辐射环境自动监测站气溶胶总α和总β活度浓度

| 自动站所在地及编号 | 频次/（次/a） | 采样起止时间 | 总α放射性活度浓度/（mBq/m³） | | 总β放射性活度浓度/（mBq/m³） | |
|---|---|---|---|---|---|---|
| | | | 测值范围 | 平均值 | 测值范围 | 平均值 |
| 山东省辐射环境管理站 1007A01 | 2 次/a | 4 月 6—29 日 | | 0.15 | | 1.53 |
| | | 10 月 21—29 日 | | 0.25 | | 1.70 |
| | | 2010 年 | 0.15～0.25 | 0.20 | 1.53～1.70 | 1.62 |
| | | 2009 年 | 0.10～0.13 | 0.12 | 0.84～0.98 | 0.91 |
| | | 2008 年 | 0.09～0.15 | 0.12 | 0.97～1.21 | 1.09 |
| | | 2007 年 | 0.18～0.78 | 0.48 | 0.92～1.45 | 1.19 |
| 青岛市环保局 1012A02 | 2 次/a | 5 月 10—18 日 | | 0.13 | | 0.41 |
| | | 11 月 12—19 日 | | 0.15 | | 0.22 |
| | | 2010 年 | 0.13～0.15 | 0.14 | 0.22～0.41 | 0.32 |
| | | 2009 年 | 0.10～0.23 | 0.17 | 0.56～0.57 | 0.57 |
| | | 2008 年 | 0.07～0.12 | 0.10 | 0.28～0.36 | 0.32 |
| | | 2007 年 | 0.039～0.040 | 0.040 | 0.38～0.42 | 0.40 |
| 1012A04 南窑 | 2 次/a | 3 月 26 日—4 月 3 日 | | 0.16 | | 0.46 |
| | | 10 月 12—19 日 | | 0.15 | | 0.27 |
| | | 2010 年 | 0.15～0.16 | 0.16 | 0.27～0.46 | 0.36 |
| | | 2009 年 | 0.15～0.17 | 0.16 | 0.44～0.54 | 0.49 |
| | | 2008 年 | 0.12～0.15 | 0.14 | 0.33～0.38 | 0.36 |
| 全省 | | 2010 年 | 0.14～0.20 | 0.17 | 0.32～1.62 | 0.77 |
| | | 2009 年 | 0.12～0.17 | 0.15 | 0.49～0.91 | 0.66 |
| | | 2008 年 | 0.10～0.14 | 0.12 | 0.32～1.09 | 0.59 |
| | | 2007 年 | 0.40～0.48 | 0.44 | 0.40～1.19 | 0.80 |

表 15-7 2010 年辐射环境自动监测站沉降物总α和总β活度浓度

| 自动站所在地及编号 | 频次/（次/a） | 采样起止时间 | 总α放射性活度浓度/（Bq/m²·d） | | 总β放射性活度浓度/（Bq/m²·d） | |
|---|---|---|---|---|---|---|
| | | | 测值范围 | 平均值 | 测值范围 | 平均值 |
| 山东省辐射环境管理站 1007A01 | 2 次/a | 1 月 18 日—4 月 30 日 | | 0.24 | | 1.32 |
| | | 8 月 1 日—11 月 1 日 | | 0.23 | | 0.62 |
| | | 2010 年 | 0.23～0.24 | 0.24 | 0.62～1.32 | 0.97 |
| | | 2009 年 | 0.15 | 0.15 | 0.42～0.43 | 0.42 |
| | | 2008 年 | 0.05～0.26 | 0.16 | 0.24～0.92 | 0.58 |
| | | 2007 年 | 0.28～1.48 | 0.88 | 0.56～1.66 | 1.11 |
| 青岛市环保局 1012A02 | 2 次/a | 2009 年 11 月 30 日—2010 年 1 月 20 日 | | 0.18 | | 0.31 |
| | | 4 月 2 日—9 月 20 日 | | 0.05 | | 0.24 |
| | | 2010 年 | 0.05～0.18 | 0.12 | 0.24～0.31 | 0.28 |
| | | 2009 年 | 0.15～0.25 | 0.20 | 0.37～0.39 | 0.38 |
| | | 2008 年 | 0.17～0.28 | 0.22 | 0.41～0.49 | 0.45 |
| | | 2007 年 | 0.28～0.43 | 0.36 | 0.41～1.00 | 0.71 |

| 自动站所在地及编号 | 频次/（次/a） | 采样起止时间 | 总α放射性活度浓度/（Bq/m²·d） | | 总β放射性活度浓度/（Bq/m²·d） | |
|---|---|---|---|---|---|---|
| | | | 测值范围 | 平均值 | 测值范围 | 平均值 |
| 1012A04 南窑 | 2次/a | 2009年11月30日—2010年1月20日 | | 0.17 | | 0.32 |
| | | 4月2日—9月20日 | | 0.04 | | 0.29 |
| | | 2010年 | 0.04～0.17 | 0.10 | 0.29～0.32 | 0.30 |
| | | 2009年 | 0.17～0.19 | 0.18 | 0.27～0.28 | 0.28 |
| | | 2008年 | 0.18～0.19 | 0.19 | 0.39～0.51 | 0.45 |
| 全省 | | 2010年 | 0.10～0.24 | 0.15 | 0.28～0.97 | 0.52 |
| | | 2009年 | 0.15～0.20 | 0.18 | 0.28～0.42 | 0.36 |
| | | 2008年 | 0.16～0.22 | 0.19 | 0.45～0.58 | 0.49 |
| | | 2007年 | 0.36～0.88 | 0.62 | 0.71～1.11 | 0.91 |

表15-8  2010年辐射环境自动监测站空气中氚（HTO）比活度

| 自动站所在地及编号 | 频次 | 采样起止时间 | 氚比活度/（mBq/m³空气）平均值 |
|---|---|---|---|
| 1012A02 青岛市环保局 | 1次/a | 7月30日13时—31日17时 | <27.1 |
| | | 2009年 | <8.7 |
| | | 2008年 | <5.1 |
| | | 2007年 | <7.3 |
| 1012A04 南窑 | 1次/a | 8月2日15时—3日16时 | <19.9 |
| | | 2009年 | <8.7 |
| | | 2008年 | <8.7 |

## 三、水体

### （一）地表水

2010年，山东省主要河流地表水监测结果表明：黄河（洛口段）和小清河（历下亭段）各放射性核素活度浓度与历年监测结果相比，无明显变化。其中天然放射性核素浓度与1983—1990年全国环境天然放射性水平调查监测值处于同一水平（表15-9）。

"十一五"期间，2007年黄河（洛口段）地表水上半年铀浓度为15.4 μg/L，下半年镭-226浓度为56.7 mBq/L；均分别高出各自全国放射性调查时本底变化范围（0.20～9.10 μg/L和7.47～29.6 mBq/L）；2008—2009年，黄河（洛口段）和小清河（历下亭段）地表水天然放射性核素浓度与1983—1990年全国环境天然放射性水平调查时的监测值处于同一水平。

### （二）饮用水源地水质

由作为青岛市集中式饮用水水源地的棘洪滩水库放射性核素浓度监测数据可见，各放射性核素活度浓度与历年监测结果相比，无明显变化，其中总α和总β活度浓度均低于《生活饮用水卫生标准》（GB 5749—2006）中规定的限值（表15-10）。

表15-9 2010年山东省主要河流水系国控断面放射性核素活度浓度

| 水系 | 所在地区 | 河流名称 | 断面名称 | 采样时间[2] | U/(μg/L) | Th/(μg/L) | $^{226}$Ra/(mBq/L) | 放射性核素活度浓度 $^{40}$K/(mBq/L) | 总α/(Bq/L) | 总β/(Bq/L) | $^{90}$Sr/(mBq/L) | $^{137}$Cs/(mBq/L) |
|---|---|---|---|---|---|---|---|---|---|---|---|---|
| 黄河 | 济南市 | 黄河 | 洛口 | 4月7日 | 6.73 | 0.39 | 5.5 | 104 | 0.06 | 0.23 | 5.0 | <17.2 |
| | | | | 10月18日 | 5.60 | 0.39 | 1.9 | 123 | 0.16 | 0.20 | 4.9 | <12.0 |
| | | 2010年（按测量次数统计） | | 测值范围 | 6.60~6.73 | 0.39 | 1.9~5.5 | 104~123 | 0.06~0.16 | 0.20~0.23 | 4.9~5.0 | <12.0~<17.2 |
| | | | | 平均值 | 6.16 | 0.39 | 3.7 | 114 | 0.11 | 0.22 | 5.0 | — |
| | | 2009年（按测量次数统计） | | 测值范围 | 6.25~7.14 | 0.09~<1.22 | 3.9~<9.0 | 60~110 | 0.05~0.08 | 0.20~0.22 | 5.2~8.8 | <13.0~<20.0 |
| | | | | 平均值 | 6.70 | — | — | 85 | 0.07 | 0.21 | 7.0 | — |
| | | 2008年（按测量次数统计） | | 测值范围 | 5.93~5.97 | 0.14~<0.68 | <2.0~<5.7 | 120~170 | 0.08~0.24 | 0.16~0.25 | 3.4~6.9 | 3.8~<8.1 |
| | | | | 平均值 | 5.95 | — | — | 145 | 0.16 | 0.21 | 5.2 | — |
| | | 2007年（按测量次数统计） | | 测值范围 | <1.6~15.4 | 0.057~<2.4 | 2.35~56.7 | <60~83 | 0.16~0.25 | 0.19~0.38 | 8.8~9.2 | 0.9~7.0 |
| | | | | 平均值 | — | — | — | — | 0.21 | 0.28 | 9.0 | 4.0 |
| | | 1983—1990年 | | 测值范围 | 0.19~9.10 | 1.31~19.80 | 5.14~29.6 | 34~112 | | | | |
| | | | | 平均值 | 3.83 | 10.56 | 17.4 | 73 | | | | |
| 小清河 | 济南市 | 小清河 | 历下亭 | 4月7日 | 1.28 | 0.73 | 6.7 | 94 | 0.01 | 0.17 | 2.3 | <17.2 |
| | | | | 10月18日 | 1.50 | 0.37 | 8.2 | 52 | 0.16 | 0.12 | 2.4 | <12.0 |
| | | 2010年（按测量次数统计） | | 测值范围 | 1.28~1.50 | 0.37~0.73 | 6.7~8.2 | 52~94 | 0.01~0.16 | 0.12~0.17 | 2.3~2.4 | <12.0~<17.2 |
| | | | | 平均值 | 1.39 | 0.55 | 7.5 | 73 | 0.09 | 0.15 | 2.4 | — |
| | | 2009年（按测量次数统计） | | 测值范围 | 1.12~1.40 | 0.90~<0.98 | 4.1~<8.0 | 47~120 | 0.03~0.07 | 0.17~0.18 | 2.6~2.9 | <14.0~<20.0 |
| | | | | 平均值 | 1.26 | — | — | 84 | 0.05 | 0.18 | 2.8 | — |
| | | 2008年（按测量次数统计） | | 测值范围 | 0.73~1.46 | 0.22~<0.85 | <2.0~<7.0 | 40~120 | 0.02~0.03 | 0.11~0.13 | 0.6~3.8 | 1.7~<9.9 |
| | | | | 平均值 | — | — | — | 80 | 0.03 | 0.12 | 2.2 | — |
| | | 1983—1990年 | | 测值范围 | 0.77~5.90 | 0.55~3.39 | 1.63~5.77 | 36~535 | | | | |
| | | | | 平均值 | 3.29 | 1.52 | 3.42 | 278 | | | | |

注：采样时间4月是枯水期，10月是平水期。

表 15-10　2010 年山东省饮用水源地放射性核素活度浓度

| 地区（市）名称 | 水厂名称 | 水源地 | 断面名称 | 采样时间 2) | U/（μg/L） | Th/（μg/L） | 226Ra/（mBq/L） | 40K/（mBq/L） | 总α/（Bq/L） | 总β/（Bq/L） | 90Sr/（mBq/L） | 137Cs/（mBq/L） |
|---|---|---|---|---|---|---|---|---|---|---|---|---|
| 青岛市 | 棘洪滩水库 | 引黄济青 | 出口 | 4月1日 | 未检出 DL: 4.57 | 未检出 DL: 2.78 | 未检出 DL: 35.8 | 93 | 0.03±0.10 | 0.08±0.05 | 4.1±1.1 2.9 | 0.6±1.1 |
|  |  |  |  | 7月2日 | 未检出 | 未检出 | 未检出 | 92 | 0.03±0.10 | 0.10±0.02 | ±1.0 | 未检出 DL: 3.7 |
|  |  |  | 2010 年 测值范围 |  | 未检出 | 未检出 | 未检出 | 92~93 | — | 0.08~0.10 | 2.9~4.1 | 0~0.6 |
|  |  |  | （按测量次数统计）平均值 |  | 未检出 | 未检出 | 未检出 | 92 | 0.03 | 0.09 | 3.5 | 0.3 |
|  |  |  | 2009 年 测值范围 |  | 未检出 | 未检出 | 未检出 | 87~101 | 0.06~0.09 | 0.12~0.20 | 4.0~4.6 | 0.3~0.5 |
|  |  |  | （按测量次数统计）平均值 |  | 未检出 | 未检出 | 未检出 | 94 | 0.08 | 0.165 | 4.3 | 0.4 |
|  |  |  | 2008 年 测值范围 |  | 未检出 | 未检出 | 未检出 | 84~87 | 0.06~0.07 | 0.10~0.17 | 2.3~4.11 | 0.1~0.12 |
|  |  |  | （按测量次数统计）平均值 |  | 未检出 | 未检出 | 未检出 | 86 | 0.06 | 0.14 | 3.20 | 0.11 |
|  |  |  | 2007 年 测值范围 |  | — | — | — | 73~84 | — | 0.09~0.10 | 2.58~3.84 | 0.17 |
|  |  |  | （按测量次数统计）平均值 |  | — | — | — | 78 | — | 0.10 | 3.21 | — |

## （三）近岸海域

2010 年，由山东近岸海域海水放射性核素监测结果可见，黄海近岸海域海水各放射性核素活度浓度与历年监测结果相比无明显变化，人工放射性核素锶-90 和铯-137 活度浓度均在《海水水质标准》（GB 3097—1997）规定的限值内（表 15-11）。

**表 15-11　2010 年山东省近岸海域放射性核素活度浓度**

| 海域名称 | 采样点名称 | 采样时间 | U/(μg/L) | Th/(μg/L) | $^{226}$Ra/(mBq/L) | $^{90}$Sr/(mBq/L) | $^{137}$Cs/(mBq/L) |
|---|---|---|---|---|---|---|---|
| 黄海 | 青岛沙子口湾 | 8 月 19 日 | 未检出 DL：4.57 | 未检出 DL：2.78 | 未检出 DL：35.8 | 4.0±1.1 | 0.2±0.9 |
| | | 2009 年 | 未检出 | 未检出 | 未检出 | 2.18±0.78 | 0.26±0.96 |
| | | 2008 年 | 未检出 DL：7.1×10$^{-2}$ | 未检出 DL：4.8×10$^{-3}$ | 未检出 DL：7.2×10$^{-3}$ | 1.30±0.66 | 0.61±0.78 |
| | | 2007 年 | <0.04 | 0.009±0.005 | 0.010±0.008 | 0.72±0.71 | 0.16±0.92 |

## 四、土壤

2010 年，全省土壤放射性核素比活度测量结果表明，土壤放射性核素比活度与历年监测结果相比无明显变化，其中天然放射性核素浓度与 1983—1990 年全国环境天然放射性水平调查测量值处于同一水平（表 15-12）。

**表 15-12　2010 年山东省土壤放射性核素比活度**

| 所在地区 | 点位名称 | 采样时间 | 放射性核素比活度/（Bq/kg·干） | | | | | |
|---|---|---|---|---|---|---|---|---|
| | | | $^{238}$U | $^{232}$Th | $^{226}$Ra | $^{40}$K | $^{90}$Sr | $^{137}$Cs |
| 济南市 | 省辐射站 | 7 月 6 日 | 26.8 | 45.5 | 31.6 | 552 | 5.10 | 0.37 |
| 青岛市 | 中山公园 | 7 月 21 日 | 30.6 | 48.5 | 33.8 | 597 | 0.94 | 0.40 |
| | 南窑 | 7 月 21 日 | 35.2 | 49.2 | 37.3 | 620 | 1.19 | 1.01 |
| 全省 | 2010 年 | 测值范围 | 26.8～35.2 | 45.5～49.2 | 31.6～37.3 | 552～620 | 0.94～5.10 | 0.37～1.01 |
| | | 平均值 | 30.9 | 47.7 | 34.2 | 590 | 2.41 | 0.59 |
| | 2009 年 | 测值范围 | 22.0～36.6 | 43.0～60.7 | 24.6～40.9 | 535～664 | 0.72～5.30 | 0.20～0.39 |
| | | 平均值 | 31.9 | 52.1 | 32.8 | 600 | 0.81 | 0.20 |
| | 2008 年 | 测值范围 | 26.8～32.0 | 35.2～86.6 | 26.7～51.6 | 345～593 | 0.45～5.20 | 0.40～1.1 |
| | | 平均值 | 28.2 | 76.0 | 47.0 | 561 | 0.48 | 0.75 |
| | 2007 年 | 测值范围 | 2.79～24.3 | 34.3～72.2 | 27.4～39.2 | 324～647 | 5.1～5.6 | 0.34～0.96 |
| | | 平均值 | 23.9 | 63.8 | 34.4 | 634 | 5.4 | 0.70 |
| | 1983—1990 年 | 测值范围 | 15.7～90.1 | 20.8～202 | 9.79～50.0 | 391～1 870 | | |
| | | 平均值 | 33.6 | 45.2 | 30.3 | 671 | | |

## 五、电磁辐射

2010年，全省电磁环境国控监测点综合场强测量范围为（0.8～1.6）V/m，平均值为1.3 V/m，远低于《电磁辐射防护规定》（GB 8702—88）中有关公众照射参考导出限值12 V/m（频率范围为30～3 000 MHz），且与历年监测结果相比无明显变化，电磁环境质量状况良好（表15-13）。

山东省电磁辐射设施（省广播电视塔）周围环境电磁辐射综合场强为0.4 $\mu W/cm^2$，低于《电磁辐射防护规定》（GB 8702—88）中有关公众照射参考导出限值（40 $\mu W/cm^2$）；220 kV变电站周围（济南市老东门）工频电场强度范围为（15.5～15.9）V/m，低于居民区工频电场评价标准（4 000 V/m）；工频磁感应强度范围为（0.09～0.10）$\mu T$，低于公众全天候辐射时的工频限值（100 $\mu T$），满足《500 kV超高压输变电工程环境影响评价技术规范》（HJ/T 24—1998）规定的限值要求（表15-14）。

## 六、国家重点监管的核与辐射设施

国家重点监管的山东省核安全预警点（微堆）在山东省地质科学实验研究院院内，该院拥有一座33 kV的微型反应堆，用以开展中子活化分析，反应堆贮存源井水为闭路循环，不向环境排放；堆筒体1周排风1 min，主要目的是排出堆筒体可能电离产生的氢气，不产生其他废气；固体废物包括一年约几百克被活化的检测样品（土壤、岩石、植物灰等）以及净化贮源井水产生的树脂，均贮存在专用的废物库中。2009年8月经国家核安全局批准济南微堆实施退役并永久卸料，堆芯乏燃料已于2009年11月拆除运走（图15-2）。

2010年，监测结果表明：省地质科学实验研究院微型反应堆及外围γ辐射剂量率维持当地环境水平；γ辐射累积剂量测量结果与对照点处于同一水平；气溶胶总α和总β放射性活度浓度、工作场所表面污染水平监测结果与历年相比无明显变化（表15-15、表15-16、表15-17、表15-18）。

表 15-13 2010 年山东省环境电磁辐射水平

| 地区(市) | 点位类别(选择) | 点位名 | 仪器(选择) | 仪器频率响应/(MHz) | 频次/(次/a) | 测量高度/m | 监测项目(选择) | 测量频率/(MHz) | 测量日期(月/日/时) | 电磁辐射水平 | | |
|---|---|---|---|---|---|---|---|---|---|---|---|---|
| | | | | | | | | | | 平均值 | 标准差 | 单位(选择) |
| 济南市 | 商业区 | 泉城广场 | PMM8053A | 0.1~30 00 | 1 | 1.7m | 1. 功率密度 | 0.1~3 000 | 9 月 3 日 | 0.6 | 0 | μW/cm² |
| | | | | | | | 2. 场强 | 0.1~30 00 | 9 月 3 日 | 1.6 | 0.02 | V/m |
| | 风景区 | 泉城公园 | 电磁辐射分析仪 | | 1 | | 1. 功率密度 | 0.1~3 000 | 9 月 3 日 | 0.7 | 0 | μW/cm² |
| | | | | | | | 2. 场强 | 0.1~30 00 | 9 月 3 日 | 1.7 | 0.02 | V/m |
| 青岛市 | 工业区 | 李沧区娄山后 | 非选频式测量仪 | 0.1~30 00 | 1 | 1.7m | 2. 场强 | 0.1~3 000 | 7 月 8 日 | 0.83 | 0.02 | V/m |
| | 住宅区 | 市南区香港花园 | 非选频式测量仪 | 0.1~30 00 | 1 | 1.7m | 2. 场强 | 0.1~3 000 | 7 月 8 日 | 1.10 | 0.02 | V/m |

| 全省 | | 监测项目 | 测值范围 | 平均值 | 单位 |
|---|---|---|---|---|---|
| | 2010 年 | 1. 功率密度 | 0.6~0.7 | 0.6 | μW/cm² |
| | | 2. 场强 | 0.8~1.6 | 1.3 | V/m |
| | 2009 年 | 1. 功率密度 | 0.4~0.7 | 0.6 | μW/cm² |
| | | 2. 场强 | 1.2~1.7 | 1.5 | V/m |
| | 2008 年 | 1. 功率密度 | 0.4~0.5 | 0.4 | μW/cm² |
| | | 2. 场强 | 1.3~1.5 | 1.4 | V/m |

表 15-14　2010 年山东省电磁辐射设施周围环境电磁辐射水平

| 点位编号 | 点位名称 | 距设施水平距离/m | 测量高度/m | 测量日期(月/日/时) | 测量频率范围 | (工频、综合)电场强度(单位: V/m) 功率密度(单位: μW/cm²) | | | | 磁场强度(单位: A/m) 磁感应强度(单位: μT) | | | |
|---|---|---|---|---|---|---|---|---|---|---|---|---|---|
| | | | | | | 测值范围 | 平均值 | 标准差 | 公众照射导出限值 | 测值范围 | 平均值 | 标准差 | 公众照射导出限值 |
| 1007H05 | 山东省广播电视塔 | 500 | 1.7 | 9月3日 2009年 | 57 750~655 000 kHz | 0.4~0.4 | 功率密度 0.4 μW/cm² | 0 | 40 μW/cm² | — | — | — | — |
| | | | | 2009年 | | 0.50~0.50 | 0.50 | 0 | | | | | |
| | | | | 2008年 | | 0.30~0.50 | 0.40 | 0.30 | | | | | |
| 1007H06 | 老东门 220kV 变电站 | 10 | 1.7 | 9月3日 2009年 | — | 15.5~15.9 | 电场强度 15.7 V/m | 0.14 | 4000 V/m | 0.09~0.10 μT | 0.10 μT | 0.002 | 100 μT |
| | | | | 2009年 | | 4.2~4.3 | 4.3 | 0.03 | | 0.098~0.104 | 0.10 | 0.002 | |
| | | | | 2008年 | | 16.2~16.8 | 16.5 | 0.7 | | 0.12~0.16 | 0.14 | 0.03 | |

表 15-15 2010 年微型反应堆外围γ辐射剂量率

| 位置 | 点位数 | 环境地表γ辐射剂量率/（nGy/h）（扣除宇宙射线响应值） | | | |
|---|---|---|---|---|---|
| | | 频次/（2 次/a） | 测值范围 | 平均值 | 标准差 |
| 反应堆贮源井周围 | 4 | 2010 年 | 100.0～103.4 | 102.2 | 1.5 |
| | | 2009 年 | 100.0～109.7 | 103.3 | 4.4 |
| | | 2008 年 | 99.6～109.1 | 102.5 | 4.4 |
| | | 2007 年 | 102.9～127.1 | 105.6 | 11.5 |
| 反应堆周围环境（室内） | 6 | 2010 年 | 89.5～117.7 | 100.6 | 12.5 |
| | | 2009 年 | 40.3～106.0 | 80.2 | 29.5 |
| | | 2008 年 | 73.2～105.8 | 89.4 | 12.5 |
| | | 2007 年 | 42.6～119.3 | 101.2 | 21.5 |
| 反应堆周围环境（室外） | 34 | 2010 年 | 50.3～75.5 | 64.6 | 5.9 |
| | | 2009 年 | 45.0～73.0 | 57.6 | 9.4 |
| | | 2008 年 | 42.0～78.3 | 60.2 | 11.0 |
| | | 2007 年 | 43.6～80.2 | 71.9 | 12.8 |

表 15-16 2010 年山东省微型反应堆外围γ辐射累积剂量

| 点位编号 | 点位名称 | γ辐射累积剂量按小时平均测量结果/（nGy/h）（未扣除宇宙射线响应值） | | |
|---|---|---|---|---|
| | | 频次/（2 次/a） | 测值范围 | 平均值 |
| 1007F01 | 省地矿院微堆 | 2010 年 | 68.5～71.4 | 70.0 |
| | | 2009 年 | 66.5～83.4 | 75.0 |
| | | 2008 年 | 93.0～123.6 | 108.3 |
| 对照点监测值 | | 2 次/a | 62.9～84.4 | 73.7 |

表 15-17 2010 年微型反应堆外围环境气溶胶总α、总β放射性活度浓度

| 监测点位 | 频次 | 年份 | 总α放射性活度浓度/（mBq/m³） | | 总β放射性活度浓度/（mBq/m³） | |
|---|---|---|---|---|---|---|
| | | | 测值范围 | 平均值 | 测值范围 | 平均值 |
| 省地矿院微堆 | 2 次/a | 2010 | 0.16～0.32 | 0.24 | 0.52～0.96 | 0.74 |
| | | 2009 | 0.05～0.10 | 0.08 | 0.71～1.15 | 0.93 |
| | | 2008 | 0.06～0.08 | 0.07 | 0.72～1.33 | 1.03 |
| | | 2007 | 0.35～0.62 | 0.48 | 0.54～1.15 | 0.84 |
| | | 对照点 | 0.15～0.25 | 0.20 | 1.53～1.70 | 1.62 |

表 15-18 2010 年微型反应堆工作场所表面污染水平（已扣除本底值）

| 点位编号 | 年份 | 频次 | αβ表面污染水平测值范围/（Bq/cm²） | |
|---|---|---|---|---|
| | | | α | β |
| 1007F01 | 2010 | 2 次/a | <0.02 | 0.2～0.6 |
| | 2009 | 2 次/a | <0.02 | 0.06～0.36 |
| | 2008 | 2 次/a | <0.02 | 0.04～0.26 |
| | 2007 | 2 次/a | <0.02 | 0.03～0.34 |

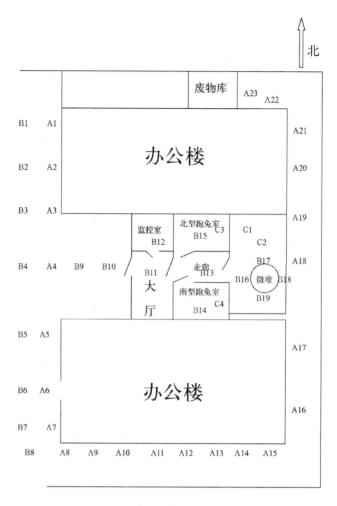

**图 15-2 山东省济南微堆监测布点图**

（A、B 为环境γ空气吸收剂量率监测点位；C 为表面沾污监测点位）

# 第三节 小 结

2010 年，山东省各重点城市环境γ辐射剂量率、气溶胶和沉降物总放、空气氚化水活度浓度为环境正常水平。

自动监测站监测点 4 个，年均值范围为（68.8～104.3）nGy/h，与 2008 年自动站γ贯穿辐射剂量率年均值范围（42.1～97.8）nGy/h 相比，无显著变化。

黄河、小清河各放射性核素活度浓度与历年持平，其中天然放射性核素活度浓度与 1983—1990 年山东省环境天然放射性水平调查时的测量值处于同一水平。青岛饮用水源地总放活度浓度低于《生活饮用水卫生标准》（GB 5749—2006）中规定的限值。黄海山东青岛近岸海域海水人工放射性核素锶-90 和铯-137 活度浓度均在《海水水质标准》（GB 3097—1997）规定限值内。

山东省土壤放射性核素比活度与历年监测结果相比未发生变化，其中天然放射性核素比活度与 1983—1990 年山东省环境天然放射性水平调查时的测量值处于同一水平。

山东省环境电磁辐射水平总体情况较好。重点城市电磁环境质量、开展监测的广播电视发射台周边环境综合场强低于《电磁辐射防护规定》（GB 8702—88）中规定的公众照射参考导出限值；开展监测的高压变电站周围环境工频电场强度低于居民区工频电场限值（4 000 V/m），工频磁感应强度低于公众全天候辐射时的工频限值（100 μT），满足《500 kV 超高压输变电工程环境影响评价技术规范》（HJ/T 24—1998）规定的限值要求。

山东省地质科学实验研究院微型反应堆外围环境γ辐射剂量率、气溶胶、工作场所α、β表面污染与历年监测结果相比未见明显变化。

# 第十六章　生态环境质量

## 第一节　生态监测概述

"十一五"时期，山东省生态环境遥感监测与评价工作取得突破性进展。2005 年首次完成全省生态环境遥感监测与评价工作，实现了生态环境遥感监测工作零的突破。2007—2010 年连续 4 年开展山东省生态环境遥感监测与评价工作，组织 17 个城市环境监测站开展生态遥感野外核查工作，分析评价全省 17 个城市、140 个县（市、区）生态环境现状及其动态变化，编制山东省生态环境遥感监测与评价报告，建立了 2005—2009 年山东省生态环境遥感监测影像数据库、生态环境矢量数据库和野外核查图片库，为山东省生态环境保护和建设提供了有效的技术支撑服务。

全国生态环境监测与评价工作的方式是：中国环境监测总站负责遥感数据源的购买、技术培训和质量控制工作，各省（自治区、直辖市）环境监测中心站负责本省（自治区、直辖市）卫星遥感图像的几何纠正、影像解译和地面核查工作，并将解译结果报送中国环境监测总站；中国环境监测总站负责编写全国生态环境质量评价报告，各省（自治区、直辖市）环境监测中心站负责本省生态环境质量评价工作。山东省生态环境监测与评价的工作分工是：省环境监测中心站负责遥感影像几何纠正、影像解译及解译数据的质量控制与保证，编写省级生态环境质量评价报告；17 个城市环境监测站负责地面验证核查工作。

山东省生态环境监测与评价的主要内容是利用美国陆地卫星图像（Landsat TM）监测全省耕地、林地、水域、草地、城乡居民点与工矿用地、未利用土地 6 大类 25 小类土地覆盖/利用状况及其动态变化，结合环境统计资料，评价山东省生态环境质量状况及其动态变化趋势。生态环境遥感监测与评价工作主要包括遥感影像准备、遥感图像几何纠正、遥感图像解译、遥感图像矢量数据处理、野外核查和编写生态环境质量评价报告 6 个阶段，其技术流程如图 16-1 所示。

## 第二节　评价方法及分级

### 一、生态环境状况评价方法

山东省生态环境状况评价方法参照《生态环境状况评价技术规范（试行）》（HJ/T 192—2006）。生态环境状况评价指标由 4 级指标体系组成：一级指标为生态环境状况指数；二级指标为生物丰度指数、植被覆盖指数、水网密度指数、土地退化指数和环境质量指数；

三级指标为表征二级指标特征的次一级指标,如生物丰度指标的次一级指标由林地、草地、耕地、水域湿地、建筑用地和未利用地等五类指标构成;四级指标为表征三级指标的次一级指标,如草地由高覆盖度草地、中覆盖度草地和低覆盖度草地等指标构成。生态环境状况评价指标体系及权重见图16-2。

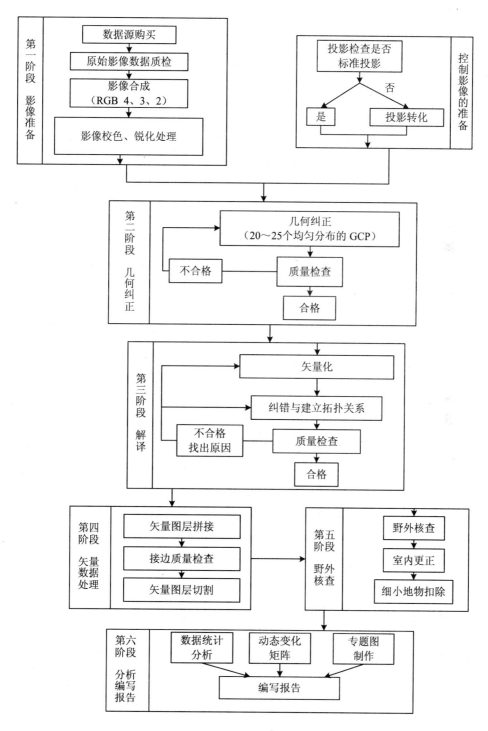

**图 16-1 山东省生态环境监测与评价技术流程**

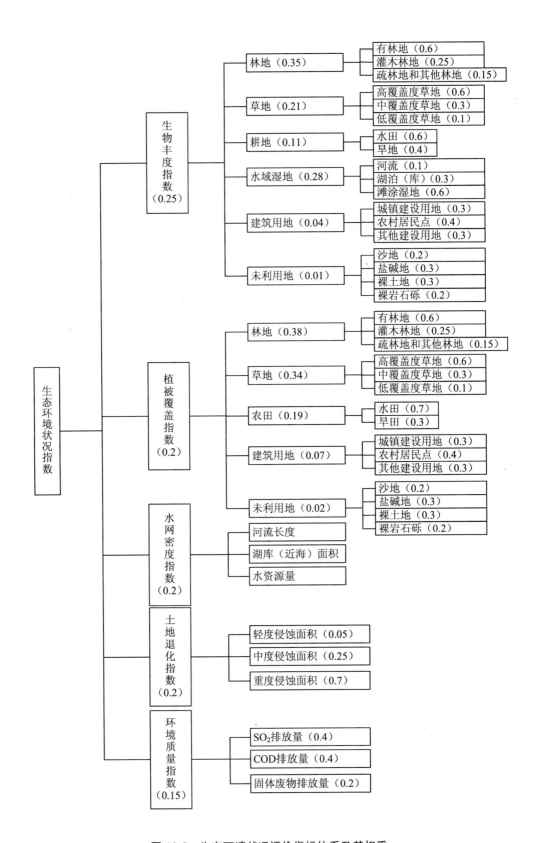

图 16-2  生态环境状况评价指标体系及其权重

## （一）生态环境状况指数（Ecological Index，EI）

EI 反映被评价区域生态环境质量状况，数值范围 0～100。其计算方法如下：

EI=0.25×生物丰度指数+0.2×植被覆盖指数+0.2×水网密度指数
+0.2×（100−土地退化指数）+0.15×环境质量指数

## （二）生物丰度指数

指通过单位面积上不同生态系统类型在生物物种数量上的差异，间接地反映被评价区域内生物丰度的丰贫程度。其计算方法如下：

生物丰度指数=$A_{bio}$×（0.35×林地+0.21×草地+0.28×水域湿地+0.11
×耕地+0.04×建设用地+0.01×未利用地）/区域面积

式中，$A_{bio}$ 为生物丰度指数的归一化系数，林地、草地、水域湿地、耕地、建设用地和未利用地面积均来源于遥感更新，面积单位为 km$^2$。

## （三）植被覆盖指数

指被评价区域内林地、草地、农田、建设用地和未利用地五种类型的面积占被评价区域面积的比重，用于反映被评价区域植被覆盖的程度。其计算方法如下：

植被覆盖指数=$A_{veg}$×（0.38×林地+0.34×草地+0.19×耕地+0.07
×建设用地+0.02×未利用地）/区域面积

式中，$A_{veg}$ 为植被覆盖指数的归一化系数，林地、草地、耕地、建设用地和未利用地面积均来源于遥感更新，面积单位为 km$^2$。

## （四）水网密度指数

指被评价区域内河流总长度、水域面积和水资源量占被评价区域面积的比重，用于反映被评价区域水的丰富程度。其计算方法如下：

水网密度指数=1/3×[$A_{riv}$×河流长度/区域面积+$A_{lak}$×湖库（近海）面积/区域面积+
$A_{res}$×水资源量/区域面积]

式中，$A_{riv}$ 为河流长度的归一化系数，$A_{lak}$ 为湖库面积的归一化系数，$A_{res}$ 为水资源量的归一化系数；河流长度来源于 1：25 万基础地理数据，单位为 km；湖库（近海）面积来源于遥感更新，单位 km$^2$；水资源量来源于统计年鉴，单位为百万立方米。

## （五）土地退化指数

指被评价区域内风蚀、水蚀、重力侵蚀、冻融侵蚀和工程侵蚀的面积占被评价区域面积的比重，用于反映被评价区域内土地退化程度。其计算方法如下：

土地退化指数=$A_{ero}$×（0.05×轻度侵蚀面积+0.25×中度侵蚀面积
+0.7×重度侵蚀面积）/区域面积

式中，$A_{ero}$ 为土地退化指数的归一化系数，轻度侵蚀面积、中度侵蚀面积、重度侵蚀面积来源于全国第二次水土流失遥感调查结果，面积单位为 km$^2$。

（六）环境质量指数

指被评价区域内受纳污染物负荷，用于反映评价区域所承受的环境污染压力。计算方法如下：

环境质量指数=0.4×（100−$A_{SO2}$×SO$_2$排放量/区域面积）+

0.4×（100−$A_{COD}$×COD 排放量/区域年均降雨量）+

0.2×（100−$A_{SO1}$×固体废物排放量/区域面积）

式中，$A_{SO2}$ 为 SO$_2$ 的归一化系数，$A_{COD}$ 为 COD 的归一化系数，$A_{SO1}$ 为固体废物的归一化系数；SO$_2$、COD 和固体废物年排放量均来源于环保部门统计数据，单位为 t。

## 二、生态环境状况及变化度分级

生态环境状况依据 EI 值分为五级，若 EI≥75 生态环境状况为优，若 55≤EI＜75 生态环境状况为良，若 35≤EI＜55 生态环境状况为一般，若 20≤EI＜35 生态环境状况为较差，若 EI＜20 生态环境状况为差。生态环境状况分级如表 16-1 所示。

表 16-1　生态环境状况分级

| 级别 | 指数 | 状态 |
| --- | --- | --- |
| 优 | EI≥75 | 植被覆盖度高，生物多样性丰富，生态系统稳定，最适合人类生存 |
| 良 | 55≤EI＜75 | 植被覆盖度较高，生物多样性较丰富，基本适合人类生存 |
| 一般 | 35≤EI＜55 | 植被覆盖度中等，生物多样性一般水平，较适合人类生存，但有不适于人类生存的制约性因子出现 |
| 较差 | 20≤EI＜35 | 植被覆盖较差，严重干旱少雨，物种较少，存在着明显制约人类生存的因素 |
| 差 | EI＜20 | 条件较恶劣，人类生存环境恶劣 |

生态环境状况变化幅度依据ΔEI 值分为四级，若|ΔEI|≤2 为无明显变化，若 2＜|ΔEI|≤5 为略有变化，若 5＜|ΔEI|≤10 为明显变化，若|ΔEI|＞10 为显著变化。生态环境状况变化度分级如表 16-2 所示。

表 16-2　生态环境状况变化度分级

| 级别 | 变化值 | 描述 |
| --- | --- | --- |
| 无明显变化 | \|ΔEI\|≤2 | 生态环境状况无明显变化 |
| 略有变化 | 2＜\|ΔEI\|≤5 | 若 2＜ΔEI≤5，则生态环境状况略微变好；<br>若−5≤ΔEI＜−2，则生态环境状况略微变差 |
| 明显变化 | 5＜\|ΔEI\|≤10 | 若 5＜ΔEI≤10，则生态环境状况明显变好；<br>若−10≤ΔEI＜−5，则生态环境状况明显变差 |
| 显著变化 | \|ΔEI\|＞10 | 若 ΔEI＞10，则生态环境状况显著变好；<br>若 ΔEI＜−10，则生态环境状况显著变差 |

## 第三节 2009年生态环境状况评价

### 一、山东省生态环境状况评价

2009 年，山东省生态环境状况指数为 47.14。生物丰度指数为 33.06，植被覆盖指数 34.76，水网密度指数 28.87，土地退化指数 22.36，环境质量指数 70.82。

### 二、17 个城市生态环境状况评价

2009 年，山东省 17 个城市生态环境状况评价结果主要有以下几个特点：

#### （一）生态环境状况指数分为两个等级

威海市生态环境状况为"优"，青岛、烟台、济宁、枣庄、济南、临沂、莱芜、东营、泰安、潍坊、淄博、菏泽、滨州、聊城、日照和德州 16 个城市生态环境状况为"良"。17 个城市生态环境状况指数由高到低依次为威海、济宁、济南、烟台、莱芜、青岛、枣庄、泰安、菏泽、滨州、淄博、德州、临沂、东营、聊城、潍坊、日照。2009 年全省 17 个城市生态环境状况评价结果如图 16-3 所示。

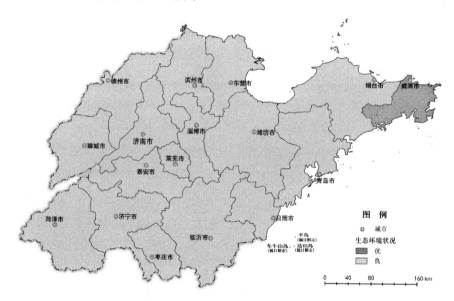

**图 16-3 山东省 17 个城市生态环境状况评价结果**

#### （二）生物多样性差异比较明显

在 17 个城市中，莱芜市生物丰度指数最高，生物多样性相对丰富，其次为淄博和烟台市；德州市生物丰度指数最低，生物多样性相对贫乏。17 个城市生物丰度指数由高到低依次为莱芜、淄博、烟台、济南、日照、威海、泰安、临沂、枣庄、济宁、青岛、潍坊、东营、滨州、菏泽、聊城、德州。17 个城市生物丰度指数排序状况见图 16-4。

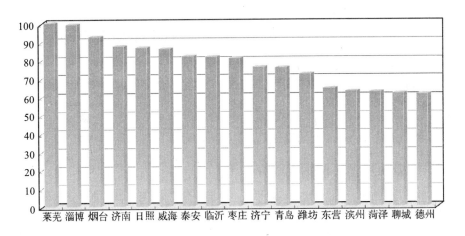

图 16-4　山东省 17 个城市生物丰度指数排序状况

## （三）植被覆盖状况区域分布不均

在 17 个城市中，莱芜、淄博、烟台 3 个城市植被覆盖指数高，植被覆盖状况较好，济南、枣庄、日照、威海、临沂次之，滨州和东营植被覆盖指数较低，植被覆盖状况较差。17 个城市植被覆盖指数由高到低依次为莱芜、淄博、烟台、济南、枣庄、日照、威海、临沂、泰安、青岛、潍坊、济宁、菏泽、聊城、德州、滨州及东营（图 16-5）。

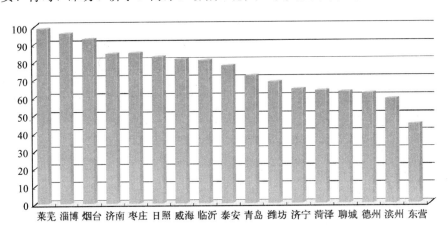

图 16-5　山东省 17 个城市植被覆盖指数排序状况

## （四）水网密度指数区域差异较大

在 17 个城市中，东部沿海城市近岸海域面积较大，水网密度指数相对较高，其中，以威海市水网密度指数最高，为 66.64；济宁有南四湖等大面积内陆湖泊，其水网密度指数也较高；淄博市水网密度指数最小，为 31.22。17 个城市水网密度指数由高到低依次为威海、济宁、东营、烟台、德州、青岛、临沂、日照、菏泽、滨州、枣庄、潍坊、聊城、济南、泰安、莱芜、淄博（图 16-6）。

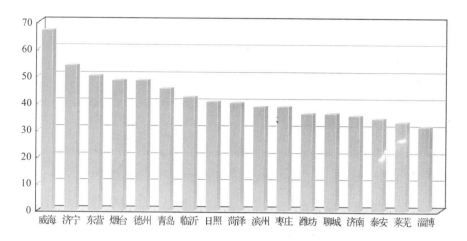

**图 16-6 山东省 17 个城市水网密度指数排序状况**

## （五）水土流失状况差异较大

在 17 个城市中，日照市土地退化指数最大，土地退化现象突出，滨州市土地退化指数最小，土地退化现象较轻。17 个城市土地退化指数由高到低的排列顺序依次为日照、烟台、淄博、莱芜、临沂、枣庄、泰安、济南、威海、潍坊、青岛、济宁、德州、菏泽、聊城、东营、滨州（图 16-7）。

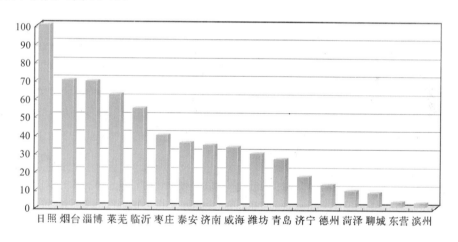

**图 16-7 山东省 17 个城市土地退化指数排序状况**

## （六）承受的环境污染压力大小不一

在 17 个城市中，临沂市环境质量指数最高，为 95.03，环境污染最轻；淄博市环境质量指数最小，为 78.95，环境污染较重。17 个城市环境质量指数由高到低的排列顺序依次为临沂、菏泽、烟台、威海、潍坊、滨州、聊城、泰安、东营、日照、青岛、济南、济宁、德州、枣庄、莱芜、淄博（图 16-8）。

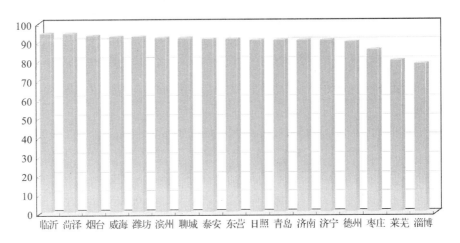

图 16-8　山东省 17 个城市环境质量指数排序状况

## 三、县域生态环境状况评价

全省县级评价区域生态环境状况评价结果如图 16-9 所示。全省县域生态环境状况具有以下几个特点：

第一，123 个县级评价区域生态环境状况分为"优"、"良好"和"一般"三级。其中，长岛县为"优"一级，生态环境状况指数为 79.14；安丘市、武城县、夏津县、张店区、莒县和青岛市区为"一般"一级，生态环境状况指数分别为 54.59、53.88、52.64、51.76、50.05 和 46.04；崂山区、微山县、泰安市区、威海市区、乳山市等 116 个县级评价区域为"良好"一级，生态环境状况指数变化范围为 55.77～72.71。

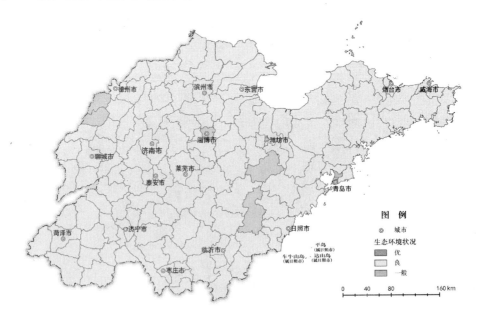

图 16-9　全省县级评价区域生态环境状况评价结果

第二，在 123 个县级评价区域中，生物丰度指数区域差异显著，指数较高的县级评价区域多分布在山东半岛沿海地区，中部山区及鲁西南湖库面积较大的地区。其中，生物丰度指数较高的有崂山区、山亭区、淄川区、博山区、沂源县；指数最低的是青岛市区，为32.5。

第三，山地丘陵地区及部分沿海地区植被覆盖指数相对较高。在 123 个县级评价区域中，植被覆盖指数较高的为崂山区、山亭区、淄川区、博山区、栖霞市；河口区植被覆盖指数最低，为 24.96。

第四，123 个县级评价区域土地退化指数差异明显。沂源县土地退化指数最高，其次为莒县和五莲县；阳信县、桓台县、广饶县、博兴县、兖州市、济宁市区、寿光市、沾化县、无棣县和东营区 10 个县级评价区域土地退化指数较低。

第五，湖库及近岸海域面积大小对水网密度指数大小影响显著，沿海及部分水资源量、湖库资源丰富的县级评价区域水网密度指数较高。全省 123 个县级评价区域中，台儿庄区水资源量丰富，水网密度指数最高，为 52.03；崂山区单位近岸海域面积大，水网密度指数次之，为 47.69；其次为荣成市和微山县，水网密度指数分别为 46.7 和 46.08；长清区水网密度指数最低，为 9.4。

第六，全省 123 个县级评价区域环境质量整体较好，差异较小。其中 111 个县级评价区域环境质量指数均超过 90，占全省县级评价区域总数的 90.2%。乳山市环境质量指数最高，为 99.33；青岛市区环境质量指数最低，为 54.76。

# 第四节 "十一五"生态环境质量变化趋势分析

## 一、山东省生态环境状况动态变化

与 2005 年相比，2009 年山东省生态环境状况指数下降了 0.54，属于"无明显变化"一级。全省生物丰度指数和植被覆盖指数分别下降了 0.31 和 0.51。受水资源量减少的影响，水网密度指数下降了 2.97，与 2005 年水资源量相比，2009 年全省水资源量减少了约 131 亿 $m^3$。环境质量指数上升了 1.54，主要是由于 COD 和 $SO_2$ 等污染物大幅削减，COD 和 $SO_2$ 削减量分别达到了 12.3 万 t 和 41.3 万 t。

## 二、17 个城市生态环境状况动态变化

2005—2009 年山东省 17 个城市生态环境状况动态变化情况如图 16-10 所示。17 个城市生态环境状况动态变化具有以下几个特点：

第一，17 个城市生态环境状况动态变化可分为"无明显变化"和"略有变化"二级。在 17 个城市中，威海、青岛、济宁、潍坊、东营、莱芜、菏泽、泰安、烟台、聊城、淄博、济南和滨州 13 个城市变化值 |ΔEI|≤2 为"无明显变化"一级，所占比重为 76.5%。枣庄、日照、临沂和德州 4 个城市变化值为 2<|ΔEI|≤5，为"略有变化"一级，所占比重为23.5%。

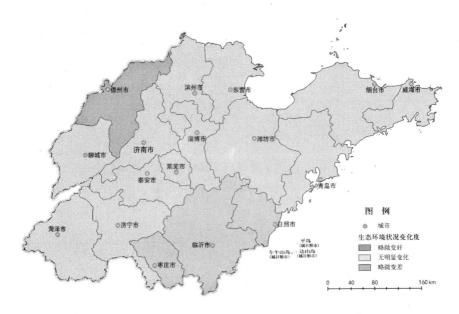

图 16-10 山东省 17 个城市生态环境状况动态变化情况

在 17 个城市中，淄博市生态环境状况指数变化最小，为 0.06；枣庄市生态环境状况指数变化最大，为 3.5。枣庄、日照、临沂 3 个城市生态环境状况略微变差，生态环境状况指数下降值在 2.9～3.5，德州市生态环境状况略微变好，生态环境状况指数上升了 2.84；13 个"无明显变化"的城市中，淄博、济南和滨州 3 个城市生态环境状况指数上升值在 0.06～1.18，其他 10 个城市生态环境状况指数呈略微下降趋势，下降值在 0.13～1.94。

第二，17 个城市生物丰度指数总体保持稳定。在 17 个城市中，东营市生物丰度指数变化绝对值最大，为 2.68，其主要原因是草地和未利用地面积的大幅减少；其次是潍坊市，为 2.44，其主要原因是滩涂面积的减少。济南、青岛、淄博、枣庄、烟台、济宁、泰安、威海、莱芜、临沂、德州、聊城、滨州、菏泽和日照 15 个城市生物丰度指数变化绝对值在 0.23～1.32。山东省 17 个城市生物丰度指数动态变化对比情况见图 16-11。

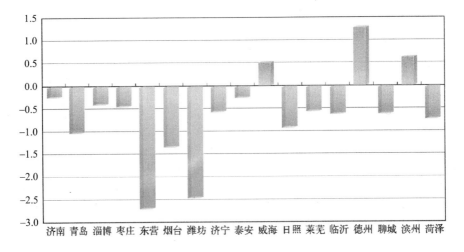

图 16-11 山东省 17 个城市生物丰度指数动态变化对比

　　第三，17 个城市植被覆盖状况总体略有下降，局部变化较大。在 17 个城市中，济南、青岛、淄博、枣庄、东营、烟台、潍坊、莱芜、济宁、威海、临沂、日照、聊城和菏泽 14 个城市植被覆盖指数有所下降，所占比重为 82.4%。其中东营市植被覆盖指数下降值为 10.45，其主要原因是草地和未利用地面积的大幅减少；其他 13 个城市植被覆盖指数下降值为 0.13～2.07。德州、泰安、滨州 3 个城市植被覆盖指数有所上升，上升值在 0.25～1.47。山东省 17 个城市植被覆盖指数动态变化对比情况见图 16-12。

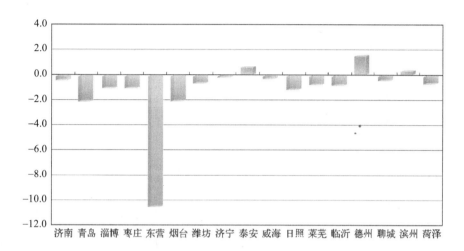

**图 16-12　山东省 17 个城市植被覆盖指数动态变化对比**

　　第四，17 个城市水网密度指数总体呈下降趋势。17 个城市中，烟台、聊城、淄博、潍坊、菏泽、泰安、青岛、莱芜、济宁、威海、临沂、日照和枣庄 13 个城市水网密度指数有所下降，下降值在 0.02～19.31，其中下降较大的依次为枣庄、日照、临沂、威海、济宁、莱芜和青岛，下降值在 8.17～19.31。水网密度指数下降的主要原因是降雨量下降导致水资源量大幅减少。济南、滨州、东营和德州 4 个城市水网密度指数有所上升，上升值在 0.59～6.94。山东省 17 个城市水网密度指数动态变化对比情况见图 16-13。

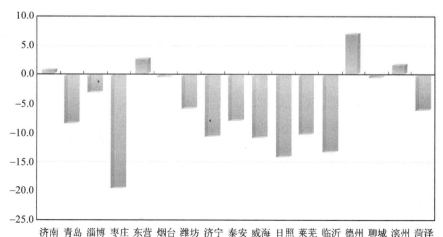

**图 16-13　山东省 17 个城市水网密度指数动态变化对比**

第五，17 个城市环境质量指数呈上升趋势。在 17 个城市中，济南、青岛、淄博、枣庄、东营、烟台、潍坊、济宁、泰安、威海、日照、莱芜、聊城、德州、滨州和菏泽 16 个城市环境质量指数有所上升，上升值在 0.29～6.15，上升最大的为淄博市，最小的为菏泽市。主要原因为污染物排放总量明显削减。山东省 17 个城市环境质量指数动态变化对比情况见图 16-14。

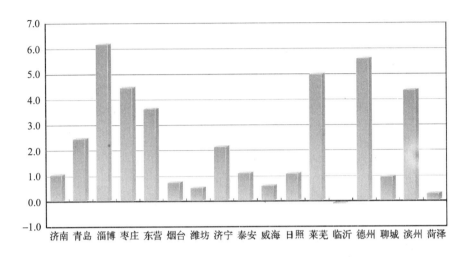

图 16-14　山东省 17 个城市环境质量指数动态变化对比

## 三、县域生态环境状况动态变化

2005—2009 年山东省 123 个县级评价区域生态环境状况动态变化情况如图 16-15 所示。山东省县域生态环境状况动态变化具有以下几个特点。

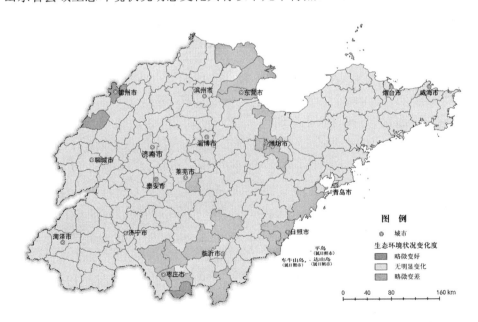

图 16-15　山东省县级评价区域生态环境状况动态变化情况

第一，123 个县级评价区域生态环境状况动态变化分为"无明显变化"和"略有变化"两级。123 个县级评价区域中，垦利县、河口区、峄城区、薛城区、山亭区、胶南市、潍坊市区、滕州市、沂南县、东营区、钢城区、费县、日照市区、郯城县、夏津县、德州市区、台儿庄区 17 个县级评价区域生态环境状况变化值 2＜|ΔEI|≤5，为"略有变化"一级，占全省县级评价区域总数的 13.8%。其中夏津县、德州市区、台儿庄区生态环境状况略微变好，生态环境状况指数分别上升了 2.33、3.49 和 3.4；垦利县、河口区、峄城区、薛城区、山亭区、胶南市、潍坊市区、滕州市、沂南县、东营区、钢城区、费县、日照市区、郯城县生态环境状况略微变差，生态环境状况指数下降值在 2.04～3.56。

其他 106 个县级评价区域变化值|ΔEI|≤2，为"无明显变化"一级，占全省县级评价区域总数的 86.2%。其中有 30 个县级评价区域生态环境状况指数有所上升，变化值在 0.0003～1.86，占"无明显变化"县级评价区域总数的 28.3%；有 76 个县级评价区域生态环境状况指数有所下降，下降值在 0.04～2.0，其降低原因主要为降雨量减少，水资源量及湖库面积有所减少。

第二，县级评价区域生物丰度指数基本保持稳定。在 123 个县级评价区域中，有 73 个县级评价区域生物丰度指数有所下降。垦利县、昌邑市、潍坊市区和东营区分别下降了 6.01、6.32、7.16 和 11.07，主要原因为：垦利县草地面积减少，东营区林地和水域面积减少，昌邑市和潍坊市区水域面积减少。其他 69 个县级评价区域生物丰度指数变化幅度在 0.01～4.7。

有 46 个县级评价区域生物丰度指数有所上升，上升值在 0.04～10.91，其中桓台县、惠民县、夏津县 3 个县级评价区域生物丰度指数上升较大，在 4.42～4.82，主要原因林地面积增大。博山区、崂山区、淄川区、山亭区生物丰度指数保持不变。

第三，县级评价区域植被覆盖指数变化绝对值在 0～19.3，总体略有下降。在 123 个县级评价区域中，有 80 个县级评价区域植被覆盖指数有所下降，占县级评价区域总数的 65.0%，其中垦利县和河口区植被覆盖指数分别下降 11.61 和 19.3，其主要原因是草地面积的大幅减少；其他 78 个县级评价区域植被覆盖指数下降值在 0.03～4.56。

有 38 个县级评价区域植被覆盖指数有所上升，其中东平县植被覆盖指数上升最大，为 5.27，其主要原因是耕地和林地面积有所增加；其他 37 个县级评价区域植被覆盖指数上升值在 0.01～3.87。

第四，全省县级评价区域水网密度指数总体有所下降。在 123 个县级评价区域中，台儿庄区、临沂市区、齐河县、临邑县等 34 个县级评价区域水网密度指数有所上升，占全省县级评价区域总数的 27.6%。其中，台儿庄区水网密度指数上升幅度最大，为 17.6；其他 33 个县级评价区域水网密度指数上升值在 0.07～7.36，主要原因为水资源量有所上升。

有 89 个县级评价区域水网密度指数有所下降，占全省县级评价区域总数的 72.4%，水网密度指数下降值在 0.04～14.13。其中，水网密度指数下降幅度较大的为郯城县、沂南县、滕州市、薛城区、枣庄市区、峄城区和山亭区，下降值分别为 10.5、12.81、12.88、13.33、13.69、13.87 和 14.13，水网密度指数下降的主要原因是水资源量的大幅减少。

第五，县域环境质量指数整体波动较小，总体呈上升趋势。在 123 个县级评价区域中，有 81 个县级评价区域环境质量指数有所上升，占全省县级评价区域总数的 65.9%。德州市区、枣庄市区、张店区、黄岛区和临淄区 5 个县级评价区域环境质量指数上升幅度较大，分别为 19.59、40.92、9.27、7.43 和 6.01，其主要原因是污染物排放量减少；其他 118 个县级评价区域环境质量指数变化绝对值在 0.0007～3.88。

## 第五节　小　结

2009 年山东省生态环境状况指数为 47.14，生态环境状况属于"一般"。全省 17 个城市按生态环境状况指数可以划分为两个等级：威海市生态环境状况为"优"，青岛、烟台、济宁、枣庄、济南、临沂、莱芜、东营、泰安、潍坊、淄博、菏泽、滨州、聊城、日照和德州 16 个城市生态环境状况为"良"。全省 123 个县级评价区域中，长岛县生态环境状况为"优"，安丘市、武城县、夏津县、张店区、莒县和青岛市区 6 个县级评价区域生态环境状况为"一般"，崂山区、微山县、泰安市区、威海市区、乳山市等 116 个县级评价区域为"良好"。

2005—2009 年山东省生态环境状况指数下降了 0.54，属于"无明显变化"一级。全省 17 个城市中，威海、青岛、济宁、潍坊、东营、莱芜、菏泽、泰安、烟台、聊城、淄博、济南和滨州 13 个城市生态环境状况变化值|ΔEI|≤2 为"无明显变化"一级；枣庄、日照、临沂和德州 4 个城市变化值为 2<|ΔEI|≤5，为"略有变化"一级。全省 123 个县级评价区域中，垦利县、河口区、峄城区、薛城区、山亭区、胶南市、潍坊市区、滕州市、沂南县、东营区、钢城区、费县、日照市区、郯城县、夏津县、德州市区、台儿庄区 17 个县级评价区域生态环境状况变化值 2<|ΔEI|≤ 5，为"略有变化"一级；其他 106 个县级评价区域变化值|ΔEI|≤ 2，为"无明显变化"一级。

# 第十七章　土壤环境质量

## 第一节　土壤环境质量专项调查与监测概述

### 一、山东省土壤污染状况调查概况

为全面、系统、准确地掌握全国土壤环境质量总体状况，2006 年 8 月，原国家环保总局下发了《关于开展全国土壤污染状况调查的通知》（环发[2006]116 号），全国土壤污染状况调查工作由此启动。同年 11 月，原山东省环境保护局成立了土壤污染状况调查工作领导小组及办公室。2007 年 1 月，《山东省土壤污染状况调查实施方案》通过环保部专家论证。2008 年 2 月，原山东省环保局下发了《关于开展全省土壤污染状况调查监测工作的通知》（鲁环发[2008]8 号），将《山东省土壤污染状况调查监测工作方案》印发各市环保局。

2008 年 6 月，原山东省环保局根据山东省土壤污染状况调查资金到位情况和全省环境监测系统的实际能力，本着突出重点、先急后缓的原则，对《山东省土壤污染状况调查实施方案》和《山东省土壤污染状况调查监测工作方案》进行了调整，以鲁环发[2008]69号文下发了《关于调整〈山东省土壤污染状况调查实施方案〉、〈山东省土壤污染状况调查监测工作方案〉的通知》。

2009 年 2 月，原山东省环保局印发了《关于报送土壤污染状况调查数据的通知》（鲁环函[2009]82 号），对各市土壤污染状况调查数据报送的主要内容、基本要求、报送方式、报送时间等提出了具体要求。同年 3 月，根据土壤污染状况调查经费情况，原山东省环保局决定对山东半岛以外的淄博、枣庄、济宁、泰安、莱芜、临沂、德州、聊城、滨州与菏泽 10 个市第三专题重点区域土壤污染状况进行补充调查。2009 年 8 月，山东省环境监测中心站印发了《关于领取与报送土壤污染状况补充调查数据的通知》，并于当年 9 月完成了全省土壤污染状况补充调查数据录入工作。2009 年 12 月，山东省环保厅委托山东省环境监测中心站派专人将《山东省土壤污染状况调查数据库》正式上报环保部。2010 年 4 月，《山东省土壤污染状况调查报告》编制完成。

### 二、土壤环境质量专项监测与调查方法

#### （一）点位布设方法

全省土壤环境质量监测共布设点位 2 263 个，其中网格布点 2 217 个，自然保护区监测点位 46 个。土壤环境质量监测点位区域分布情况见表 17-1 和图 17-1。

　　土壤环境质量监测点位布设采用网格法均匀布点。根据山东省土地利用与土地覆盖遥感解译成果，利用 Arc GIS 软件在全省 1：25 万电子地图上统一划分网格，网格密度大小分别为耕地网格 8 km×8 km，林、草地网格 16 km×16 km，未利用土地网格 16 km×16 km。完成电子地图网格划分后，利用 GIS 软件在电子地图上制作网格中心点，网格中心点即为土壤监测点位。将中心点经纬度信息转换为数据文件格式，按全国统一编码要求进行全省统一编码。

　　选择黄河三角洲、长岛、马山、临朐山旺古生物化石、滨州贝壳堤岛与湿地系统 5 个国家级自然保护区，昆嵛山和荣成大天鹅 2 个省级自然保护区进行土壤环境质量监测。布点原则为国家级自然保护区布设 9 个点位，省级自然保护区布设 6 个点位，按照保护区各分区的不同功能均匀布设，核心区、缓冲区和实验区布设的点位分别占本保护区监测点位的 1/3。经过点位现场勘察，滨州贝壳堤岛与湿地系统、马山 2 个自然保护区距离较近，二者监测调查点位重合，自然保护区监测点位共计 46 个。

　　沿海滩涂或基岩海岸地区未利用土地，原则上要求沿海岸线 16 km 范围内布设 1 个点位，因东营和滨州的 5 个点位和未利用地网格布设点位重合，并入未利用地监测点位。

表 17-1　土壤环境质量监测点位分布表

| 序号 | 城市 | 耕地 | 林地 | 草地 | 未利用地 | 自然保护区 | 总计 |
|------|------|------|------|------|----------|------------|------|
| 1 | 济南 | 111 | 8 | 1 | | | 120 |
| 2 | 青岛 | 148 | 3 | 5 | | | 156 |
| 3 | 淄博 | 57 | 7 | 8 | | | 72 |
| 4 | 枣庄 | 48 | 2 | 3 | | | 53 |
| 5 | 东营 | 65 | | 3 | 4 | 9 | 81 |
| 6 | 烟台 | 147 | 19 | 18 | | 12 | 196 |
| 7 | 潍坊 | 213 | 4 | 5 | 4 | 9 | 235 |
| 8 | 济宁 | 147 | 2 | 1 | | | 150 |
| 9 | 泰安 | 110 | 4 | 1 | | | 115 |
| 10 | 威海 | 80 | 2 | | | 7 | 89 |
| 11 | 日照 | 74 | 4 | | | | 78 |
| 12 | 莱芜 | 20 | 3 | 1 | | | 24 |
| 13 | 临沂 | 234 | 4 | 15 | | | 253 |
| 14 | 德州 | 169 | | | | | 169 |
| 15 | 聊城 | 136 | | | | | 136 |
| 16 | 滨州 | 128 | 1 | | 6 | 9 | 144 |
| 17 | 菏泽 | 192 | | | | | 192 |
| 合计 | 全省 | 2 079 | 63 | 61 | 14 | 46 | 2 263 |

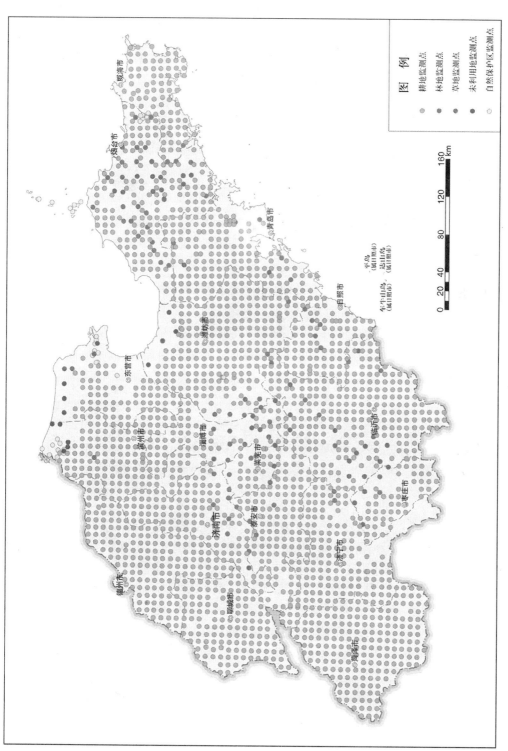

图 17-1 山东省土壤环境质量监测点位分布图

## （二）土壤样品采集方法

土壤环境质量监测样品采集混合样。采用蛇形（10～30个分点）、对角线（5～9个分点）或梅花形（5个分点）采集方法，在大约50m×50m区域内，采集0～20cm表层土壤混合样。在每个分点上，用不锈钢螺旋土钻采集1个样品，或用采样铲向下切取1片长10cm、宽5cm、深20cm的土壤样品。然后将各分点样品等重量混匀后用四分法弃取，保留相当于3kg风干土壤的土样。

用于挥发性、半挥发性物质分析的土壤样品，采集单独样品。用采样铲挖取面积25cm×25cm，深度为0～20cm的土壤，直接采集到250ml棕色磨口玻璃瓶中并装满。为防止样品沾污瓶口，采样时将干净硬纸板围成漏斗状衬在瓶口。

采样后认真填写标签、记录表、拍照等，并相互校核。现场监测容重、含水率、碳酸钙反应等。采样结束后现场检查采样记录、样品标签、采样点位图标记等，核实后装运。土壤样品在实验室交接时，双方在样品流转单上签字确认。

## （三）监测项目与频次

监测项目包括 As、Cd、Co、Cr、Cu、Hg、Mn、Ni、Pb、Se、V、Zn 12 种无机污染物，以及有机氯农药、多环芳烃（PAHs）2 种有机污染物。其中，有机氯农药包括六六六和滴滴涕，多环芳烃包括萘、苊、二氢苊、芴、菲、蒽、荧蒽、芘、苯并[a]蒽、䓛、苯并[b]荧蒽、苯并[k]荧蒽、苯并[a]芘、茚并[1,2,3-c,d]芘、二苯并[a,h]蒽、苯并[g,h,i]苝 16 类。

监测频次为 1 次。

# 第二节　监测结果及现状评价

## 一、评价依据

山东省土壤环境质量监测评价方法采用环境保护部《全国土壤污染状况评价技术规定》（环发[2008]39号）规定的单项污染指数法，其计算公式为：

$$P_{ip} = \frac{C_i}{S_{ip}}$$

式中，$P_{ip}$——土壤环境中污染物 $i$ 的单项污染指数；

　　　$C_i$——土壤环境中污染物 $i$ 的实测浓度；

　　　$S_{ip}$——土壤环境中污染物 $i$ 的评价标准。

根据 $P_{ip}$ 的大小，将土壤环境质量划分为无污染、轻微污染、轻度污染、中度污染和重度污染 5 级。土壤环境质量评价分级标准见表 17-2。

山东省土壤环境质量评价标准采用环境保护部《全国土壤污染状况评价技术规定》（环发[2008]39号）中土壤环境质量评价标准，其标准值见表 17-3。

表 17-2 土壤环境质量评价分级

| 等级 | $P_{ip}$ 值大小 | 污染评价 |
|---|---|---|
| I | $P_{ip} \leq 1$ | 无污染 |
| II | $1 < P_{ip} \leq 2$ | 轻微污染 |
| III | $2 < P_{ip} \leq 3$ | 轻度污染 |
| IV | $3 < P_{ip} \leq 5$ | 中度污染 |
| V | $P_{ip} > 5$ | 重度污染 |

表 17-3 土壤环境质量评价标准

| 序号 | 评价项目 | | 标准值/（mg/kg） | | | |
|---|---|---|---|---|---|---|
| | | | 耕地、草地、未利用地 | | | 林地 |
| | | | pH<6.5 | pH6.5～7.5 | pH>7.5 | |
| 1 | Cd | | 0.30 | 0.30 | 0.60 | 1.0 |
| 2 | Hg | | 0.30 | 0.50 | 1.0 | 1.5 |
| 3 | As | | 40 | 30 | 25 | 40 |
| 4 | Pb | | 80 | 80 | 80 | 100 |
| 5 | Cr | | 150 | 200 | 250 | 400 |
| 6 | Cu | | 50 | 100 | 100 | 400 |
| 7 | Zn | | 200 | 250 | 300 | 500 |
| 8 | Ni | | 40 | 50 | 60 | 200 |
| 9 | Mn | | 1 500 | | | |
| 10 | Co | | 40 | | | |
| 11 | Se | | 1.0 | | | |
| 12 | V | | 130 | | | |
| 13 | 有机氯 | 六六六总量 | 0.10 | | | |
| 14 | 农药 | 滴滴涕总量 | 0.10 | | | |
| 15 | 多环芳烃类 | 苯并[a]芘 | 0.10 | | | |
| 16 | 多氯联苯类（总量） | | 0.10 | | | |
| 17 | 石油烃类（总量） | | 500 | | | |

## 二、土壤环境质量现状

全省土壤环境质量评价统计结果如表 17-4 所示。由表可知，山东省土壤环境质量状况具有以下几个特点：

表 17-4 山东省土壤环境质量评价统计结果

| 监测项目 | 数量/个 | 检出率/% | 污染程度 | | | | | 超标率/% | 最大超标倍数 |
|---|---|---|---|---|---|---|---|---|---|
| | | | 无污染 | 轻微污染 | 轻度污染 | 中度污染 | 重度污染 | | |
| Cd | 2 217 | 95.3 | 98.7 | 0.9 | 0.2 | 0.1 | 0.1 | 1.3 | 5.5 |
| Hg | 2 217 | 96.3 | 99.8 | 0.2 | | | | 0.2 | 0.8 |
| As | 2 217 | 100 | 99.8 | 0.1 | | 0.1 | | 0.2 | 2.9 |
| Pb | 2 217 | 100 | 99.7 | 0.3 | | | | 0.3 | 0.8 |

| 监测项目 | 数量/个 | 检出率/% | 污染程度 | | | | | 超标率/% | 最大超标倍数 |
|---|---|---|---|---|---|---|---|---|---|
| | | | 无污染 | 轻微污染 | 轻度污染 | 中度污染 | 重度污染 | | |
| Cr | 2 217 | 100 | 99.5 | 0.5 | | | | 0.5 | 0.9 |
| Cu | 2 217 | 100 | 99.0 | 0.9 | 0.1 | | 0.1 | 1.0 | 4.5 |
| Zn | 2 217 | 100 | 99.4 | 0.5 | 0.1 | 0.1 | 0.1 | 0.6 | 4.2 |
| Ni | 2 217 | 100 | 96.8 | 2.6 | 0.4 | 0.1 | 0.1 | 3.2 | 4.6 |
| Mn | 2 217 | 100 | 99.9 | 0.1 | 0.1 | | | 0.2 | 1.7 |
| Co | 2 217 | 98.4 | 99.9 | 0.1 | | | | 0.1 | 0.01 |
| Se | 2 217 | 87.6 | 98.8 | 0.9 | 0.2 | | 0.1 | 1.2 | 18.1 |
| V | 2 217 | 99.6 | 99.3 | 0.7 | | | | 0.7 | 0.8 |
| 六六六总量 | 2 164 | 54.9 | 99.8 | 0.1 | 0.1 | 0.1 | | 0.2 | 2.5 |
| 滴滴涕总量 | 2 164 | 69.8 | 93.9 | 3.3 | 1.1 | 1.0 | 0.7 | 6.1 | 23.6 |
| 苯并[a]芘 | 2 213 | 71.8 | 99.4 | 0.2 | 0.1 | 0.1 | 0.3 | 0.6 | 24.1 |

第一，全省土壤环境质量状况总体良好。镉、汞、砷、铅、铬、铜、锌、镍、锰、钴、硒、钒 12 种无机污染物达标率在 99.0%～99.9%。六六六总量、滴滴涕总量、苯并[a]芘 3 种有机污染物的检出率分别为 54.9%、69.8%和 71.8%，其达标率分别为 99.8%、93.9%、99.4%。

第二，个别监测点位存在土壤污染物超标现象。镉、汞、砷、铅、铬、铜、锌、镍、锰、钴、硒、钒 12 种无机污染物超标率在 0.1%～3.2%变化，最大超标倍数在 0.01～18.1 波动变化。镉、铜、镍、硒 4 种无机污染物超标率相对较高，分别为 1.3%、1.0%、3.2%和 1.2%，其最大超标倍数分别为 5.5、4.5、4.6 和 18.1。六六六总量、滴滴涕总量和苯并[a]芘 3 种有机污染物的超标率分别为 0.2%、6.1%和 0.6%，其最大超标倍数分别为 2.5、23.6 和 24.1。

第三，土壤污染程度以轻微污染为主，其区域分布呈散点状。Cd、Cu、Ni、Se 和滴滴涕总量 5 种主要超标污染物污染程度以轻微污染为主，轻度污染、中度污染和重度污染比例较小。Cd 轻微污染、轻度污染、中度污染、重度污染的监测点位数量占其超标监测点位总数比例分别为 75.0%、14.3%、7.1%和 3.6%。Cu 轻微污染、轻度污染、重度污染的监测点位数量占其超标监测点位总数比例分别为 87.0%、8.7%和 4.3%。Ni 轻微污染、轻度污染、中度污染、重度污染的监测点位数量占其超标监测点位总数比例分别为 82.8%、12.9%、2.9%和 1.4%。Se 轻微污染、轻度污染、重度污染的监测点位数量占其超标监测点位总数比例分别为 77.8%、18.5%和 3.7%。滴滴涕总量轻微污染、轻度污染、中度污染、重度污染的监测点位数量占其超标监测点位总数比例分别为 53.2%、18.9%、15.9%和 11.4%。

## 三、自然保护区土壤环境质量状况

山东省自然保护区土壤环境监测评价结果表明，全省自然保护区土壤环境质量状况具有以下几个特点：

第一，山东省选测自然保护区 12 种土壤无机污染物达标率在 84.8%～100%。As、Co、Cr、Cu、Hg、Mn、Ni、Pb、V、Zn 10 种无机污染物检出率均为 100%，Cd 和 Se

检出率分别为 97.8%和 80.4%。As、Cd、Hg、Mn、Pb、Se 6 种无机污染物达标率均为 100%；Cu、Zn 达标率均为 97.8%；Co、Cr、Ni、V 达标率分别为 93.5%、95.6%、84.8% 和 89.1%。

第二，12 种无机污染物超标率在 2.2%～15.2%，超标点位以轻微、轻度污染为主，无重度污染点位。As、Cd、Hg、Mn、Pb、Se 6 种无机污染物无超标点位；Cu、Zn 超标率均为 2.2%，超标点位 1 个；Co、Cr、Ni、V 超标率分别为 6.5%、4.4%、15.2%和 10.9%，超标点位分别为 3 个、2 个、7 个和 5 个。12 种无机污染物污染指数最大值在 0.10～4.25。Co、Cr、Cu、Ni、V、Zn 超标点位最大超标倍数在 0.09～3.25。钴、铬、V、Zn 超标点位均为轻微污染，最大超标倍数在 0.09～0.87；铜超标点位为轻度污染，超标倍数为 1.04 倍；镍超标点位 4 个为轻微污染，3 个为轻度污染，最大超标倍数为 3.25 倍。所有无机污染物超标点位均位于潍坊临朐县山旺化石自然保护区，土地利用类型为耕地（旱田），超标点位主要位于自然保护区的缓冲区和实验区。

第三，山东省自然保护区土壤六六六总量、滴滴涕总量达标率分别为 97.8%、91.3%。多环芳烃总量达标率为 95.7%，16 种优先控制多环芳烃化合物中，萘、苊、二氢苊、芴、菲、蒽、荧蒽、芘、苯并[a]蒽、䓛、苯并[b]荧蒽、苯并[k]荧蒽、茚并[1,2,3-c,d]芘、苯并[g,h,i]苝 14 种多环芳烃化合物达标率均为 100%，苯并[a]芘及二苯并[a,h]蒽达标率均为 97.8%。

第四，山东省自然保护区土壤六六六总量、滴滴涕总量、多环芳烃总量均有超标点位，其中六六六总量超标点位 1 个，滴滴涕总量超标点位 4 个，多环芳烃总量超标点位 2 个。

六六六总量超标点位为轻微污染，位于潍坊临朐县山旺化石国家级自然保护区，土地利用类型为耕地。

滴滴涕总量 4 个超标点位中，1 个轻微污染、2 个轻度污染、1 个重度污染，最大超标倍数为 14.8。潍坊临朐县山旺化石国家级自然保护区（实验区、棕壤、耕地（小麦））和烟台市长岛自然保护区（实验区、滨海盐土、林地）各有 1 个超标点位，分别为轻微和轻度污染；另外 2 个位于烟台牟平区昆嵛山省级自然保护区（棕壤、林地），轻微（实验区）、重度（缓冲区）污染点位各 1 个。

多环芳烃总量 2 个超标点位分别位于东营市垦利县大汶流草场（实验区、棕壤、未利用地）和潍坊临朐县山旺化石国家级自然保护区（实验区、棕壤、耕地（小麦）），均为轻微污染；东营市垦利县大汶流草场超标点位主要为苯并[a]芘超标，临朐县山旺化石自然保护区超标点位主要为二苯并[a,h]蒽超标。

## 第三节　空间变化与趋势分析

山东省 17 个城市土壤环境质量状况评价结果如表 17-5 所示。表 17-5 评价结果表明，山东省 17 个城市土壤环境质量状况具有以下几个主要特点：

第一，区域土壤环境质量状况总体良好，个别污染物存在超标现象，污染程度以轻微或轻度污染为主。

济南市土壤环境中 Hg、As、Pb、Cr、Cu、Zn、Mn、Co、V 9 种无机污染物和六六六总量、苯并[a]芘、多氯联苯总量、石油烃总量 4 种有机污染物达标率均为 100%。Cd、Ni、

Se、滴滴涕总量4种土壤污染物的达标率分别为98.3%、99.2%、97.5%和96.7%，其超标率分别为1.7%、0.8%、2.5%和3.3%。除滴滴涕总量有1个点位为中度污染外，其余超标点位均为轻微污染或轻度污染。

表17-5　山东省17个城市土壤环境质量状况评价结果统计表

| 行政区域 | 测点个数 | 超标率/% | | | | | | | | | | | | | | | 超标项目数 |
|---|---|---|---|---|---|---|---|---|---|---|---|---|---|---|---|---|---|
| | | Cd | Hg | As | Pb | Cr | Cu | Zn | Ni | Mn | Co | Se | V | 六六六总量 | 滴滴涕总量 | 苯并[a]芘 | |
| 济南 | 120 | 1.7 | | | | | | | 0.8 | | | 2.5 | | | 3.3 | | 4 |
| 青岛 | 156 | 5.1 | 1.3 | 0.6 | | 0.6 | 1.3 | | 5.1 | | | 1.9 | 0.6 | | 1.3 | | 9 |
| 淄博 | 72 | | | | | | 1.4 | 5.6 | | | | 16.7 | | | 11.1 | | 4 |
| 枣庄 | 53 | | | | | | | | | | | | | | | 1.9 | 1 |
| 东营 | 72 | | | | | | | | | | | | | | | 11.1 | 1 |
| 烟台 | 184 | 9.8 | | 1.1 | 2.2 | 2.2 | 7.6 | 4.3 | 10.3 | 0.5 | | 4.3 | 3.3 | | 9.2 | | 11 |
| 潍坊 | 226 | | | | | 1.8 | 0.9 | 0.4 | 8.4 | | 0.9 | 2.2 | | 0.4 | 8.4 | 0.4 | 9 |
| 济宁 | 150 | | 0.7 | | | | | | 1.3 | | | | 0.7 | | 3.3 | | 4 |
| 泰安 | 115 | | | | | | | | 12.2 | | | | | 0.9 | 27.8 | 0.9 | 4 |
| 威海 | 82 | | | | 1.2 | 1.2 | 3.7 | | 2.4 | | | | | | 1.2 | 1.2 | 6 |
| 日照 | 78 | | | | | 1.3 | | | 1.3 | | | | | | | | 2 |
| 莱芜 | 24 | | | | 8.3 | | 4.2 | | 4.2 | | | 4.2 | | | 4.2 | 4.2 | 6 |
| 临沂 | 253 | | | 0.4 | | | | | 0.8 | 0.4 | | 0.4 | | 0.8 | 0.8 | | 6 |
| 德州 | 169 | | | | | | 0.6 | | | | | 0.6 | | | 7.1 | | 3 |
| 聊城 | 136 | | | | | | | | | | | | | | 7.4 | | 1 |
| 滨州 | 135 | | 0.7 | | | | | | 0.7 | | | | | 0.7 | 8.9 | | 4 |
| 菏泽 | 192 | | | | | | | | | | | | | | 3.6 | | 1 |

青岛市土壤环境中Pb、Zn、Mn、Co 4种无机污染物和六六六总量、苯并[a]芘、多氯联苯总量、石油烃总量4种有机污染物达标率均为100%。Cd、Hg、As、Cr、Cu、Ni、Se、V、滴滴涕总量9种土壤污染物达标率变化范围为94.9%～99.4%，其超标率在0.6%～5.1%之间波动变化。Cd、Hg、As、Cr、Cu、Ni、Se、V 8项污染物超标点位均为轻微污染或轻度污染，滴滴涕总量超标点位2个，分别为轻微污染和重度污染，最大超标倍数为5.2倍。

淄博市土壤环境中Cd、Hg、As、Pb、Cr、Ni、Mn、Co、V 9种无机污染物和六六六总量、苯并[a]芘、多氯联苯总量、石油烃总量4种有机污染物达标率均为100%。Cu、Zn、Se和滴滴涕总量4种土壤污染物的超标率分别为1.4%、5.6%、16.7%和11.1%，其达标率分别为98.6%、94.4%、83.3%和88.9%。除滴滴涕总量有2个点位分别为中度和重度污染外，Cu、Zn、Se等污染物超标点位均为轻微或轻度污染。

枣庄市和东营市2个城市土壤环境中Cd、Hg、As、Pb、Cr、Cu、Zn、Ni、Mn、Co、Se和V 12种无机污染物和六六六总量、滴滴涕总量、多氯联苯总量、石油烃总量4种有机污染物达标率均为100%。土壤污染物苯并[a]芘的达标率分别为98.1%和88.9%，超标率分别为1.4%和11.1%。枣庄市苯并[a]芘超标点位均为轻微、轻度污染。东营市苯并[a]芘超标点位50%为轻微、轻度污染，50%为重度污染，最大超标倍数为24.1倍。

烟台市土壤环境中汞、钴 2 种无机污染物和六六六总量、多氯联苯总量、石油烃总量 4 种有机污染物达标率均为 100%。Cd、As、Pb、Cr、Cu、Zn、Ni、Mn、Se、V 和滴滴涕总量 11 种土壤污染物存在超标现象，其超标率在 0.5%～10.3%波动变化，其达标率变化范围为 94.9%～89.7%。Cd、As、Cu、Zn、Ni 和滴滴涕总量超标点位中有中度、重度污染点位，其最大超标倍数分别为 5.5 倍、2.9 倍、4.5 倍、4.1 倍、2.2 倍和 23.6 倍。Pb、Cr、Mn、Se、V 5 项污染物超标点位均为轻微或轻度污染。

潍坊市土壤环境中 Cd、Hg、As、Pb 和 Se 5 种无机污染物和多氯联苯总量、石油烃总量 2 种有机污染物达标率均为 100%。Cr、Cu、Zn、Ni、Mn、Co、V、六六六总量、滴滴涕总量和苯并[a]芘 10 种土壤污染物存在超标现象，其超标率在 0.4%～8.4%之间波动变化，其达标率变化范围为 91.6%～99.6%。Cr、Cu、Zn、Co、V 超标点位均为轻微污染；六六六总量超标点位为中度污染；苯并[a]芘超标点位为重度污染，最大超标倍数为 15.0 倍；镍超标点位共 19 个，其中 17 个为轻微或轻度污染，1 个为中度污染，1 个为重度污染，最大超标倍数为 4.6 倍；滴滴涕总量超标点位 19 个，其中 13 个为轻微或轻度污染，中度、重度污染点位分别为 4 个和 2 个，最大超标倍数为 8.2 倍。

济宁市土壤环境中 Cd、As、Pb、Cr、Cu、Zn、Mn、Co 和 Se 9 种无机污染物和六六六总量、苯并[a]芘、多氯联苯总量、石油烃总量 4 种有机污染物达标率均为 100%。汞、镍、钒和滴滴涕总量 4 种土壤污染物的达标率分别为 99.3%、98.7%、99.3%和 96.7%，其超标率分别为 0.7%、1.3%、0.7%和 3.3%，超标点位均为轻微污染。

泰安市土壤环境中 Cd、Hg、As、Pb、Cr、Cu、Zn、Mn、Co、Se 和 V 11 种无机污染物和多氯联苯总量、石油烃总量 2 种有机污染物达标率均为 100%。土壤污染物镍的超标率为 12.2%，达标率为 87.8%，六六六总量、滴滴涕总量和苯并[a]芘的超标率分别为 0.9%、27.8%和 0.9%，达标率分别为 99.1%、72.2%和 99.1%。镍和六六六总量超标点位为轻微或轻度污染；苯并[a]芘超标点位为中度污染；滴滴涕总量超标点位较多，共 32 个，其中轻度污染点位 13 个，轻度、中度、重度污染点位分别为 6 个和 8 个和 5 个，最大超标倍数为 7.2 倍。

威海市土壤环境中 Cd、Hg、As、Zn、Mn、Co、Se 和 V 8 种无机污染物和六六六总量、多氯联苯总量、石油烃总量 3 种有机污染物达标率均为 100%。土壤污染物 Pb、Cr、Cu、Ni 的超标率分别为 1.2%、1.2%、3.7%和 2.4%，达标率分别为 98.8%、98.8%、96.3%和 97.6%。滴滴涕总量和苯并[a]芘的超标率均为 1.2%，达标率均为 98.8%。所有超标点位均为轻微污染。

日照市土壤环境中 Cd、Hg、As、Pb、Cu、Zn、Mn、Co、Se 和 V 10 种无机污染物和六六六总量、滴滴涕总量、苯并[a]芘、多氯联苯总量、石油烃总量 5 种有机污染物达标率均为 100%。土壤污染物铬、镍的达标率均为 98.7%，其超标率均为 1.3%。超标点位均为轻微污染。

莱芜市土壤环境中 Cd、Hg、As、Cr、Zn、Mn、Co 和 Se 8 种无机污染物和六六六总量、多氯联苯总量、石油烃总量 3 种有机污染物达标率均为 100%。土壤污染物 Pb、Cu、Ni、V 的超标率分别为 8.3%、4.2%、4.2%和 4.2%，其达标率分别为 91.7%、95.8%、95.8%和 95.8%。滴滴涕总量和苯并[a]芘的超标率均为 4.2%，其达标率均为 95.8%。Pb、Cu、Ni、V、滴滴涕总量超标点位均为轻微污染；苯并[a]芘超标点位为重度污染，超标倍数为 6.4 倍。

临沂市土壤环境中 Cd、Hg、Pb、Cr、Cu、Zn、Co 和 V 8 种无机污染物和苯并[a]芘、多氯联苯总量、石油烃总量 3 种有机污染物达标率均为 100%。土壤污染物 As、Ni、Mn、

Se 的超标率分别 0.4%、0.8%、0.4%和 0.4%，其达标率分别为 99.6%、99.2%、99.6%和 99.6%。六六六总量和滴滴涕总量 2 种有机污染物的超标率均为 0.8%，其达标率均为 99.2%。As、Ni、Mn、六六六总量和滴滴涕总量超标点位均为轻微或轻度污染；硒超标点位为重度污染，最大超标倍数为 18.1 倍。

德州市土壤环境中 Cd、Hg、As、Pb、Cr、Cu、Ni、Mn、Co 和 Se 10 种无机污染物和六六六总量、苯并[a]芘、多氯联苯总量、石油烃总量 4 种有机污染物达标率均为 100%。土壤污染物锌、钒的超标率均为 0.6%，达标率均为 99.4%，滴滴涕总量的超标率为 7.1%，达标率均为 92.9%。锌、钒超标点位均为轻微污染，滴滴涕总量超标点位 50%为轻微、轻度污染，50%为中度、重度污染，最大超标倍数为 10.5 倍。

聊城市和菏泽市 2 个城市土壤环境中 Cd、Hg、As、Pb、Cr、Cu、Zn、Ni、Mn、Co、Se 和 V 12 种无机污染物和六六六总量、苯并[a]芘、多氯联苯总量、石油烃总量 4 种有机污染物达标率均为 100%。土壤污染物滴滴涕总量的超标率分别为 7.4%和 3.6%，其达标率分别为 92.6%和 96.4%。聊城、菏泽超标点位均为轻微、轻度污染。

滨州市土壤环境中 Cd、As、Pb、Cr、Cu、Zn、Mn、Co、Se 和 V 10 种无机污染物和苯并[a]芘、多氯联苯总量、石油烃总量 3 种有机污染物达标率均为 100%。土壤污染物 Hg、Ni 的超标率均为 0.7%，其达标率均为 99.3%。六六六总量和滴滴涕总量 2 种有机污染物的超标率分别为 0.7%和 8.9%，其达标率分别为 99.3%和 91.1%。Hg、Ni、六六六总量超标点位均为轻微污染；滴滴涕总量超标点位共 12 个，轻微、轻度污染点位 9 个，中度、重度污染点位分别为 2 个和 1 个，最大超标倍数为 9.2 倍。

第二，各种无机污染物和有机污染物区域分布不均一。

土壤环境中 Cd 含量相对较高的点位集中分布于东部的烟台，鲁中及鲁西北地区的济南、淄博、德州，以及菏泽和日照等地，含量最大值位于烟台招远市。山东省土壤 Cd 含量空间分布情况见图 17-2。Cd 超标点位主要分布在济南、青岛和烟台 3 个城市，其超标率分别为 1.7%、5.1%和 9.8%。

土壤环境中 Hg 含量呈现西高东低的分布趋势，含量相对较高的区域为滨州、淄博、济宁、德州、聊城等地，含量最大值位于济宁任城区。Hg 超标点位主要分布在青岛、济宁和滨州 3 个城市，其超标率分别为 1.3%、0.7%和 0.7%。

土壤环境中 As 含量较高的区域为鲁东地区的威海，鲁中南地区的临沂、泰安、枣庄，以及东营等地，含量最大值位于威海乳山市。As 超标点位主要分布在青岛、烟台和临沂 3 个城市，其超标率分别为 0.6%、1.1%和 0.4%。

土壤环境中 Pb 含量呈现东高西低的分布趋势，含量相对较高的点位集中于中部的莱芜、淄博和东部的潍坊、日照、烟台、威海等地，含量最大值位于烟台招远市。铅超标点位主要分布在烟台、威海和莱芜 3 个城市，其超标率分别为 2.2%、1.2%和 8.3%。

土壤环境中 Cr 含量相对较高的点位分布于潍坊、日照、德州、聊城、烟台，含量最大值位于潍坊安丘市。铬污染分布在青岛、烟台、威海和日照 4 个城市，其超标率分别为 0.6%、2.2%、1.2%和 1.3%。

土壤环境中 Cu 含量相对较高的点位分布较集中，主要位于聊城、烟台和莱芜，含量最大值位于烟台栖霞市。山东省土壤铜含量空间分布情况见图 17-3。铜污染分布在青岛、淄博、烟台、潍坊、威海和莱芜 6 个城市，其超标率分别为 1.3%、1.4%、7.6%、0.9%、3.7%和 4.2%。

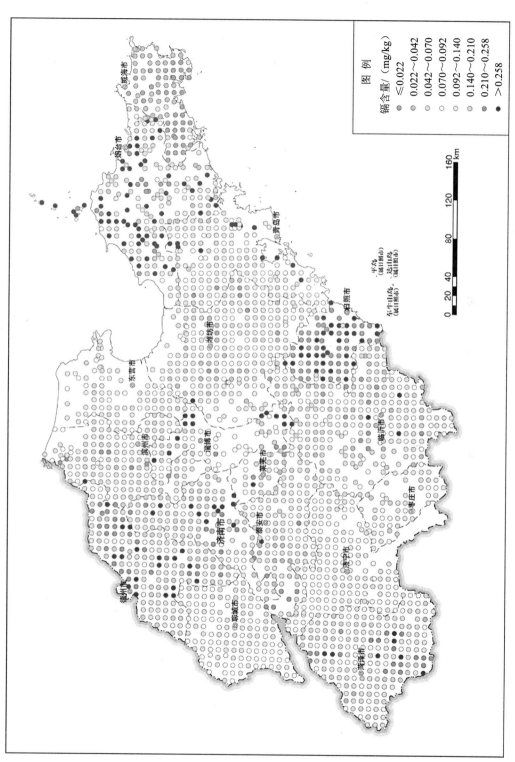

图 17-2　山东省土壤环境中镉含量点位分级图

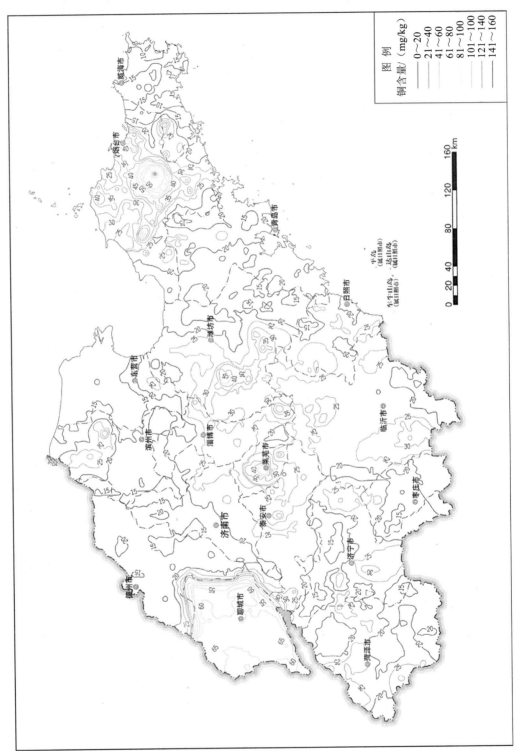

图 17-3 山东省土壤环境中铜元素含量等值线图

　　土壤环境中 Zn 含量相对较高的区域包括鲁西北的德州、聊城，鲁中地区的淄博、莱芜及烟台、潍坊、日照等地，含量最大值位于烟台栖霞市。Zn 超标点位主要分布在淄博、烟台、潍坊和德州 4 个城市，其超标率分别为 5.6%、4.3%、0.4% 和 0.6%。

　　土壤环境中 Ni 含量相对较高的点位集中分布于泰安、潍坊、烟台、临沂、日照、菏泽等地，含量最大值位于烟台栖霞市。山东省土壤 Ni 含量空间分布情况见图 17-4。Ni 污染分布在济南、青岛、烟台、潍坊、济宁、泰安、威海、日照、莱芜、临沂和滨州 11 个城市，其超标率变化范围为 0.7%～12.2%，其中泰安市 Ni 超标率最高，达 12.2%，烟台次之，超标率为 10.3%。

　　Co 含量较高的区域主要为山东省中东部的潍坊、日照及烟台部分地区，含量最大值位于潍坊安丘市。土壤环境中 Co 污染超标现象仅见于潍坊市，其超标率为 0.9%。

　　土壤环境中 Mn 含量在全省较为均匀，除济南、青岛、淄博、东营、威海、日照含量相对较低外，其余区域 Mn 含量相当，Mn 含量最大值位于烟台栖霞市。Mn 污染分布在烟台和临沂 2 个城市，其超标率分别为 0.5% 和 0.4%。

　　土壤环境中 Se 含量相对较高的点位集中于鲁中地区济南、淄博、莱芜交界处，东部的青岛、烟台及枣庄、临沂局部地区，含量最大值位于临沂兰山区。Se 超标点位主要分布在济南、青岛、淄博、烟台和临沂 5 个城市，其超标率分别为 2.5%、1.9%、16.7%、4.3% 和 0.4%。

　　土壤环境中 V 含量相对较高的点位集中分布于鲁西北和鲁中南地区，包括德州、聊城、泰安、莱芜、临沂等地，以及烟台中部地区和青岛局部，含量最大值位于青岛莱西市。V 超标点位主要分布在青岛、烟台、潍坊、济宁、莱芜和德州 6 个城市，其超标率分别为 0.6%、3.3%、3.2%、0.7%、4.2% 和 0.6%。

　　山东省土壤六六六在济宁、烟台均未检出，滨州、东营、泰安仅有少数点位检出，含量相对较高的点位呈散点状分布。青岛、潍坊、临沂、泰安、淄博、德州、聊城均有分布，含量最大值位于潍坊昌邑市；潍坊少数点位含量相对较高，但总体含量水平较低。土壤环境中六六六总量超标现象出现在潍坊、泰安、临沂和滨州 4 个城市，其超标率变化范围为 0.4%～0.9%。

　　滴滴涕在济宁、莱芜、滨州、东营、烟台、威海均有少数点位检出，其他城市检出率均在 60% 以上。除东营、日照外，含量相对较高的点位在其余 15 个城市均有分布，呈散点状分布，含量最大值位于烟台龙口市。山东省土壤滴滴涕总量空间分布情况见图 17-5。土壤环境中滴滴涕总量超标现象出现在济南、青岛、淄博、烟台、潍坊、济宁、泰安、威海、莱芜、临沂、德州、聊城、滨州和菏泽 14 个城市，其超标率变化范围为 0.8%～27.8%。其中泰安市滴滴涕总量超标率最高，为 27.8%，淄博市次之，超标率为 11.1%。

　　多环芳烃在全省土壤中分布较均匀，除临沂外，含量相对较高的点位在其余 16 个城市均有分布，含量最大值位于东营垦利县。总体来看，以鲁中、鲁北地区，南部的枣庄，以及东部的烟台、威海含量较高，鲁西北、鲁西南及鲁东南地区含量相对较低。土壤环境中苯并[a]芘超标现象出现在淄博、东营、潍坊、泰安、威海和莱芜 6 个城市，其超标率变化范围为 0.4%～11.1%。其中东营市苯并[a]芘超标率最高，为 11.1%，其次是莱芜市，其超标率为 4.2%。

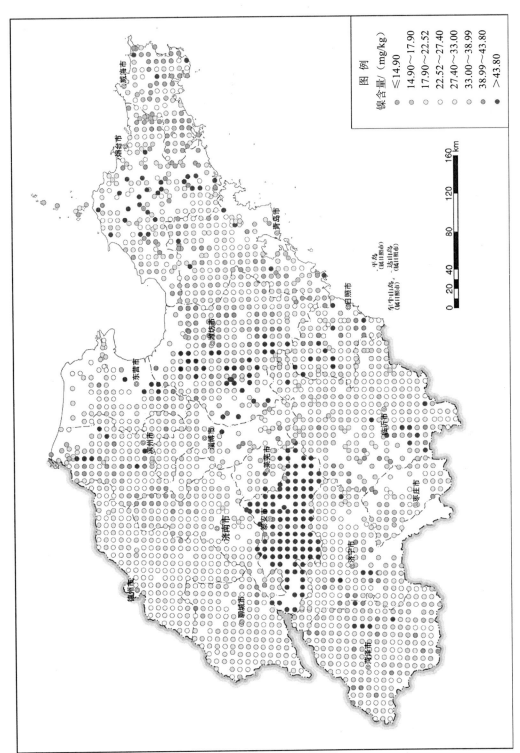

图 17-4  山东省土壤环境中镍含量点位分级图

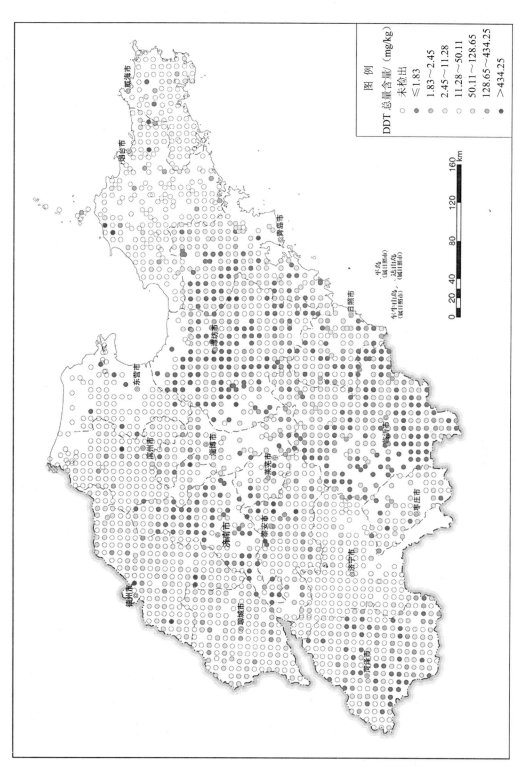

图 17-5 山东省土壤环境中滴滴涕总量含量点位分级图

## 第四节　污染特征与原因分析

山东省作为一个农业大省，耕地面积占全省国土总面积的 61.1%，耕地土壤环境质量状况是直接关乎农产品质量安全进而关系到国民身体健康的重要环节，本次土壤环境质量调查也是以耕地为主，耕地监测点位占总点位数的 93.8%，且布点密度远远高于其他土地利用类型。

根据监测评价结果，山东省耕地土壤中砷、镉、钴、铬、铜、汞、锰、镍、铅、硒、钒、锌 12 种无机污染物和六六六总量、滴滴涕总量、多环芳烃总量 3 类有机污染物均有超标现象，其中主要污染物为镉、铜、镍、硒和滴滴涕总量，超标点位在山东省 17 个城市分布不均，烟台市耕地土壤超标项目最多，共 11 项超标，枣庄、东营、聊城、菏泽 4个城市耕地土壤均仅有 1 项超标。

综合分析山东省耕地土壤超标点位，超标原因有以下几种：①位于高背景值地区；②污水灌溉；③化肥使用；④农药、农膜使用；⑤工业废气干湿沉降；⑥石油、煤炭、木材、垃圾等的不完全燃烧。

### 一、土壤环境背景值分析

在 13 类无机污染物中，镉、氟、汞、镍、硒、锌 6 元素平均含量较"七五"背景平均含量有所增加，增加幅度在 2.5%～83.3%，砷、钴、铬、铜、锰、铅、钒 7 元素平均含量较"七五"背景平均含量有所降低，降低幅度在 5.4%～16.1%。

山东省有色金属矿藏种类较多，已发现并探明储量的有金、银、铜、铝、铅、锌、钴、钼等，根据《山东工业统计年鉴》统计结果，山东省有色金属矿采选业以烟台市产值最高，占全省有色金属矿采选业总产值的 83.9%，说明烟台市有色金属矿藏较丰富，采矿、冶炼等人为因素造成了其金属元素在土壤中的重新分布，此结果与本次评价结果相吻合，本次评价中，烟台市耕地共有无机超标项目 10 项，其中 8 项为有色金属，其超标与烟台市丰富的有色金属矿藏有一定关联。

本次调查部分土壤环境监测点位超标和背景值有一定关系，如烟台栖霞的铬和锰，威海乳山的铜，烟台蓬莱、栖霞、潍坊昌乐、泰安宁阳、新泰、临沂沂水等地的镍，烟台牟平、莱州的硒，烟台栖霞、潍坊诸城、安丘的钒以及德州平原的锌等，以上区域的部分背景值就已经超标，因此造成以上地区无机元素含量较高的原因可能与该地区成土母质本身重金属含量高有关。

### 二、产业结构分析

（一）山东省作为一个农业大省，耕地中的农用肥料使用不可避免，由于生产原料及生产工艺的影响，在各种有机肥、无机肥及有机无机复混肥中，均含有一定量的重金属，如镉、汞、砷、铅、铬等，如过磷酸钙、混合磷肥中均含有一定量的镉元素，钙镁磷肥中含有铬元素。另外，是近年来采用污泥堆肥或生产复混肥料，由于经济不断发展，工业生产规模加大，工业废水排放量逐年增加，废水中的重金属等有毒有害物质在污水处理过程中大多被吸附于污泥中，长期污泥农用会导致重金属在土壤中的积累，对作物甚至人体造成危害。

山东省化肥施用量较大，耕地面积占全国的 6.8%，据统计 2005 年山东省化肥施用量占全国的 9.8%，居全国第二。2008 年，山东省废水排放总量 35.89 亿 t，其中工业废水排放量 17.70 亿 t，占 49.3%，工业废水的大量增加导致了污泥的增加，山东省针对污泥处置和综合利用管理办法尚不完善，以致处理工业废水产生的大量污泥农用。同时，处理或未经处理的工业、生活污水外排进入地表水体，被灌溉入沿岸农田，同样造成重金属等污染物在耕地中的累积。

另外，农药中也含有一定量的重金属，如果树使用的波尔多液杀菌剂，含硒叶面肥，以及在韭菜产区，处理地下害虫使用的硫酸铝（由于铝和钒的络合作用，硫酸铝中含有一定量的钒元素）。农药的长期大量使用也是造成土壤中重金属元素含量增加的原因之一。山东省环境土壤中六六六、滴滴涕等有机氯农药主要来自长期大量使用所造成的历史残留，有部分点位显示可能有新污染输入，部分点位土壤中滴滴涕残留可能与使用三氯杀螨醇有关。

本次土壤质量调查结果基本与山东省农药使用史相吻合。山东省从 20 世纪 50 年代初期直到 80 年代初农药使用量逐年增加，年用药量由 1952 年的 655t，至 1982 年增加到 147 496t，增长 224 倍。亩用药量由 50 年代的 0.11kg、60 年代为 0.33kg、70 年代增加到 1.66kg，其中使用的六六六、滴滴涕等低效高残留有机氯农药占 60% 以上。由于六六六、滴滴涕对农产品及环境污染极重，1983 年国务院决定停止两种农药的生产；直至 1990 年全部停止使用这两种农药。自国家禁止生产使用有机氯农药以来，山东开始推广使用高效、低毒、低残留的菊酯类等新型替代农药，农药使用量也由 80 年代初的年近 15 万 t 下降为 7 万 t 左右。目前工业生产的滴滴涕主要作为中间体生产三氯杀螨醇及用于病媒控制，由于三氯杀螨醇中尚有残留的滴滴涕，因此部分使用三氯杀螨醇的地方会对土壤滴滴涕残留作出一定的贡献。

（二）工业废气干湿沉降包括工业企业外排废气的沉降和交通运输产生的废气。工业废气中含有铅、镉、铬、锌、镍、锰、砷等微粒，机动车尾气中由于含铅汽油、润滑油的燃烧、汽车轮胎和刹车里衬的机械磨损等含有铅、锌、铜、镉等，重金属粉尘通过自然沉降或随雨水降落进入土壤，在工业企业周边地区和交通要道两侧土壤中不断聚积，导致土壤污染。

山东省工业发展迅速，至 2007 年年底，山东省规模以上工业企业已达 3.2 万余家，随着冶炼、电力、机械等行业的发展，山东省外排工业废气量逐年增加，工业区周边地区的耕地土壤受重金属影响也越来越严重。山东省于 2007 年底公路里程增加至 21.2 万 km，汽车数量增至 530 余万辆，居全国第二，汽车尾气不仅成为影响城市大气环境的主要因素，同时对公路两侧耕地土壤也产生越来越大的影响。

（三）石油、煤炭、木材、垃圾等的不完全燃烧是山东省环境土壤中多环芳烃（PAHs）的主要来源。

多环芳烃类化合物结构稳定，很难降解，且具有致癌、生物蓄集及长距离迁移效应等持久性有机污染物的特性，属于优先监控的有机污染物。多环芳烃主要源于石油泄漏及石油、煤炭、木材、垃圾等的不完全燃烧。由于多环芳烃类化合物具有很强的疏水性，极易被土壤吸附，并在土壤中长期蓄积。

据调查全省 21 个土壤多环芳烃总量超标点位中有 17 个土地利用类型为以种植小麦、玉米、棉花为主的耕地，该部分土地未采用污水灌溉，周围没有点源污染，部分点位距交通干线距离较近。从空间分布看，超标点位主要集中分布在东营、淄博、潍坊等工业较发达的地区。从而证明山东省土壤中的多环芳烃应主要来自石油、煤炭、木材、垃圾等的不完全燃烧废气。

本次土壤质量调查结果基本与山东省产业结构相吻合。山东省各市均建有多家不同规模的热电厂及企业自备热电厂，据不完全统计，截至 2009 年，山东省共有热电厂 397 家，其中包括中国华能集团、中国华电集团、中国国电集团下属多家大规模热电厂，这些企业每年排放大量废气。

超标点位相对集中的东营、淄博等市的产业结构与该地区多环芳烃超标可能存在一定的相关性。淄博市是山东省重工业原材料基地，20 世纪 70 年代起成为石油化工基地，该市辖区内的中国石化集团资产经营管理有限公司齐鲁石化分公司设有直属单位 28 个，职工总数 31 312 人，拥有大型石油化工生产和辅助装置 90 余套，可生产各类石化产品 120 余种。2007 年全年加工原油 1 055.35 万 t，共生产成品油 556.77 万 t，生产乙烯 84.68 万 t，生产塑料 116.25 万 t，橡胶 21.26 万 t，丁辛醇 33.79 万 t，烧碱 51.87 万 t，发电 38.9 亿 kW·h；此外该市石油化工企业相对集中。另一个超标点位相对集中的是东营市，是山东省石油开采龙头——胜利油田所在地。胜利油田为仅次于大庆油田的全国第二大石油工业基地，自 1956 年开始勘探，1964 年于黄河三角洲东营一带组织石油会战，经 30 多年勘探开发，全省已探明石油、天然气储量约占全国 1/5，可供勘探找油面积为 6.5 万 km²，石油储量列全国第二位，居沿海地区首位；此外由于资源的优势，东营市辖区建有多家石油化工企业。

位于莱芜市的莱钢集团是全国规模最大、规格最全的 H 型钢精品生产基地，全国产销量最大的齿轮钢生产基地，全国规模最大的粉末冶金生产基地。钢铁主业主要产品有：型钢、板带、棒材、优钢等系列，2007 年全年生产钢 1 170 万 t，生铁 1 079 万 t，坯材 1 125 万 t。此外位于济宁枣庄市界内的南四湖流域煤矿资源丰富，其周围分布着济宁、兖州、滕南和徐州等大煤矿，年产原煤达 12 000 万 t，近年来，在南四湖周围建起多家热电、焦化等煤化工企业。工业废气、汽车尾气以及木柴、秸秆等生物质的燃烧所产生的多环芳烃附着在颗粒物上随大气环流迁移，并通过干湿沉降进入土壤。

# 第五节　小　结

全省土壤环境质量状况总体良好，个别监测点位存在土壤污染物超标现象。镉、汞、砷、铅、铬、铜、锌、镍、锰、钴、硒、钒 12 种无机污染物达标率在 99.0%～99.9%。六六六总量、滴滴涕总量、苯并[a]芘 3 种有机污染物的检出率分别为 54.9%、69.8% 和 71.8%，其达标率分别为 99.8%、93.9%、99.4%。土壤污染程度以轻微污染为主，其区域分布呈散点状。镉、铜、镍、硒和滴滴涕总量 5 种主要超标污染物污染程度以轻微污染为主，轻度污染、中度污染和重度污染比例较小。山东省选测自然保护区 12 种土壤无机污染物达标率在 84.8%～100%，超标率在 2.2%～15.2%，超标点位以轻微、轻度污染为主，无重度污染点位。土壤六六六总量、滴滴涕总量达标率分别为 97.8%、91.3%，多环芳烃总量达标率为

95.7%。

　　山东省 17 个城市区域土壤环境质量状况总体良好，个别污染物存在超标现象，污染程度以轻微或轻度污染为主。各种无机污染物和有机污染物区域分布不均。综合分析山东省耕地土壤超标点位，超标原因有以下几种：①位于高背景值地区；②污水灌溉；③化肥使用；④农药、农膜使用；⑤工业废气干湿沉降；⑥石油、煤炭、木材、垃圾等的不完全燃烧。

# 第十八章　典型区域农村环境质量

## 第一节　农村（试点）监测概况

### 一、任务来源

2009 年 8 月，根据中国环境监测总站《关于印发"农村'以奖促治'村庄专项监测调整实施方案"的通知》（总站生字[2009]155 号）的通知要求，山东省选取济宁市夏家村、德州市张庄村、淄博市东同古村 3 个不同类型村庄作为"以奖促治"专项监测工作试点。

2010 年，根据环境保护部《2010 年全国环境监测工作要点》（环办[2010]1 号）的要求，制订了《山东省农村环境监测工作实施方案》。根据《实施方案》，山东省选取济南兴隆二村、青岛棉花社区、济宁市夏家村、德州市张庄村、淄博市东同古村等 12 个村庄作为农村环境监测工作试点。

### 二、监测方案

#### （一）点位设置与监测内容

山东省农村环境质量（试点）监测范围与点位设置见表 18-1，监测内容为空气质量、饮用水源地水质、村庄河流（水库）和土壤环境质量。

表 18-1　农村环境监测村庄名称一览表

| 序号 | 城市 | 村庄名称 | 市、县、乡（镇） | 类型 | 备注 |
|---|---|---|---|---|---|
| 1 | 济南 | 兴隆（二）村 | 济南市市中区兴隆街道办事处 | 以种植大田为主的村庄（旱田） | |
| 2 | 青岛 | 棉花社区 | 青岛市城阳区惜福镇街道 | 邻近饮用水源地的村庄 | |
| 3 | 淄博 | 东桐古村 | 淄博市淄川区太河乡 | 邻近饮用水源地的村庄 | 2009 年已开展 |
| 4 | 枣庄 | 西城头村 | 山亭区城头镇西城头村 | 以种植大田为主的村庄（旱田） | |
| 5 | 东营 | 盐西村 | 东营市利津县盐窝镇 | 以种植大田为主的村庄（旱田），以畜禽、水产养殖为主业的村庄 | |
| 6 | 潍坊 | 红河村 | 潍坊市昌乐县红河镇 | 以种植大田为主的村庄（旱田）、邻近饮用水源地的村庄 | |
| 7 | 济宁 | 夏家村 | 济宁市曲阜市书院办事处夏家村 | 以种植大田为主的村庄（旱田）、受城市空气影响较重的村庄 | 2009 年已开展 |
| 8 | 泰安 | 借庄村 | 新泰市汶南镇 | 以种植蔬菜为主业的村庄 | |

| 序号 | 城市 | 村庄名称 | 市、县、乡（镇） | 类型 | 备注 |
|---|---|---|---|---|---|
| 9 | 临沂 | 茶棚村 | 临沂市蒙阴县蒙阴镇 | 以种植大田为主的村庄（旱田）、邻近饮用水源地的村庄 | |
| 10 | 德州 | 张庄村 | 禹城市张庄镇 | 以种植大田为主的村庄（旱田），以畜禽、水产养殖为主业的村庄 | 2009 年已开展 |
| 11 | 聊城 | 高营村 | 聊城市茌平县肖庄乡 | 以种植蔬菜为主业的村庄 | |
| 12 | 菏泽 | 王官屯村 | 菏泽市东明县陆圈镇 | 以畜禽、水产养殖为主业的村庄、受城市空气影响较重的村庄 | |

（二）监测项目

（1）空气质量监测项目为：$PM_{10}$、$SO_2$ 和 $NO_2$。

（2）地下水饮用水源地监测项目为：pH、总硬度、氯化物、挥发酚、高锰酸盐指数、亚硝酸盐、氨氮、氟化物、硝酸盐、六价铬、氰化物、总大肠菌群、硫酸盐、阴离子合成洗涤剂、砷、汞、铁、锰、铜、锌、硒、镉、铅 23 项。

（3）地表水饮用水源地、村庄河流（水库）监测项目为：水温、pH、TP、高锰酸盐指数、溶解氧、氟化物、挥发酚、石油类、粪大肠菌群、氨氮、硫酸盐、TN、$BOD_5$、氯化物、铁、锰、硝酸盐氮、铜、锌、硒、砷、镉、六价铬、铅、汞、阴离子表面活性剂、氰化物、硫化物 28 项。

（4）土壤监测项目：理化性质为土壤 pH 和阳离子交换量；无机污染物监测为砷、镉、钴、铬、铜、汞、镍、铅、锌、硒 10 项；有机污染物为七氯、环氧七氯、氯丹、六氯苯、艾氏剂、狄氏剂、六六六总量和 DDT 总量 8 项。

监测频次：空气质量 2 次/a；饮用水源地、村庄河流（水库）和土壤 1 次/a。

## 第二节 监测结果与现状评价

### 一、空气监测

2010 年 5 月和 10 月，对棉花社区、夏庄村、东同古村等 12 村庄空气质量进行了监测，结果见表 18-2。

表 18-2 山东省农村 12 个村庄空气质量监测结果统计表　　　　单位：$mg/m^3$

| 监测点位 | 监测时间 | 监测项目 | | |
|---|---|---|---|---|
| | | $SO_2$ | $NO_2$ | 可吸入颗粒物 |
| 兴隆二村 | 10 月 | 0.065 | 0.044 | 0.121 |
| 棉花社区 | 5 月 | 0.035～0.046 | 0.01～0.016 | 0.061～0.103 |
| | 10 月 | 0.015～0.055 | 0.024～0.054 | 0.02～0.057 |
| 东同古村 | 5 月 | 0.03～0.034 | 0.012～0.014 | 0.04～0.07 |
| | 10 月 | 0.037～0.039 | 0.027～0.029 | 0.095～0.12 |
| 西城头村 | 5 月 | 0.028～0.038 | 0.014～0.026 | 0.022～0.041 |
| | 10 月 | 0.038～0.049 | 0.014～0.022 | 0.035～0.049 |

| 监测点位 | 监测时间 | 监测项目 | | |
|---|---|---|---|---|
| | | SO₂ | NO₂ | 可吸入颗粒物 |
| 盐西村 | 5 月 | 0.034～0.04 | 0.021～0.028 | 0.07～0.086 |
| | 10 月 | 0.035～0.043 | 0.018～0.023 | 0.072～0.096 |
| 红河村 | 5 月 | 0.053～0.063 | 0.041～0.046 | 0.066～0.075 |
| | 10 月 | 0.053～0.062 | 0.033～0.044 | 0.064～0.07 |
| 夏家村 | 5 月 | 0.014～0.037 | 0.029～0.044 | 0.121～0.144 |
| | 10 月 | 0.027～0.037 | 0.038～0.051 | 0.122～0.145 |
| 借庄村 | 5 月 | 0.028～0.038 | 0.026～0.036 | 0.081～0.09 |
| | 10 月 | 0.027～0.034 | 0.02～0.034 | 0.082～0.105 |
| 茶棚村 | 5 月 | 0.023～0.044 | 0.016～0.025 | 0.07～0.139 |
| | 10 月 | 0.015～0.032 | 0.016～0.031 | 0.046～0.094 |
| 张庄村 | 5 月 | 0.029～0.037 | 0.024～0.034 | 0.092～0.109 |
| | 10 月 | 0.029～0.034 | 0.023～0.03 | 0.095～0.13 |
| 高营村 | 5 月 | 0.025～0.028 | 0.014～0.017 | 0.149～0.161 |
| | 10 月 | 0.022～0.027 | 0.014～0.018 | 0.135～0.143 |
| 王官屯村 | 5 月 | 0.023～0.031 | 0.019～0.022 | 0.137～0.149 |
| | 10 月 | 0.029～0.037 | 0.025～0.033 | 0.132～0.142 |
| 标准限值 | | 0.15 | 0.08 | 0.15 |

监测结果表明：棉花社区、夏庄村、东同古村等 12 个村庄空气中 SO₂、NO₂ 日平均浓度均符合《环境空气质量标准》中二级标准的要求。兴隆二村、棉花社区、东同古村、西城头村、盐西村、红河村、夏庄村、借庄村、茶棚村、张庄村与王官屯村 11 个村庄空气中 PM₁₀ 日平均浓度均符合《环境空气质量标准》中二级标准的要求。高营村 5 月和 10 月环境空气 10 个 PM₁₀ 日均值监测结果中，有 7 个监测结果符合《环境空气质量标准》中二级标准的要求，3 个 PM₁₀ 日均值监测结果超过《环境空气质量标准》中二级标准的要求，分别超标 0.07 倍、0.01 倍和 0.03 倍。

## 二、水环境监测

### （一）地下水监测

在 12 个村庄中，兴隆二村、东同古村、西城头村、红河村、夏家村、借庄村、茶棚村、张庄村、高营村和王官屯村 10 个村庄布设了地下水饮用水源地监测点位，监测结果表明：红河村、夏家村、借庄村、茶棚村、高营村 5 个村庄地下水中氯化物、挥发酚、高锰酸盐指数、亚硝酸盐、氨氮等 23 个监测项目监测结果均符合《地下水质量标准》III类标准。

兴隆二村地下水中 pH 为 8.56，超过 8.5 标准限值的要求；总大肠菌群数超过《地下水质量标准》III类标准 22 倍；东同古村地下水中总大肠菌群数超过《地下水质量标准》III类标准 25.7 倍；西城头村地下水中硝酸盐浓度和总大肠菌群数分别超过《地下水质量标准》III类标准 0.035 倍和 15.7 倍；张庄村地下水中氯化物浓度超过《地下水质量标准》III类标准 0.12 倍；王官屯村地下水中氟化物浓度超过《地下水质量标准》III类标准 0.77 倍。

## （二）地表水源地监测

山东省农村环境监测 12 个村庄中，东同古村、盐西村和茶棚村 3 个村庄布设了地表水源地监测点位，3 个村庄地表水源地 28 个项目监测结果表明：

（1）东同古村地表水中总氮浓度超过《地表水环境质量标准》（GB 3838—2002）Ⅱ类标准 9.36 倍，其他 27 个项目的监测值均符合《地表水环境质量标准》Ⅱ类标准的要求。

（2）盐西村地表水中水温、pH、溶解氧、高锰酸盐指数、$BOD_5$ 等 28 个项目的监测值均符合《地表水环境质量标准》Ⅲ类标准的要求。

（3）茶棚村地表水中水温、pH、高锰酸盐指数、$BOD_5$、氨氮等 27 个项目的监测值均符合《地表水环境质量标准》Ⅲ类标准的要求。溶解氧监测值符合《地表水环境质量标准》Ⅳ类标准的要求。

## （三）河流水库监测

山东省农村环境监测 12 个村庄中，兴隆二村、棉花社区、西城头村、红河村、茶棚村、张庄村和王官屯村等 8 个村庄布设了 16 个河流水库监测点位，监测结果表明：

（1）兴隆二村兴隆水库和棉花社区水长水库溶解氧、$COD_{Mn}$、$BOD_5$ 等 26 项符合《地表水环境质量标准》Ⅲ类标准的要求，兴隆水库总磷和总氮分别超过《地表水环境质量标准》Ⅲ类标准 2.0 倍和 4.59 倍，棉花社区总磷和总氮分别超过《地表水环境质量标准》Ⅲ类标准 0.2 倍和 2.81 倍；借庄村东周水库溶解氧、$BOD_5$、氨氮等 25 项符合《地表水环境质量标准》Ⅲ类标准的要求，$COD_{Mn}$、总磷和总氮分别超过《地表水环境质量标准》Ⅲ类标准 0.08 倍、0.8 倍和 0.58 倍。

（2）西城头村城头上游、城头下游、王官屯村东渔河北支、茶棚村何官庄河上游和下游、朱保团埠屯村河上、中、下游、茶棚村自氧化池 9 个河流监测点位水质均符合《地表水环境质量标准》Ⅳ类标准的要求；红河村红河、茶棚村何官庄自来水厂和何官庄污水净化池 3 个监测点位水质均符合《地表水环境质量标准》Ⅲ类标准的要求；张庄村丰收河溶解氧、$COD_{Mn}$、$BOD_5$、氨氮等 24 项符合《地表水环境质量标准》Ⅳ类标准的要求，TP 和挥发酚浓度分别超过《地表水环境质量标准》Ⅳ类标准 1.7 倍和 0.2 倍，氯化物浓度《地表水环境质量标准》标准限值 0.05 倍。

## （四）土壤环境监测

兴隆二村、棉花社区、东同古村、西城头村、盐西村、红河村、夏家村、借庄村、茶棚村、张庄村、高营村和王官屯村等 12 个村庄土壤环境质量无机污染物 158 个监测点位。监测结果表明：

（1）镉浓度范围为 0.042～0.72 mg/kg，汞浓度范围为 0.013～0.835 mg/kg，砷浓度范围为 0.71～27.1 mg/kg，铜浓度范围为 2.0～83.9 mg/kg，铅浓度范围为 11.5～132.2 mg/kg，铬浓度范围为 1.6～159 mg/kg，锌浓度范围为 9.83～160.65 mg/kg，均符合《土壤环境质量标准》Ⅱ级标准的要求。硒浓度范围为 0.03～0.85 mg/kg，符合《全国土壤污染状况评价技术规定》中表 1（1.0 mg/kg）的要求。钴浓度范围为 1.0～39.4 mg/kg，均符合《全国土壤污染状况评价技术规定》中表 1（40 mg/kg）的要求。镍浓度范围为 6.0～53.2 mg/kg，有

3 个点位超标，超标率为 1.9%。

（2）有机物监测结果表明：六六六总量 113 个样品检出率为 44.2%，其浓度值在 0.000 06～0.089 mg/kg；DDT 总量 113 个样品检出率为 46.0%，其浓度值在 0.000 134～0.087 mg/kg，均符合《土壤环境质量标准》Ⅱ级标准的要求。

## 三、小结

（1）2009—2010 年，山东省在 12 个设区城市选择不同类型的村庄，开展了农村环境质量（试点）监测，涉及了空气、饮用水源地水质、村庄河流（水库）和土壤等环境要素，2 年的环境监测数据在一定程度上反映出全省农村环境质量现状，为"十二五"开展农村环境质量监测积累了有益的经验。

（2）监测结果显示，山东省试点村庄农村环境质量总体良好。但个别指标有超标现象。

## 第三节　环境与健康综合（试点）监测

### 一、任务来源

2007 年 2 月，国务院以卫疾控[2007]89 号文批准下发了《淮河流域癌症综合防治工作方案》（以下简称方案），该项方案明确由卫生部和环保部牵头，并作为一项专项工作组织实施。环保部的主要职责是：制定和实施环境治理防治目标和规划；组织开展淮河流域环境致癌物及污染源调查；建立长期环境监测与环境风险评估机制；提出针对癌症相关环境污染物的环境综合治理控制方案并分阶段组织实施。淮河流域癌症综合防治工作起止年限为 2007—2020 年，第一阶段为 2007—2010 年。根据《方案》确定的目标和内容，国家确定沿淮四省 15 个县区作为国家级工作试点地区，其中山东省有 3 个：菏泽市巨野县、济宁市微山县和汶上县。2007 年 8 月，环保部（原国家环保总局）正式启动了淮河流域癌症综合防治专项工作。

### 二、试点县环境概况

#### （一）微山县和汶上县

##### 1. 微山县

微山县位于山东省南部，地处东经 116.34′～117.24′，北纬 34.27′～35.20′。南北长 120 km，东西宽 8～30 km，总面积 1 779.8 km²。全境东依邹滕丘陵，西临苏北平原，东、北高，西、南低，东西相向倾斜，南北狭长，东南西北走向。全县平原面积 373 km²，山地丘陵 95 km²。四面为陆，中间为微山、昭阳、独山、南阳四湖，统称南四湖，面积 1 266 km²，是我国北方最大的淡水湖。全湖最大的容量 47.31 亿 m³，平均水深 1.5 m，汛期最深 3 m。县政府所在地为夏镇。全县现辖 6 个镇、2 个街道，7 个乡，总人口 68.68 万人，人口密度 374 人/km²。

微山地处暖温带半湿润季风气候区，季风环流是支配湖区气候的主要因素。湖内年平均气温 14.2℃、陆地 13.7℃。年平均无霜期 208 d。年平均降水量 684 mm，1971 年最大为

1 049.6 mm。

微山矿藏资源以煤炭和稀土最具代表性。已探明煤炭储量为 127 亿 t，年开采量达 3 000 万 t。稀土资源探明储量 1 275 万 t，居全国第 2 位。种植资源十分丰富，现在已建成千亩良种培育基地和山东大白菜优良品种培育基地。微山湖水产资源量居全国大型湖泊之首，有鱼虾 84 种，水生植物 74 种，水产品产量达 9 万 t。微山湖区旅游资源独具特色，水域辽阔，翠岛点缀，风光秀丽，是山东省首批自然风景名胜区，被批准为省级生态功能保护区和全国生态示范区建设试点县。京杭大运河（三级航道）纵贯县域南北，千吨级货轮可北抵济宁，南达苏杭，为我国重要的南北水上"黄金通道"，也是国家南水北调东线工程的重要通道。

### 2．汶上县

汶上县总面积 8.77 万 $km^2$，耕地 5.65 万 $hm^2$，辖 14 处乡镇，总人口 74 万，是全省 30 个经济欠发达县之一。

汶上县属北带湿润季风区大陆性气候，光照充足，四季分明，无霜期长，降水年季变化大，春季多南风，少雨干旱，夏季多东南风，天气炎热，降雨集中，日照时间长，湿度大，有利于作物生长；秋季光照充足，昼夜温差大，降水量 30 年平均 628 mm。整个地势由东北缓顷西南，海拔高点 171.7 m，海拔低点 36.5 m，中部地势平坦，为黄河冲积平原，土层厚、土质好、地下水较丰富，为粮棉高产区。

境内属淮河流域京杭大运河水系。内河主要有小汶河、泉河、小新河，因势由东北向西南注入京杭大运河，著名的京杭大运河经汶上西南边境 12 km，大汶河流经北部边境 15.3 km。县境西南部有南旺、蜀山、马踏三湖，水岸相接，面积约 65 $km^2$。水资源总量平水年为 3.8 亿 $m^3$，其中地表水 0.9 亿 $m^3$，地下水 2.9 亿 $m^3$，水资源可利用量 3.2 亿 $m^3$，占总量的 84%。

汶上矿产资源丰富，共发现矿产 17 种，主要有煤、金、铁、铅、水晶、高岭土、脉石英、花岗石、石灰石、粗石沙、矿泉水等，其中煤炭储量 20 亿 t，铁矿石储量近亿 t，花岗石储量 1.2 亿 $m^3$。汶上盛产小麦、大豆、玉米、棉花、蔬菜等，是国家优质棉基地县、商品粮基地县、黄牛出口基地县和小尾寒羊繁育基地县。

### （二）菏泽市巨野县

巨野县位于鲁、苏、豫、皖四省交界处，地处山东省菏泽市东部。地理坐标为：东经 115.47′～116.13′，北纬 35.05′～35.30′。东邻嘉祥县，南与金乡、成武和定陶县接壤，西与牡丹区毗邻，北靠郓城县境。辖 16 个镇，一个经济技术开发区，875 个行政村，总人口 92 万人，总面积 1 308 $km^2$，耕地面积 7.66 万 $hm^2$。

巨野属温带大陆性气候，四季分明，光照充足。无霜期年平均 213 d，年降水量 700 mm，年平均气温 18℃。

巨野北毗黄河，水资源丰富。境内既有充足的地表水、地下水，又可常年引流黄河水。全县水资源总量 3.76 亿 $m^3$，可利用地表水 1.3 亿 $m^3$，可利用地下水 2.47 亿 $m^3$，全县人均水资源储量 413.1 $m^3$。

巨野地质属黄河冲积平原，土地肥沃，地势平坦，沃野千顷，平均海拔 39 m，土质以变形较小、强度较大的黄灰色黏性土为主，质地紧实，地耐力在 10 $t/m^3$ 以上。

巨野现已探明的巨野煤田地质总储量 55.7 亿 t，含煤面积 1 210 km²，是华东地区最后一块大型整装煤田，是全国四大植棉县之一，是全国"平原绿化达标县"。

### 三、综合监测（试点）工作情况

根据国家《方案》的技术要求，第一阶段工作又分为两个过程，2007—2008 年，是环境与健康综合调查监测阶段；按照中国环境监测总站编制的《淮河流域环境与健康综合调查监测作业指导书》，开展试点县环境现状及污染源调查监测工作。主要是组织省、市监测站以及试点县监测站，汇总、收集、整理、上报试点县。1985 年以来环保、卫生、水利、农业等相关部门环境要素（水、土壤、底质、作物等）历史监测数据，整理环评和"三同时"验收监测数据，饮用水调查监测资料，工业、农业、生活污染源污染状况调查资料等；并连续 3 年对各试点县淮河流域干、支流国控、省控、市控监测断面，省控、市控重点监管企业和城市污水处理厂，地下水及底质等进行监测。

2009—2010 年，根据中国环境监测总站《环境与健康综合监测体系建设与运行技术方案（初稿）》的要求，山东省在国内率先进行淮河流域环境与健康综合监测（试点）。编制并实施了《山东省淮河流域环境与健康综合监测（试点）方案》，为沿淮四省有序开展淮河流域综合监测工作奠定了技术基础。

先后共采集、收集和分析地表水、地下水、污染源、断面等样品 6 000 余个，报出监测数据 5 662 个。根据收集汇总的各项数据资料，2008 年省环境监测中心站编制完成了《山东省辖淮河流域环境与健康综合调查报告》并及时报送总站。2010 年根据试点监测方案要求，共采集和分析地表水、地下水、污染源、断面等样品 1 400 余个，报出监测数据 1 150 个。组织专家编制完成《2010 年山东省环境与健康综合试点监测报告》并按期上报总站。

### 四、环境与健康综合监测方案

#### （一）点位设置

**1. 地表水**

结合第一阶段调查情况，巨野、微山和汶上 3 个县共设置监测断面 9 个（其中：国控、省控断面 1 个，市、县控断面 2 个）。微山县选取城郭河、二级坝和蒋集河 3 个断面；汶上县选取莲花湖、南二环泉河桥和牛庄闸 3 个断面；巨野县选取巴庵村、毛张庄北和于楼南 3 个断面。

**2. 饮用水水质（含饮用水源地、地下水、农村饮水点）**

饮用水点位 4 个：选取巨野徐庄 1 个；汶上小店子二村 1 个；微山沙堤村 1 个。地下水及水源地点位 3 个：选取巨野县城自来水水厂 1 个；汶上南站孙庄、东圣泉水厂 2 个；微山自来水公司 1 个。上述点位与卫生部门农村饮水卫生监测网或水源性疾病监测点位相一致，并经省站组织进行现场核实和确认。采样和样品前处理和分析参照《地下水环境监测技术规范》（HJ/T 164—2004）执行。

**3. 污染源**

重点工业污染源 6 个：巨野县为花冠酒业、鲁奇皮革 2 家；微山县为高庄煤矿、新安煤矿 2 家；汶上县为龙昊化纤厂、义桥煤矿 2 家。城市污水处理厂、市政污水排放口 3 个：巨野县、微山县和汶上县各 1 家。采样和样品前处理和分析参照《地表水和污水监测技术规范》（HJ/T 91—2002）执行。

（二）监测项目与频次

（1）地表水断面及集中式饮用水源地监测项目：除《地表水环境质量标准》（GB 3838—2002）中水温、pH 值、溶解氧、高锰酸盐指数、化学需氧量、五日生化需氧量、氨氮、总磷、铜、锌、氟化物、硒、氰化物、挥发酚、石油类、阴离子表面活性剂、硫化物、粪大肠菌群 18 项指标外；还包括国家监测总站最新《调整后的特征污染物名单》中优先重点污染物：铬（六价）、镍、镉、砷、铅、汞、甲醛、氯乙烯、氯仿、苯并[a]芘、二甲苯、二氯乙烷、二乙基亚硝胺、1,2-二氯乙烷、四氯化碳、苯并[a]蒽、茚并[b]荧蒽、茚并[1,2,3-c,d]芘、萠、二苯并呋喃、$\gamma$-六六六、$\alpha$-六六六共 22 项；共计 40 项。每季度 1 次。

（2）地下水和小型集中式或分散式供水饮用水水质监测项目：除 pH、总硬度、硫酸盐、氯化物、铁、锰、铜、锌、挥发酚、阴离子表面活性剂、高锰酸盐指数、硝酸盐、亚硝酸盐、氨氮、氟化物、氰化物、硒、总大肠菌群 18 项指标外；还包括国家监测总站最新《调整后的特征污染物名单》中优先重点污染物：铬（六价）、镍、镉、砷、铅、汞、甲醛、氯乙烯、氯仿、苯并[a]芘、二甲苯、二氯乙烷、二乙基亚硝胺、1,2-二氯乙烷、四氯化碳、苯并[a]蒽、茚并[b]荧蒽、茚并[1,2,3-c,d]芘、萠、二苯并呋喃、$\gamma$-六六六、$\alpha$-六六六 22 项；共计 40 项。每季度 1 次。

（3）重点工业污染源监测项目：除按照《地表水和污水监测技术规范》（HJ/T 91—2002）中表 6-2 所列项目和该企业环评报告书要求的监测项目进行监测外，严格对应国家监测总站最新《调整后的特征污染物名单》中所属行业全部特征污染物项目进行监测。每季度 1 次。

（4）城市污水处理厂及市政污水排放口废（污）水监测项目：除按照《城镇污水处理厂污染物排放标准》（GB 18918—2002）表 1 和表 2 的 19 项为必测项目的要求进行监测外，还增加了国家监测总站最新《调整后的特征污染物名单》中铬（六价）、镍、镉、砷、铅、汞、甲醛、氯乙烯、氯仿、苯并[a]芘、二甲苯、二氯乙烷、二乙基亚硝胺、1,2-二氯乙烷、四氯化碳、苯并[a]蒽、茚并[b]荧蒽、茚并[1,2,3-c,d]芘、萠、二苯并呋喃、$\gamma$-六六六、$\alpha$-六六六共 22 项进行监测。每季度 1 次。

（5）土壤、作物监测项目：按照国家监测总站最新《调整后的特征污染物名单》中铬（六价）、镍、镉、砷、铅、汞、甲醛、氯乙烯、氯仿、苯并[a]芘、二甲苯、二氯乙烷、二乙基亚硝胺、1,2-二氯乙烷、四氯化碳、苯并[a]蒽、茚并[b]荧蒽、茚并[1,2,3-c,d]芘、萠、二苯并呋喃、$\gamma$-六六六、$\alpha$-六六六共 22 项进行监测。每年度 1 次。

（三）质量控制和质量保证

（1）严格按照《地表水和污水监测技术规范》（HJ/T 91—2002）、《生活饮用水卫生规范》（GB/T 5750—2001）、《地下水环境监测技术规范》（HJ/T 164—2004）、土壤环境监测技术规范（HJ/T 166—2004）、《固定污染源监测质量控制和质量保证技术规范》（HJ/T 373—2007）等相关规范要求，对监测的全过程进行质量控制和质量保证。

（2）污染源监测应该在生产设施运行稳定的条件下进行，并记录监测期间的生产时间和工况负荷等参数。

（3）废（污）水监测时，每个测点一天采样 4 次，监测分析混合样，获得各监测项目的日均浓度。

（4）监测方法原则上要选用国家和环境保护行业监测分析方法标准，无相应国标方法的项目，参照采用 EPA 方法。

## 五、评价标准与判定依据

### （一）地表水

按照南水北调的要求，地表水环境质量标准基本项目标准限值执行Ⅲ类水质标准。

### （二）地下水

地下水质量标准执行《地下水质量标准》（GB/T 14848—93）的Ⅲ类标准。但总大肠菌群执行《饮用水水质标准》（GB 5749—2006）。

### （三）工业废水

一类污染物执行《污水综合排放标准》（GB 8978—1996），二类污染物执行《山东省南水北调沿线水污染物综合排放标准》（山东省地方标准 DB 37/599—2006）中一般保护区域的最高限值。

### （四）污水处理厂

基本控制项目执行《城镇污水处理厂污染物排放标准》的一级 B 标准，部分一类污染物执行"部分一类污染物最高允许排放浓度"。

### （五）优先控制特征污染物

对优选监测的《调整后的特征污染物名单》中 Cr（六价）、Ni、Cd、As、Pb、Hg、甲醛、氯乙烯、氯仿、苯并[a]芘、二甲苯、二氯乙烷、二乙基亚硝胺、1,2-二氯乙烷、四氯化碳、苯并[a]蒽、茚并[b]荧蒽、茚并[1,2,3-c,d]芘、䓛、二苯并呋喃、$r$-六六六、$\alpha$-六六六共 22 项监测结果，除地下水按照世界卫生组织的《饮用水水质准则》中所涉及的部分项目进行评价外，对其他项目不进行评价。

## 六、监测结果简述

### （一）地表水

超标项目有 COD、TP、高锰酸盐指数、氨氮、五日生化需氧量、石油类、溶解氧 7 项。

### （二）地下水

超标项目有 Fe、Mn、氨氮、硫酸盐、亚硝酸盐、硝酸盐、总大肠菌群 7 项。特征污染物中根据 WHO《饮用水水质准则》中相关标准限值，苯并[a]蒽超标。

## （三）污水处理厂

超标项目有悬浮物 1 项。

## （四）重点企业废水

有超标项目 pH、氨氮、五日生化需氧量 3 项。

## （五）特征污染物

各类监测项目数据评判基本都在标准限值内，但是地表水、地下水、污水处理厂和重点企业废水中：苯并[a]蒽、茚并[b]荧蒽、茚并[1,2,3-c,d]芘和二苯并呋喃四项均有不同程度的检出，虽然目前尚无评价标准，但需引起重视。

# 第四部分　总　结

# 第十九章 环境质量结论与建议

## 第一节 环境质量结论

### 一、综述

"十一五"时期是山东经济社会快速发展，环境质量明显改善的五年。省委、省政府高度重视，用科学发展观统领环境保护工作，加大结构调整力度，严把环境准入关，大力推进节能降耗，落实环境保护目标责任制，进一步提升环境保护在经济社会发展综合决策中的地位，可持续发展取得新成效。全省环保系统以改善环境质量、确保环境安全和服务科学为主线，以总量减排为中心，以重点行业治污减排为抓手，以饮用水安全和"两湖一河"流域水污染防治为重点，全面实施污染源治理和稳定达标工程、中水截蓄导用和生态修复与保护工程，促进水环境质量明显改善；以削减 $SO_2$ 排放总量和电厂脱硫为重点，不断强化城市环境综合整治力度，推进大气污染防治；以农村环境整治为重点，落实面源污染治理措施；取得了显著成效。2010 年，全省实现生产总值（GDP）39 416.2 亿元，比 2009 年增长 12.5%；与 2005 年（18 468.3 亿元）相比，增长了 113%。全省净削减 COD 2.65 万 t，$SO_2$ 5.25 万 t，COD 和 $SO_2$ 排放总量分别比上年下降 4.09%和 3.30%。"十一五"期间，在全省经济持续两位数增长的背景下，COD 和 $SO_2$ 排放量"十一五"期间累计削减率为 19.44%和 23.22%，分别完成国家下达减排目标的 130%和 116%，提前一年全面完成总量减排任务，全面完成国家下达给山东省的"十一五"减排任务。全省水环境质量明显改善，设区城市环境空气质量得到一定改善。完成了山东省环境保护"十一五"规划确定的主要目标和任务。

山东省"十一五"期间环境质量总的形势是：总量减排成效突出，环境污染得到有效控制，环境质量总体明显改善，生态环境较好，局部水气环境污染仍然存在，农村面源及行业特质性污染应引起关注。

### 二、城市空气环境质量

#### （一）城市空气环境质量及变化趋势

"十一五"期间全省城市环境空气基本稳定，主要污染物仍为总悬浮颗粒物、$SO_2$；但较"九五"、"十五"期间城市环境空气质量有明显改善。

2010 年，17 个设区城市中，青岛、淄博、枣庄、东营、烟台、潍坊、泰安、威海、日照、莱芜、临沂、德州、聊城、滨州和菏泽 15 个城市环境空气符合国家《环境空气质量标准》（GB3095—1996）二级标准；济南、济宁2个城市环境空气符合国家《环境空气质量标准》（GB3095—1996）三级标准。全省17个城市可吸入颗粒物年均浓度符合二级标准的城市为15个，占88.2%；$SO_2$年均浓度符合二级标准的城市为16个，占94.1%；$NO_2$年均浓度符合二级标准的城市为100%。全省环境空气中主要污染指标为可吸入颗粒物（$PM_{10}$），占污染负荷的42.4%；其次为$SO_2$，占36.9%。

2010年，全省环境空气质量日报良好率为91.2%，范围在83.8%~98.9%。其中青岛市、东营市、烟台市、潍坊市、济宁市、泰安市、威海市、日照市、莱芜市、临沂市、德州市、聊城市12个城市空气质量日报良好率达到90%以上；济南、淄博、枣庄、滨州、菏泽5个城市空气质量日报良好率达到80%以上。

2010年，17个城市降水pH年均值范围在5.90~7.28，pH年均值均大于等于5.60，全省无酸雨城市。酸雨检出率比2009年降低4个百分点。"十一五"期间全省酸雨检出率逐年降低，呈减轻趋势。

"十一五"期间，全省城市空气质量变化趋势保持基本稳定，17个设区城市中，空气质量符合Ⅱ级的城市保持为15个；2010年无超过Ⅲ级的城市。2000—2010年，全省城市空气质量变化改善明显。17个设区城市中，2010年空气质量符合Ⅱ级的城市为15个，比2000年增加了11个；2010年无超过Ⅲ级的城市，比2000年超过Ⅲ级的城市数减少3个。2000—2010年，在全省GDP增加了372.8%的情况下，全省可吸入颗粒物浓度均值显著降低，下降了19.0%；$SO_2$浓度均值基本持平，无明显变化。

全省31个县级市环境空气质量好于17个设区城市，50万人口以下城市环境空气质量明显优于50万人口以上大、中城市。

## （二）城市环境空气污染特征及原因分析

### 1. 城市环境空气污染变化特征

"十一五"期间监测结果表明，山东省城市空气主要污染物仍是可吸入颗粒物和$SO_2$，并具有明显的区域性和季节变化特征。

山东省四大区域中，胶东沿海地区城市空气质量明显优于鲁西南和鲁中地区。对各城市空气质量污染指数统计分析中可以看出，可吸入颗粒物是山东省城市空气的最主要污染物，其次是$SO_2$。可吸入颗粒物年日均值超过Ⅱ级的年际和城市略有，各城市$SO_2$年日均值都基本符合Ⅱ级，$NO_2$的年日均值始终好于Ⅱ级，且年际变化趋势不明显。可吸入颗粒物、$SO_2$浓度季节变化特征明显，冬季浓度均值高于其他各季；$NO_2$季节浓度均值变化特征不明显。

### 2. 污染原因分析

（1）气候与特殊气象条件。山东省属于暖温带季风气候。根据山东省近50年气象观测资料分析，气候变化具有三个典型特点：一是升温趋势明显，平均每10年升高0.19℃；二是降水量明显下降。平均每10年减少17.1mm；三是极端天气增多。例如省城济南市20世纪50—70年代灰霾日数较少，一般每年都在60d以下；80—90年代为灰霾高峰期，一般每年在100d以上，且主要出现在10月至次年3月，以12月份最多。冬季干燥多偏北风，逆温偏重；春季干旱少雨多风沙多变，易形成沙尘天气。采暖期半岛内陆城市微风或静风和逆温及灰霾等不利气象条件出现频率较大，抑制污染物的传输扩散，导致污染物浓度升高；春季由于冷空气活跃，风速大，地表裸露，地面灰尘扬起或北方沙尘侵入，使空气中的可吸入颗粒物浓度升高。夏季大气稳定度好，有利于污染物的输送扩散，而且降水量大，起到淋溶作用，从而稀释了污染物浓度。

（2）产业结构与污染负荷偏重。从山东省城市空气质量看，以颗粒物和 $SO_2$ 为主的煤烟型污染特征非常显著，这与山东省产业结构与能源消费结构有直接关系。山东省主要支柱产业为电力、钢铁、建材、化工、焦化、冶金、平板玻璃等，落后产能比重大，加上城市工业布局不合理，结构型污染矛盾突出；能源消费结构以燃煤为主，经济总量与燃煤量同步持续增长，$SO_2$、烟尘等污染物排放总量基数高。如 2009 年，山东省一次能源消费量中原煤达到 34535.66 万 t，占能源消费总量的 77.13%，明显超过 68.7% 的全国水平，而且一些治污设施难以稳定、连续、达标运行，总量减排与污染反弹矛盾突出。"十一五"期间，山东省将改善空气质量作为环保工作的重中之重，扎实推进。一是强化燃煤电厂脱硫工程建设，实现达标排放。山东省现役火电脱硫机组装机容量达到 20612 MW，脱硫设施的配套率由"十五"末的 10% 左右提高到 95% 以上。二是严格控制焦化、水泥、化工、燃煤锅炉等行业 $SO_2$、烟（粉）尘排放，淘汰落后产能。截至"十一五"末，累计关停小火电机组 717.1 万 kW，淘汰炼铁产能 821.6 万 t、炼钢产能 527.3 万 t、水泥立窑熟料产能 7595.8 万 t，已建成脱硫设施的烧结机面积占全省烧结机总面积的 46.7%；取缔石灰窑和砖瓦窑 1000 多座，整治化工企业 1000 多家；加强城市各类扬尘污染源综合整治；有力推动了产业的升级换代和污染物排放总量控制。三是加大对废气重点污染源的监管力度，分析、排查污染源超标原因，有针对性地采取措施，加强城市各类扬尘污染源综合整治；采取大气污染治理措施取得明显成效。在全省经济持续增长、燃煤量增加 1.19 亿 t（增长 42%）的前提下，$SO_2$ 总量明显下降，"十一五"期间累计削减率为 23.22%，完成国家下达减排目标的 116%。

（3）城市建筑、交通污染源污染贡献趋增。从全省城市环境空气中主要污染物负荷看，近些年首要污染物仍是可吸入颗粒物，污染负荷可吸入颗粒物＞$SO_2$＞$NO_2$，以 $NO_2$ 增速趋势明显。据山东济南等市空气污染源解析相关数据：可吸入颗粒物中工业源占 30%，机动车尾气占 29.4%，风沙扬尘占 21.7%，是主要的污染源。内陆城市扬尘造成的污染对可吸入颗粒物浓度的贡献率高达 60%～70%；机动车尾气占城市空气污染物排放分担率达 40%～60%，对 $NO_2$ 贡献率可达 60.8%；可见交通移动源（汽车尾气）是空气中的 $NO_2$ 的主要来源。"十一五"期间，山东省机动车数量连年大幅度增长，截至 2010 年底，全省机动车保有量达 2037.3 万辆，位居全国第一，机动车保有量与 2009 年相比增加了 137.5 万辆，增长 7.23%，其中汽车增长速度达到 18.74%。加上建设拆迁和建筑施工点多面广，扬尘、机动车尾气等未得到有效治理，导致空气中 $NO_2$ 浓度趋高。另外，汽车尾气对 NO、碳氢化合物、可吸入颗粒物等污染物的贡献也日趋增加。

### 三、水环境质量

#### （一）水环境质量及变化趋势

"十一五"期间，水质改善非常显著，出境断面外均达到功能区要求。全体河流总体仍属中度污染。

### 1. 河流

2010 年省控 67 条河流 142 个断面中，I～III类水质断面 37 个，占监测断面比例为 26.1%；IV类水质断面 32 个，占监测断面的 21.8%；V类水质断面 27 个，占监测断面的 19.0%；劣于V类水质断面 47 个，占监测断面的 33.1%。其中高锰酸盐指数年均值为 7.55 mg/L，氨氮年均值为 1.93 mg/L。

山东省"十一五"期间河流总体水质呈好转趋势，I～III类断面（水质较好）2010 年比 2005 年上升了 10.4 个百分点，劣V类断面（水质较差）2010 年比 2005 年下降了 12.6 个百分点。2005—2010 年河流断面高锰酸盐指数和氨氮平均浓度均呈明显下降趋势。2010 年河流断面高锰酸盐指数年均值比 2005 年下降了 51.3%，氨氮年均值比 2005 年下降了 58.7%。

2000—2010 年，全省河流总体水质明显好转并呈持续改善趋势。I～III类水质断面比例不断上升，2010 年比 2000 年上升了 19.5 个百分点；劣V类水质断面比例不断下降，比 2000 年下降了 38.6 个百分点。河流断面主要污染物高锰酸盐指数和氨氮平均浓度呈明显下降趋势。2010 年河流断面高锰酸盐指数年均值比 2000 年下降了 78.8%，氨氮年均值比 2000 年下降了 75.4%。主要湖泊、水库的水质有较明显改善，富营养程度有所减轻。

省辖黄河流域、淮河流域、海河流域、小清河流域、半岛流域"十一五"期间河流总体水质呈好转趋势。河流断面主要污染物高锰酸盐指数和氨氮平均浓度呈明显下降趋势。

### 2. 湖泊水库

2010 年，山东省湖泊、水库 26 个断面中，符合II类水质的断面有 4 个，占监测断面比例为 15.38%，符合III类水质的断面有 14 个，占监测断面比例为 53.85%，符合IV类水质的断面有 3 个，占监测断面比例为 11.54%，符合V类水质的断面有 3 个，占监测断面比例为 11.54%，2 个断面劣于V类，占监测断面比例为 7.69%；有 18 个断面达标，达标率为 69.23%。

"十一五"期间，湖泊 12 个断面主要污染物平均浓度总体呈下降趋势。2010 年省控湖泊 COD 年均值比 2005 年下降了 16.3%；高锰酸盐指数年均值比 2005 年下降了 1.6%；TN 平均浓度年均值比 2005 年下降了 12.3%。湖泊富营养化呈逐步改善趋势。湖泊、水库的水质污染主要是受汇水区入湖河流来水水质影响和区内的生活污水、农业生产的农药化肥面源污染，引入地表径流中的 TN、TP 的影响。

"十一五"期间，水库 14 个断面主要污染物平均浓度总体呈下降趋势。但 2010 年省控水库 COD 年均值比 2005 年上升了 13.6%；高锰酸盐指数年均值比 2005 年下降了 4.7%；TN 平均浓度年均值比 2005 年上升了 13.5%。水库富营养化程度呈加重趋势。

### 3. 饮用水水源地

"十一五"期间，城市生活饮用水水源地水质一直保持较好质量状况。

全省 17 个设区城市监测的 43 处城市生活饮用水水源地中，17 处地表水水源地年均值无超标项目，水质较好；26 处地下水水源地监测指标年均值出现超标的测点有 3 个，主要超标项目为氟化物，超标测点为菏泽的华瑞东 22 号井、刘寨自来水厂和自来水西厂，主要是由于当地地质理化性质造成的。2010 年，菏泽市饮用水水源地区调整为黄河水——雷泽湖水库。

## （二）水环境污染特征及原因分析

### 1."十一五"期间水环境变化原因

"十一五"期间，山东省高度重视水污染防治工作，进一步加大治污力度，取得了明显成效。一是切实加强重点流域水污染防治的组织领导，实行严格的考核奖惩；二是分阶段实施逐步加严的水污染物排放标准，督促重点流域内排污单位按照流域性地方法规和标准实现稳定达标排放；三是继续坚持"治、用、保"多措并举的流域污染综合治理策略；四是加快城市污水处理厂建设和配套设施建设；五是继续实施"四个办法"，强化对重点污染源、城市污水处理厂、跨界河流断面的日常监管；六是加强重点河流和饮用水源地环境安全监管，防范环境污染事故。通过以上措施，在山东省社会经济迅猛发展的同时，全省各流域及主要河流水质呈持续快速改善。水环境质量恢复到 1985 年以来最好水平。

### 2. 造成山东省地表水环境污染的主要因素

（1）流域内经济结构偏重，环境容量低。山东省属严重缺水地区，水资源量比较贫乏，而省辖海河、小清河流域水资源量更少，加上流域内经济结构偏重，降雨时空分布不均，枯水期基本上无水或断流，平水期径流量较小或形不成径流，环境容量低，河流稀释和自净作用严重不足。例如山东省海河流域总面积为 29 713 km²，流域多年平均降水量 546 mm，其中 70%集中在 7~9 月。多年平均蒸发量约为 1 300 mm，流域地表水资源量 14 亿 m³，人均不足 300 m³，属资源性缺水地区。发源于济南市南部山区的小清河，近年来因上游清水补给量逐年减少，地下水超采日益严重，河道生态用水不断减少，径流来源主要为沿线济南、淄博、滨州、东营、潍坊等城市工业和生活废水，致使水质污染较重。

（2）城市化进程较快。"十一五"期间，山东省全力加快工程减排项目建设，累计建成城镇污水处理厂 203 座，日处理水量达 975 万 t，污水集中处理率由 2005 年的 52%提高到 2010 年的 85%。但由于部分城市生活污水处理厂因截污不完善，管网配套不足，未建脱磷脱氮设施等原因，导致经过城区的河段水质变差。

（3）少数企业达标不稳定，面源污染贡献趋增。虽然山东省重点工业废水污染源主要污染物实现了达标排放，但少数企业达标不稳定，甚至存在偷排偷放现象。另外，对农村地区生产、生活产生的面源污染缺乏有效监管和控制。

## 四、近岸海域

### （一）近岸海域海水水质及变化趋势

"十一五"期间，全省近岸海域海水水质以一、二类海水为主。两大海区黄海、渤海海域水质较好。山东省近岸海域海水水质的主要污染物是无机氮、活性磷酸盐和石油类。

2010 年全省近岸海域水质以一、二类海水为主。其中一类海水测点达标率为 53.7%，二类海水测点达标率为 43.9%，劣四类海水测点超标率为 2.4%。

2010 年全省近岸海域水质功能区测点达标率为 95.6%，比 2009 年上升了 2.1 个百分点。其中一类和三类功能区测点达标率为 100%，二类功能区测点达标率为 95.2%，四类功能区测点达标率为 87.5%。

2010 年渤海近岸海域水质功能区测点达标率为 100%。黄海近岸海域水质功能区测点达标率为 94.2%，其一类功能区测点达标率为 100%，二类功能区测点达标率为 93.8%，三、四类功能区测点达标率分别为 100% 和 80.0%。

"十一五"期间，全省近岸海域一、二类海水测点达标率均在 90% 以上，同时一、二类海水测点中一类海水测点比例逐年提高，全省近岸海域水质优良。

### （二）近海海域水质污染原因分析

近海海域水质污染的原因一是沿岸工业废水和城市生活污水中大量污染物的排入；二是近岸海域的开发利用尤其是浅海养殖业的不断发展。

### 五、城市环境噪声

2010 年，全省 17 个设区城市道路交通声环境质量均属于好或较好，优于上年；区域环境噪声昼间质量等级属于"好"和"较好"的测点占 62.4%，比上年下降 4 个百分点。功能区噪声达标率昼间高于夜间，2 类居住、商业、工业混杂区和 3 类工业集中区的达标率好于其他类功能区。"十一五"期间声环境呈逐步改善趋势。2010 年城市功能区噪声昼间和夜间达标率分别比 2005 年增加 5.9 个、10.25 个百分点。

### 六、生态环境

2009 年山东省生态环境状况指数为 47.14。生物丰度指数为 33.06，植被覆盖指数 34.76，水网密度指数 28.87，土地退化指数 22.36，环境质量指数 70.82。

全省 17 个城市按生态环境状况指数可以划分为两个等级。威海市生态环境状况为"优"；青岛、烟台、济宁、枣庄、济南、临沂、莱芜、东营、泰安、潍坊、淄博、菏泽、滨州、聊城、日照和德州 16 个城市生态环境状况为"良"。17 个城市生态环境状况指数由高到低依次为威海、济宁、济南、烟台、莱芜、青岛、枣庄、泰安、菏泽、滨州、淄博、德州、临沂、东营、聊城、潍坊、日照。

与 2005 年相比，2009 年山东省生态环境状况指数下降了 0.54，属于"无明显变化"。全省生物丰度指数和植被覆盖指数分别下降了 0.31 和 0.51。受水资源量减少的影响，水网密度指数下降了 2.97。

## 第二节　主要环境问题及预测

### 一、"十一五"环境质量现状分析

#### （一）"十一五"环境规划目标完成情况

"十一五"期间，山东省委、省政府高度重视环境保护工作，以治污减排作为调整经济结构、转变发展方式、应对气候变化、推动科学发展的重要抓手，采取强化目标责任、调整产业结构、实施重点工程、强化政策激励、加强监督管理等一系列强有力的政策措施，取得显著成效。根据对 2006—2010 年山东省环保工作成就及环境监测数据分析，山东"十一五"环保规划主要目标基本完成，部分指标超额完成任务。一是污染减排成效明显，主要污染物 COD 和 SO₂ 提前并超额完成了国家下达的"十一五"减排任务；二是工业废气和废水排放达标率、工业固体废物和危险废物综合利用处置率、城市污水集中处理率、生活垃圾无害化处理率等污染防治指标均达到或超过"十一五"规划目标；三是全省 17 个设区城市空气质量优良天数率达到规划目标，声环境质量符合功能区标准，辐射环境浓度为环境正常水平。但是由于历史、技术等多方面的原因，尽管加大了工业污染综合整治力度，全力推进了流域治理，水质主要污染物达标率保持在 95% 以上，但水功能区和地表水环境功能区、17 个城市集中式饮用水源地水质达标率等仍难以达到规划目标，还有环境监测站标准化建设等环境管理指标也未能达到"十一五"规划目标（表 19-1）。

**表 19-1　山东省环保规划目标完成情况**

| 序号 | 项目 | 目标值 | 完成情况 |
|---|---|---|---|
| 1 | 水环境质量 | 水功能区和地表水环境功能区达标率≥60% | 功能区达标率为 45.07% |
| 2 | | 国控断面达标率 75%，其中南水北调山东段控制断面达标率 100% | 国控断面达标率 52.4% |
| 3 | | 17 个城市集中式饮用水源地水质达标率 98%，其中重点城市达标率 100% | 未完成 |
| 4 | | 近岸海域环境功能区达标率 90% | 近岸海域水质功能区达标率 95.6% |
| 5 | 空气质量 | 17 个城市空气环境质量好于二级标准的天数大于全年天数的 90% | 好于二级标准的天数大于全年天数 91.2% |
| 6 | 辐射环境 | 辐射环境质量水平在天然本底涨落范围内 | 辐射环境浓度为环境正常水平 |
| 7 | 污染治理 | 城市污水集中处理率 65% | 城市污水集中处理率 85% |
| 8 | | 全省城市生活垃圾无害化处理率 65% | 垃圾无害化处理率 80% |
| 9 | | 火力发电（热电）行业脱硫项目建设率 100% | 完成。项目建设率 100% |
| 10 | | 危险废物安全处置率 95%，废弃放射源安全收贮、处置率达到 100% | 完成 |
| 11 | 污染预防 | 农用化肥使用强度（折纯）控制在 300 kg/hm² | 未完成，农用化肥使用强度（折纯）约 750 kg/hm² |
| 12 | | 工业固体废物综合利用率 86% | |
| 13 | 生态建设 | 受保护土地面积占国土面积的 13%，森林覆盖率 28% | 全省自然保护区面积占国土面积的比例为 7.91%。森林覆盖率达到 22.8% |
| 14 | 环境管理 | 重点污染源自动在线监控设施建成率 100% | 完成 |
| 15 | | 环境监测站标准化建设达标率 100% | 未完成 |

## （二）环境质量现状分析

总体来说，"十一五"期间，山东省的生态环境变化态势是持续改善、明显趋好。即环境质量基本保持平稳状态，生态恶化趋势得到遏制，水、气环境主要污染物指标呈显著下降趋势。这相对"十五"期间呈现的"总体好转、局部恶化"情况有着质的飞跃；与一些发达国家相比，山东在工业化、城市化中后期就已经终止了环境恶化的趋势。

应该看到，这种"持续改善、明显趋好"是"十五"、"十一五"以来经济发展方式转型和环境治理力度加大、主要污染物总量削减控制以及生态建设共同致力的累积成果。

从全省环境质量现状及变化上还可以看出，尽管环境保护和生态建设取得了很大成绩，环境质量仍有四方面问题比较突出：一是虽然水环境质量总体上呈持续好转状态，近岸海域水质总体良好，但地表水的污染依然严重，湖库富营养化未能减轻，城市饮用水源地水质仍有个别指标超标现象。二是 17 个设区城市环境空气质量有所提高，城市酸雨发生频率极低，但符合二级标准和三级标准的城市数量与"十五"末没有变化，城市空气质量优良率天数没有很大提高，空气主要污染物浓度年均值呈缓慢上升趋势。三是农村环境问题日俱显现，生活、畜禽污染扩大，面源污染未能有效控制，饮水安全存在隐患，森林覆盖率仍处全国平均水平上下。四是突发性环境污染事故和污染累积效应导致健康损害问题有所上升。

因此，我们必须清醒地认识到，山东省的环境形势还十分严峻，与山东经济总量在全国的位次不相称，经济发展粗放，结构不合理问题突出，已经达标的环境还是低标准的，十分脆弱；环境安全隐患如果不能及时处理好，将成为影响经济、社会持续和稳定发展的重要危险因素。面对今后建立符合可持续发展要求的良性生态环境系统目标，全省环境保护的任务任重道远。

## 二、"十二五"社会经济发展整体态势分析

### （一）经济综合实力

"十二五"期间，山东省将把保障和改善民生作为根本出发点和落脚点，致力于转方式、调结构，调低经济总量增长速度，加大收入分配调节力度，提高城镇居民和农民纯收入。今后五年，山东 GDP 年均增长目标将由"十一五"期间的 13.1%下调为 9.0%，全社会固定资产投资年均增长 15%左右，而城镇居民人均可支配收入和农民人均纯收入年均增长 10%。到 2015 年，全省生产总值将突破 6 万亿元，地方财政收入突破 5000 亿元，城镇居民人均可支配收入达到 3 万元，农民人均纯收入达到 1 万元以上。

### （二）经济布局

"十二五"期间，山东省将深入实施重点区域带动战略，促进区域经济相互融合发展。一是以做大做强海洋经济为主线，实施《山东半岛蓝色经济区发展规划》，山东半岛蓝色经济高端产业聚集区将成为我国东部沿海地区重要的经济增长极。二是全面落实《黄河三角洲高效生态经济区发展规划》，把黄河三角洲建设成全国重要的高效生态经济示范区、全国重要的特色产业基地、全国重要的后备土地资源开发区和环渤海重要的增长区域。三是加快省会城市群经济圈一体化建设。四是以鲁南临港产业区和日照钢铁精品基地为主体，加快鲁南经济带建设，建成全省经济新的增长极。

### （三）经济结构调整和转型升级

"十二五"期间，山东省将把经济结构战略性调整作为加快转变经济发展方式的主攻方向，重点解决"一产不稳，二产不强，三产不大"的矛盾，突出农业做优、工业做强、服务业做大，促进三次产业融合发展，加快建设结构优化、技术先进、清洁安全、附加值高、吸纳就业强的现代产业体系。一是农业发展"五个提升"。"十二五"期间，要提升粮

食综合生产能力、提升农业生产综合效益、提升农业装备规模和质量、提升农业生产标准化水平、提升农业产业化水平。二是完成工业由大变强的"三大调整"。即改造提升传统产业；培育发展战略性新兴产业，重点发展新能源及节能环保、新材料、新信息、新医药及生物产业、海洋开发及高端装备制造五大产业，加快发展工业设计、海洋工程装备、游艇、文教体育用品、通信设备、机器人和高效照明七项新兴产业；推动优势产业集群和清洁生产园区集约集聚发展。三是加快发展金融、科技、物流、旅游、批零住宿餐饮、房地产、社区等服务业，力争服务业增加值占生产总值的比重每年提高2个百分点左右。到2015年，三次产业结构调整为7：48：45，战略性新兴产业增加值占生产总值比重达到10%，新口径高新技术产业产值占规模以上工业产值比重每年提高1个百分点。

### （四）城市发展与城乡布局

"十二五"期间，山东省城镇发展总体目标是统筹城乡发展，协调推进新型城镇化与新型工业化、农业现代化，努力形成资源节约、环境友好、经济高效、社会和谐的城镇发展新格局。一是城镇化水平稳步提高。到2015年全省城镇化率达到55%以上，城镇总人口5300万左右。二是完善城市化布局和形态，构建以城市群为主体，城乡互促共进的城镇体系。山东省108个设市城市和县城中，城区人口超过100万的城市7个，50万~100万的城市达到21个，20万~50万的中等城市达到30个，20万以下的小城市50个。三是统筹城乡发展。到2015年，农村人均住房建筑面积达到34 $m^2$；村镇自来水普及率、污水处理率分别达到90%和50%以上。四是改善城乡环境质量。到2015年，全省城市和县城污水处理率要达到90%以上，济南、青岛实现100%；城市集中供热普及超过46%，生活垃圾无害化处理率达到95%以上；全省城市空气环境质量达到二级标准天数超过300 d。

### （五）基础设施和支撑保障

#### 1．能源生产与消费

"十二五"期间，山东省能源生产以节能减排和提高效率为重点，加快淘汰落后机组，优化发展电力，加快东部沿海地区核电产业带、风电开发、太阳能热利用等新能源建设。力争全省燃煤火电所占比重由目前的92%下降到71%，新能源装机达到1340万kW，占电力总装机比重由5%提高到12%。建立省内大型煤炭集散基地和较稳定的海外石油供应基地，保障能源安全。到2015年，煤炭产量继续控制在1.5亿t左右，原油产量持续稳定在2700万t，电力可用装机容量由目前的6465万kW增加到1.12亿kW，其中接纳省外来电1600万kW以上。

#### 2．交通运输

"十二五"期间，山东省加快形成"四纵四横"铁路运输格局，完善提升"五纵四横一环八连"高速公路网。到2015年，山东省铁路运营里程由目前的3840 km增加到6100 km，复线率达到60%，电气化率达到98%，高速铁路运营里程358 km。同时，加快构建济南、青岛中心连接周边城市城际轨道交通系统。

#### 3．水资源开发利用

"十二五"期间，重点抓好水资源开发利用、水灾害防御、水资源管理三个体系建设，建成南水北调东线一期和胶东调水干线及配套工程，新增供水能力20亿 $m^3$，节水10亿 $m^3$，基本满足城乡、工农业用水需要。

### 4. 市政基础设施建设

加快城市高架、立交、环线、轻轨、地铁等快速通道建设，优先发展公共交通；加强城市公用设施建设，提高水、电、热、气等管网覆盖率和集中供应率。

## （六）区域产业布局

"十二五"期间，山东省围绕打造山东半岛蓝色经济区和建设黄河三角洲高效生态经济示范区，重点发展半岛城市群，构筑"一群一圈一区一带"格局，区域产业布局上按照区域经济一体化的要求，将形成半岛产业集聚带、T型沿线产业带和鲁南产业带的格局。青岛市处于半岛产业集聚带的龙头和T型产业带的交汇点，济南市地处于两条产业带的核心点青岛、济南两市区域双中心将托起山东经济天平。

济南、青岛作为山东省的中心城市，青岛市支柱产业是机械电子、纺织服装、食品饮料、橡胶化工等，率先建成面向国际特别是日韩的产业协作区和制造业基地；济南市支柱产业是机电、轻纺、化工、食品等，加快发展微电子、光学、生物、新材料等高新技术产业和制造业，建成区域性金融中心、高新技术研发中心和全国重要的物流中心。

半岛产业集聚带作为参与日韩产业协作的主体，培育重点将依托现有的产业基础重点打造六个产业集聚带。分别为：东营—淄博石化和医药产业带、济南电子信息产业带、青岛—日照家电制造产业带、潍坊—即墨纺织服装产业带、烟台—威海汽车制造产业带、日照—青岛—威海—烟台海洋产业带。

T型沿线产业带主要集中在胶济铁路沿线和沿海一带，包括济南、淄博、潍坊和青岛，日照、威海和烟台。胶济铁路沿线集中石化、机械制造、食品加工等传统产业，而沿海产业带则集中了汽车制造、海洋化工、新材料等外向型现代制造业。

鲁南五市产业带，要依托新亚欧大陆桥，加强城市基础设施建设，加快资源开发，建成山东省重要的能源和煤化工基地、优质农产品加工基地和商贸物流基地。

具有国家级意义的综合性工业城市为济南、青岛、淄博和济—兖—邹—曲复合中心。其中淄博市是全省的原材料、能源、建材及重化工业基地；济—兖—邹—曲复合中心是以煤炭、电力、冶金、机械、化工、纺织、食品等为主的现代化综合性产业聚集区，我国东部地区的重要工业基地。

具有省级意义的综合性工业城市为烟台、威海、潍坊、东营、德州、枣庄、临沂、日照、泰安、莱芜、滨州11个城市。其中烟台产业结构以机械电子、食品饮料、轻工纺织为主；威海以橡胶化工、玻璃建材、海产品加工、纺织等工业为主；潍坊是内燃机重加工、电子产业和纺织、造纸、塑料制品轻工业基地；东营—滨州是以石油化工、盐化工、能源和纺织、化工、建材等综合性工业基地；枣庄是山东省的能源、煤焦化和建材工业基地；日照—临沂产业结构以钢铁、建材、电力、食品为主。

## （七）生态文明和资源环境

"十二五"期间，山东省要围绕生态文明建设，加快转变资源开发利用方式，大力发展循环经济、高效生态经济。一是从生态保护和修复、绿色山东建设、优良生态环境建设三个方面，着力加强生态建设。到2015年，全省保护区总数达到100个，其中国家级10

个、省级 40 个、市县级 50 个，总面积 150 万 hm²，约占全省面积的 10%。二是强化结构性减排，强制淘汰高消耗、高污染行业落后工艺和设备。三是切实搞好水污染、大气污染和固体废弃物污染治理。四是加快构建环境安全体系，建立环境风险和环境隐患排查机制。五是强化节能、节水、节材等资源节约和综合利用。六是加快构建循环经济体系，构建再生资源分类回收网络体系。

## （八）总量减排

2011 年，在"十一五"20% 的节能减排目标已如期实现的基础上，十一届全国人大四次会议审议通过的规划《纲要》，明确了"十二五"时期要实现能耗强度下降 16%、$CO_2$ 排放强度下降 17%、主要污染物排放总量减少 8%～10%、单位工业增加值用水量降低 30% 的约束性目标，提出了资源产出率提高 15%、工业固体废物综合利用率达到 72%，以及城市污水处理率和生活垃圾无害化处理率分别达到 85% 和 80% 的具体目标。这是"十二五"时期面临发展新阶段、新特征提出的科学发展的新要求。作为"十二五"重要的约束性指标，主要污染物排放指标将由两项增加为四项。除 COD 和 $SO_2$ 排放量分别下降 8% 外，还要求氨氮和 $NO_x$ 分别减排 10%。为完成 2020 年 $CO_2$ 减排 40%～45% 的任务，"十一五"至"十三五"三个五年规划期的平均减排率为 15.63%～18.07%。"十二五" $CO_2$ 减排率应在 15.51%～20.89%，才能完成 2020 年的减排目标。2011 年作为"十二五"开局之年，要求实现完成 $SO_2$、COD、氨氮和 $NO_x$ 四项污染物排放量均减少 1.5% 的目标，对实现"十二五"节能减排目标至关重要。

"十二五"期间，山东省将通过行业减排、农村面源污染治理等手段，进一步加大污染物减排力度。就能源行业而言，增加 $NO_x$ 指标，受影响最大的是电力行业。一是到"十二五"末全省要累计关停火电机组容量突破 1000 万 kW；二是随着山东超过 1.92 MW 脱硫机组的投入运行，迫切需要优化烟气脱硫工艺模式，增加烟气脱硝成本，控制 $NO_x$ 排放总量。增加氨氮指标，将对污水处理厂和控制农村生产生活污染提出更多要求，推动了污水处理厂的升级换代和农业面源污染物排放总量控制，解决水体富营养化问题。

综上所述，"十二五"期间，山东省将更加注重科学发展，重点是经济发展方式的转变及产业升级与结构调整。全省 GDP 年均增长速度调整为 9% 左右，到 2015 年，全省 GDP 总量将达到 6.0 万亿元，三次产业比例调整为 7∶53∶40。将加快城镇化进程，到 2015 年城镇化率将达到 55% 以上，城市人口达 5363 万人。将注重生态文明、节能降耗和低碳发展，到 2015 年，三次产业比例调整为 7∶53∶40。将加快能源结构调整，力争全省燃煤火电所占比重由目前的 92% 下降到 71%。同时，利用经济杠杆的作用带动环保工作的开展，从而有效改善环境问题。但山东"十二五"期间仍处于经济、社会全面快速发展时期，工业持续高速增长，重工化特征显著，能源需求呈快速增长导致消费剧增，一些地方生态环境承载能力已近极限，资源环境约束日趋强化。目前工业偏重的产业结构会增加"转方式、调结构"的难度，短短五年内电力装机容量由目前的 6465 万 kW 增加到 1.12 亿 kW，增加近一倍，以煤为主的能源结构很难发生根本变化。2010 年，全省一次性能源消耗量已突破 3.0 亿 t 标煤；到 2015 年，全省一次性能源消耗量将达到 4.81 亿 t 标煤，其中原煤约为 3.47 亿 t 标煤，约占 72.2%。在煤炭产量继续控制在 1.5 亿 t 左右，原油产量持续稳定在 2700 万 t 的前提下，能源消费的对外依存度将超过 50%，原煤、原油大量依赖外部提供。

工业化、城镇化加速发展与生态环境承载力的矛盾十分尖锐，防范环境污染事件、保障环境安全的形势非常严峻，任务十分艰巨。

### 三、"十二五"面临的主要环境问题

尽管"十一五"期间山东省环境工作取得了令人鼓舞的进展，但是环境质量并没有得到显著性提升，环境安全压力反而有趋紧的现象，主要原因在于经济增长方式和产业结构尚没有得到根本改变，标本兼治仍需努力。

#### （一）"十二五"环境保护压力

进入"十二五"时期，山东省环境保护仍面临着巨大的压力，主要来自治污减排、环境质量改善、防范环境风险三个方面的压力。一是承受着在保证经济持续增长的同时削减主要污染物总量的压力。"十一五"期间，山东省的重点污染物排放总量仍然很大，"十二五"时期一方面要削减历史积累带来的污染物"旧账"，另一方面要控制经济增长中产能释放制造的新污染物，加之山东省城镇化率在"十二五"期间将有超过5个百分点的提高，城市生活废弃物排放量将越来越大，要完成减排任务非常艰巨。二是虽然"十一五"期间山东省对环境污染的治理力度不断加强，主要污染物浓度大幅降低，但相对于其他污染物控制或许"顾此失彼"，而评价环境质量是否改善是一个多要素、多指标的综合标准体系，加上环境要素之间的叠加、复合作用，环境质量改善与治污减排绝不是显著线性相关和一蹴而就的理想状态，更多的是"前人种树，后人乘凉"的滞后性效应。三是虽然现阶段环境监管取得了一定的成绩，环境污染事故总量明显减少，但由于环境污染的累积性、隐蔽性，"十二五"将进入环境隐患爆发高峰期。

#### （二）"十二五"面临的主要环境问题

##### 1. 工业结构性污染仍比较突出，减排任务依然艰巨

"十一五"末山东省工业以煤炭采矿、石油加工、火力发电、钢铁冶炼、化工、建材、造纸、酿酒为主导产业，技术进步较快的有机械业、金属业、建筑、化工、家电电子及通信等产业；能源结构以煤为主，占到78%；重工业型的产业结构，不仅资源、能源消耗量大，而且污染物排放基数大，工业结构性污染问题十分突出。山东省$SO_2$、COD排放量多年来名列全国前列，"十二五"期间，火力发电、钢铁冶炼、化工、建材、造纸仍是强势发展的主导产业，通过工程减排、循环经济、清洁生产可削减一定幅度污染物排放总量，但污染物排放总量仍然较高，结构性污染问题仍比较突出。

能否实现"十二五"节能减排目标，关键取决于该期间主要污染物减排潜力。减排要"压缩存量、消化增量"，应该优先削减增量。据预测，"十二五"期间山东省煤炭消耗量将增长2亿t以上，由此带来的$SO_2$和$NO_x$排放增量不小。对于COD和氨氮减排，农业源污染防治成为关键。污染普查结果表明，"十一五"农业源所排放的COD约占排放总量的40%，TN、TP排放量分别约占排放总量的55%和65%；加上已建成污水处理厂二级生化工艺具有COD和氨氮协同减排效应，氨氮减排空间不大。要在GDP总量增加60%、万元GDP能耗继续下降15%的前提下，实现在2010年的基础上继续削减10%的目标，全省需要削减$SO_2$ 136.17万t，$NO_x$ 95.6万t，COD 34.8万t，氨氮5.5万t。经测

算，"十二五"期间全省 $SO_2$ 减排潜力为 62.6 万 t，$NO_x$ 减排潜力为 124.88 万 t，COD 减排潜力约 20 万 t，氨氮减排潜力为 5 万 t 左右。$SO_2$ 仍有 73.57 万 t 的削减缺口，COD 和氨氮分别有 14.8 万 t 和 2.0 万 t 的缺口。减排任务依然艰巨，环境质量形势依然严峻（表19-2）。

表 19-2　山东省 2015 年各主要污染物增加量　　　　单位：万 t

| 年份 | COD | 氨氮 | $SO_2$ | $NO_x$ |
|---|---|---|---|---|
| 2015 | 25.3 | 4.5 | 64.69 | 73.98 |

### 2. 城市生活污染负荷加重

"十二五"期间，山东省将加快城镇化进程，到 2015 年城镇化率将达到 55%以上，城市人口达 5363 万人，占全省总人口的 50%以上。城市化加快一是城市生活污水量增加，"十一五"期间全省城市生活污水量逐年增加，年均增长率为 9.62%，到"十一五"末占全省污废水排放总量的 52.7%，已成为水污染物的主要来源，预计"十二五"末可达 32.3 亿 $m^3$ 左右；二是虽然"十一五"末全省城市生活垃圾无害化处理率已达到 80%，但随着生活垃圾产生量快速增长，城市垃圾无害化处理能力仍会"捉襟见肘"；三是城市机动车流动污染物排放量快速上升，机动车尾气可吸入颗粒物、$NO_x$ 及碳氢化合物污染物排放量呈增加趋势，机动车尾气污染成为城市空气主要污染源。

### 3. 农村面源污染问题不容忽视

山东省农村生态环境问题仍将是"十二五"关注的重点。一是不合理施用农药、化肥带来的污染和水体富营养化问题。据山东省"十一五"期间全省农药、化肥（施）使用量统计分析，化肥施使用量基本稳定，农药、化肥（施）使用量却有所增加（见表 19-3）；二是农产品质量安全和环境与健康问题日趋严重；三是农村生活污染、畜禽和水产养殖污染问题日趋突出（表 19-3）。农村废弃物（32.6 万 t）、畜禽养殖（粪便产出量 8 亿 t 左右）、农村生活垃圾产生量 1531 万 t、农村生活废水（产生量达到 19.1 亿 t）处理等问题日趋突出；污水灌溉导致土壤质量下降；工业不断向农村转移，将进一步加剧农业和农村环境污染。

表 19-3　山东省 2000—2009 年农药、化肥（施）使用量

| 年份 | 耕地面积/<br>（千 $hm^2$） | 化肥施用量（折纯）/<br>万 t | 使用强度/<br>$kg/hm^2$ | 农药使用量/<br>万 t | 使用强度/<br>$kg/hm^2$ |
|---|---|---|---|---|---|
| 2000 | 6 607.50 | 423.20 | 637.37 | 14.03 | 22.12 |
| 2001 | 6 607.00 | 428.62 | 648.74 | | |
| 2002 | 6 468.10 | 433.90 | 670.84 | | |
| 2003 | 6 950.82 | 432.65 | 622.44 | | |
| 2004 | 6 907.88 | 450.96 | 652.82 | | |
| 2005 | 6 339.38 | 467.63 | 737.66 | | |
| 2006 | 6 326.11 | 489.82 | 774.28 | 15.6 | 24.66 |
| 2007 | 6 321.48 | 500.34 | 791.49 | | |
| 2008 | 6 320 | 476.33 | 753.37 | | |
| 2009 | 6 320 | 472.86 | 748.20 | 16.9 | 26.75 |

### 4．环境质量改善任务十分艰巨

由于历史欠账较多，虽经综合治理，全省城市空气污染水平依然较高，全省可吸入颗粒物浓度均值已接近二级标准限值，冬春季节可吸入颗粒物污染仍较为突出；水环境质量"十一五"期间有明显改善，但功能区达标率仍然较低，"十二五"消灭劣 V 类水体的任务异常艰巨。虽然全省近岸海域海水水质以一、二类海水为主。两大海区黄海、渤海海域水质较好。随着国家级山东半岛蓝色经济区和黄河三角洲高效生态经济区的开发，近岸海域水环境质量形势依然严峻。污染排放强度大、负荷高，主要污染物排放量远远超过受纳水体的环境容量，也是全省城市空气质量、水环境质量提高的主要障碍。从水污染特征分析，全省的水环境污染主要有机污染得到控制，总氮（TN）、总磷（TP）、持久性有机污染物（POPs）等有机污染不容忽视，重金属、电子垃圾等有毒有害物质污染在个别流域、局部地区存在风险，饮用水源地超标问题并存。尤其是土壤、地下水和河流底质形成累积性复合污染，引起的人体与生态健康风险隐患日趋严重，环境质量根本改善十分艰巨。

### 5．环境安全受到潜在的威胁

全省产业结构不合理，经济结构偏重，结构性污染突出，涉及重金属和剧毒物质排放的重有色金属矿采选业、重有色金属冶炼业、含铅蓄电池业、皮革及其制品业、化学原料及化学制品制造业等企业近 5 000 家，潜在的环境安全风险异常突出；重金属、POPs 污染不容忽视，电子垃圾等新型污染日益显现；防范环境污染事件、保障环境安全的形势非常严峻。

### 6．抑制气候变暖任重道远

根据山东省近 50 年气象观测资料分析，气候变化趋势呈三个显著特点。一是升温趋势明显，平均每 10 年升高 0.19℃；二是降水量明显下降。平均每 10 年减少 17.1 mm；三是极端天气增多，如暴雨、干旱、灰霾等。预计未来到 2020 年，山东省年平均降水量增加 3.8%～4.8%。从"十一五"期间温室气体排放情况看，2007 年，全省温室气体排放总量约 9.38 亿 t $CO_2$ 当量（不含林业汇碳），主要排放源包括：化石燃料燃烧 7.07 亿 t $CO_2$ 当量，占排放总量的 75.3%，工业生产过程排放 2.14 亿 t $CO_2$ 当量，占排放总量的 22.8%；农业生产过程、固体废物和废水排放 0.18 亿 t，占排放总量的 1.9%，从 $CO_2$ 排放源的内部结构分析，燃煤排放占化石燃料燃烧排放量的 81.7%，钢铁生产过程占工业生产过程排放量的 77.1%。"十二五"期间，能源需求呈快速增长导致消费剧增近一倍，以煤为主的能源结构很难发生根本变化，$CO_2$ 减排任重道远。

## 第三节　"十二五"环境保护目标、任务和措施

### 一、总的指导思想和原则

"十二五"是山东省全面建设小康社会和提高生态文明水平的关键时期，是深化改革，加快经济发展方式转变的攻坚时期，也是环境保护大有作为的重要战略机遇期。要以科学发展观为统领，按照省委、省政府和环境保护部的工作部署，把环境保护与"转方式、调结构、惠民生"有机结合起来，以改善环境质量、确保环境安全、服务科学发展为主线，深入分析和科学把握"十二五"环保工作面临的新形势、新任务，加强法律法规、经济政

策、环保科技、行政监管和环境文化五大体系建设，突出抓好 10 项重点任务。要坚持控新增与调结构相结合，落实减排目标责任，严格考核问责，确保总量减排刚性指标顺利完成；要以保障南水北调沿线和重点区域水环境安全为重点，巩固提高重点流域治污成果，进一步加强监控，完善治污设施，提高治污水平，严防污染事故发生，推动重污染河流水质进一步改善，实现水环境质量的持续改善；要以治理工业废气、城市扬尘和机动车尾气为重点，实施大气污染联防联控，推进空气质量改善实现新突破；要以重金属污染治理为重点，加快构建全防全控安防体系，发挥好环保职能作用，助推发展方式转变；要扎实推进生态省建设，以农村污水和垃圾处置为重点，切实加强农村环境综合整治；以海岸带、海域、海岛整治修复为重点，打造生态海岸、生态海洋，努力提高全省生态文明水平。

## 二、"十二五"环境保护主要目标

"十二五"全省环境保护的主要目标是：主要污染物减排任务全面完成；环境质量明显改善，环境安全得到有效保障；城乡环境保护统筹覆盖；生态文明建设取得扎实进展。

### （一）总体目标

到 2015 年，环境质量明显改善，环境安全得到有效保障；基础、人才、保障三大工程建设取得明显进展；法律法规、经济政策、环保科技、行政监管和环境文化五大体系基本形成；社会各界广泛参与的环保工作大格局更加巩固。在全省 GDP 年均增长 9%，单位 GDP 能耗比 2010 年降低 15%左右的前提下，COD、氨氮、$SO_2$ 和 $NO_x$ 比 2010 年分别削减 12%、13.3%、14.9%和 16.3%。全省水和空气环境质量比 2010 年改善 20%以上。

### （二）规划指标

1. COD 排放量比 2010 年下降 12%；
2. 氨氮排放总量比 2010 年下降 13.3%；
3. $SO_2$ 排放量比 2010 年下降 14.9%；
4. $NO_x$ 排放总量比 2010 年下降 16.3%；
5. 全省重点污染河流控制断面平均浓度比 2010 年改善 20%以上。南水北调山东段干线控制点位达标率 100%，17 个城市集中式饮用水源地水质达标率 100%；
6. 近岸海域环境功能区达标率 95%；
7. 全省 17 个城市空气主要污染物年平均浓度比 2010 年改善 20%以上；
8. 辐射水平在正常波动范围内。

## 三、"十二五"环境质量改善主要措施建议

"十二五"期间，山东省"改善环境质量"就是实现全省大气污染防治新突破，力争空气质量改善走在全国前列；巩固提高省控重点河流治污成果，力争 59 条河流的 86 个监测断面全部消除劣 V 类水体。"确保环境安全"就是构建全防全控的环境监管和安全防控体系，有效保障全省环境安全。"服务科学发展"就是开展经济社会发展若干重大环境瓶颈问题解析与突破，服务转方式、调结构；提高生态环境承载力，为区域经济社会发展腾出环境空间；依托"一个资金，两大平台"，发展壮大环保产业，促进经济增长和社

会就业。

### （一）深化总量减排，与环境质量改善双挂钩

要结构减排、工程减排和管理减排三管齐下。合理调整能源布局和供给结构，大力发展新能源和可再生能源，进一步降低煤炭在一次能源消费中的比例。到 2015 年，全省万元 GDP 能耗在 2010 年基础上下降 15%左右。大力发展循环经济，改造提升传统产业，推动工业园区和工业集中区生态化改造。加大结构调整力度。对不符合产业政策，且长期污染严重的企业予以关停。对没有完成淘汰落后产能任务的地区，暂停其新增主要污染物排放总量的建设项目环评审批。

拓宽工程减排领域。电力、钢铁、造纸、纺织印染、化工等重点行业主要污染物排放总量削减比例不低于 16%。对于 $SO_2$ 和氮氧化物减排，火电仍然是减排重点，实施火电行业低氮燃烧改造及脱硝工程以及建材、钢铁、工业锅炉等非电行业脱硝示范工程。同时要加强冶金、建材、石化、焦化、交通运输等其他行业减排力度；除淘汰关停外，烧结设备配套脱硫设施建设率应达到 100%。对于氨氮减排，重点抓好化学原料及制品、食品加工和食品制造、造纸、金属冶炼 4 个重点行业的减排。

拓展管理减排途径，确保减排政策落实。强化重点行业强制性清洁生产审核及评估验收，落实修订后的四个流域性污染物综合排放标准的新要求，制定并实施钢铁、建材、有色、化工等行业污染物排放标准。进一步加强监管，提高污染治理设施的运行效率，确保减排工程发挥实效。

### （二）全面落实"治、用、保"并举的流域治污体系，实现全省水生态环境重大改善

以"治、用、保"流域治污体系为核心，统筹"点面结合、全防全控"的污染减排防体系。进一步加大工业点源治理力度。以造纸、纺织印染、化工、制革、农副产品加工、食品加工和饮料制造等行业为重点，开展新一轮限期治理，降低排污强度。抓好城市污水处理厂升级改造、管网敷设、除磷脱氮、污泥处理设施建设，强化城镇污水处理设施的建设和运营监管。强化非点源污染控制，综合治理农村生活源和规模化畜禽养殖污染，全省 80%以上的规模化畜禽养殖小区配套完善固体废物和污水贮存处理设施。

以南水北调沿线为重点，建设人工湿地水质净化工程，统筹环湖沿河沿海大生态带建设，体现"让江河湖泊休养生息"的理念。减少农药、化肥等造成的面源污染，以国控、省控监测断面为节点，统筹考虑流域分区、行政上下游、国家水污染防治规划目标与河流（河段）的对应关系，明确省、市界河流治污重点和方向，强化水污染防治，努力实现水环境质量改善。

统筹地表水与地下水。加强饮用水水源地保护，实施超标和环境风险大的饮用水水源地综合整治，加强水源保护区外汇水区有毒有害物质的管控。加强地下水水质监测，开展工业危险废物堆存、垃圾填埋、矿山开采、石油化工行业等生产地区地下水污染状况普查，筛选典型污染场地，研发切实可行的地下水污染修复技术。

统筹经济增长与水资源供需矛盾，促进再生水资源循环利用。工业用水重复利用率达到 80%以上。加快城市污水处理厂再生水利用工程建设，城市再生水利用率达到 15%以上。

## （三）突出三个关键和重点，实现大气污染防治新突破

"十二五"期间，山东省大气污染防治，重点是把握可吸入颗粒物、$SO_2$ 和 $NO_x$ 治理三个关键，强化扬尘污染防治、工业废气及异味治理、汽车尾气排放控制三个重点。

在行业方面，要结合污染减排，加大火电、钢铁、有色、石化、水泥、化工等工业废气的防控力度，控制复合型大气污染蔓延。实施 $NO_x$ 污染控制。新建燃煤机组全部配套建设脱硝设施，脱硝效率达到80%以上；全面开展水泥行业新型干法窑降氮脱硝工作；在钢铁、石化、化工、工业锅炉等行业逐步开展脱硝试点工程。

加大颗粒物污染防治力度。全面强化工业烟（粉）尘污染防治，烟尘排放浓度超过 $30 \, mg/m^3$ 的火电厂，必须进行除尘设施改造；钢铁行业现役烧结（球团）设备全部改造为袋式或静电等高效除尘器；推广使用干熄焦、转炉干法除尘技术，加强工艺过程除尘设施配置；优先发展公共交通，发展新能源和清洁能源车辆，在城市公交系统推广清洁代用燃料汽车。强化机动车污染防治，实施油品国家第Ⅳ阶段机动车污染物排放标准。开展在用机动车环保定期检验工作，机动车环保检验不合格的，不得上路。推广施工扬尘控制责任人制度，会同住建、交通运输等部门联合开展交通运输、城市基础设施建设等扬尘专项治理；拓宽秸秆综合利用渠道，严格控制夏秋两季的秸秆焚烧。

## （四）以重金属污染为重点，开展土壤污染防治

开展土壤环境功能区划，明确分区控制原则和措施。加强城市和工矿企业场地污染环境监管，开展企业搬迁遗留场地和城市改造场地污染评估，并纳入建设项目环境影响评价。加强监测、评估，强化土壤污染的环境监管。优化点位，建立土壤污染监测体系，对粮食、蔬菜基地等重要敏感区和浓度高值区进行加密监测、跟踪监测和风险评估；建立优先修复污染土壤清单。

## （五）突出重点，全面加强生态和农村环境保护

深入开展省、市、县（市、区）、乡（镇）、村、生态工业园六级生态系列创建工作。加强对资源开发及其造成的生态破坏的环境监管，加强对水土流失、破损山体、矿区地面塌陷、海（咸）水入侵、荒山及沙荒地等生态脆弱区和退化区的生态修复和保护。以县级为单元，全面加强农村环境保护工作。加快农村环境基础设施建设，到2015年，主要污染物排放浓度全部达到地方污染物排放标准要求。定期对农村饮用水源地进行监测，排查影响饮用水源地安全的各类隐患。

## （六）以危险废物为重点，规范固体废物污染防治

切实做好危险废物和医疗废物的安全处置工作。严格危险废物申报登记和变更申报登记制度，建立健全重点污染源监测监控制度。加快城镇垃圾处理场建设，力争到2015年，垃圾无害化处理率达到96%。

## （七）抓好预防、预警、应急三大环节，构建环境安全防控体系

以防范环境风险为重点，开展重点风险源和环境敏感地区调查监测，摸清环境风险的

高发区和敏感行业；开展排放重金属、危险废物、持久性有机污染物和生产使用危险化学品企业的监督性监测，开展关系民生、损害群众健康的突出环境问题的综合调查监测，突出重金属污染、危险废物、持久性有机污染物和危险化学品的污染防治，实行分类管理、动态监管。

建立新建项目环境风险评估制度。所有新、扩、改建设项目全部进行环境风险评价，确保环境风险防范设施建设项目"三同时"。建设完成辐射环境监测监控系统，提高核事故预警能力。加强对电力、通信、广播电视等行业的辐射环境监管，防治电磁辐射污染。

### （八）夯实环境监管能力基础，提高全省科学监管实力

建设先进的环境监测预警体系，重点提升水气环境质量、污染源监督监测、安全预警与应急监测、生态、农村等六大方面的监测能力，完善全省环境质量监测及核与辐射监测网络，建立全方位、全指标、科学布局的省级环境监测网络。建立健全环境质量监测综合评价体系。针对全省共性及各流域、城市特征污染问题，按照各级政府目标责任和客观反映环境质量变化趋势并重的原则，建立国家与地方特征指标相结合的评价、考核体系。对于国家环境监测网的运行，要严格根据相应的环境质量与排放标准全部指标进行监测和评价；对全省空气自动监测增加 $PM_{2.5}$、$O_3$ 等监测指标，加快建设大气监测超级站，增强预测预警能力。对于省级以下环境监测网络，可以化学需氧量和氨氮、可吸入颗粒物、$SO_2$ 和 $NO_x$、TN、TP、重金属及其他污染指标作为常规指标进行监测和评价；建立污染减排与环境质量改善的对应关系，落实政府水环境目标责任制。充分发挥在线和自动监测系统的作用，完善污染源监控系统，建立污染源与环境质量的动态对应关系，实现环境保护工作绩效的科学评价。

编制山东省环境功能区划，制定不同区域的环境管理目标和政策，构建分类指导、分区管理的环境空间格局。强化环境管理支撑。完善监测预警、执法监督、环境管理支撑体系的运行保障渠道和机制，按照运行经费定额标准，强化环境监测、监察执法、预警与应急、信息、"三级五大网络"等运行经费，建立环境监管仪器设备动态更新机制。加强环境监测、监察、核与辐射监管、信息和宣教等机构业务用房建设，保障业务用房维修改造的经费，提高达标水平。建立健全环境监测质量管理制度。